U0803159

“十三五”国家重点图书出版规划项目
国际环境治理实用技术译丛

环境心理学导论

（第 2 版）

Environmental Psychology：An Introduction

（Second Edition）

[荷] 琳达·斯特格（Linda Steg）
[荷] 朱迪思·I. M. 德格鲁特（Judith I. M. de Groot） 编

于亢亢　高　健　马亿珂　译

中国环境出版集团 · 北京

图书在版编目（CIP）数据

环境心理学导论：第2版/（荷）琳达·斯特格，（荷）朱迪思·I.M. 德格鲁特编；于亢亢，高健，马亿珂译．—2版．—北京：中国环境出版集团，2022.12
（国际环境治理实用技术译丛）
书名原文：Environmental Psychology: An Introduction (Second Edition)
“十三五”国家重点图书出版规划项目
ISBN 978-7-5111-5232-9

Ⅰ. ①环… Ⅱ. ①琳…②朱…③于…④高…⑤马… Ⅲ. ①环境心理学 Ⅳ. ①B845.6

中国版本图书馆 CIP 数据核字（2022）第 142424 号

Title: Environmental Psychology: An Introduction 2nd Edition by Linda Steg and Judith I.M.de Groot, ISBN: 9781119241089.
Copyright©2019 John Wiley & Sons Ltd

All rights reserved. Authorised translation from the English Language edition published by John Wiley & Sons, Limited. Responsibility for the accuracy of the translation rests solely with China Environmental Publishing Group Co., Ltd and is not the responsibility of John Wiley & Sons, Limited. No part of this book may be reproduced in any form without the written permission of the original copyrights holder, John Wiley & Sons, Limited.
本书中文简体中文字版专有翻译出版权由 John Wiley & Sons, Limited. 公司授予中国环境出版集团有限公司。未经许可，不得以任何手段和形式复制或抄袭本书内容。本书封底贴有 Wiley 防伪标签，无标签者不得销售。版权所有，侵权必究。

版权登记号 图字 01-2020-4548

出 版 人 武德凯
责任编辑 侯华华 张维娣
封面设计 宋 瑞

出版发行 中国环境出版集团
（100062 北京市东城区广渠门内大街 16 号）
网 址：http://www.cesp.com.cn
电子邮箱：bjgl@cesp.com.cn
联系电话：010-67112765（编辑管理部）
010-67112735（第一分社）
发行热线：010-67125803，010-67113405（传真）
印 刷 北京市联华印刷厂
经 销 各地新华书店
版 次 2016 年 5 月第 1 版 2022 年 12 月第 2 版
印 次 2022 年 12 月第 1 次印刷
开 本 787×1092 1/16
印 张 21.5
字 数 476 千字
定 价 107.00 元

【版权所有。未经许可，请勿翻印、转载，违者必究。】
如有缺页、破损、倒装等印装质量问题，请寄回本集团更换。

中国环境出版集团郑重承诺：
中国环境出版集团合作的印刷单位、材料单位均具有中国环境标志产品认证。

译者序

环境心理学关注人与自然之间的关系，针对公众的环境意识、环境行为都有大量的研究。Stokols强调环境心理学是关于环境和行为的交叉学科领域，关注公众与他们周围的社会自然环境之间的关系。

环境意识反映的是公民的一种心理，是对环境的认同感。在这种心理的作用下，人们会有意识地去关注环境变化、生态平衡，并且会自觉地维护环境的良性发展，强烈反对任何破坏、污染环境的行为。在此理论基础上，学者们又力求把抽象的环境意识转变为具体化的和可操作化的，希望能建立一些普遍性的标准来测量和评价人们的环境意识。西方学者在20世纪六七十年代就已开始这方面的社会调查，并运用统计学方法构建了几个测量公众环境意识的尺度，有一定影响和代表性的如早期的新环境范式（new environmental paradigms），以及诸多学者对公众环境关注程度（environmental concern）的研究和多种测量尺度。那么，在环境保护问题上，公众的环境意识又能在多大程度上起到预测公众环境行为的作用呢？依照施瓦茨的规范-行为模型，当公众认识到环境被破坏后果的严重性，并能把这一后果的责任归咎于自己时，就会产生一种利他的心理，这种心理也会促使公众关注环境、保护环境。因此，很多学者验证了环保态度和环保行为之间的关系。

威利出版社推出的这本书分三个部分对现代环境心理学中的关键问题进行了诠释。第Ⅰ部分主要是概述环境状况对人们的经历、生活和行为的正面和负面的影响，以及通过改变环境来改善生活的途径。主要问题包括风险认知、环境压力、自然体验、自然对健康的影响、建筑物、城市环境质量、环境状况对生活质量的影响，以及情境暗示对行为的影响。在这一部分，第2版增加了气候变化、儿童与自然环境、地方依恋等相关内容。第Ⅱ部分聚焦在对环境行为的理解上，主要探讨了各种衡量环境行为的方式，以及影响这种行为的因素（如价值观和规范）。还有很多用来解释环境行为的理论也在这一部分，包括规范理论、价值理论、情感理论、社会困境理论、计划行为理论、规范激活理论、习惯理论等。在这一部分，第2版增加了情感与环境保护行为，环境行为的象征意义，以及在环境问题、态度、行为中群体发挥的作用。第Ⅲ部分探讨了促进改善环保行为的途径，包括信息战略、改变激励措施和技术创新。同时还讨论了影响人们对政策接受度的因素、变化的过程，以及对行为变化的模拟。此外，还特别关注了发展中国家促进环保行为的活动。在这一部分，第2版增加了对中低收入国家环境问题的分析。

2022年10月习近平总书记在中国共产党第二十次全国代表大会报告中，明确指出“大自然是人类赖以生存发展的基本条件。尊重自然、顺应自然、保护自然是全面建设社会主义现代化国家的内在要求，必须牢固树立和践行绿水青山就是金山银山的理论，站在人与自然和谐共生的高度谋划发展。”我们选择将该书翻译成中文，是为了便于目前的环境心理学研究人员了解国外相关领域的最新研究方法和成果，通过借鉴、寻找适合的方法，解决目前国内存在的环境污染问题。因此，这样一本有关环境心理学的中文版图书的问世，将为有关的研究学者探索公众对环境问题的认知，提供切实可行的探索思路和方法。

本书得到国家自然科学基金项目No.71672189和No.72072174、中国人民大学科学研究基金（中央高校基本科研业务费专项资金资助）No. 18XNB032、2021年度中国人民大学研究生示范课程建设项目立项资助No.21YKC035以及环保公益性行业科研专项经费项目“我国中东部地区$PM_{2.5}$遥感监测关键技术和业务化运行方法研究”“典型地区大气灰霾特征与控制途径预研究”的支持。

本书从版权引进、翻译出版到再版，历经5年多时间。作为本书的译者，我们力求译文准确、精练，并通俗易懂。虽然我们从事环境心理学方面的研究，但是在翻译并总校译的过程中，还是遇到了不少疑惑难解之处。为了保持原文的精髓，我们多次向资深翻译专家请教。由于我们专业水平和知识有限，翻译不当之处，敬请广大读者批评指正。

此外，曾参与中国人民大学公共选修课“环境心理学”的同学，中国人民大学农业与农村发展学院陈正昊、赵华、朱振环同学，都对第1版译稿提出了宝贵意见，马亿珂、苏晶、张凌波、逄妮妮同学参与了第2版新增内容的修订工作，特此感谢。

于亢亢　高　健

2022年10月于北京

共同编著者

Wokjb Abrahamse（新西兰惠灵顿维多利亚大学）
Sebastian Bamberg（德国比勒费尔德应用科学大学）
Cecilia J. Bergstad（瑞典哥德堡大学）
Elena Bilotta（意大利罗马智德大学）
Gisela Böhm（挪威卑尔根大学）
Jan Willem Bolderdijik（荷兰格罗宁根大学）
Mirilia Bonnes（意大利罗马大学）
Giuseppe Carrus（意大利罗马第三大学）
Nadja Contzen（荷兰格罗宁根大学）
Judith I.M. de Groot（荷兰格罗宁根大学）
Patrick Devine-Wright（英国埃克塞特大学）
Sjerp de Vries（荷兰瓦格宁根大学与研究中心）
Gary W. Evans（美国康奈尔大学）
Kelly Ftblding（澳大利亚昆士兰大学）
Fbrdinando Fornara（意大利卡利亚里大学）
Birgitta Gatersleben（英国萨里大学）
E.Scott Geller（美国弗吉尼亚理工大学）
Robert Gifford（加拿大维多利亚大学）
Nick Gotts（英国独立研究者）
Caroline M. Hagerhall（瑞典农业科学大学）
Jaap Ham（荷兰埃因霍芬理工大学）
Maarten H. Jacobs（荷兰瓦格宁根大学）
Wander Jager（荷兰格罗宁根大学）
LiseJans（荷兰格罗宁根大学）
Lars-Olof Johansson（瑞典哥德堡大学）
Yannick Joye（荷兰格罗宁根大学）
Kees Keizer（荷兰格罗宁根大学）
Christian A. Klöckner（挪威科技大学）
Cecil C. Konijnendijk（加拿大英属哥伦比亚大学）
Silvie Kraemer-Palacios（瑞士联邦水科学技术研究所）
Philip K. Lehman（美国塞勒姆退伍军人医疗中心）

Siegwart Lindenberg（荷兰格罗宁根大学）
Jolanda Maas（荷兰阿姆斯特丹大学）
Michael J. Manfredo（美国科罗拉多州立大学）
Lynne C. Manzo（美国西雅图华盛顿大学）
Ellen Matthies（德国马格德堡大学）
Lindsay J.McCunn（美国华盛顿大学塔科马分校）
Cees Midden（荷兰埃因霍芬理工大学）
Hans-Joachim Mosler（瑞士联邦水科学技术研究所）
Emilio Moyano-Díaz（智利塔尔卡大学）
Andreas Nilsson（瑞典哥德堡大学）
Annika Nordlund（瑞典于默奥大学）
Goda Perlaviciute（荷兰格罗宁根大学）
Åsa Ode Sang（瑞典农业科学大学）
Geertje Schuttema（爱尔兰都柏林大学）
Maxie Schulte（德国比勒费尔德应用科学大学）
P. Wesley Schultz（美国加利福尼亚州立大学）
Massimiliano Scopelliti（意大利罗马拉姆萨大学）
Linda Steg（荷兰格罗宁根大学）
Janet K. Swim（美国宾夕法尼亚州立大学）
Karin Tanja-Dijkstra（荷兰阿姆斯特丹大学）
Carmen Tanner（瑞士苏黎世大学）
Danny Taufik（荷兰瓦格宁根大学与研究中心）
Tara L. Teel（美国科罗拉多州立大学）
John Thøgersen（丹麦奥胡斯大学）
Mari S. Tveit（挪威生命科学大学）
Javter Urbina-Soria（墨西哥国立大学）
Uchita Vaid（美国康奈尔大学）
Jerry J.Vaske（美国科罗拉多州立大学）
Agnes E. van den Berg（荷兰格罗宁根大学）
Bllbn van Der Werff（荷兰格罗宁根大学）
Janke van Dijk-Wesselius（荷兰阿姆斯特丹大学）
Leonie Venhoeven（荷兰格罗宁根大学）
Bas Verplanken（英国巴斯大学）
Chris Von Borgstede（瑞典哥德堡大学）
Lorraine Whitmarsh（英国卡迪夫大学）

目　录

第II部分 测量环境行为

第Ⅲ部分 鼓励环保行为

1 环境心理学的发展历史、范围和方法

Linda Steg（荷兰格罗宁根大学）
Agnes E. van den Berg（荷兰格罗宁根大学）
Judith I.M. de Groot（荷兰格罗宁根大学）

1.1 引言

本书的主要内容是向读者介绍环境心理学这门学科。环境心理学是一门研究个人与其所处的人工环境和自然环境之间相互关系的学科。也就是说，环境心理学既研究环境对人的经历、行为和生活的影响，也研究个人对环境的影响，包括影响环境行为的各种因素，以及那些促进环保行为的方法。本书将探讨与此相关的理论和现有研究成果。

本章首先回顾环境心理学的发展历史，继而探讨该领域涵盖的范围与特征，以及相关研究中用到的主要方法，最后是本书的内容概要。

1.2 环境心理学的发展历史

环境心理学从 20 世纪 60 年代晚期开始成为心理学的一个领域，是心理学中比较新的领域（Altman，1975；Proshansky et al.，1976；Stokols，1977，1978）。Pol（2006）认为 Hellpach 是早期引入“环境心理学”这个概念的研究学者之一（大约在 20 世纪前半叶）。Hellpach（1911）研究了不同的环境特征物，如颜色和形态、太阳和月亮等，以及极端环境对人类活动产生的影响。在 Hellpach 后期的文章中，他还研究了城市现象，如拥挤和过度的感官刺激，同时还区分了不同类型的环境，如自然环境、社会环境、历史文化环境等（Pol，2006）。虽然 Hellpach 研究的都是环境心理学领域的典型问题，而且从 20 世纪 60 年代就得到了应用，但是那时的环境心理学仍不能称得上是一门系统研究人与环境交互活动的独立学科。

埃贡·布伦斯维克（Egon Brunswik，1903—1955 年）和库尔特·勒温（Kurt Lewin，1890—1947 年）被誉为是环境心理学的“鼻祖”（Gifford，2007）。他们虽然都没有做环境心理学的实证研究，但是他们的思想，例如物质环境和心理过程之间的交互，以及

研究真实生存环境下而不是虚拟环境下的个人行为，都影响了后来对人与环境交互活动的研究。

知识点 1-1 环境心理学的“鼻祖”

埃贡·布伦斯维克（Egon Brunswik，1903—1955年）最先提出心理学应该重视生态环境的属性，就如同自然环境对有机生物的影响一样，他坚信物质环境会同时影响心理过程。他也非常支持能涵盖人们所处环境的方方面面的研究，而不仅仅是心理学家一般研究的那些零散虚构的环境。

库尔特·勒温（Kurt Lewin，1890—1947年）同样认为研究是现实世界中的社会问题所驱动的。他引入了“社会行为研究”这个概念，包含了一种非还原论者的问题聚焦方法，将理论应用于实践，因此强调了用研究解决社会问题的重要性（Benjamin，2007）。此外，布伦斯维克和勒温将环境定义为行为的决定因素。勒温认为行为是人与环境作用的结果（Lewin，1951）。勒温更关注社会的或个人之间的影响而非物质环境的影响（Wohlwill，1970），他激励后人能够继续延伸他的思想。这些后人包括 Barker 和 Bronfenbrenner，也都是环境心理学的“领跑者”。

1.2.1 关于“建筑”心理学

20世纪40年代后期到50年代，随着一些先导性研究的介入，对客观环境和心理过程的系统研究开始慢慢增多起来，例如工作绩效的人为因素（Mayo，1933）、家中的照明设施（Chapman and Thomas，1944），以及自然环境中的儿童行为（Barker and Wright，1995）。直到20世纪50年代后期到60年代，对人类行为交互的研究才开始作为一门独立的学科得到越来越多的认可。因为大多数研究的焦点是各种不同的人造环境如何影响人们的认知和行为，所以为了与传统的心理学相区别，这些研究被称作“建筑”心理学（Canter，1970；Pol，2007；Winkel et al.，2009）。

在环境心理学发展的早期，很多研究都关注人造的物质环境如建筑、技术和工程，以及它们是如何影响人们的行为和生活的（Bonnes and Bonaiuto，2002）。这种对建筑环境的关注主要是受到了当时政治和社会情境的影响。为迎接战后的挑战，现代建筑立足于为普通民众提供好的居所和设施（Pol，2006）。在很多环境心理学研究中，关注的问题诸如如何更好地建造房屋、办公室、医院来迎合潜在的使用者，以及环境压力如极端温度、湿度、拥挤程度等因素如何影响人们的工作绩效与生活（Wohlwill，1970）。作为设计建筑物来实现行为功能的一种研究，环境心理学应运而生。

1.2.2 关于绿色心理学

环境心理学的第二个飞速发展阶段是在20世纪60年代后期，当人们开始意识到环境问题时，就产生了对环境问题的研究，也就是解释并改变人类活动对生态环境的负面影响，以及人类导致的问题如噪声、污染对人们健康和生活的负面影响。该领域的早期研究聚焦在大气污染（De Groot，1967；Lindvall，1970）、城市噪声（Griffiths and Langdon，1968）、环境质量评价（Appleyard and Craik，1974；Craik and Mckechnie，1976）。20世纪70年代之后的研究开始逐步扩展到能源供给问题（Zube et al.，1975），与能源技术相关的风险认知和风险评估（Fischhoff et al.，1978）。20世纪80年代的研究关注的是如何促进环保行为，例如消费者态度和行为之间的关系（Cone and Hayes，1980；Stern and Gardner，1981）。

1.3 环境心理学涵盖的范围与特征

21世纪初，环境问题如污染、森林滥伐、气候变迁逐渐影响着全球的生态系统（《千年生态系统评估》，2005），而且人们普遍认识到人类行为是造成这些环境问题的主要原因。对环境心理学越来越多的关注正是由于人们试图改变行为进而解决环境问题，同时也是为了维持人类的生存和生活质量。基于此，一个更加宽泛的包含环境、社会、经济各方面的概念——可持续性，得到了普遍的认可（World Commission on Environment and Development，1987）。这一概念也成为环境心理学研究的宗旨（Giuliani and Scopelliti，2009）。事实上，在过去的几十年间，环境心理学已经逐渐演变为“可持续性的心理学”（Gifford，2007）。

下面，我们将讨论环境心理学的四个主要特征：对人与环境交互的关注、交叉学科方法、问题聚焦以及多种方法的应用。

1.3.1 对人与环境交互的关注

正如环境心理学的定义所示，环境心理学感兴趣的主要是人与人工环境或自然环境之间的交互作用，同时也思考环境如何影响行为以及行为会带来怎样的环境变化。例如，童年时期的自然环境会影响人们与自然的关系，以及他们对自然保护措施的支持意愿。反过来，人们对自然保护措施的支持有可能会影响环境状况，如生物多样性。再举一个例子，公共和私人交通基础设施的情况会影响汽车的使用程度，反过来汽车的使用程度也会影响一些环境问题的严重性，例如空气污染和全球变暖。因此，人类和环境的关系是相互的、动态的。

人类和环境之间的相互关系正是本书结构的起点。第I部分探讨了环境状况对人类产生的影响，主要关注环境对人体健康和生活的影响。第II部分探讨了人类行为对环境状况产生的影响，主要关注人们的环保行为。第III部分探讨了人与环境交互作用相关的知识并用于开发实际的战略，从而促进环保行为，同时创建可持续的环境。

1.3.2 交叉学科方法

很多环境心理学家都是在跨学科背景下从事研究，而且与其他学科的学者保持紧密的合作关系。每一门学科对同一现象都能提供不同的视角，而综合在一起，它们又能够马上描绘出关于该问题全面的图景。从发展历史来看，交叉学科的合作主要体现在3个方面：第一，环境心理学通常与建筑和地理学科合作紧密，主要是为了准确描述在人与环境关系中的物质与空间构成部分（本书的第Ⅰ部分）；第二，环境心理学的理论和方法的发展受到了心理学其他分支如社会和认知心理学的影响（本书的第Ⅱ部分）；第三，当研究环保行为时（本书的第Ⅲ部分），环境心理学家与环境科学家合作以正确地评估不同行为对环境的影响。

1.3.3 问题聚焦

环境心理学家并不是仅出于对某个现象的好奇就开展研究，而是尝试解决现实生活中的问题。这并不意味着环境心理学家对理论不感兴趣。从本书来看，很多研究为了理解、解释和预测人与环境的交互作用而验证和构建理论。但是，环境心理学理论发展的重要目的还是寻找解决现实问题的途径。

环境心理学从不同层次上开展人与环境交互作用的研究，从当地的和周边的环境到城市、自然景观和国家，甚至到整个地球，所研究的问题和相关的解决方案也因层次不同而不同。例如，在地方这一层次，诸如倾倒垃圾，以及循环利用的解决方案都可能成为研究的关注点。在地区和国家层次，也可以研究如物种的消失问题，以及生态恢复的解决方案。在全球这一层次，感兴趣的问题有气候变化，以及应对气候变化而采用的新技术等解决方案。因此，环境心理学所关注的问题可能在各个层次上，从地方的到全球的。

1.3.4 多种方法的应用

环境心理学应用有与其他心理学学科相似的定量和定性方法。但是，其他心理学学科通常都有一个主要的研究范式，而环境心理学的重要特点之一是应用多样化的方法（第1.4节将做出概述），且每一种研究方法都有其优势和劣势（表1-1）。

方法的选择通常要在内部效度和外部效度之间做出权衡。如果研究目的是设计一种方案来解决特定的应用问题，那么较低的外部效度可能会存在问题。但是，如果研究的目的是验证理论，那么问题就不大了，因为在这种情况下，主要是要达到较高的内部效度。理想状态下，环境心理学家会尝试不同的研究方法对同一现象的研究结果进行重复检验。通过这种方式，一种研究方法的劣势就可能会被另一种方法的优势所弥补。

表 1-1 环境心理学的主要研究方法概括

背景	方法	优势	劣势	用途
与环境独立的情境	问卷研究	外部效度高； 获得大样本的成本低	没有控制变量； 没有因果关系	描述总体或者研究变量间的关系
虚拟的情境	实验室试验	内部效度高； 控制变量	外部效度低； 虚拟的	验证理论或者假设； 识别因果关系
	计算机模拟研究	权衡内部和外部效度； 现实的形象化	要求高水平的技能和设备； 常被认为是“虚假的”	研究复杂的人与环境之间的动态关系； 预测和评估未来发展
真实的情境	案例研究	外部效度高； 数据丰富	内部效度低； 需要时间； 归纳性有限	描述性； 解释性； 建立假设
	现场研究	权衡外部和内部效度； 可重复性	实验控制有限； 难收集数据	研究当前实践； 评价交互作用

1.4 环境心理学主要的研究方法

1.4.1 问卷研究

问卷研究的目的是描述人们的行为，以及收集人们对各种事物的认知、观点、态度和信念，广泛地应用于建立两个或者多个变量之间的关系。例如，通过询问人们乱丢垃圾的频率，以及他们对附近垃圾箱数量的满意程度，从而建立两者之间的关系。但是，这并不能排除产生这种关系的第三个变量。例如，一个有很多垃圾箱的地方也许居住着特殊的人群，比如受教育水平高的人，他们显然与那些居住地很少有垃圾箱的人群有系统差异。而且，这种关系的方向也是不明确的：是因为居民在该地区乱丢垃圾严重才放置很多的垃圾箱，还是因为没有垃圾箱居民才会乱丢垃圾？因此，在内部效度低的情况下，就不能建立这种因果关系了。

问卷研究在环境心理学中很受欢迎，主要是由于以下的原因：首先，控制环境状况和像实验研究一样随机选择参与者通常是不符合伦理或者很难实现的。例如，在研究交通收费对汽车使用情况的影响时，将一个地区的汽油价格提高一倍，而另一个对照的地区保持不变，这是根本不可能的。其次，问卷研究的外部效度比较高，而外部效度在对环境问题的研究中是非常关键的。最后，问卷研究成本低又相对容易实施。

1.4.2 实验室试验

当研究的目的需要在可控的、多为虚拟的环境下进行时，实验室试验较为适用。实验室试验能够建立变量之间的因果关系，主要是源于两个基本特征：控制和随机分配。试想一个研究者想要检验变量 X（自变量，如有没有垃圾箱）是否会影响变量 Y（因变量，如乱丢垃圾），当只有自变量被控制而其他变量都保持一致时，就可以有理由肯定不同情境下任何反应的差异都是因为控制项。例如，实验情境都是相似的，只是有没有垃圾箱的区别，在这些情境下乱丢垃圾的人数是不同的，那么就可以推断出乱丢垃圾的其中一个原因可能是垃圾箱的有无。得到这一因果推论的可能性主要取决于内部效度。

随机性暗示实验中的所有参与者被分配到任何一个实验情境中的机会是均等的。实验组之间因为个人因素如社会背景和个性特征而造成的差异，由于随机性被最小化了。例如，如果只有男性参与者被分配到了有垃圾箱的情境中，同时只有女性参与者被分配到了没有垃圾箱的情境中，那么不同情境之间的差异就有可能是性别而不是垃圾箱的有无造成的了。

对实验情境的控制也造成了虚拟的情境。因此，真实的实验通常外部效度都比较低，因此结论往往不能应用在现实世界发生的情况上。

1.4.3 计算机模拟研究

有时候，无法利用真实的个体或者真实的环境开展研究。例如，要研究包括上千人的复杂系统，或者研究人们如何评估未来的环境情境。出于这个原因，环境心理学家逐渐开始应用模拟方法。这一类型的研究中，尽可能准确和真实地模拟环境和人。模拟包括计算机创造出来的虚拟环境，让参与者产生经历特定环境或事件的真实感触（例如 De Kort et al., 2003；也可见第 28 章），提供给参与者地理信息系统中的 3D 可视化数据（见第 5 章），或者是关于土地和资源利用的基于代理的模型（见第 31 章）。综上所述，模拟让控制环境成为可能，因此提高了内部效度，而外部效度就不那么容易保证了。

1.4.4 现场研究

为了获得较高的外部效度而不过多地放弃内部效度，很多环境心理学家使用现场研究。由于现场研究是在现实生活背景下的，因此在外部效度上相对较高。但同时内部效度也相对较高，主要是因为实验者能够实现对情境的控制，一方面可以通过系统地控制自变量实现（例如，在公园长椅旁边放置或者移走一个垃圾箱），另一方面也可以通过将参与者随机分配到不同的研究情境中实现（例如，旁边有垃圾箱的长椅和旁边没有垃圾箱的长椅），以此来确保内部效度。但是，由于现场研究是发生在现实的情境中，因此很难控制一些可能造成影响的变量，例如天气变化或者其他没有预想到的干扰。此外，在很多情境中，完全随机分配是不可能实现的。

1.4.5 案例研究

在心理学中，案例研究是关于某个特定情境的深入研究而不是宽泛的统计分析。用这种方法可以将主题宽泛的研究限定到一个案例上，例如一个人、背景、情境、事件。例如，对城市环境质量这个较为宽泛的主题，就可以研究一个特定的地点，在这里为了反对乱丢垃圾已经安置了垃圾箱。案例研究不会有严格的条条框框，也不会用闭合问题来研究有限的变量，它是对一个单独的情境或者事件即一个案例探索性的、定性的检验，通常使用文字或者其他非数字的指标（如图像或画图）作为数据来源。案例研究和其他定性研究相配合，其主要目的在于探索和理解个体或群体对一个社会或人类现象所赋予的含义。在案例研究中，人和事件都是在其所处的情境下研究的，也就是在自然发生的背景下，例如家里、活动场所、大学、街道。这些情境都是“开放系统”，受到社会、自然、历史、文化交互作用的持续影响，从而发生一系列的变化。因此，对于现象的解释从来就没有唯一客观的事实（Willing，2001）。

在案例研究中会用到很多不同的方法，包括人种学、扎根理论、现象学（Wolcott，2001）。虽然定性的研究方法如案例研究逐渐引起学术界的重视，但是定量的研究方法（使用数字而非文字作为数据来源）仍然主导着环境心理学。在本书中这一点也很明显，即大多数内容都是从定量研究中而来。

1.5 本书概览

本书主要是面向学生、专家和普通读者介绍现代环境心理学中的关键问题，由三部分构成。在本章的导论之后，第Ⅰ部分包括第 2 章到第 15 章，主要是概述环境状况对人们的经历、生活和行为的影响，以及通过改变环境来改善生活的途径。主要的主题包括风险认知、环境压力、自然体验、自然对健康的影响、建筑物、城市环境质量、环境状况对生活质量的影响。此外，同第 1 版相比，第 2 版中有两章新增内容，分别是气候变化的风险和自然对儿童的重要性。

第Ⅱ部分从第 16 章到第 25 章，聚焦在对环境行为的理解上。主要探讨了各种衡量环境行为的方式，以及影响这种行为的因素，如价值观和规范。特别是在第 2 版中，新增的第 19 章探讨了情感在人们参与环保行为中的重要作用，第 20 章讨论了环境行为的象征意义，第 23 章综述了群体成员以及与这些成员相关的群体过程对环境行为的影响。还有很多用来解释环境行为的理论也在这一部分，包括规范理论、价值理论、关于情感的理论、社会困境理论、关于计划行为的理论、规范激活理论、习惯理论等。此外，还概述了拉丁美洲学者对人与环境之间交互的研究。

第Ⅲ部分从第 26 章到第 32 章，探讨了促进环保行为的途径，包括信息战略、改变激励措施和技术创新。同时还讨论了影响政策接受度的因素、变化的过程，以及行为变化的模拟。此外，还特别关注了发展中国家促进环保行为的活动。

在本书的最后一章中，我们给出了一些结论和环境心理学的发展趋势，以及未来研究的方向。

推荐阅读书目

Bechtel, R.B. and Churchman, A. (2002). *Handbook of Environmental Psychology*. New York, NY: Wiley.

Bell, P.A., Green, T.C., Fisher, J.D., and Baum, A. (2001). *Environmental Psychology*, 5e. Belmont, CA: Wadsworth/Thomson Learning.

Fleury - Bahi, G., Pol, E., and Navarro, O. (2017). *Handbook of Environmental Psychology and Quality of Life Research*. Cham: Springer.

Gifford, R. (2007). *Environmental Psychology: Principles and Practice*. Colville, WA: Optimal books.

Nickerson, R.S. (2003). *Psychology and Environmental Change*. Mahwah, NJ: Erlbaum.

思考题

1. 什么是环境心理学？请给出简短的定义。
2. 描述环境心理学的4个关键特征。
3. 哪个概念逐渐成为环境心理学研究的核心原则？请给出定义。
4. 举3个环境心理学家研究问题的例子。
5. 为什么环境心理学家要用多样化的研究方法？

第 I 部分
环境对人类行为和幸福状态的影响

2 环境风险认知

Gisela Böhm（挪威卑尔根大学）
Carmen Tanner（瑞士苏黎世大学）

2.1 引言

气候变化、环境污染都可能会对人类和自然造成有害的、长远的影响，一个关键的问题是人们如何认识这些风险，并在风险感知（risk perceptions）之后进一步识别风险。本章我们会介绍影响风险感知（特别是环境风险感知）的几个因素。首先，我们将讨论直观推断和偏差（heuristics and biases）。这一领域强调主观的风险判断容易受到认知偏差的影响。其次，我们将给出心理模型来识别风险感知的基本特征。再次，我们将详细解释价值维度和道德维度，认识影响风险感知的个体特征。最后，我们将讨论情绪的作用，其源于感知的风险，也是影响风险感知的因素。

2.2 什么是环境风险？

总体来说，风险是一种情境、事件或者活动，能够对人们所关注的事物产生不确定的、不利的影响。评价风险的两个要素是不利后果（损失）的严重性和不确定性。如果说某种结果是不利的，则这种“不利”的定义中包含了人们的评估。正如 Slovic 所说：“危险是真实存在的，而风险是社会建构出来的（1999，P.689）。”

环境风险与其他类型的风险在很多方面都不同。我们以气候变化为例，第一，环境风险的特征是高复杂度和高不确定性，可产生复杂的因果关系和多种结果。因此，通常包含了对环境产生的风险（例如，人类碳排放导致的海洋酸化），以及来自环境的风险（洪水对人们居所的破坏）。第二，环境风险通常来自很多人累积的行为（例如，化石燃料的应用）而不是单独的活动，相应造成的不利影响也就不那么容易缓解。第三，环境风险的结果通常都有延迟性和地域分散性。造成某种风险的始作俑者（例如，工业国家）并不一定是最终承担后果的人（例如，发展中国家、下一代）。因此，环境风险也常会产生伦理问题。

2.3 主观风险判断

风险感知指的是人们对于与某些活动、事件、技术相关的风险的主观判断。现有的研究中有很多评价主观风险判断的技术。第一，被访者通过两种方式做出总体判断，即根据总的风险或者根据从这些风险中体会到的关注、担心、威胁的程度，对各种风险打分或者排序。第二，询问人们愿意付出多少钱（willing to pay，WTP）来削弱某个特定的风险，或者在多大程度上他们能够容忍（willing to accept，WTA）某个特定的风险。第三，让被访者主观估计一个给定结果发生的概率（例如，当暴露在石棉环境中时，死于肺癌的概率）。

2.3.1 风险判断中的直观推断和偏差

主观的风险判断不是指基于深思熟虑和大量分析后的判断，而是人们的主观推断，也就是简单的、直觉的“拇指规则”（rules-of-thumb），又叫“经验法则”，是一种可用于许多情况的简单的、经验性的、探索性的、不是很准确的原则。在主观概率估计领域中一直有对直观推断的研究，通过直观推断可以得到有效的结果，但是也会导致有误差的风险评估。

一个例子就是在判断各种危险发生的频率时，倾向于高估“小的危险”的发生频率，而低估“大的危险”的发生频率（Lichtenstein et al.，1978）。两种主要的直观推断方式分别是经验性直观推断，以及锚定和调整直观推断（Tversky and Kahnenan，1974）。根据经验性直观推断（availability heuristic），人们通常依赖于轻松回忆一件事情的相关情况。对于人们来说，越是容易回想起某个事件，就越会高估其发生的概率。例如，当我们看到路边有一辆毁损的汽车时，我们主观判断车祸发生的概率就会增加（Li et al.，2011）。显然，媒体对突发事件或危险的报道都会影响能否想起某个事件，以及如何认知这件事情的风险程度（Mazur，2006）。

锚定和调整直观推断（anchoring-and-adjustment heuristic）是指在做出评估时，人们通常是从一个初始值开始（也就是“锚”），然后调整第一次估计直到做出最终判断为止。在大多数情况下，调整得都不够，导致最终的评估与“锚”之间是有偏差的。要注意的是有些重要的但却无关的信号可能成为“锚”。例如，Tversky 和 Kahneman（1974）的研究表明，在问及非洲国家在联合国的比重时，向参与者展示的轮盘上一个武断的数字会严重影响他们的估计，当轮盘上的数字是65%而不是10%的时候，平均的估计值从25%增加到45%。

同样地，那些初始锚定高（10℉）的人与低（1℉）的人相比，不仅对地球的温度升高给出更高的估计，而且也更愿意相信全球变暖，同时会为了减少全球变暖效应而具有更高的支付意愿（Joireman et al.，2010）。

另外一个发现是关于不切实际的乐观主义（或者说乐观主义偏差）：人们倾向于相信他们更有可能经历正面的事情而不太可能经历负面的事情（Weinstein，1980）。一项研究表明，人们并不是对所有风险都持相同的乐观态度。例如，人们倾向于感觉到气候变化、移动电话辐射以及转基因食物等对别人的风险比对他们自己的要大（Costa-Font et al.，2009）。不切实际的乐观主义可能带来很重要的启示，因为当人们看不到对个人的危害时，就可能不会采取保护行动（Weinstein et al.，1990）。

还有一个会影响评估的因素是问题框架。框架效应（framing effects）指的是相同问题的不同描述会影响人们的决策（Tversky et al.，1981）。特别是用词方面的简单调整，例如，在描述结果时用损失多少而不是获得多少，就会导致不同的偏好（见知识点 2-1）。Gregory 等（1993）发现当给出的前提是有机会恢复以前较好的状态，而不是改善现有的状态时，人们就会认为环境问题（如河流水体质量、空气质量）更重要了。

知识点 2-1　框架效应与环境决策

Hardisty 等（2010，研究 2）在一个实验中展示了框架效应如何影响环境决策，以及个体差异如政治身份（民主党、独立派、共和党）是如何影响这一过程的。参与者需要在两张飞机票中选择一张。票都是相似的，只是“绿色”选项更贵一些，因为包含了碳费。这项费用被描述为负面的（作为税收）或者是正面的（作为补偿）。不出所料，当描述为补偿时，相比描述为税收时，“绿色”选项被选中的频率更高。而且，这一作用还受到了政治身份的调节作用。当描述为税收时，偏向于“绿色”选项的人数从民主党到独立派到共和党依次减少了，似乎是共和党更不喜欢税收。

框架效应起作用是通过改变某人的偏好临界点，也就是既没有损失（当结果被描述为一种损失时）也没有所得（当结果被描述为一种获得时）的中立结果。对于框架效应的通俗解释就是损失厌恶（loss aversion），即经历损失对于一个人的评价判断来说是毁灭性的，相比而言，经历获得更令人高兴（Tversky et al.，1981）。

虽然对于直观推断的研究主要依赖于认知过程，但是越来越多的研究强调了情绪对风险评估和决策制定的重要性（Pfister et al.，2008）。这种情绪推断（Finucane et al.，2000）意味着情绪状态是风险判断重要的信息输入：如果个体对某个活动的感受是正向的，他们判断的风险程度就低，同时收益水平就高；相反，如果感受是负面的，那么判断的风险程度就高，同时收益水平就低。因此，感知的风险和感知的利益是负向相关的，虽然事实上风险和利益更多是正向相关的，因为只有在承诺巨大利益的时候才会承担高的风险。

2.3.2　环境风险的时间贴现

时间贴现指的是一种心理现象，也就是当前的结果主观上比未来的结果更重要。应用在对环境风险的感知上，这种倾向意味着在结果获得的时间上有所延迟的时候，所感知的环境风险并没有那么严重。但是，研究学者却没有发现证据来支持环境风险评估的时间贴现（Böhm and Pfister，2005；Gatting and Hendrickx，2007）。例如，人们发现石油泄漏的风险都差不多，无论是发生在一个月内、一年内，还是十年内（Böhm and Pfister，2005）。对此的解释是环境风险涉及伦理或道德价值，因此不考虑暂时的情况（Böhm and Pfister，2005；Gatting and Hendrickx，2007）。

2.3.3 心理学范式

研究风险感知的成熟的方法是心理学范式，最初是由 Slovic（1987）和他的同事引入的。其目的是识别多种危险、活动或技术的“认知地图”，以及其背后导致人们感知事物高风险还是低风险的心理维度。

在很多研究中，有2个维度在因子分析后重复出现，也就是组成认知地图的基本维度：令人畏惧的风险和未知的风险。令人畏惧的风险（dread risk）描述了所经历的风险的恐怖、后果严重、毁灭性、不可控的程度。未知的风险（unknown risk）是指所经历的风险的新鲜、不熟悉、无法观察到、结果延迟的程度（见知识点 2-2）。

知识点 2-2　关于环境风险的心理学研究

McDaniels 和他的同事是最先采用心理学范式来研究环境风险感知的学者。他们进行了一项调研，让被访者评价 65 种危险（与自然灾害、技术、人类活动等有关），之后通过因子分析将 31 个题项聚类为 5 个基本的维度：对物种的影响（如物种消失）、人类利益（如对社会的利益）、对人类的影响（如受影响的人的数量）、可回避性（如对风险的可控性）、知识（如对影响的认知）（McDaniels et al.，1995）。与之前只有 2 个维度（如令人畏惧的风险和未知的风险）的研究相比，这项研究体现出更高的复杂性。一个有趣的发现是人们能够清楚地区分对人类的影响和对其他生物的影响。随后，Lazo 等（2000）的研究比较了专家和普通人的风险感知后，发现专家相比普通人通常认为这些危险对人类和动物的影响较低。

2.4 风险、价值和道德

风险感知可能会受到价值（values）、伦理或者道德（moral positions）等因素的影响（第17 章将详述）。例如，一项最近的研究发现倾向于传统价值观（例如，家庭、爱国主义、稳定性）的人们，以及倾向于利他主义（例如，关注其他人和其他物种的利益）的人们会感知到更高的全球环境风险（例如，臭氧空洞和全球变暖）（Whitfield et al.，2009）。

2.4.1 价值

环境伦理中的主导观点认为环境具有内在价值（例如，稀有物种、自然景观），据此，无论主观的观点如何，这个独立于人类的世界本来就是有价值的（Taylor，1981）（第 17

章将详述）。相反，环境经济学认为人们有时很不愿意在不同的价值之间做出取舍，例如，很多人都认为为了金钱而牺牲自然或者稀有物种在道德上是错误的。人们认为这些事物是独立的（如人类或者动物的生命、自然、尊严），不能为了任何其他事物特别是经济价值做出交换。对这种现象，心理学理论称为受保护的或者神圣的价值（protected or sacred values）（Baron and Spranca，1997；Tetlock et al.，2000）。有研究表明强迫人们去交换这些价值，或者让人们对这些他们认为受保护的事物"定价"（问给多少钱他们能接受某些物种的消失）会导致负面的情绪反应（例如，愤怒），甚至会想要惩罚做出这种交换的人（Hanselmann et al.，2008；Tetlock et al.，2000）。

2.4.2 道德和伦理

道德或伦理在风险评估中也发挥着重要的作用（Böhm et al.，2000；Pfister et al.，2001），也暗示着有关行为在道德上是对是错的原则。道德的哲学意义通常被拿来与结果主义（consequentialist）和道义原则（deontological principles）相比较。道义原则的观点与结果主义的不同之处在于其关注的是行为内在的正确性或者错误性。道义原则指的是道德上的委托行为或者禁令，例如有义务信守诺言或者有义务不破坏自然，与结果无关。相反，结果主义的原则关注的是结果的重要性和可能性。如果结果主义原则得出了什么是道德上的正确或错误的结论，那么这些就是基于结果的（而不是行为或者非行为的）。结果主义原则的目的是利益最大化，同时危害最小化。

由此，道义原则关注的是行为而不是结果的内部正确性或错误性，与此一致，相关研究也表明倾向于道义原则的人们更多地会关注一个行动或不作为（例如，没能做出行动）产生的危害或利益，而不是结果的重要性和可能性（见知识点 2-3）。这些结论对环境风险沟通有启示，表明并不是所有人都关心与结果有关的信息。

知识点 2-3　道义论证、受保护的价值以及环境决策

Tanner 和他的同事（Tanner and Medin，2004；Tanner et al.，2008）发现了在环境决策中道义论证（见第 2.4 节）和受保护的价值所发挥的作用。提供给参与者几个情境，每一个都包含了在行动和不作为之间的选择（例如，是否实施一项限制转基因作物的法案；是否给饮用受污染水源水的小孩接种疫苗）。结果的差异表现为它们是有风险的还是确定的，以及它们是以损失的方式还是收益的方式来描述（见第 2.1 节）。对于参与者是否将自然、人类或动物的生命看作是受保护的价值，以及他们是倾向于道义还是结果主义。结果表明受保护的价值与道义导向强相关，与行动的相关性比与不作为的相关性要强。最有趣的是，具有受保护的价值观和道义倾向的参与者并不受到框架效应的影响。因为他们似乎更加关注对环境行为所承担的义务，因此更倾向于行动而不是不作为。相反，只有那些具有结果主义导向的参与者才会受到结果描述为收益还是损失的影响。

2.5 对环境风险的情绪反应

情绪影响到风险感知。当我们对一种行为产生反感的时候，我们所判断的风险水平就相对较高（见第 2.3.1 部分），两者结合之后仍然有很多的情绪效应。如果效应相同，不同的情绪也可以对感知的风险产生不同的影响（Keller et al.，2012）。例如，虽然都是负面的情绪，恐惧会提升风险感知，而愤怒会降低风险感知（Lerner and Keltner，2001）。但是，恐惧和愤怒都与评价事物的不同倾向相关联。特别是，恐惧与不确定的、不可控的情境评价相关联，会让个体感知到这些事物更加危险。相反，愤怒则让人们更容易判断出事物的确定性和可控性，因此感知到这些事物危险性较低。

情绪不仅会影响风险感知，也会受到风险感知的影响（Böhm and Pfister，2015）。当人们的注意力聚焦在某个危险所产生的结果上时，他们就会体会到基于结果而产生的情绪。这有可能是预期的（例如，由于预见到危害而产生的恐惧），也有可能是可追溯的（例如，由于经历过损失而产生的失落）。当人们的焦点是道德上的对错时，他们就会体会到基于伦理的情绪，这些会直接影响自我（在自责的时候很内疚）或者他人（在责怪他人的时候很愤怒）。Böhm（2003）要求被试者列出环境风险，以及应对这些风险时他们所体验到的这四种情绪的程度。基于伦理的自我导向情绪（如内疚）对个人行为影响很大，如车祸；当能够将责任清楚地划归第三方时，则会产生基于伦理的他人导向情绪（如愤怒）。物种的消失主要是激发起预见性的（例如，恐惧），以及可追溯的（例如，失落）基于结果的情绪（第 9 章将详述）。相比人为的危险，对自然危险（例如，地震）的情绪反应普遍较低。

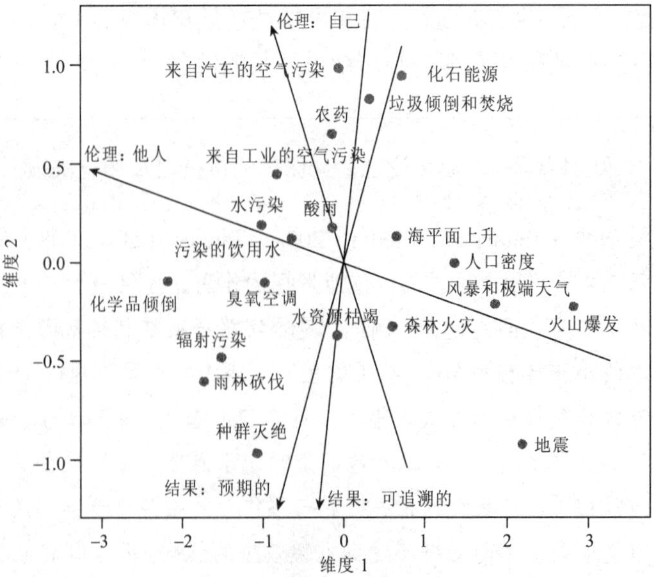

图 2.1 对环境风险的情感反应

资料来源：Böhm（2003）。

积极的情绪对人们如何感知和应对环境风险也有重要的影响（Böhm and Pfister，2015）。例如，有研究发现对气候变化政策的支持受到担忧和希望两种情绪的显著影响（Smith and Leiseronitz，2014）。

2.6 小结

了解人们如何感知环境风险及相关技术，在理解人们对特定风险的感知方面的应用非常关键。本章的目的是概述研究和理论中决定环境风险感知的主要因素，当然，这里所列的因素是有限的。而以前的研究主要是受到了认知方法的影响，聚焦在如何感知风险这一问题上，现在的观点多是强调情绪在风险感知过程中所发挥的作用。此外还有很多关注价值和伦理维度对风险评估的影响。鉴于很多环境风险或者新技术对地球和人类有潜在的影响，我们也希望在未来能更多地探讨伦理方面的问题。

推荐阅读书目

Bernstein, P.L. (1996). *Against the Gods: The Remarkable Story of Risk*. New York, NY: Wiley.

Böhm, G., Nerb, J., McDaniels, T., & Spada, H. (Eds.). (2001). Environmental risks: perception, evaluation, and management [special issue]. *Research in Social Problems and Public Policy*, 9, xi-xx.

Breakwell, G.M. (2007). *The Psychology of Risk*. New York, NY: Cambridge University Press.

Slovic, P. (ed.) (2000). *The Perception of Risk*. London: Earthscan.

Slovic, P. (ed.) (2010). *The Feeling of Risk. New Perspectives on Risk Perception*. London: Earthscan.

思考题

1. 环境风险和其他类型的风险有区别吗？如果有，体现在哪些方面？
2. 人们会用哪种推理方法做出风险判断？举例说明。
3. 描述心理学范式。哪些维度通常会影响风险感知？
4. 什么是受保护的价值和道义推断？
5. 情绪如何影响风险感知？

3 气候变化作为一个独特的环境问题

Janet K. Swim（美国宾夕法尼亚州立大学）
Lorraine Whitmarsh（英国卡迪夫大学）

3.1 引言

气候一直在变化，但自 20 世纪 70 年代以来，物理科学家对人为（anthropogenic）气候变化（climate change）及其对人、动物和生态系统的影响发出了警报。气候变化的影响包括生态系统和人类系统的不稳定，以及人类和其他物种适应能力的变化速度，造成流离失所、不安、死亡和灭绝（IPCC，2013）。这些影响具有伦理意义，因为它们不成比例地影响非工业化国家和较贫穷的群体，而造成气候变化的责任更多地在于工业化国家，这些国家排放了更多的温室气体。

与人类引起的气候变化相关的几个特质要求心理学家扩大他们对环境问题的思考范围。气候变化是全球性的，有不同的地方影响，这与环境保护主义者所处理的许多问题（例如水和噪声污染）相对局限的地方性质形成了对比。根据地球上的地理位置和保护对象的脆弱性，气候变化具有多方面相互关联的地球物理学的、生物学的和人类学的后果。此外，这一问题对依赖增长和消费的经济和政治制度，以及许多人的生活方式和价值观提出了挑战，因为工业化国家几乎每一个人都直接或间接地排放温室气体，需要重大的经济、政治和生活方式的改变来应对这一挑战。最后，个人决定（例如，开车或吃肉）与气候影响之间的因果关系并不明显。气候变化的复杂、分散、远距离特征，以及其道德和政治性质决定着：①公众在理解气候变化方面遇到的困难；②对气候变化是否是一种风险，以及随后公众如何应对这一问题的评估。下面我们将详细阐述这些话题。

3.2 公众对气候变化的了解

自 20 世纪 80 年代气候变化首次进入公众意识以来，人们对气候变化的认识和理解逐步提高（Capstick et al.，2015）。早期评估显示，气候变化与天气、空气污染和臭氧消耗混为一谈（例如 Kempton，1991）。最近，臭氧层空洞与气候变化之间的错误关联减少了，对化石燃料与气候变化之间因果关系的认识也有所提高（Capstick et al.，2015）。这种改进对个人能源使用重要性的认识可能有帮助，因为它消除了对气候变化采取行动的阻碍（Geiger et al.，2017）。

然而，公众对气候变化的理解仍然存在差距。例如，人们对海洋酸化（ocean acidification）的认识很少，这表明公众不了解碳循环，因为人类影响碳循环变化继而导致了气候变化，也导致了海洋酸化（Capstick et al.，2016）。还有一种倾向是识别其他人的能源使用情况，而不是将自己的能源使用作为根源，这可能是由于缺乏认知或动机方面的原因（见下文；Whitmarsh，2011）。

对一些人来说，知识差距反映出他们不愿意接受气候变化，而不是缺乏知识。尽管人们对气候变化的真实和严重性日益形成科学共识（IPCC，2013），但在一些工业化国家中，少数公众对此仍然保持不确定态度，甚至否认气候变化（Capstick et al.，2015）。人们对气候变化严重性的认知随着党派的政治路线日益两极分化。人们对气候变化的信心最有力的预测因素之一是，人们是认同接受气候变化的政党还是否认气候变化的政党（Hornsey et al.，2016）。对于那些对气候变化最不屑一顾的人来说，提供更多关于气候变化的信息并不是必要的。例如，通常具有科学知识的保守主义者实际上比科学知识较少的保守派更有可能理解气候科学家对气候变化的看法，但也同时更有可能拒绝这一知识（Kahan et al.，2012）。与这种传递信息的意识形态相一致，提供有关气候变化政策有效性的信息将使这些政策稳定不变（Rhodes et al.，2014），但却强化了现有的意见（Corner et al.，2012）。因此，公众对气候变化的了解很大程度上不能归因于我们对气候变化的了解，而在于我们如何、从谁那里学到，我们的信息来源以及我们如何评估这些来源（Clayton et al.，2015，p.640）。

3.3 评估气候变化的风险

人们对气候变化的理解程度也反映在对气候变化带来的风险的认识上。对气候变化风险的感知反过来也会对行为反应产生影响（McDonald，2016）。对包括最脆弱群体在内的一些人来说，气候变化是人类和生物圈面临的一种迫在眉睫的风险，需要立即采取行动来减轻和应对气候变化的影响。对另一些人来说，气候变化是对人类或直接的个人生活事件的一种远比其他的、定义更明确的威胁更为次要的风险。因此，对于这一群体，资源和个人的注意力集中在其他问题上。对还有一些人来说，人为的气候变化是由那些利用气候变化来推动左翼政治议程的团体制造的骗局。正如我们稍后讨论的，这一观点根植于意识形态，并受到某些右翼组织和既得利益集团的积极推动。对于这些群体来说，这种骗局应该被揭露出来，那些宣传它的人应该受到教育。这些不同的信念反映在不同的气候变化意见群体中（见知识点 3-1 和图 3-1）。

知识点 3-1　气候变化的信仰类型

关于气候变化的观点，将公众在统计上分成可识别的意见群体（Roser-Renouf et al.，2015）。在美国发现的6个这样的群体是：惊慌（占美国人口的17%）、担忧（占美国人口的28%）、谨慎（占美国人口的27%）、不参与（占美国人口的7%）、怀疑（占美国人口的11%）和不屑一顾（占美国人口的10%）。如图3-1所示，将这些群体成员按照对气候变化行动的政策支持划分关系（Swim and Geiger，2017）。

在过去10年中，这些群体的规模基本保持稳定。相似的组织在澳大利亚和德国也有记录，尽管德国没有"不屑一顾"这个类别，可能是因为那里的人们对待气候变化不那么"政治化"（Metag et al.，2015；Morrison et al.，2013）。相反，印度有不同的分组：了解的、有经验的、未确定的、中立的和不参与的（Leiserowitz et al.，2013）。

不同的气候变化意见群体表明应向这些群体提供关于气候变化的有针对性的信息（见第26章）。人们可能会向"惊慌"的群体提供关注的渠道，向"谨慎""怀疑""不参与"的群体宣传气候变化的风险，并按照在意识形态上对"不屑一顾"的群体威胁较小的思路重新界定这一问题（见关于动机推理的讨论）。

与其他群体相比，更多的负面属性与"惊慌"和"不屑一顾"的群体有关，这可能是因为他们相对较极端的观点使他们看起来不规范（Swim and Geiger，2018）。然而，这些负面印象越少，一个人自己的意见就越符合群体的意见（Swim and Geiger，2018）。这些印象可能很重要，因为人们可能会对持负面观点的群体做出反应（Swim and Geiger，2018）。

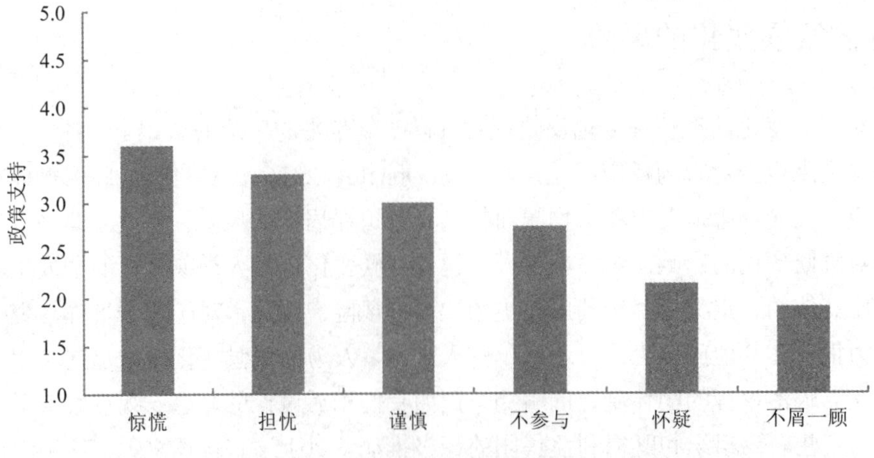

图3-1　根据对气候变化行动的政策支持，将公众分成可识别的意见群体

气候变化带来的风险既包括对损害可能性的评估，也包括对问题被认为有多严重的评估（见第2章），都是客观的和动机推理（motivated reasoning），即信息的处理和使用偏向于支持一个人的目标和信念，都会影响这些评估。理解风险评估的一个有效方法是使用应急反应的类比，也就是说，个人必须：①发现问题；②将问题解释为紧急情况或威胁；③承担解决问题行动的责任（Frantz and Mayer，2009）。

3.3.1 发现问题

气候变化和人类心理过程的许多特点使气候变化很难被觉察（Geiger et al.，2017）。气候变化本质是看不见的，而是通过复杂的科学方法和模型揭示出来的。此外，气候变化的影响不仅仅是对天气的影响，还有不太明显的影响，如粮食短缺、人口迁移和创伤后应激（Clayton et al.，2014）。气候变化的常见解释也使气候变化难以被检测到，因为它对影响的定义较窄（Geiger et al.，2017；Smith and Leiserowitz，2012）。例如，由于空气中更多的水分造成的大雪使人们对气候变化导致全球变暖的看法产生了抵触（例如，融化的冰山）；携带疾病的昆虫迁徙导致疾病传播的增加，与气候变化影响生活在寒冷地区的哺乳动物（如北极熊）的观点背道而驰。因此，即使问题被发现，人们也很难知道该问题是否是人为造成的气候变化导致的。

对气候变化影响缺少关注也使人们难以察觉气候变化。那些生活在世界上工业化程度高的地区的人们，在气候被控制的空间里度过大部分的时间，在物理上与自然隔绝时间多，他们很难注意到气候的变化（Reser et al.，2014）。人们关注短期内的天气模式，通常是一到两个季节，而不是长期的气候变化，导致他们错过更大的趋势（Howe and Leiserowitz，2013）。由于可得性启发（availability heuristic），气候变化不如其他更直接和有规律的或媒体一致报道的风险更突出。动机推理可能会加剧这个问题：那些相信气候变化没有发生的人不太可能准确地记得，他们在前一年经历了一个比平常更温暖的夏天（Howe and Leiserowitz，2013）。

3.3.2 对问题的解释

许多人不把气候变化及其影响解释为一种威胁，也不担心它（Capstick et al.，2015）。缺乏感知到的威胁和担心可以归因于关于气候变化是否导致特定问题的歧义、信息语境、问题的心理距离、减少接受威胁的动机推理以及应对强烈的情绪。我们将在下面对每一种情况进行解释。

气候变化的原因和影响的归因歧义（attributed ambiguity）增加了对气候变化影响的不确定性和潜在怀疑（Swim and Bloodhart，2018）。当存在多个合理的备选解释，很难知道哪个解释是最有效的时候，就会出现归因歧义。环境或社会问题（例如，迁徙、健康）是多方面决定的。例如，森林火灾普遍是由于森林管理不当和气候变化引发的干旱和食树昆虫的生存数量增多（一旦冬天更冷，它们将死亡）导致的森林脆弱性，从而引发气候变化。

这可能使很多人很难知道应该在多大程度上关注特定问题对气候变化的相对贡献。

一些学者认为，不希望执行政府应对气候变化政策的石油公司和政治团体造成了气候变化人为原因的不确定性（Oreskes and Conway，2010）。如果不把原因归咎于人类，人们就不会觉得对造成或解决这一问题负有责任。造成不确定性的一个主要方法是强调气候变化的自然原因，从而造成气候变化原因的属性模糊。他们还通过各种手段歪曲了“事实”，比如指出历史上的某些时期是温暖的，并忽略了当前变暖趋势的独特特征（Lewandowsky et al.，2013）。此外，这些群体通过利用科学家作为信息源，在该领域造成了争端的幻象，并导致人为气候变化没有科学共识的公众印象，从而产生不确定性。新闻媒体对这种混乱也负有责任，通过虚假的平衡（false balance）提出了两个对立的立场，这意味着它们代表两个同样具有代表性的意见（Boykoff and Boykoff，2004）。更准确的平衡是就特定政策是否能有效地解决气候变化问题提出不同的观点，而不是对近期气候变化归因于人类这一科学结论的有效性提出不同的观点。

心理距离（psychological distance），即自身与气候变化的影响之间的感知距离（Trope and Liberman，2010），可以影响感知威胁和担忧（McDonald，2016）。将气候变化视为对未来几年（时间距离，第2章）、在遥远的地方（地理距离）、对与自己不同的人（社会距离）的影响，可以减少气候变化的感知威胁。一种乐观的偏见（optimism bias）认为，气候变化的负面后果更有可能发生在其他地方和其他时间，这种偏见可能会降低人们对风险的感觉。当一个人亲身经历气候变化时，心理距离就会缩小；然而，这种经历是通过对先前信念的过滤来解释的。例如，如果人们已经相信气候变化，那么遭受洪水或热浪将特别被视为气候变化的证据（Clayton et al.，2015）。

如前所述，动机推理影响人们对气候变化威胁的认识，也影响问题的发现。例如，当美国人了解到美国过度使用能源时，比起了解到外部群体（如中国）的高能耗，他们更有可能将气候变化归因于自然原因，而这些原因反过来又会对气候变化和政策支持的担忧产生影响（Mo Jang，2013）。这表明，对内部群体积极评价的威胁会降低人们感知到的气候变化风险。此外，意识形态信仰可以影响对气候变化威胁的看法。例如，当解决方案涉及政府监管时，保守派不太可能指出气候变化是一个问题，而在市场基础上的解决方案被提出时，解决方案与他们的政策偏好是一致的（Campbell and Kay，2014）。这种是由于不喜欢解决，而不是出于对问题本身的评估而忽视问题的倾向，被称为“解决问题的厌恶”（solution aversion）。

即使一个人最初感到有环境变化的风险，心理应对反应也会减少这些感觉（见第2章）。气候变化的后果可能令人厌恶，促使人们回避这一议题（Norgaard，2011）。关于恐惧诉求对采取行动的影响的研究表明，如果人们觉得自己没有能力降低风险，他们就会通过减轻意识到的威胁来应对这种严重性（O’Neill and Nicholson-Cole，2009）。这表明，如果没有有效的解决办法，对气候变化的担忧将减弱。因此，必须将气候变化的严重性与减少气候变化风险的解决办法结合起来。

3.3.3 承担责任并采取措施

由于本书第Ⅱ部分概述的原因，气候变化带来的威胁可能无法转化为行动，包括不对威胁承担个人责任（例如，“价值-信念-规范”理论，见第 22 章）。按照这一模式，接受个人和集体责任是采取行动应对气候变化的前提。此外，还必须将责任与个人和社区资源结合起来，为应对气候变化所需的个人和团体行动提供机会。

气候变化的解决办法首先是减少大气层中的温室气体（例如，通过改变能源使用和粮食选择，见本书第Ⅱ部分），以减缓并最终停止气候变化（缓解）；其次，适应和应对不可避免的影响（适应），这既包括降低脆弱性（例如，撤离岛屿国家），也包括提高复原力（例如，生物多样性可以增强森林的力量，使其及其居民对气候影响的变化具有更强的抗御能力）（IPCC，2013）。我们正处在一个缓解即将到来的变化的时刻，适应至关重要。复原力可以是心理上的，也可以是身体上的、社会上的或经济上的。例如，当人们更好地知道如何在极端天气等紧急情况下采取行动时，就会更快地恢复。

目前的影响和未来行星的变化更可能影响动物而不是人类。在影响人类时，最有可能影响穷人、老年人和妇女等群体，使适应和缓解环境变化成为一个社会正义（或环境正义）问题。心理学研究表明，对外围群体的偏见可能会损害采取行动应对气候变化的愿望，例如，与内部成员相比，人们不那么担心外部群体受到的伤害（Swim and Bloodhart，2018）（另见第 23 章）。此外，缓解和适应气候变化需要以地理上不同的方式改变生计和生活方式（例如，改变饮食结构以适应更多的抗旱作物）。因此，在制定对策时必须考虑到地点和文化特性（Clayton et al.，2015）。

3.4 小结

与环境心理学家研究过的其他环境问题相比，这一章强调了气候变化相关方面独特的心理现象。气候变化是全球性的、多方面的、难以察觉的以及因果关系不明确的。虽然科学是可靠的，但公众的认知度和关注程度各不相同（例如，态度部分和政治意识形态）。各种各样的心理过程包括在信息背景（例如，媒体偏见、政治化辩论）和社会结构（例如，低碳选择的机会有限）下的动机推理、推断、归因歧义、心理距离会影响（而且往往限制）问题的发现，感到担忧，察觉威胁，以及对问题承担责任和采取行动。心理研究可以揭示减缓和适应气候变化的方法，同时强调和重视环境正义。

推荐阅读书目

Capstick, S., Whitmarsh, L., Poortinga, W. et al. (2015). International trends in public perceptions of climate change over the past quarter century. *WIREs: Climate Change* 6 (1): 35-61.

Clayton, S., Devine - Wright, P., Stern, P. et al. (2015). Psychological research and global climate change. *Nature Climate Change* 5: 640-646.

Geiger, N., Middlewood, B.L., and Swim, J.K. (2017). *Psychological, Social, and Cultural Barriers to Communicating About Climate Change*. Oxford Research Encyclopedia.

Swim, J.K., Clayton, S., and Howard, G.S. (2011). Human behavioral contributions to climate change: psychological and contextual drivers. *American Psychologist* 66 (4): 251-264. doi: 10.1037/a0023472.

思考题

1. 为什么提供更多关于气候变化的信息并不一定能有效地改变人们对气候变化的看法？

2. 理解风险评估的一个有效方法是使用应急反应的类比，请描述这一类比的三个部分。

3. 许多人不认为气候变化及其影响是一种威胁，也不担心气候变化。请提供三种心理解释并说明为什么会出现这种情况。

4 环境压力

Elena Bilotta（意大利罗马智德大学）
Uchita Vaid（美国康奈尔大学）
Gary W. Evans（美国康奈尔大学）

4.1 引言

人与环境的互动有各种形式，从而导致了各种结果。鉴于人类的生存能力，这些互动基本上具有积极的结果，但是，成功应对环境挑战和环境要求是需要付出代价的。次优的环境条件提出的要求可能超出了个人的能力。这种环境要求与人的响应能力之间的不平衡被称为压力（McGrath，1970；Evans and Coben，2004）。压力与疾病之间存在明确的关联，这种关联通过免疫系统的改变（Sagerstrom and Miler，2004）、增强的心血管反应（Steptoe and Kivimäki，2013）以及炎症反应的改变（Miller et al.，2002）而发生。压力一直以来还与心理问题有关，比如心理健康的恶化（Staufenbiel et al.，2005）。然而，并不是每一个压力因素都是平等的，每个压力因素对身体和心理健康的不利影响也不相同。

环境压力因素（environmental stressors）（比如，噪声、拥挤和污染）可以是短暂的（比如，被困在隧道时的污染），也可以是慢性的（比如，居住在高速公路旁）。慢性环境压力因素对于人类生活品质和健康而言更加重要。比如，研究人员发现慢性压力因素会使免疫系统受损，而急性压力因素似乎危害较小（Sagerstrom and Miller，2004）。环境压力因素往往是慢性的，因为个人逃避或者消除环境压力因素的能力有限，如机场周围的居民没有能力搬家。本章我们首先简要总结了一般的压力模型，然后讨论了五种环境压力因素影响方面的实证证据。

4.2 压力的概念化

压力研究主要归功于 Cannon（1932）和 Selye（1956）的早期研究成果。Cannon 研究了人和动物在危险情况下的反应。他指出，动物和人在面临紧急情况时会表现出适应性的

“战或逃”的反应。他还表明，这些“战或逃”的反应涉及交感肾上腺髓质系统（sympathetic-adrenal medullary，SAM）的激活。如果发生紧急情况，这种生理系统就会调节肾上腺素分泌，促进血压、血凝固、心率和血糖水平的快速升高，降低消化节奏，将能量资源第一时间分配给肌肉。重要的是，一旦紧急情况结束后，系统就会恢复到基准线水平，Cannon将这一过程称为“体内平衡”。Cannon关注的是对急性威胁的反应，而Selye更加感兴趣的是身体对慢性挑战压力的应对模式，他将其称为“一般适应综合征”（general adaptation syndrome，GAS）。一般适应综合征经历3个阶段：类似于Cannon的“战或逃”反应的报警阶段、抵抗阶段（身体努力应对或者适应新要求）以及耗竭阶段（身体资源开始耗竭，可能出现系统损坏）。

压力的心理学模型的开发独立于生物模型，主要着眼于心理因素对压力反应的影响。迄今为止，这些模型中最著名的模型就是Lazarus及其同事开发的交互模型（Lazarus，1966；Lazarus and Folkman，1987）。根据这个模型，压力是人与环境之间相互作用的产物。压力的来源不仅是事件的发生，人们对事件的认知评价以及他们用于应对事件的策略也会影响压力水平。

最近，适应负荷理论（allostatic load theory）（McEwen，1998）提出从动态的角度将压力看作身体通过变化为了实现稳态或稳定性而做出的持续努力。根据这一理论，身体机能不存在理想的状态。每一次遇到压力因素时，人的心理压力系统就会被激活，从而找到一个新的平衡，这种新的平衡能够使个人适应变化的处境。这一稳态过程对个人具有重要的意义，但也并不是没有代价的。长时间接触需要调整基本机能的压力可能会导致身体的累积损耗。总体而言，压力研究中的主导概念框架已经从稳定性（体内平衡）转变为适应性变化（稳态）（Ganzel et al.，2010）。

4.3 环境压力的影响

人们在日常生活中面临许许多多的环境压力因素，尤其是住在大城市的人。在这一节中，我们回顾了五种最常见也是受到最广泛研究的环境压力因素：噪声、拥挤、糟糕的住房质量、糟糕的社区质量以及交通拥堵。

4.3.1 噪声

噪声是指有害的声音，通常用强度（如分贝）、频率（如音高）、定期性（连续还是间歇性）以及持续时间（急性或慢性）来表征。声音是产生噪声的必要非充分条件。声音的心理学组成部分（有害的）及其物理组成部分（强度）在噪声认知中起到了关键性的作用。声音的其他重要心理学特点包括声音的可预测性以及个人对声音来源的控制程度（Evans and Cohen，1987）。强烈的、不可预测的、不可控制的噪声会产生消极的感受，如刺耳和烦恼（Klatte et al.，2016）。

慢性噪声同样会产生心理压力（Evans，2001；Van Kempen et al.，2012）。会使成年人（Babisch and Kim，2011）和孩子（Van Kempen et al.，2010）的血压显著上升，也会增加心血管疾病和心脏病（Münzel et al.，2014）。与住在安静区域的孩子相比，在机场附近上学的孩子长期而言具有更高的肾上腺素和其他压力荷尔蒙水平，以及更高的静息血压（Evans et al.，1998a）。心理压力和噪声相关的其他证据来自工作场所。在噪声更大的场所中工作的人（尤其是多年这样工作的人）具有较高的血压（Tomei et al.，2010）。慢性噪声也在生理和行为层面上对人产生不利的影响。慢性噪声会影响工作绩效（见知识点 4-1），改变人们分配注意力的能力，干扰人们的识别信号（Evans et al.，2007），并且损害人们的记忆力（Van Kempen et al.，2006）。

知识点 4-1　噪声对阅读能力的影响

研究者比较了纽约市的一座城市学校中儿童的阅读能力：学校校舍的一侧靠近噪声很大的高架铁轨，而另一侧则采取了防噪声保护措施（Bronzaft，1981）。在校舍的噪声较大一侧的教室中上课的小学生的阅读能力低于在安静教室中上课的小学生。这一证据很确凿，因为儿童不能选择他们自己的教室，近似于随机化。在一项后续研究中，Bronzaft 利用学校的一项重大降噪工程进行了一次试验，工程结束后，阅读能力不再因为教室位置而发生差异。

噪声还会影响人行动的动力。在更吵闹的教室中的孩子获得成就的动力更低（Gilavand and Jamshidnezhad，2016），在实验室中接触噪声的人在去除噪声后实施的激励性任务上具有较低的毅力（Gilavand et al.，1972）。因为这些影响是在去除压力因素之后观察到的，所以这些激励影响被解读为噪声下工作负荷造成的“事后影响”。当人们实际上能够控制噪声时，事后影响就被减轻。与其他不可控的环境压力因素（如拥挤和交通拥堵）的接触会产生类似激励不足（Evans et al.，2004）的现象。

4.3.2 拥挤

拥挤是空间需求超出可用空间的情况下发生的心理状态（Stokols，1972）。由于个人差异（如文化、性格、性别、年龄）或者场景因素（如持续时间、活动、私人空间和公共空间），相同的密度水平可能被感受为或多或少的拥挤（Stokols，1972）。因为可用空间减少，拥挤使人们难以调节社会互动、限制了行为选择、导致个人空间被侵犯。实验室研究表明，拥挤增强了心理压力：人们感受拥挤的时间越长，心理压力增强的程度越高（Evans，2006），同时拥挤提高了皮肤传导性、血压和压力荷尔蒙（Evans，2001）。

有研究表明家庭拥挤是慢性压力的主要来源（Riva et al.，2014）。住在一个拥挤的家中与孩子幸福感的很多方面都是负相关的。即使控制一些社会经济身份（SES）的维度，家庭拥挤对学术成就也是显著的不利影响，对外部行为问题和孩子的身体健康也是有害的（Solari and Mare，2012）。

当人们感受到拥挤时，他们也感受到心理压力：表现出烦躁、焦虑等消极情感以及非言语的紧张迹象，比如坐立不安或者反复摆弄物体（Evans et al.，1987）。拥挤往往与社会退缩（social withdrawal）有关，社会退缩是一种应对机制，其特点是减少目光接触、更大的人际距离以及在发起交谈时表现出更明显的抑制（见知识点 4-2）。社会退缩进而可能妨碍心理健康的保护因素，比如培养和保持社会支持性的关系。有关拥挤、社会退缩和社会支持的证据强调了人对次优环境条件做出的反应的一个有趣的特点。人类具有适应能力，但是需要为这种适应付出代价（McEwen，2002）。比如，当人们通过退缩来应对拥挤时，他们无意间就损害了社会支持，从而减少了应对其他压力因素的资源，最终会转变为更大的心理健康风险（Evans and Cohen，2004）。

知识点 4-2　拥挤对社会退缩的影响

在一系列研究中，Baum 和 Valins（1977）研究了住在不同类型的宿舍中的学生。在一所大学中，新生通常被宿舍办公室的工作人员随机分配到两种类型的宿舍：位于长走廊两侧的宿舍（36 名学生共用一间休息室和浴室），或者 6 名学生共用一间休息室和浴室的套房。尽管两种类型的宿舍提供了相同的人均房屋面积，但是，住在套房的学生会感觉不太拥挤，而且能够比住在走廊宿舍的学生更加和睦地相处。他们认识了更多的宿舍住户，更加强烈地认为他们能够适应社会互动，并且在宿舍中体会到了更高的社会凝聚力。这种体验与住在长走廊宿舍的学生形成了鲜明的反差。此外，住在长走廊宿舍的学生不仅更加消极地看待社会环境，而且他们的行为也产生了相应的变化。比如，当进入实验室中的一个不拥挤的等候室时，住在长走廊宿舍的学生会坐在远离房间中另外一个人的位置，而且与住在套房宿舍的学生相比，不大可能与他人发生目光接触。住在拥挤宿舍中的学生学会通过社会退缩来应对，这种适应甚至还扩展到不拥挤的环境。总体而言，这些研究结果表明了建筑物和建筑设计必须要防止拥挤以及避免拥挤产生的不利影响（见第 11 章）。

4.3.3　住房质量差

对美国东部农村地区中低收入家庭的入学子女进行的一项研究表明，住房条件差的儿童（房屋质量不达标、家中密度和噪声水平高）表现出更高水平的压力荷尔蒙，这一点与家庭的社会经济地位（SES）、年龄或性别无关（Evans and Marcynyszyn，2004）。在这项研究中，住房条件被客观评估：住房质量由专业的评估人员通过在住宅中勘察来确定，噪声通过分贝计来测量，拥挤程度按照每个房间中的人数来确定。糟糕的住房条件对压力的心理指标的类似影响也存在于青少年（Evans et al.，1998a,b）和成年人中（Schaeffer et al.，1988）。其他研究表明，糟糕的住房质量与心理健康问题存在相关性，比如焦虑综合征

（Hiscock et al.，2003）和抑郁综合征（Shenassa et al.，2007）。一个长期研究表明差的居住质量与幼儿和青少年的发展是相关的，会带来不良的情绪和行为，以及更低的认知技术（Coley et al.，2013）。对于搬到更高质量住房或房室翻修后的居民来说，居住条件的改善会增加幸福感和生活满意度（见 Thomson et al.，2013 的文献综述，以及第 10 章和第 11 章）。

4.3.4 社区质量差

产生慢性压力的社区可能的物理特征包括：市政服务和零售服务的质量、娱乐机会、街道情况、交通便利性、糟糕的物业或者可视监控、居住不稳定性（当地人口的变化）、教育和医疗设施的实际质量、噪声、拥挤以及中毒风险（见第 11 章）。在质量较差的城市社区中，儿童表现出更大的心理压力（Gifford and Lacombe，2006）。

通过横向研究（Jones-Rounds et al.，2014）和纵向研究（Jokela，2015），在成年人中也发现了类似的趋势。社区质量也被证明和患冠心病的风险和普遍性有关（Unger et al.，2014）。在北美城市进行的两项研究发现，居住在吵闹、脏乱和犯罪频发的社区会导致自我评估身体健康较差（Hale et al.，2010；Hale et al.，2013）。此外有一些间接证据表明，居住在质量较差社区的居民在一系列的身体健康指标上都表现较差。一项随机的住房流动性实验发现，从高贫困社区搬到低贫困社区可以长期改善成年人的身心健康和主观幸福感（Ludwig et al.，2012）。由于与富裕社区的居民相比，低社会经济地位的居民通常居住在环境质量差的社区（Evans，2004），因此可以合理地认为贫困社区中的居民较高的心理压力至少部分是由于暴露在更大的环境压力下。

4.3.5 交通拥堵

严重的交通拥堵可能导致更高的心理压力和消极的情感（例如 Kozlowsky et al.，1995）。每周经历交通拥堵超过 3 次的员工认为，他们的压力水平明显高于那些不经常遭遇交通拥堵的员工（Haider et al.，2013）。对自驾车上班族进行的一次研究表明，交通拥堵水平与心理压力、消极情感以及较低的工作动力有关（Novaco et al.，1991）。这项研究还发现，在一次交通更加拥堵的上下班经历后，驾驶者与家人的互动会更加消极。这是溢出效应的一个例子，即环境压力因素产生的累积疲劳，这种累积疲劳在当一种环境中的条件影响到一个人在另外一种环境中的幸福度的时候出现（Evans and Cohen，2004）。另一个溢出效应的例子是高通勤压力带来的工作场所的攻击性和旷工（Hennessy，2008）。从心理学和社会的角度而言交通与压力更加相关，因为在大多数国家中，上下班时间都在逐渐增加。如在美国，人们平均每天有 50 分钟的时间用在上下班的路上，而单程超过 2 小时的通勤现象正在以很快的速度增长。实际上，美国人现在平均每年用在上下班路上的时间超过了他们的假期时间。

4.4 小结

每天，人们都不得不面临大量的环境压力因素。本章我们介绍了一些有关噪声、拥挤、住房和社区质量以及交通拥堵对心理压力的影响。长期接触这些环境压力因素会提升压力的生理指标（如肾上腺素、皮质醇和血压）以及压力的心理指标（如消极情感和烦恼）。在噪声、拥挤和交通拥堵条件下工作或生活的人还表现出动力不足。次优物理条件对人的压力影响是环境参数（如声音强度和密度）和心理变量（如对环境压力因素的控制）的共同结果。此外，环境压力因素会产生一系列消极后果，这些后果甚至在压力来源被消除后依然存在。为了更好地认识到长期环境压力因素如何影响人的健康和生活，必须要研究环境的实际特点及其所处的社会文化状况，以及个人如何评价和应对这些情况。

推荐阅读书目

Cohen, S., Evans, G.W., Stokols, D., and Krantz, D.S. (1986). *Behavior, Health, and Environmental Stress*. New York, NY: Plenum.

Evans, G.W. (2001). Environmental stress and health. In: *Handbook of Health Psychology* (ed. A. Baum, T. Revenson and J.E. Singer), 365-385. Hillsdale, NJ: Erlbaum.

Halpern, D. (1995). *Mental Health and the Built Environment*. London: Taylor & Francis.

Lopez, R. (2012). *The Built Environment and Public Health*. San Francisco: Jossey-Bass.

思考题

1. 列出压力的常见指标。
2. 什么是压力响应的适应性功能？将你的回答与压力的短期和长期因素联系起来。
3. 哪些因素可以将声音变成噪声？说出一个心理因素和一个生理因素。
4. 说出与糟糕的住房质量有关的两个心理健康问题。
5. 描述溢出效应的一个例子。这种现象如何与应对压力因素关联起来？

5 风景评估：视觉景观评价和人造景观感知

Mari S. Tveit（挪威生命科学大学）
Åsa Ode Sang（瑞典农业科学大学）
Caroline M. Hagerhall（瑞典农业科学大学）

5.1 引言

景观（landscape）对人们非常重要。作为自然环境和人类活动之间交互的动态表现，景观构成了我们日常生活的背景（Antrop，1998；Council of Europe，2003）。如果你让人们来描述他们喜欢的景观或者告诉你一个让人流连忘返的景观，你会发现每个人都有故事要讲，而且这些景观都会让人感触颇深。景观对人们及其生活非常重要，身处其中还能够让人从充满压力和挑战的情境中脱离出来，恢复情绪（Velarde et al.，2007）（将在第 6 章和第 7 章详述）。

《欧洲景观公约》（*European Landscape Convention*）将景观界定为“人们所感知到的由自然和（或）人为因素的交互所塑造的一块区域”（Council of Europe，2000）。人们的感知（perception）是这个定义的核心。这个公约的目的是促进对景观的保护、管理和规划。它包括了人们对景观的感知，同时也包括了对景观的偏好（landscape preference）和政策规划中风景美况（scenic beauty）的评估。

像世界其他地方一样，城市化进程以及农业实践和政策的变革都使欧洲的景观发生了巨大的变化。市郊的生产区域规模越来越大，而在个别生产区域又产生了废弃林和新造林（Antrop，2004；Gómez-Limón and Lucio，1999；Jongman，2002）。由于这些开发活动，人们最近几十年在政策和规划中对视觉景观的质量越来越关注，由此也有更多科学研究对人们的景观感知产生了兴趣。

在随后的章节中，我们首先探讨研究视觉景观质量的各种方法，然后是对有关景观偏好的理论概述，最后是测量和标定风景美况的方法，以及该领域方法的发展进程。

5.2 视觉质量评估

景观评估的发展过程中催生了很多研究视觉景观质量的方法（Daniel，2001）。Lothian（1999）将这些方法主要分为：客观方法（objectivist approach），即景观内在的视觉质量；主观方法（subjectivist approach），即观察者建构的视觉质量。主、客观的区别也对应着长久以来的美学哲学中的争议，即美是“存在于物质中”还是“存在于人们的眼中”（Meinig，1979）。在环境管理中的景观美学实践主要应用的是客观方法，也就是说景观质量是专家基于以前的知识进行评估的。但是，在视觉景观质量的研究中主要应用的是主观方法，也就是说视觉景观质量依赖于人们的感知和偏好。

在主观方法中，要区分两种模型：一种是实证主义模型（positivistic models），将可测得的景观物质特征看作是偏好产生的动因；另一种是现象学模型（phenomenological models），将个人经历作为理解人与环境交互背后意义的方法（Ohta，2001；Thwaites and Sinkins，2007）。这两种方法都认为景观质量源自景观内在本质和观察者感知。但是，这两种方法的差别在于对景观和观察者相对重要性的配比不同。Daniel 和 Vining（1983）将研究视觉景观质量的各种方法总结为分布在从客观性到主观性的维度上的 5 个模型（见知识点 5-1）。

知识点 5-1　视觉景观质量研究的 5 个模型

Daniel 和 Vining（1983）区分了分布在从客观性到主观性维度上的研究视觉景观质量的 5 种模型。

①生态学模型：一种客观方法，将景观质量作为观察者的自变量，由景观中的生态或者生物特质决定。在这一模型中，观察者被视为景观的利用者和潜在的破坏者。

②形式美学模型：一种客观方法，认为景观表现为一系列形式化的属性，例如形状、线条、整体、类别。这些属性是景观的内在特征，经过适当训练的个体能够对此做出评价（比如景观工程师）。

③心理物理学模型：介于主观方法和客观方法之间，目的是建立景象（照片中的或者地理数据库中的）可测度的物理属性和景观偏好之间的关系。

④心理学模型：一种主观方法，用人们对复杂性、神秘感、识别度的判断等主观概念来界定景观的特点。这些判断之后会与一系列有关景观经历的认知、情感和价值维度关联起来。

⑤现象学模型：最主观的模型，关注在对景观的个人释义中个人如何把自身与景观特质联系起来。

在指出每种模型的优劣势之后，Daniel 和 Vining（1983）总结出将心理物理学模型和心理学模型有效结合，“也许能提供有关景观质量的可信的、有效的、实用的评价系统”。

5.3 景观偏好理论概述

演化理论（evolutionary theories）认为景观偏好是随着人类演化而来的，也就是说今天的景观偏好反映了提升早期人类生存状况的景观质量。第一种演化理论——“生物自卫”（biophilia）假设（Wilson，1984）认为人类具有“与生命和人类生命过程的内在关联”，驱动着他们寻求与动物、植物和景观的联系。这一假设将生物多样性和景观类别与最优的人体功能结合起来，但是没有区分出最适合人类生物需求的种群或景观类型。第二种演化理论认为，环境偏好是寻找适宜居住地（habitat）的结果（Orians，1980）。这一理论认为人们对像大草原这样的环境具有内在好感，因为这是适合我们祖先生存的居住地。第三种演化理论是 Appleton（1975）的“寻找-庇护”理论，关注早期人类的双重角色——既是掠夺者也是牺牲者，因此在不被发现的情况下（refuge）还要发现其他事物（prospect）。据此，在景观方面的寻找与庇护对原始人类部落的生存是有利的，这在现代的景观偏好中也有反映。最后，Rachel Kaplan 和 Stephen Kaplan 设计的“偏好矩阵”是在解释景观偏好方面被引用最多的心理学理论（Kaplan and Kaplan，1989），其来自“寻找-庇护”理论，因为这一理论区分了影响景观偏好的两种基本的人类需求：理解和探索的需求（见知识点 5-2 和表 5-1）。

知识点 5-2　偏好矩阵

对于依赖狩猎和聚居的原始人类来说，对所居住地区的空间感知以及探索新区域的能力非常重要。基于此，Rachel Kaplan 和 Stephen Kaplan（1989）提出的有助于理解和探索的视觉信息在理解人类偏好方面非常重要，因为自然选择也会偏好那些受欢迎的景观。偏好矩阵（preference matrix）将两种信息需求结合起来（二维空间或者三维空间），也就是获得信息时两种不同水平的即时性或者提取信息所需的推理程度。表 5-1 展示了这一矩阵，区分了能够预测景观偏好的 4 种属性：

- 一致性（coherence）：环境中的各因素如何匹配在一起的直观理解。
- 复杂性（complexity）：视觉丰富程度的直观探索。
- 识别度（legibility）：知道前方是什么，以及如何能找到路而不至于迷路。
- 神秘感（mystery）：如果继续深入景观之中，保证有可探索的新事物。

在对偏好研究的综述中，Rachel Kaplan 等（1989）发现神秘感对景观偏好的预测最稳定。

表 5-1 偏好矩阵

解释的层次	信息需求	
	理解	探索
直观的（二维）	一致性	复杂性
推理的（三维）	识别度	神秘感

注：引自 Kaplan 和 Kaplan（1989）。

与演化理论不同，文化理论认为偏好是可以学习的，而且会随着社会、文化、个人的变化而变化。文化理论往往强调对景观提供给人的功能做出认知方面的评价，而不是直接的情感响应（Bell，1999）。用到的文化理论包括恋地情结（topophilia）和生态美学（ecological aesthetic）。首先，恋地情结说明人们倾向于联想到熟知的事物，也就是说熟悉感和经历是景观偏好最重要的驱动力（Tuan，1974）。其次，生态美学认为对某个景观生态功能的了解也会产生对这个景观的偏好，即知识是偏好的重要影响因素（Carlson，2009；Gobster，1999；Nassauer，1992）（见第 8 章）。其他的文化理论还有有关地点的感知理论，也称为场所精神（genius loci），强调了景观的独特性和有视觉冲击力的特点（Bell，1999；Norberg-Schulz，1980），而景观遗产方法（landscape heritage approaches）则强调了文化遗产在视觉上的展示（例如 Fairclough et al.，1999），以及保护美学（aesthetics of care）强调了保护景观标语的重要性（Nassauer，1995，1997）。

与演化理论一样，实证研究也证明了在景观偏好方面的高度统一性（Bell，1999，p.82；Kaplan and Kaplan，1989；Ulrich，1986；Van den Berg and Koole，2006）。但是，这些演化来的偏好会受到文化和经历的影响而发生改变，最终导致不同群体之间和亚文化之间的偏好打分存在很大的差异（Tveit，2009；Van den Berg et al.，1998）（见第 8 章）。一些景观的组成部分，比如对水源的偏好似乎很一致，而对其他方面如开放性的评价就会因为观察者的特点而有所不同（Sevenant et al.，2010；Tveit et al.，2006）。这些发现也说明将演化、文化，以及对景观偏好的个人层面整合起来分析非常有必要（Beu，1999；Bourassa，1991）。

5.4 评估风景美况

评估风景美况和景观质量的方法和框架有很多，为决策支持和景观监测提供了工具（Ode et al.，2008；Tveit et al.，2006）。这些方法和框架应该是透明的、可重复的，并且在不同景观之间可以转变（Ode et al.，2008；Tveit et al.，2006）。这些方法中有一些主要是依赖专家，这跟之前解释过的基于感知的模型没什么关联。但是，还有一些方法是从人们的感知开始研究的，我们主要简单介绍这些模型。

风景美况评估（scenic beauty estimation，SBE）方法是由美国林业部开发的一种心理物理学方法（Daniel and Boster，1976）。这种方法评估的是对多种自然景观（印象）的判断，运用回归将这些判断与可测得的景观特点建立统计关系，可测得的景观特征和感知到的风景美况之间的关系被用来预测或者评估景观管理方案对风景美况的影响。SBE 方法在森林景观方面应用最多。例如，Buhyoff 等（1986）用这种方法来预测美国南部松树林的景观美况，结果显示与树木的年龄和大小相关的物理变量，例如，树木存活的年数以及树木的平均直径都与公众对景观美况的评估正向相关。总之，这些年龄和大小相关的变量解释了美况评分中 50%的差异。

有一种更新的方法叫作视觉景观框架（VisuLands framework）（Tveit et al.，2006；Ode et al.，2008）。这一框架把视觉指标与景观感知和偏好理论联系起来，识别出 9 个关键的视觉景观因素：自然（naturalness）、管理（stewardship）、破坏（disturbance）、历史（historicity）、可视范围（visual scale）、成像（imageability）、短暂（ephemera）、一致性和复杂性（见知识点 5-2）。视觉景观中的属性和构成应在这些因素中得到体现，同时还应用现在常用的视觉指标对此进行评估。这个框架使用照片、地貌数据、航拍和实地观察等来描述视觉景观和评价景观变化所产生的视觉影响（Ode et al.，2010）。研究发现在以上 9 个方面和景观偏好之间存在非常强的联系，虽然它们的相对重要性在不同群体之间会有差异（Ode et al.，2008；Ode Sang and Tveit，2013）。例如，破坏一般被认为是负向的，但是感知到某个变化有破坏作用的那个节点会因为预期、背景和动因的不同而变化（Shang and Bishop，2000；Sheppard and Picard，2006）。

5.5 方法的发展

大多数关于景观偏好的研究都是用照片作为可视媒介来评估偏好程度的。现场的调研耗费时间，而照片比较有效率，并且能有效地展现真实的景观（Daniel and Meitner，2001；Palmer and Hoffman，2001）。最新的发展包括在景观偏好调查和情境评估中应用计算机可视化和模拟环境（Bishop and Rohrmann，2003；Bishop et al.，2001；Ode et al.，2009）。研究表明，虚拟现实（virtual reality）可以作为照片的替代品，但要避免其他形式的刺激（Pihel et al.，2014）。基于计算机的可视化和虚拟现实能够对环境进行高度控制，从而能够对环境构成的不同方面进行系统测试（Ode Sang et al.，2014）。

计算机效率的显著提高，以及地理数据处理的进步使得地理信息系统在景观评估中得到了广泛应用。最新的一项发展是将地图中的数据导入 3D 地形，实现从景观中的某些点创建出可视区域的全景图像，被称为视域（viewsheds），使基于视觉的指标开发成为可能（例如 Sang et al.，2015）。

眼球跟踪（eye tracking）是景观研究中的最新方法（Dupont et al.，2013；Ode Sang et al.，2016），可以捕捉景观的观察者对图像的探索（观察）过程。当被调查者评估屏幕上的景观图像时，他们的眼球运动，包括注视的顺序和时长，都会被记录下来。这种方法能够直接说明观察者做出评价所依据的特征信息。瞳孔的大小暗示放松和积极反应，也就能证明景观可以恢复人们的体力潜能（restorative potential）（见第 7 章）。这些来自眼球跟踪的信息能够更好地解释从偏好调查中得出的结果，同时也补充了更加不被调查者注意到的、自动的方法来测量影响感知和偏好的重要景观因素（Ode Sang et al.，2016）。

5.6 小结

人们对景观的偏好是《欧洲景观公约》的核心研究内容，其目标在于促进对景观的保护、管理和规划。本章综述了与景观感知和偏好相关的主要方法和理论，同时区分了客观和主观方法，也就是将景观质量解释为内在的还是观察者所看到的。在这一章中提到了研究视觉景观质量从客观到主观的各种模型，同时还讲解了演化理论和文化理论，即景观偏好既可解释为内生的，也可解释为可以学习的。对评估风景美况的方法也进行了概述，同时还介绍了一些最新的方法。说明制定规划和政策既要满足《欧洲景观公约》的要求，还要将涉及人们景观感知的知识整合起来是个很大的挑战，需要更多的知识做基础。

推荐阅读书目

Altman, I. and Wohlwill, J.F. (1983). Behavior and the natural environment. In: *Human Behavior and Environment: Advances in Theory and Research*. New York, NY: Plenum Press.

Kaplan, R. and Kaplan, S. (1989). *The Experience of Nature: A Psychological Perspective*. Cambridge: Cambridge University Press.

Wolfe, J.M., Kluender, K.R., Levi, D.M. et al. (2015). *Sensation & Perception*. Sunderland, MA: Sinauer Associates Inc.

思考题

1. 视觉景观质量评估的客观方法和主观方法有什么差异？
2. 列出 Daniel 和 Vining（1983）所区分的 5 种视觉质量模型。
3. Rachel Kaplan 和 Stephen Kaplan（1989）的偏好矩阵区分了两种基本的信息需求以及满足这些需求的 4 种属性特征。请描述这些需求和特征。
4. 根据视觉景观框架，视觉景观的 9 个关键因素是什么？

6 自然的健康效应

Agnes E. van den Berg（荷兰格罗宁根大学）
Yannick Joye（荷兰格罗宁根大学）
Sjerp de Vries（荷兰瓦格宁根大学与研究中心）

6.1 引言

长期以来，无论在西方还是西方之外的文化中，人们一直在探讨一个非常重要的课题，即自然环境如何对人类健康产生影响，并如何使人类生活得更好（见知识点 6-1）。这个课题是如此吸引人，以至于在经济发展迅猛、科技日新月异、环境变化剧烈的今天，它依然是讨论和研究的热点。例如，一项荷兰的全国调查问卷研究发现，92%的受访者非常赞同“融入自然可以带来健康感受”的说法（Van den Berg，2012）。人们不但愿意相信自然环境与健康息息相关，同时也乐于以实际行动来捍卫这种理念。近年来，许多国家兴起了利用自然环境的修复功能开展社交和锻炼（Allen and Balfour，2014；Barton et al.，2016）。如英国兴起的“绿色健身房”、丹麦的“udeskole”（户外教学计划）和日本的“shinrin-yoku”（一种以治疗为目标的亲近自然的活动）。

知识点 6-1　历史背景

关于自然环境与人体健康最早的研究文献可以追溯到远古的苏美尔人以泥板记录的文字，其中描述了在底尔姆地区的天堂花园中，人们毫不担心会受到病魔的打扰。在希腊医学家 Hippocrates（公元前 460—公元前 370 年）的著作“*Air*，*Waters*，*and Places*”中，也论述了气候、水、环境质量和自然环境对人体健康的重要性。后来我们可以找到更多自然环境与人体及精神健康相关的文献，如中世纪修道院花园、特殊传奇式景观设计、维多利亚时期的城市公园等。18 世纪早期，英国首相威廉・皮特就将首都公园描述为“伦敦之肺”。

长期以来，人们理所当然地认为亲近自然对人体健康的作用是显而易见的，但很少人认为有必要对自然的健康和宜居效果进行定量的评估以及推广示范。然而，据近年来在西方国家发展起来的“公共卫生健康推广”（public health promotion）活动预测，越来越多的研究团体开始对有关健康-自然环境关系的科学研究产生兴趣。由于受现代社会的压力和久坐等不良生活习惯的影响，西方国家中越来越多的人正在遭受心血管疾病、II型糖尿病和呼吸系统疾病的折磨。常识告诉我们，亲近自然环境并选择积极和无压力的生活方式是有效降低健康风险的好方法。但这能真正奏效吗？如果真正奏效，什么样的自然环境和何种自然环境才能有助于获得这样的健康效果呢？什么样的人才真正需要这样的自然环境呢？从哪里才能获得这样的自然环境呢？面对回答这些问题的需求，环境心理学应运而生，并开始通过科学研究收集数据，用于研究自然环境和健康的关系，以及这些关系背后所隐藏的机制。本章内容将首先从介绍健康和自然环境的概念开始，综述该领域的相关研究成果。

6.2 什么是健康？健康可以监测吗？

世界卫生组织（World Health Organization，WHO）1948年对健康的定义中，对生物心理学和有益健康原则也有所反映：健康是一种状态，其包含人体、精神和所生存社会的舒适度，而不是仅仅局限于没生病或者身体虚弱。这种概念主要聚焦于确定对健康有所促进的因素，而不是那些导致人体生病的因素。但是，世界卫生组织对于健康的定义也被认为过于宽泛。因此，健康又被定义为“在社会、物质、情感挑战面前的适应能力和自我管理能力”（Huber et al.，2011）。这种定义是多种争论的折中，但也是一种积极的和可以量化评价的定义，所以，这种定义也为自然环境的健康效益提供了一个合适的出发点。

个人或者团体的健康状况可以用健康指标来进行具体地衡量。健康指标也可以表征临床健康和公众健康之间的差别。临床健康指标包含病人的主观和客观功能，如症状严重性、死亡率、住院时间、用药情况、身体不适感觉（如疼痛、恶心等）以及病人的满意度等。公众健康指标主要是为了指示人群整体的健康指数。这些指标的建立是基于一系列的测度值的，如对出生和死亡的统计、死亡率和期望寿命、流行病的发病率、对于自身精神和身体健康的自我评估、健康相关的生活质量等。除了基本的健康指标之外，健康风险指标（如吸烟、精神压力等）也会使未来的疾病发生率升高，因此需要单独考虑。

6.3 什么是自然环境？自然环境可以监测吗？

在环境心理学中，自然环境这一词条一般有着较为宽泛的定义，如整个人类居住的自然环境及其所包含的一棵树、一只动物、一片云等具象的实物。由于人的视觉经历在人与自然的关系中扮演重要角色，所以自然环境所呈现的一些表象也被包括在自然环境的定义中，如照片、电影、视频以及视觉感官等。自然环境的概念十分宽泛，当然也包括一切植被和其他自然元素（如水）为主的任何一种环境、场所。但是，对于自然环境的不同定义在具体使用的时候要受设定边界的发展和区间的限制。如第 5 章中所述，“景观”（landscape）这个概念通常是指位于乡村地区的景致，是典型的通过人与自然因素相互作用而进行定义的。而“自然区域”（nature area）这个概念是基于自然发展而非人为设计的大范围的自然景观。最后，“绿色空间”（green space）通常被政策制定者用于对城市地区的公园、绿地、行道树等空间进行定义。

对绿色空间的表现形式、数量和质量等进行定义，就需要使用绿色空间指标（green space indicators）。和健康指标一样，绿色空间指标可以通过主观和客观层面来进行表征。“客观绿色空间指标”（objective green space indicators）可以通过地图、照片以及空间利用数据进行计算，如用地区的植被和水面覆盖率等。“主观绿色空间指标”（subjective/perceived green space indicators）可以由被受访者自由地根据其感受对所处环境中的绿色空间的数量和质量进行描述。

6.4 自然与健康的关系

1984 年，Roger Ulrich 发布了一项目前看来颇有声望的研究结果，首次提供了自然环境可以改善人体健康状况的确切证据（Ulrich，1984）。通过查阅和统计医院中胆囊手术的康复者资料，Ulrich 得出的结论是，对于那些刚刚接受完手术 2～5 天的病人来说，这段时间足够让他们对所居住的病房环境有所了解，那些居住在可以看到优美风景的病房中的病人可以在较短的住院时间内得到康复，这些病人从护士那里得到的负面评价也较少，且需要的强力止痛药的量也比整日面对密闭病房的病人少（见图 6-1）。

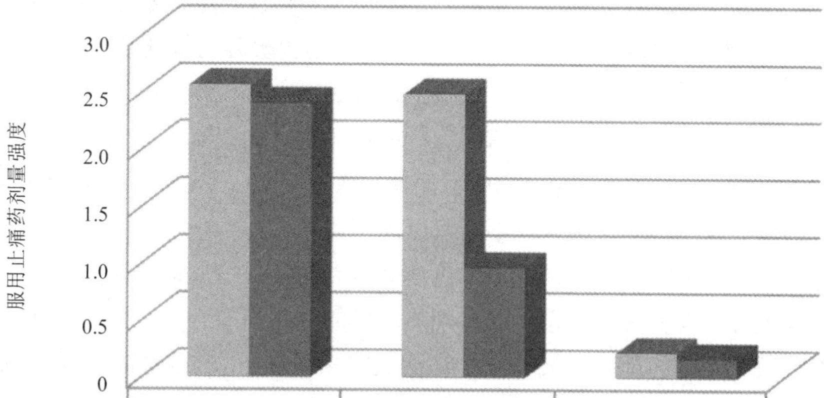

	0～1 天	2～5 天	6～7 天
■看到墙	2.56	2.48	0.22
■看到树	2.4	0.96	0.17

图 6-1 有自然景色或仅是一堵墙的房间里的胆囊手术恢复病人服用止痛药的剂量强度

资料来源：Ulrich（1984）。

Ulrich 对医院病历的研究在韩国也得到了验证，研究者在韩国的医院将接受手术的病人分别分配在有和没有绿色植物的病房里，获得了与 Ulrich 相同的结论（Park，2006）。研究表明，病房中有绿色植物的病人住院时间较短，在手术后所用的药物剂量也比没有绿色植物病房中的病人要少。与 Ulrich 的医院病历研究不同，在韩国医院研究中的病人所居住的病房完全一样，除了绿色植物之外。因此，两个分组病人所表现出的不同完全取决于病房内有无绿色植物。

在医院之外，多项研究也证实了基于自然环境的治疗方法对于人体健康是十分有利的，如郊野户外项目、园艺活动以及户外活动等（Bragg and Atkins，2016）。不幸的是，这些研究有一个非常典型的失败点，即没有将那些非自然环境因素作为控制变量进行考察。这就造成了一种尴尬，即无法确定病人康复过程中所获得的健康帮助是来自自然环境，还是来自建筑物、护理人员，又或者仅仅来自活动。因此，基于自然环境疗法的相关研究结论只是给出了自然环境与健康的一个模糊关系。

6.5 绿色空间与人体健康

最近，一系列关于公众健康和绿色空间关系的研究逐渐开展起来。这些研究调查了大量的人群，对比了居住在绿树成荫、环境优良地方和环境稍差地方的人群的健康及生活状态（Van den Berg et al.，2015）。由于自然环境好并具有吸引力的生活环境将更加吸引那些富有和健康的人群，因此为了消除社会经济背景这一变量所带来的模糊和混淆效应，先进的统计技术被应用到研究分析中。在荷兰的一项涉及1万余人的前沿研究中，De Vries 及其同事（De Vries et al.，2003）发现，对于那些居住环境1～3 km半径内有较多绿色空间的家庭来说，他们具有更好的身体及精神健康状态，并极少抱怨自己的健康问题。这些研究结果在其他的领域和国家也得到了验证。一项对这些研究的综述也表明了绿色空间数量、感知心理健康、死亡率之间的关系（Van den Berg et al.，2015）。

流行病学研究表明，对于那些经常居家的人群来说（如老年人、家庭主妇以及社会经济条件不佳的人群），绿色空间与他们的健康状况关系密切。因此，虽然不同社会经济条件的人拥有的健康保障不同，但这种不同可以因居住环境的绿色空间水平被抵消。结果表明，不同社会经济阶层的健康差异将随绿色空间可利用性的变化而减少。实际上，一项在英国的研究发现，穷人和富人死亡率的差别随环境的变化而有很大变化，如在绿化较好的地区死亡率较绿化不好的地区降低一半（Mitchell and Popham，2008）。因此，绿色空间可以帮助收入较少的人群提高生活健康质量。

针对绿色空间和健康关系的研究主要聚焦到生活环境中绿色空间的数量和表现形式。绿色空间的质量也对健康有影响（Van Dillen et al.，2011）。这一重要性也在荷兰两个相邻地区进行的研究中得到证明（Zhang et al.，2015）。这两个相邻地区在绿色空间质量，特别是在空间的可待性和使用性上，是差异化的，但是绿色空间的数量和社会人口构成是相匹配的。在拥有较高质量绿色空间的社区内，居民的健康质量普遍要好于那些绿色空间质量较差的社区居民，而健康质量的高低基本与绿色空间的数量无关。

6.6 自然与健康的关系机制

如何论述自然与健康之间的正向关联是一个重要的问题。在本节中我们将对文献（Hartig et al.，2014）中普遍提到的4种可能的机制进行讨论：①空气质量的改善；②体育活动的激发；③社会凝聚力的增长；④减轻压力（见图6-2）。当然，这4种机制并不能涵盖所有的机制。袭扰和犯罪的减少、健康食品的摄入等也包括在机制之中（Cleary et al.，2017；Kuo，2015）。但是，由于针对这些机制的研究较少而且缺少相关性联系，本节中将不予讨论。

6.6.1 空气质量

草本和木本植物以其清除空气污染物、通过提供遮阴和增加湿度水平来减少热量的能力而闻名（Zupancic et al.，2015）。植物会释放出被称为植物杀菌剂的精油，以保护自己免受昆虫、真菌和细菌的伤害。初步研究结果表明，自然界中发现的一些物质，如负氧离子，可以对人类生理和心理健康产生有益的影响（Craig et al.，2016）。然而，植物也可能通过释放花粉，或通过阻碍城市地区的气流，使灰尘被“困住”，从而对空气质量产生负面影响（Vos et al.，2013）。因此，植物对空气质量既有积极影响，也有消极影响，其整体对健康是否有利可能取决于具体的地方环境。

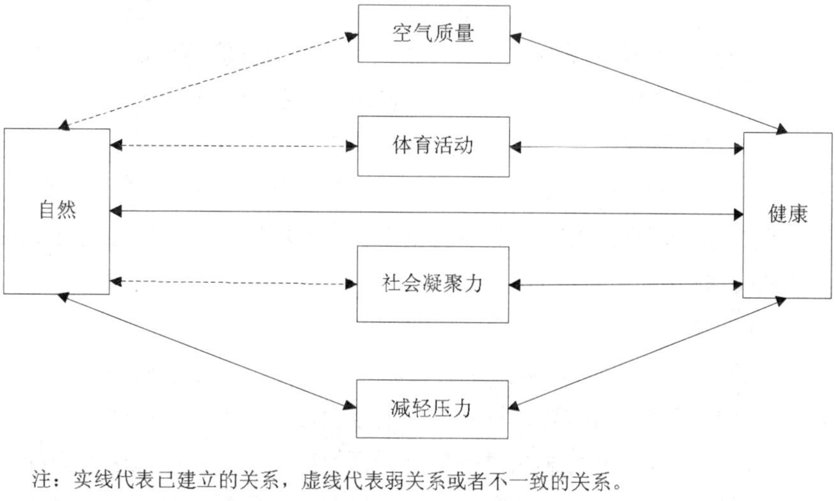

注：实线代表已建立的关系，虚线代表弱关系或者不一致的关系。

图6-2 自然、健康之间的关系以及背后的机制

6.6.2 体育活动

人们普遍认为“健康自然”的概念与“积极运动”的概念密切相关。但是，令人惊讶的是，流行病学研究往往未能证明自然和身体活动水平之间的积极关系（例如 Maas et al.，2008）。对于一些人群，特别是儿童和老年人，其体育活动水平与绿地的存在和（或）距离之间有积极的关系。尽管这些关系可能在很大程度上取决于对（交通）安全的认知，而不是环境的自然性。然而，自然环境可能会通过提供额外的好处来支持体育活动。例如，与在室内或室内环境中进行同样的活动相比，人们在自然环境中散步或骑车时通常会体验到更多积极的情绪和更少的疲惫（Bowler et al.，2010）。对于儿童来说，在自然环境中玩耍可以鼓励其进行更多创造性和探索性的游戏行为，这对他们的情感、认知和身体发育是有益的（Wilson，2012）。因此，环境的自然性和身体活动之间的关系比人们通常认为的要复杂得多，并且可能会随着活动的类型和人群的变化而变化。

6.6.3 社会凝聚力

公园和其他绿地可以通过提供有吸引力的聚会和社交场所，促进邻里之间的社会联系和凝聚力（Coley et al.，1997；De Vries et al.，2013）。特别是，人们发现社区花园可以有效地促进社会交往，减少孤独感（Van den Berg et al.，2010）。然而，在人口密集的城市地区的封闭绿色空间，特别是当它们维护不善时，也会降低社会凝聚力，让人们感到不安全（Kaźmierczak，2013）。

6.6.4 减轻压力

自然和绿色空间因为可以减轻压力从而被赋予很高的价值。正如很多人从自己的经历中体会到的，听一听自然界的声音，感受一下自然光，都能马上放松下来，从而缓解心理和身体的紧张感。自然界这种减轻压力的能力是人们在自然环境中进化而来的，在这一过程中人的大脑会对没有威胁的自然情境做出积极的响应（Ulrich，1999）（见第 5 章）。有很多试验研究支持这一假设，表明自然环境相比于建筑环境能够更快地促进更多完整的恢复过程（Collado et al.，2017）。还有一些研究表明，居住在相对绿色地方的人们压力水平更低，也能够在很大程度上解释居住环境中的绿色空间和健康之间的关系（De Vries et al.，2013）。被采访者在观赏自然风光的图片或影像时，其身心压力都能够降低。这一发现说明视觉感知系统在自然的压力减轻过程中扮演着重要的角色。

总而言之，尽管环境有多种影响健康的路径，但到目前为止，减轻压力的心理机制得到了最强有力和最明确的支持，关于空气质量、体育活动和社会凝聚力的机制证据仍然不足。关于减轻压力的机制在第 7 章还将进行探讨。

6.7 小结

在本章中我们通过对近年来研究的综述，概要介绍了自然环境对人体健康的有益关系。我们也提到目前有一些开展较好的研究项目已经证明了自然环境与公众健康的因果关系。但是，这种因果关系的最终确立还需要进一步的研究。本章中我们也讨论了自然与健康关系中的 4 种机制：①空气质量的改善；②体育活动的激发；③社会凝聚力的增长；④减轻压力。本章也指出目前减轻压力可能是自然环境健康效应的最明确体现。总体来说，本章中讨论的科学研究观点为自然环境健康效应在政策和实践中的普遍接受和更好的应用提供了科学基础。

推荐阅读书目

Barton, J., Bragg, R., Wood, C., and Pretty, J. (2016). *Green Exercise: Linking Nature, Health and Well-Being*. London/New York: Routledge.

Nilsson, K., Sangster, M., Gallis, C. et al. (2010). *Forests, Trees and Human Health and Well-Being*. Dordrecht: Springer Science Business and Media.

Van den Bosch, M. and Bird, W. (2017). *The Oxford Textbook of Nature and Public Health*. Oxford: Oxford University Press.

思考题

1. 为什么确定自然与健康的关系是十分重要的？

2. 生物医学或病原学获取健康途径与生物心理学或有益原则获取健康途径之间的主要区别是什么？

3. 什么是健康的不平等性？居住环境的绿色空间是如何减少这种不平等性的？

4. 自然和健康之间的关系是如何解释的？请描述自然和健康之间普遍认同的关系机制。

5. 对自然和体育活动之间的关系是如何认知的？

7 可恢复的自然环境

Yannick Joye（荷兰格罗宁根大学）
Agnes E. van den Berg（荷兰格罗宁根大学）

7.1 引言

当你的朋友感觉压力大或焦躁不安的时候，你会给他什么建议？去睡一觉，还是去看一部有趣的电影？或者去林中漫步？你很有可能推荐最后一种选择。确实，在目前的西方社会，走入自然是被广泛接受的解决压力和焦虑问题的有效手段。那将如何解释这种颇为有效的手段呢？早在150年前，美国风景建筑师弗拉德里克·劳·欧姆斯泰德就指出“自然可以在无意识中产生放松效果以及缓解由压力、噪声和城市人造景观引起的不适”（Beveridge，1977，p.40）。这项论断看上去十分超前，并预示了近年来被称为自然环境的“有助于恢复健康效应”或缓解压力的效果。在本章中，我们将概要介绍自然环境的“有助于恢复健康效应”，并讨论这个问题的经验性和实践发现。

7.2 可恢复的自然环境研究

“可恢复性”（restoration）是一个含义广泛的词语，在环境心理学中，它指的是那些被特定环境和环境因素组合（有助于恢复的环境）所影响的心理或生理性恢复过程。已经有足够数量的研究结果可以证明自然环境对于健康的恢复效果要比城市和建筑环境好得多（见知识点 7-1）。身处有助于恢复的自然环境中有利于人们获得良好感觉并有助于预防疾病。因此，有助于恢复的自然环境是环境健康效应研究领域中的重要课题（见第6章）。

针对可恢复的自然环境的研究主要由两个理论来引导，每个理论均对可恢复性的构架有各自的解释。首先，“压力恢复理论”（stress recovery theory，SRT）（Ulrich，1983；Ulrich et al.，1991）主要关注缓解一种压力，这种压力主要来自当人们感知到需要安宁或自身安宁受到威胁的时候。其次，“注意力恢复理论”（attention restoration theory，ART）（Kaplan and Kaplan，1989；Kaplan，1995）主要关注如何恢复由于长期聚精会神工作而引起的注意力疲劳。以往研究者也对 SRT 和 ART 的互换性进行了讨论（Ulrich et al.，1991；Kaplan，1995），这两种理论通常被认为是关注不同恢复阶段的可以互补的两种理论（Hartig et al.，2003a）。下面一节将更加详细地介绍这两种理论。

7.2.1 压力恢复理论

Roger Ulrich 在 1983 年发表的文章“自然环境的审美与影响”中建立了“压力恢复理论”的基础。基于 Zajonc（1980）的工作，他强调人们对环境的最初回馈是一种一般化的反应（如喜欢或不喜欢），这种反应发生时人们并没有对周边环境的变化有清醒的认识。当环境中出现特定的环境特征时会出现原始的正向反馈，这些环境特征包括自然因素（如植被）、建筑结构特征（如构造复杂性、对称、景深、地面材料、光线反射）等。对于这些自然和建筑特征的快速正面响应可以使人们在压力中恢复，也有助于减少过度兴奋或者恐惧等负面情绪。如果这种响应进一步发挥作用，将激发人们更多对于自然环境的有益认知，并伴随着记忆和其他有趣的想法。然而根据 SRT 的研究，这种更进一步的恢复性体验是罕见的，绝大多数与环境的接触是由最初的情感反应所主导的，只涉及基本的认知。

知识点 7-1 可恢复的自然环境研究的试验范例

自然和城市环境的可恢复性效应在一个范例中得到充分研究。在该范例中，健康的志愿者首先获得一项压力和疲劳导入（如观看一部惊悚电影；从事一项容易导致疲劳的任务等）。接下来，他们被随机地分配到自然环境或是人工建造环境中去。压力和精神疲劳特征会在试验开始、中间和结束的 3 个时间段进行测量。开始和中间时间段的测量可以显示压力和精神疲劳导入的效果，中间和结束时间段的测量可以体现环境的恢复效应。在可恢复的自然环境研究中进行的 3 项主要测量如下所述：

- 影响性测量（如你在此刻感受到的快乐/悲伤/压力）；
- 认知性测量（如注意力和记忆力）；
- 生理学测量（如心跳次数、血压、皮质醇水平等）。

这些试验表明自然环境景物更加有利于一个人从压力和疲劳中恢复，相比那些处于人造景观中的被试验者，这些人的注意力和精力可以更好地恢复，并在工作中取得更好的成果。试验中还发现，几乎一切自然景观均会带来较好的恢复性效果，如森林、海浪、高尔夫课程等（Velarde et al.，2007）。

7.2.2 注意力恢复理论

如果“压力恢复理论”是一种快速和响应驱动的过程，那么“注意力恢复理论”主要关注相对恢复效果较慢的机理过程。“注意力恢复理论”由 Rachel Kaplan 和 Stephen Kaplan

于1989年在《大自然的体验》一书中给出了详细的解释。在这本书中，Kaplans提供了他们对于人群和自然之间关系的长期研究成果，其中，他们不仅关注了从自然中获得的恢复效应，还关注了认知和感官感受的优先次序。在后者中，Rachel Kaplan和Stephen Kaplan（1989）提出了广为人知的“优先矩阵”，一个可以预测人们对于景观优先关注度的框架（详细的模型解释见第5章）。由于两个矩阵模型均由4个部分组成，且由同样的开发者开发，优先矩阵的内涵经常与注意力恢复理论混淆。但是，优先矩阵和注意力恢复理论应该被视作两个不同的模型，各自反映不同角度的人与自然的关系。

注意力恢复理论有一项核心假设，即对于那些本身不够吸引人的事物，人们很难集中他们的注意力。对于抑制竞争性刺激所必需的一种认知机制目前在实际生活中得到了广泛和密集的使用，这种机制被称为“中心执行力”（Kaplan et al.，2010）。中心执行力的过度使用会导致“直接注意力疲劳”（directed attentional fatigue，DAF）。注意力恢复理论认为当人与自然环境的关系具有以下4种特征的时候便可以成功克服这种“直接注意力疲劳”：①自然环境不需要特别留意便可以吸引人；②一种可以自然延伸和连接的感觉；③远离日常生活的烦恼；④个人爱好与自然特征之间的互通（见知识点7-2）。由于这4种特征在人与自然的相互关系中最为典型，这些自然因素比人为建筑环境更加有助于人们缓解直接注意力疲劳。但是，可恢复性效应也可以通过其他途径获得，如去教堂或者在博物馆学习等（Herzog et al.，2010；Kaplan et al.，1993）。

知识点7-2　认知性健康恢复

除了测量被试验者处于自然环境中的恢复性变化外，另一项研究主要聚焦于自然环境带来的潜在认知性健康恢复效应。多数此类研究使用了认知性健康恢复量表（perceived restorativeness scale，PRS）（Hartig et al.，1996，1997）或者从其中延伸出来的一些变量。认知性健康恢复量表包含注意力恢复理论中提到的针对4种恢复性特征的陈述。每个陈述李克特式（Likert-type）测量方式的PRS包含了ART所描述的4种特征。对每种描述，被试验者需要通过李克特量表标定与他们经验相符的程度（从完全不相符到完全相符）。例如下列题项：

- 很多有趣的东西吸引了我的注意（魅力）；
- 还有很多事正在发生（一致）；
- 在这里打发时间让我能够从日常生活外得到休息（离开）；
- 在这里我能做我喜欢的事情（和谐）。

最近的研究发现自然环境比人造环境更能让人感知到可恢复性（Carrus et al.，2013；Herzog et al.，2003；Hipp et al.，2016；Laumann et al.，2001）。这套量表还能够有效地评价景观设计（Tenngart Ivarsson and Hagerhall，2008）和动物园的可恢复性（Pals et al.，2009）。

7.3 可恢复性的自然经历的进化起源

可恢复性通常被解释为人类在自然世界中进化的产物。特别需要指出的是，一些自然特征（如绿色植物）和一些特征性的自然景观（如热带草原）通常被认为可以给人类的先祖提供生存机会和庇护（如树木可以作为庇护所），人类也因此得以在大自然中存活（Ulrich，1983；Ulrich et al.，1991）。因此，人类可能在生物学上早已经做好了积极应对这些自然经历的准备（Ulrich，1999）（见第 5 章）。

虽然这种进化解释在可恢复性自然环境研究领域中被广泛提及，但还是遭到了质疑（Joye and De Block，2011；Joye and Vanden Berg，2011）。其中一个带有经验性色彩的批评是，目前在西方国家开展的可恢复性研究均是基于本科生的，而局限于一个特定人群的调研很难公正地反映“进化”这个可恢复性理论中的普遍假设。另一个观念性问题是人类在发展过程中多数时间是居住在或多或少有绿色覆盖的环境中，这意味着绿色环境对每个人一直都是可触及的，因此就不能如恢复理论所暗示的那样证实这是一种进化选择。

7.4 近期的理论发展和经验积累

在本节中，我们将讨论 3 个近期发展的理论和实证方法，这 3 个方法均是聚焦于更深层挖掘可恢复性环境经历的现象与机制的。

7.4.1 知觉流畅性描述

知觉流畅性描述（perceptual fluency account，PFA）的基础是知觉流畅性，并旨在为 SRT 和 ART 提供综合的机会（Joye et al.，2016）。PFA 的核心假设是自然环境的处理要比城市场景更具流畅性，并且不同的流畅性将导致可恢复性效应的不同。通常认为由于大脑视觉区域对自然环境的信息构造比城市场景更敏感，因此对前者的知觉更为流畅。具体而言，由于自然环境中的多种形态（fractal，分形）或自相似类型（self-similar patterns）比城市场景包含了更丰富的信息，使得对自然环境的处理过程更流畅（见图 7-1）。越来越多的试验研究支持了分形对自然环境恢复效应的作用，在这些研究中，参与者置身于真实的或计算机生成的不同分形情景下（Taylor and Spehar，2016；Van den Berg et al.，2016a）。此外，该研究还表明，脑电图记录的 α 波（指示放松状态的指标）在观看自然分形时往往比观看人工分形时更大（Hägerhäll et al.，2015）。

图 7-1　自然界中的分形例子

注：照片由 Darren Kuropatwa（2008）提供。

资料来源：http：//www.flickr.com/photos/dailyfood/4655214681/，获得 Creative Commons Attribution 2.0 许可。

7.4.2　与自然的联系度

另一个近期发展的理论方法是基于观测的。这个理论是人们可以通过自己对自然世界的归属感来获得生活中的使命感和自我认同感。基于这个理论，我们可以预测，如果一个人从情感上认为自己是与自然有联系的，那就说明这个人已经从自然中获益，而这可能是自然效应的一个重要机制。研究学者已经开发了一些工具来测量个体对其与自然联系程度的感知，包括与自然的联系度量表（Mayer and Frantz，2004）和自然相关性量表（Zelenski and Nisbet，2014）。研究表明，与自然联系更紧密的人在心理、情感和社会维度上的幸福感更高（Olioos and Clayton，2017）。此外，研究发现，与自然联系的暂时增加可以部分解释自然的恢复效应（Mayer et al.，2009）。这些发现表明，相比那些不可感知的自然发生的过程，对于自然归属的经验性感知在可恢复性自然经历中扮演着更重要的角色。

7.4.3 微观可恢复性经验和存储效应

第三种方法聚焦源于和自然之间的交流的微观可恢复性经验，就好像通过一扇窗户、一本书、电视或者图画与自然交流（Kaplan，2011）。随着时间的积累，这种微观可恢复性经验会显著地改善人们的感知，同时也阻挡一些让人产生压力的事件带来的负面效应。一项针对学校老师的基于自然解决策略的调研表明，微观可恢复性经验在压力水平比较低的时候特别有帮助（Gulwadi，2006）。那些经常在假期中感到压力的老师，都愿意到外面去，到自然中去，但是那些假期压力比较低的老师则寻求与周围自然的感知的交互（如听到鸟叫）。与这些发现一致的是，越来越多的证据表明，置身于自然当中，也许不仅可以使人获得恢复，也会对没有压力的人起到恢复储存效应（Hartig，2007）。最近关于健康的、没有压力的人群研究发现，置身自然中，可以改善人们的情绪和控制情绪的能力（Beute and de Kort，2014），并增加主观的活力水平（Ryan et al.，2010）。

7.5 应用与启示

可恢复的自然环境研究的发现越来越多地被应用在对自然和人造环境的设计和管理上。考虑到它特别强调可恢复性，这种可恢复的设计最适用于有压力和受关注的情景。这就是为什么可恢复因素是健康情景下所说的基于现象的设计（evidence-based design，EBD）的关键（Ulrich et al.，2008）（见第 11 章）。但是，因为城市生活的特定方面是引起压力的显著来源，有一些学者也认为应该将基于自然设计的城市整体环境测量整合起来（Kellert et al.，2011；Van den Berg et al.，2007），特别是对微观可恢复和可储存效应的研究发现，即使在没有压力的情景下，与绿色环境的交互依然起着重要作用，同时也会改善环境情境的吸引力。

应用可恢复设计测量的挑战是，要考虑自然环境中的最优化情景。英国的学者通过大样本的调研推荐每周花至少 30 分钟去绿色空间参观，可以降低血压和缓解消极情绪（Shanahan et al.，2016）。绿色空间覆盖大小跟恢复的结果没有关联，这也说明了绿色空间设计应该关注于让绿色空间更容易获得，而不是单纯增加绿色空间的数量。但是需要更多的研究来确定在不同的文化和地理情境下这些原则的适用性。

关于自然交互的另一个问题是需要考虑自然的形态。研究表明，不仅是处在真实的自然环境中，在模拟的环境中（如影像、绘画、气味、声音）也能够得到恢复效应（Annerstedt et al.，2013；Kjellgren and Buhrkall，2010；Wooller et al.，2016）。少数研究发现，恢复效应也可能会拓展到自然的地理特质上，例如自然景色形态的分形重复。这也使得恢复设计方法可能的范围从真实的自然扩展到对自然的模拟，以及建筑中的自然的不规则几何形态（Joye，2007）。

7.6 小结

越来越多的实证研究表明，与自然的交互会让人从压力当中恢复过来，有两个理论的视角主导着可恢复环境研究的脉络，即 SRT 和 ART。这两种观点假设了可恢复的反应是人类在自然环境当中进化的原始的反应，但是这种观点也受到了质疑。最近几年来，理论的发展主要围绕一些概念，如“流畅性”“与自然的关联度”“微观可恢复性经验”，这些理论及概念的发展，对加深我们对可恢复性经验的理解十分重要。关于自然存储效应的实证研究越来越多地被应用在城市健康管理和市政规划上，但要对这些应用进行进一步地优化，还需要开展更加深入的研究。

推荐阅读书目

Berto, R. (2014). The role of nature in coping with psycho-physiological stress: a literature review on restorativeness. *Behavioral Sciences*, 4 (4): 394-409.

Collado, S., Staats, H., Corraliza, J.A., and Hartig, T. (2017). Restorative environments and health. In: *Handbook of Environmental Psychology and Quality of Life Research* (ed. G. Fleury-Bahi, E. Pol and O. Navarro), 127-148. Cham: Springer.

Von Lindern, E., Lymeus, F., and Hartig, T. (2017). The restorative environment: a complementary concept for salutogenesis studies. In: *The Handbook of Salutogenesis* (ed. M.B. Mittelmark, S. Sagy, M. Eriksson, et al.), 181-195. Cham: Springer.

思考题

1. 什么是可恢复性环境，环境的可恢复性是如何测量的？
2. 请描述人和环境交互作用中以注意力恢复理论为中心的4种可恢复性的表示方式。
3. 请解释为什么自然环境比人工建筑环境更具有可恢复性。
4. 自然的可恢复性和自然的健康效应有什么关系？
5. 城市设计中的自然仿真和自然几何特征在多大程度上可以用来对真实自然的可恢复性经验形成补偿？

8 对自然和自然景观的矛盾心态

Anges E. van den Berg（荷兰格罗宁根大学）
Cecil C. Konijnendijk（加拿大英属哥伦比亚大学）

8.1 引言

前几章通过专门的证据证明了自然界和景观通常被认为是美好而且有益的。虽然证据很确凿，很有说服力，但是也有理由相信人们对自然界的反应并不总是积极的。实际上，正如本章所述，至少某些自然景观会让人们同时产生积极和消极的感受和想法。这种矛盾的心态似乎取决于人们对这些景观的影响程度，尤其是受到非常低或者非常高的人为影响的景观，往往容易同时引起积极和消极的反应。本章以野外自然景观以及受到人为影响和管理的景观为重点，将其作为具有高度矛盾性特点的自然环境。我们首先简要回顾了历史，之后回顾了有关自然界和自然景观的矛盾心态的当代实证研究和理论研究，结尾给出了在政策、规划和设计中如何处理这种矛盾心态的建议。

8.2 历史回顾

当谈到人们对于自然界的矛盾心态时，重点往往放在了荒野上。虽然荒野有许多种不同的定义，但是这个词通常用来指代没有被人类接触（或者管理）的自然区域（Cronon，1996）。对于美国西部的历史来说，荒野被视为一个让人感到恐惧和努力避免的地方。荒野与荒芜、野蛮、荒凉、贫瘠有关，荒野处于人类文明的边缘，人们在荒野里非常容易迷失在道德困惑和绝望中（Cronon，1996，p.8）。即使在中世纪之后，欧洲人仍然憎恨荒野，以至于旅行者有时坚持要蒙上眼睛，以避免直接面对狂野的山脉和森林带来的恐惧（Nash，1982）。

欧洲启蒙运动首次改变了这种对荒野的消极认知，这在一定程度上是科学发现的原因，自然现象被一些人（大多数都是有知识的富裕城市居民）看作上帝意志复杂而神奇的体现，占主导地位的贫穷农村人群仍然必须要面对狂野的荒地带来的危险。在北美洲定居的先驱们也面临着同样的危险，所以即使他们住在距离荒野非常近的地方，也无法去欣赏荒野。但是，在浪漫主义时代，荒野变成了神圣的代表，并进一步被创造和理想化为荒野文化，且形成了自己的核心价值观（Cronon，1996）。荒野成为不断演变的带有“崇高”色彩的概念，即敬畏和尊崇感，有时还带有恐惧的成分（Burke，1757）。在美国，荒野甚至成为国家自豪感的源泉，国家荒野公园在一定程度上填补了国家文化和历史纪念碑的缺失。

20世纪末以来，西方国家的主导倾向就是亲近自然，或者说是“热爱大自然”（Wilson，1984）（见第5章）。但是，将荒野视为一个无用处、不安全和不整洁的地点的消极认知并没有消失，而且可能在人面对大自然的脆弱性的特定情况下快速重现。相反，受到人类高度管理和控制的自然环境也会引起消极的想法和感受。这种环境往往被认为形式上过于正式，而且过于整洁，因此不自然（Özgüner and Kendle，2006）。总体而言，纯粹的自然环境和人为的自然环境似乎充满了矛盾（积极和消极的意义），这些矛盾的意义可能在个人之间和个人内心产生对这些环境的情感和认知反应方面的重要变化。在下面几节中，我们将通过讨论一些实证研究结果来证明这些想法。

8.3 自然环境体验的情感影响和意义

针对荷兰学生进行的一项研究为大自然的矛盾性含义提供了一些证据（Koole and Van den Berg，2005）。参与者被要求说出当他们处于荒野中和处于人工的自然环境（或者城市）中，倾向于思考各种规定主题的频率，包括死亡和自由。多达76.7%的参与者表示他们在荒野中比在人工自然环境中更倾向于思考死亡，但也有81.1%的参与者表示他们在荒野中比在人工自然环境中更倾向于思考自由。荒野和对死亡与自由的思考之间的这种双重关联恰恰与“荒野充满矛盾意义”这种想法吻合。

大自然不仅与矛盾意义有关联，它还引起了矛盾的情感反应。对户外荒野求生的评估表明，在荒野中，人们会产生强烈的恐惧感和其他消极情绪，以及强烈的积极情感（Bixler and Floyd，1997，Kaplan and Talbot，1983）。对荒野的恐惧反应通常被认为受到了“惜命”的驱动，也就是在生物学上准备快速了解和保持对人类进化过程中威胁人类生存的自然事物和处境的恐惧（Seligman，1971；Ulrich，1993a）。这一假设得到了实验室试验的证明，试验研究表明，对自然刺激物（比如蛇）的恐惧反应的速度比对人工制成的刺激物（比如手枪）更快，而对自然刺激物的这种恐惧反应的放弃速度比对人工制成的刺激物更慢（Öhman and Mineka，2003）。除了强烈的恐惧感之外，荒野计划的参与者还表示，从克服这些恐惧的过程中获得了强烈的积极感受，包括心理能量增加、更强的自信以及敬畏感和惊奇感（Ewart，1986；Kaplan and Talbot，1983）。这些混合的情感让人回忆起所谓崇高或印象深刻的自然体验。

根据对人们与自然的个人体验进行定性分析后发现，往往能够引起人们心中的恐惧感和痴迷感的4类处境有：①密切接触野生动物；②对抗大自然的力量（比如，风暴或地震）；③压倒性的处境（比如，被广袤的森林吓到）；④迷失的处境（比如，迷失在森林中）。

大多数参与者表示，他们在这些处境中体会到了恐惧感和痴迷感。

在随后的一项研究中，Van den Berg 和 Ter Heijne（2005）给参与者提供了典型处境的标准化情景，并且让他们设想在这些处境中的感受。他们发现，与寻求刺激的人（男性居多）不同，不注重寻求刺激的人（女性居多）往往主要以恐惧和规避倾向来应对，而很少以痴迷和接近的倾向来应对。因为性别和寻求刺激是稳定的个人特征，所以这些研究结果表明，对大自然的情感反应中的个体差异不容易受到影响或被改变。

不仅是荒野，更加常见的城市绿地也往往与高度矛盾性的意义和情感有关联（Bonnes et al.，2011；Camacho-Cervantes et al.，2014）。研究发现，这些城市绿地与美、身体康复和充足的氧气有关联，也与犯罪事故和缺乏社会安全感有关联（所谓的“陌生人危险”或对“树林后的人”的恐惧）。特别是，为潜在袭击者提供了藏身之所的茂密的灌木丛与对犯罪的恐惧以及城市公园中的不安全感相关（Jorgensen et al.，2002；Jansson et al.，2013）。城市公园中的不安全感往往在女性、低收入群体和少数族裔成员中最强烈（Sreetheran and Van den Bosch，2014）（见第5章）。

8.4 自然观和景观偏好

为了进一步研究人们对自然界的矛盾心态，环境心理学领域开始研究人们对人与自然关系的认知表征。这一研究主要着眼于长期存在的哲学问题：人类是否高于自然（人类中心主义观），或者人类是否是大自然的一部分或者从属于大自然（生态中心主义观）（Flint et al.，2013；Zweers，2000）。研究者识别了人与自然之间的正确关系的4个基本观点，包括人类中心主义观和生态中心主义观：①主人；②管家（或者守护者）；③合作者；④参与者（De Groot，2010；De Groot and Van den Born，2003；Keulartz et al.，2004）（见知识点8-1）。

大规模调研表明大多数人更倾向于支持对自然的生态中心主义观（De Groot and De Groot，2009；Farjon et al.，2016；Hunka et al.，2009）。一个重要的发现是被试者往往同时认同多个观点，这表明了很多人在他们对自然的观点中会表现出一定程度的矛盾心理。这一发现也被定性研究所证明，即人们对人类和自然之间关系的描述经常混合了生态中心和人类中心论（Van den Born，2008）。

知识点 8-1　人与自然关系的观点

- 主人：人类高于自然，可以随心所欲地对待自然。经济增长和技术被认为能够解决环境问题。
- 管家/守护者：人们有责任代表上帝和/或下一代关爱自然。
- 合作者：人类与自然是同等重要的。人与自然都有自己的地位，在相互发展的动态过程中合作。
- 参与者：人类是属于大自然的一部分，不仅仅是在生物学意义上，而且在心理层面上。不允许对大自然采取技术干预。

人们对人与自然的关系的观点与他们眼中自然界的影像和审美景观偏好密切相关（Buijs，2009；De Groot and Van den Born，2003）。人类中心主义观与功能性自然影像有关联，在功能性自然影像中，对人类有用的被高度管理的环境被认为是自然界的美好典范。生态中心主义观与荒野的影像有关，在荒野的影像中，没有被人类接触的自然环境受到人们的高度偏爱，而且被认为是自然界的美好典范。

大量研究对自然观、自然影像和景观偏好的个人差异进行了分析（Özgüner and Kendle，2006；Skenicka and Molnarova，2010；Van den Berg and Koole，2006）。这种研究持续表明，人们的自然观、自然影像和景观偏好表现出的人类中心主义在低收入和低教育水平的人群、老年人、移民以及与景观具有功能性关联的群体之中最为强烈，比如农民、狩猎者和看鸟人。荷兰进行的一项调查表明，44%的第一代和第二代移民（大多数来自土耳其或摩洛哥）拥护自然界的功能形象，而只有 15%的荷兰本地被调查者持这种观点（Buijs et al.，2009）。

8.5　生物多样性

野生自然区域往往物种丰富，呈现出生物多样性。但是，在管理更好的区域也会发现高水平的生物多样性。例如城市公园，就有很丰富的物种（Alvey，2006；Nielsen et al.，2014）。总体来说，生物多样性构成了自然区域的不同部分，提供了对生态系统健康性和可恢复性的指标。当单独研究景观类型的时候，高水平的生物多样性就会获得很多正面的评价（Botzat et al.，2016；Carrus et al.，2015）。负面的评价很少，往往都是和正面的评价交错在一起的。例如，一项在巴黎城市小花园中的研究发现，游客不喜欢花园里的昆虫多样性，但是同时又喜欢更高的植物多样性（Shwartz et al.，2014）。因此，生物多样性在模棱两可的回答中并没有显得特别重要，必须要从其他的概念中分离出来单独考虑。

8.6 激励理论

在前几节中，我们看到人们在与自然界的直接接触中以及对自然界的认知表征和美学评价中表现出矛盾心态。这种矛盾心态产生的更深层次的原因是什么呢？一种可能性是，一些人可能没有足够的认知来感受自然界的全部美好。根据激励理论（existential-motivational account），对自然界的矛盾心态根植于人类最初对自然界的恐惧认识（Koole and Van den Berg，2004）。如上所述，自然界（尤其是荒野）与不可控性和死亡具有内在的关联（Koole and Van den Berg，2005）。实际上，许多儿童都是通过观察动物的死亡而首次了解死亡。恐惧管理理论的研究表明，人具有避免生存焦虑的基本心理需求，这种生存焦虑来源于对自己的死亡最终不可控制而且不可避免的认知（Greenberg et al.，1997）。由于自然界与死亡有着密切的关联，恐惧管理过程往往会使得人们远离（野性）自然。比如，在试验中回想起死亡的参与者特别有可能认同“人类不同于动物”这个观点，并且特别有可能表示厌恶动物（Goldenberg et al.，2001）。其他试验研究表明，人们对荒野环境的视觉偏好（相对于人工自然环境）可以通过提醒其死亡率来弱化（Koole and Van den Berg，2005）（见图 8-1）。

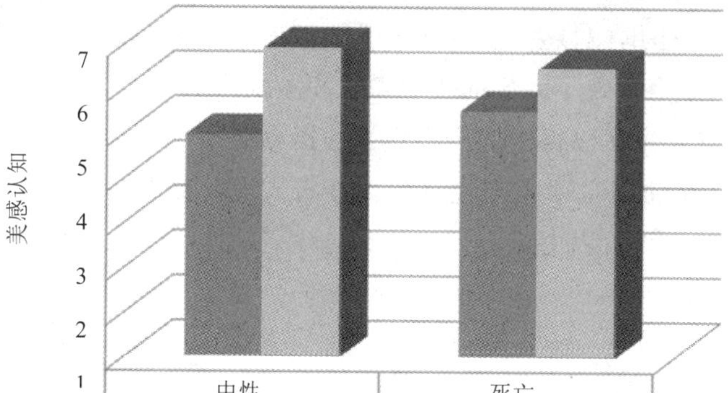

	中性	死亡
■自然保护区	4.95	5.49
■荒野	6.9	6.44

图 8-1　48 位大学生的试验，提醒其死亡率会削弱对荒野的美感认知

资料来源：Koole 等（2005；研究 2）。

激励理论与有关人们对自然界的反应的个体差异的实证研究结果非常吻合。在研究中表现出有关自然和荒野的消极感受和人类中心主义观点的所有群体都有一个共同的特点：他们不太能够回避与自然界有关联的生存焦虑，原因是他们的生活直接依赖于自然界（如农民），或者他们的生活处境脆弱而且不安全（如低收入人群）。对自然界的矛盾心态的理论解释也与人们的观察结果一致，即自然界的积极生态中心主义观的发展趋势似乎与西方国家中日益强烈的疏远自然界的行为共存（Cronon，1996）。实际上，对于许多城市人而言，与自然界的接触仅限于每天上下班途中透过车窗看到的景象，以及偶尔去公园和乡村游玩。根据激励理论，疏远自然与生态中心主义观之间的这种关联可以通过一个事实来解释，那就是更加远离大自然的人更有能力在实际上或者在心理上远离“自然界的残酷现实”（Koole and Van den Berg，2004）。

8.7 实际意义

本章中阐述的研究和理论推理在许多领域都有重要的实际意义。比如，在环境教育领域，研究表明，户外教育计划如果着眼于强化参与者的自信（由此使得他们感到更加安全），而不是着眼于知识的获取，那么就会更加有效。实际上，环境教育计划的评估一直以来都表明，最成功的环境教育计划是利用实践式学习来帮助学生掌握现实生活技能，并且增强他们的自信（Wheeler et al.，2007）。

自然政策和管理领域同研究生态恢复计划尤其相关，目前许多国家的农村和城市都在制订或实施这样的生态恢复计划。这些计划旨在恢复和保护退化、被侵蚀或者被扰乱的场所的野生动物和本地植被，并在这些场所之间建立关联。虽然这种计划会获得西方国家大多数民众的支持，但是一些群体却持有更加批判/负面的观点（Van den Berg et al.，1998）。本章中阐述的研究表明，对这些观点应该予以慎重考虑，不应该被视为“对变革的抵制和阻碍”，因为这些观点反映了人们的生存需求和激励。

总体而言，从本章可以得出的一个重要的指导准则，就是自然教育和管理战略应该考虑到人们的生存保障需求，并且与之匹配。参与式规划模式被广泛用于识别用户群体的需求。本章中介绍的知识可以促进这种参与式讨论，并且帮助人们对自己和其他人有关自然的立场和观点达成共识。

8.8 小结

在本章中，我们回顾了为长期以来的观点提供实证支持的环境心理学研究，这个观点就是，自然界（尤其是荒野）会同时引起积极和消极的感受和想法。我们认为，对自然界的矛盾心态与激励理论最吻合。激励理论认为，由于自然与死亡之间存在内在的关联，所以自然让人们意识到生存焦虑。本章的主旨在于，对自然和自然景观的矛盾心态并不是无知所致，而是由深层次的激励问题所致，因此应该在自然教育、管理和空间规划中进行相应地处理。

推荐阅读书目

Jorgensen, A. and Tylecote, M. (2007). Ambivalent landscapes—wilderness in the urban interstices. *Landscape Research* 32 (4): 443-462.

Konijnendijk, C.C. (2008). *The Forest and the City: The Cultural Landscape of Urban Woodland*. London: Springer.

Nassauer, J.I. (1995). Messy ecosystems, orderly frames. *Landscape Journal* 14 (2): 161-170.

思考题

1. 描述实证研究中已经识别的人与自然关系的 4 种观点。
2. 哪两类景观通常会引起矛盾（积极和消极）反应?
3. 如何解释对自然的情感和认知反应中的矛盾心理?

9 人对于野生动物的认知

Maarten H. Jacobs（荷兰瓦格宁根大学）
Jerry J. Vaske（美国科罗拉多州立大学）
Tara L. Teel（美国科罗拉多州立大学）
Michael J. Manfredo（美国科罗拉多州立大学）

9.1 引言

设想你走在森林中，偶遇一只小鹿，你可能会对这个瞬间很难忘，因为这种体验很特别，让这次旅行也显得很重要。可以说野生动物对人类有很强的吸引力。基于野生动物的旅游和娱乐项目也越来越受欢迎（Newsome and Rodger，2013），同时野生动物的影像资料也受到大批观众的喜爱（Jacobs，2009）。但是，与野生动物之间负面的关系也很常见（例如，蛇恐惧症）（Öhman and Mineka，2003）。总之，人与野生动物之间的关系很复杂，因为这与自然环境中人的进化紧密相关，也是社会进化的表现。由于人类大脑的进化部分是为了应对与野外生存相关的挑战，因此研究人类的思想、情感和行为也能反映出人类的大脑，供人们更好地理解与野生动物相关的观点和争议，例如外来物种的引入、对野生动物的杀戮，都会危害到人类，也可能会毁坏农作物。

本章我们首先探讨一个对野生动物态度的描述性框架（Kellert，1976）。后面的章节是介绍一个来自认知层级（cognitive hierachy）理论框架的方法，用来理解人类与野生动物的关系。这个理论框架与其他研究人类行为的思维过程有很大差异（Manfredo et al.，2009；Teel and Manfredo，2010）。虽然影响野生动物的人的因素主要聚焦在认知层级，但是也有一些新的研究开始关注情感因素的重要性，在后面的章节中会讨论到。从某种程度上看，本章的研究和理论探讨涉及的领域很广泛，包括人们对大自然和景观的反应，以及对人与自然之间关系的看法（见第 6～8 章和第 17 章）。正如我们所看到的，这类研究也在构建自己的研究网络，并成为一个相对独立的研究领域。

9.2 早期的研究：对野生动物的态度

Kellert（1976）所展示的对野生动物态度的框架广受关注。基于个人访谈和大样本的调研，Kellert 区分出了 9 种基本的态度（也称其为价值观）（见知识点 9-1）。

知识点 9-1 对于野生动物态度的维度

Kellert（1976，1996）开发了包括 9 种对野生动物态度的框架，也被称为“关于野生动物的价值观”：

- 实用的（utilitarian）：对野生动物的实用性开发。
- 自然的（naturalistic）：对野生动物的亲身体验（接触）和探索。
- 生态科学的（ecologistic-scientific）：系统研究野生动物圈的结构、功能和关系。
- 审美的（aesthetic）：野生动物的吸引力和美感。
- 象征的（symbolic）：语言和思维方面的应用。
- 人道主义的（humanistic）：对野生动物强烈的情感依赖和喜爱。
- 道德的（moralistic）：对野生动物的精神层面和伦理的关注。
- 主宰的（dominionistic）：对野生动物的控制和主导。
- 负面的（negativistic）：对野生动物害怕、憎恶、疏远。

Kellert 的框架主要应用于描述不同类型的人的态度。例如，关于猎人和非猎人的一项研究（Kellert and Berry，1978），基于猎人对野生动物的态度可以被分为 3 类：利用型猎人，即通过射击游戏来补给食物；自然型猎人，保持与自然的紧密关系，而且怀有感激之心；而主宰型猎人则寻求对动物和自然的主导。非猎人也可以分为具有人道主义态度的和有道德的两类。在美国的大样本调查中发现，女性通常比男性在人道主义的、道德的和负面的态度方面评分要高，而男性则在实用的、主宰的、自然的生态科学的态度方面打分较高(Kellert，1985)。

通过分析人们对野生动物和相关事物的态度，Kellert 开启了对人与野生动物关系的研究。但是，他的研究还是没有清晰的概念基础，测量工具的信度和效度也论证不充分。

9.3 认知层级

Manfredo 和他的同事（Fulton et al.，1996；Manfredo，2008；Teel and Manfredo，2010；Whittaker et al.，2006）探讨了人类对于野生动物的思维和行为的理论，称为“认知层级”。基于社会心理学，这个理论强调了与决定人们行为的认知层级相关的价值观，包括价值、价值导向、态度和规范、行为意图以及行为。在这些层级中，价值是最抽象的认知元素，而行为意图是最具体的认知元素，也是实际行为最直接的前因变量（见图 9-1）。

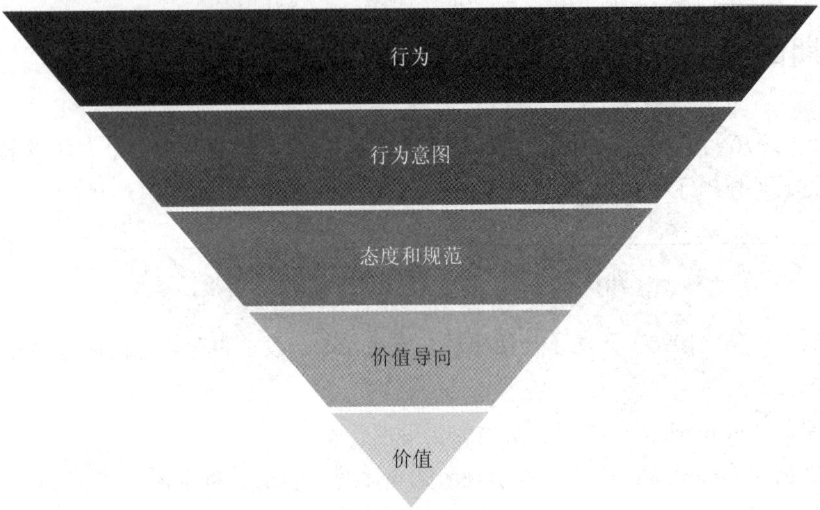

图 9-1　认知层级框架

由于价值观通常是在早期形成的，是由文化塑造的，也与个人身份相关（Schwartz，2006），因此很难改变，而且在相似文化背景下个人行为之间的差异也不大。例如两个人可能都发现自由这个价值观的重要性。在野生动物这个研究背景下，某个人也许会将这种价值观和人联系起来，因此会认为狩猎是可以接受的，而另一个人会将这一价值观跟人和野生动物都联系起来，就会发现狩猎是不被接受的。这样，基本的价值观就不能直接解释特定的思维和行为。

Manfredo 和 Teel（Manfredo et al.，2009；Teel and Manfredo，2009）提出在特定的情境下，意识形态（ideologies）给出了价值观的指向和意义。由此而来的价值观导向就体现在基本信念构成的网络中，这些信念将基本价值组织起来，并且在某个特定的方面比如野生动物方面设定了具体情境的含义。关于野生动物的价值导向是与野生动物直接相关的，而不是一般的价值观，因此可以有效地解释与野生动物相关的态度和行为方面的个体差异。在一般的价值观和涉及野生动物的特定情境的态度或规范之间，野生动物价值导向在这一关系中起到了中介作用（Manfredo et al.，2009）。

9.4　关于野生动物的价值导向

两种主要的野生动物价值观导向分别是：主宰型（domination）（之前也称为实用主义）和互惠型（mutualism）（例如 Fulton et al.，1996；Manfredo，2008；Manfredo et al.，2009；Teel and Manfredo，2010）。主宰型的人相信为了人类的利益可以利用野生动物，而且通常更倾向于人类的利益凌驾于野生动物之上。而那些互惠型的人则把野生动物视为大家庭中的一部分，认为应当像对待人类一样给予野生动物关注和权利。Teel 和 Manfredo（2010）

认为互惠型坚守的信念在于野生动物与人类之间是信任的关系，体现出平等主义的意识形态，也就是说万物生灵都应该被平等对待。知识点 9-2 是用来评价这些导向的测量工具，包含 19 个题项。主宰型价值导向是基于两个基本的信念维度：适度利用和狩猎。互惠型价值导向也是基于两种信念维度：社会联系和关注。从这些基本的信念题项中构建出的组合指标反映出被试者是主宰型还是互惠型导向及其程度。

知识点 9-2　对于野生动物态度的维度

以下列出了与每种价值导向相关的题项。每个题项从“1=非常不同意”到“7=非常同意”。

主宰型：适度利用的信念

- 人们应该管控鱼类和野生动物种群，从而造福人类。
- 人们的需求是第一位的，然后才是鱼类和野生动物的保护。
- 如果人们认为野生动物威胁到他们的生活，那么他们杀死野生动物也是可以被接受的。
- 如果人们认为野生动物对他们的财产构成了威胁，那么他们杀死野生动物也是可以被接受的。
- 如果鱼类和野生动物可能会威胁或伤害其他种群，那么利用它们进行研究也是可以被接受的。
- 鱼类和野生动物终究是要被人们所利用的。

主宰型：狩猎的信念

- 我们应该为一个可以无尽狩猎的野生动物和无尽捕捞的鱼类的世界而努力奋斗。
- 对于野生动物来说，狩猎是残忍的、不人道的（反义）。
- 狩猎是不尊重动物的生命（反义）。
- 应该给那些想要狩猎的人们提供机会。

互惠型：社会联系的信念

- 我们应该致力于打造一个人类、鱼类和野生动物毗邻而居的世界。
- 我将所有的生灵视为大家庭中的一部分。
- 动物跟人类一样也应该拥有权利。
- 野生动物就像我的家人一样，我要保护它们。

互惠型：关注的信念

- 我像关注其他人一样关注动物。
- 对于我来说，帮助动物比帮助人更有价值。
- 在与动物相处时，我感到很舒服。
- 我感到与动物之间有强烈的情感联系。
- 我很珍视从动物那里获得陪伴的感受。

现有研究区别了两种对待野生动物的价值导向：主宰型和互惠型（Manfredo et al.，2009；Teel and Manfredo，2010）。为了测量这些价值导向，学者们开发了一种测量工具，即测量个人对典型的导向相关信念认同的程度。对于每一种野生动物价值导向，可以区分出两类信念。

在美国（Manfredo et al.，2009；Teel and Manfredo，2010）、荷兰（Vaske et al.，2011）、德国（Hermann et al.，2013）、丹麦（Gamborg and Jensen，2016）和马来西亚（Zainal Abidin and Jacobs，2016）等国家的研究已经证明了野生动物价值导向量表在不同文化背景下的可靠性（也见 Teel 等人 2010 年在 10 个欧洲国家进行的比较研究）。这些发现在荷兰、中国、爱沙尼亚、蒙古国和泰国的定性分析中得到了进一步的证实和扩展，这些分析均发表在 2007 年第 12 期的《野生动物的人类维度》杂志上。

使用野生动物价值取向量表的研究表明，主宰型取向在文化传播过程中根深蒂固，并持续影响了几代人。来自美国 19 个州的一项研究的数据表明，主宰型是美国对野生动物的普遍价值取向，这可以追溯到其祖先移民国家的主导文化取向（Manfredo et al.，2016）。与此同时，当代现代化的力量似乎促成了美国从主宰型向互惠型价值取向的代际转变（Manfredo et al.，2009；Teel and Manfredo，2010）。美国 19 个州的数据显示，在平均收入、教育水平以及城市化较高的州，居民中存在互惠型价值取向的比例较高。这表明正在进行的人口变化可能是这种转变的原因之一。由于这些结果还揭示了野生动物价值取向和与野生动物相关的态度以及行为之间的强烈联系（Teel and Manfredo，2010），这些变化还可能导致公众对于传统野生动物管理形式的支持率持续下降，虽然这是主宰型导向的人们广为接受的（例如，狩猎、野蛮控制野生动物）。

9.5 预测对野生动物的规范和态度

对野生动物价值导向的研究是否有价值取决于这个概念预测的效度。野生动物价值导向应该能够预测特定情境下人们对野生动物的态度、规范和行为。研究表明，野生动物价值导向在预测行为方面是有效的，例如参与与野生动物相关的娱乐活动（例如，狩猎、参观野生动物），以及其他方面对野生动物管理干预的支持（例如 Bright et al.，2000；Dougherty et al.，2003；Fulton et al.，1996；Teel et al.，2009；Whittaker et al.，2006），这些研究都表明互惠主义者更倾向参观野生动物。而主宰型导向的人相比之下更不支持管理干预，如伤害野生动物或者是人类的利益优先于野生动物保护这些方面的干预（例如 Jacobs et al.，2014；Vaske et al.，2011；Teel and Manfredo，2010）。总之，这两种价值导向几乎可以解释态度、规范和行为中一半的差异（Fulton et al.，1996；Jacobs et al.，2014；Whittaker et al.，2006）。

9.6 对野生动物的情感

以上认知方法并没有考虑情感方面的因素。概念和测度也许反映了情感的内容（例如，态度和价值通常满载情感），但是并没有直接表明情感的反应。而对野生动物的害怕在实证研究中偶尔出现（Johansson and Karlsson，2011；Öhman and Mineka，2003）。与认知方面的研究相比，情感方面的研究要少得多（Jacobs et al.，2012）。但是情感也扮演着非常重要的角色，体现在我们对野生动物和自然环境的反应和经历中（Herzog and Burghardt，1988；Manfredo，2008）（见第 8 章）。情绪也会影响其他心理现象，例如认知记忆。大多数人很容易回忆起强烈的正面和负面的情感经历（例如，在野外看到鹿很高兴，看到蛇很害怕）。

情感反应（emotional responses）往往是正面或负面、好的或坏的的结合体，包括：①表情反应（例如，微笑）；②生理反应（例如，心跳加快）；③行为倾向或解决方法（例如，解决问题、避免问题）；④思维（例如，对情境的理解、猜测可能的结果）；⑤情感经历（例如，感到高兴）（Cornelius，1996）。这些组成部分既会受到生物因素的影响，也会受到文化和个人学习因素的影响（Jacobs，2009）。在生物进化过程中，情感所引起的身体反应是某种对生活很重要的情境的适应，同时也有利于动物和人的生存（Damasio，1999；LeDoux，1998）。例如，遇到进攻者感到害怕的反应之一是心跳加快，也就是准备要战斗，或进入战斗状态（见第 4 章）。很多身体的反应是自发的，如果某个人要想调整到最佳状态，那么反应肯定是滞后的。人们如何从身体的反应来理解情感经历，这主要受过去经历和知识的影响。例如，你肯定知道动物园里栏杆后面的熊不会袭击人，因此你也就不会有害怕的反应。因此，知识会通过从认知到情感系统的反馈影响情感经历，甚至会抑制最初的身体反应。

对野生动物的情感反应背后有很多不同的心理机制（Jacobs，2009）。第一，人类天生就喜欢观察生物的运动而不是非生物的运动，这在关于新生儿的试验中得到了证实（Simion et al.，2008）。因此，人们看到动物就会做出反应。第二，对于野生动物的一些情感反应与生存有关（例如，害怕蛇），是因为天生就能很快学会，所以学得就很快（Öhman and Mineka，2003）（见第 8 章）。第三，因为条件反射，人们会对野生动物做出反应。通过条件反射，以前的神经刺激就跟情感刺激联系在一起，然后又成为一次情感上的刺激。例如，人们在某些地方看到乌鸦和秃鹫等食腐动物，会联想到死亡，因此一些人会感到害怕（Marzluff and Angell，2005）。第四，我们会对野生动物的情感表情做出情感反应。例如，动物表现镇定的时候，也让我们感到镇定（Jacobs，2009）。第五，关于动物的知识会加强或者传递一个身体情感反应，这可以解释为有意识的经历（Lazarus and Alfert，1964）。例如，我们前面所提到的，看到动物园里的熊，并且知道它不会伤害我们，由此最初的害怕就转为了正面的吸引力。第六，获得关于野生动物的知识能够促进情感反应。例如，观鸟者看到一只不常见的鸟就很享受，因为他们知道这将是一次很特殊的经历（McFarlane，1994）。对于野生动物的不同情感反应可能是由于这些机制的综合作用（Jacobs，2009）。例如，很多古代的或者现代的神话将蜘蛛和蛇描述为危险和邪恶的象征（例如，《指环王》中的蜘蛛和《哈利·波特》中的蛇）。因此，这些文化也会加强我们对蜘蛛和蛇的恐惧。

9.7 小结

野生动物能够激发人们强烈的正面和负面的思维、感觉和行为。本章我们综述了与野生动物有关的人的因素的理论和实证研究。特别是，认知层级框架强调了人的认知存在于不同层次上，由价值、价值导向、态度和规范、行为意图和行为构成（价值是最抽象的，而行为意图是最具体的认知）。野生动物价值导向是基本信念的类型，可以用来理解野生动物领域的基本价值。在现有研究中发现了两种主要的价值导向：主宰型和互惠型。主宰型的人们相信野生动物应该为人们的利益所用，而且认为人优先于动物；而互惠型的价值导向将野生动物视为大家庭中的一员，认为动物也应享有权利和被关注。这些价值导向可以预测对与野生动物相关的活动和管理事务的态度和规范，以及与野生动物相关的行为。与认知一样，情感也是人们对野生动物的行为的重要组成部分。对野生动物的情感反应可以是普通的（例如，条件反射），也可以是特殊的（例如，心理机制引起的）。总之，未来的研究可以将人的情感与反应结合起来。

推荐阅读书目

Jacobs, M.H. (2009). Why do we like or dislike animals? *Human Dimensions of Wildlife* 14 (1): 1-11.

Manfredo, M.J. (2008). *Who Cares about Wildlife?* New York, NY: Springer.

Teel, T.L. and Manfredo, M.J. (2010). Understanding the diversity of public interests in wildlife conservation. *Conservation Biology* 24 (1): 128-139.

Vaske, J.J. and Manfredo, M.J. (2012). Social-psychological aspects of wildlife management. In: *Human Dimensions of Wildlife Management* (ed. D.J. Decker, S. Riley and W.F. Siemer), 43-57. Baltimore, MD: The Johns Hopkins University Press.

思考题

1. 认知层级框架中的核心概念有哪些？怎样定义和区别？
2. 举出两种主要的野生动物价值导向。
3. 情感反应的组成部分是哪些？举例说明。
4. 对野生动物的情感倾向人人都有，但是程度则人与人不同，举例说明。

10 儿童与自然环境

Karin Tanja-Dijkstra（荷兰阿姆斯特丹大学）
Jolanda Maas（荷兰阿姆斯特丹大学）
Janke van Dijk-Wesselius（荷兰阿姆斯特丹大学）
Agnes van den Berg（荷兰格罗宁根大学）

10.1 引言

如今，许多孩子可以接触到各种各样的媒体，例如，电视、计算机、智能手机、平板电脑，宁愿把空闲时间花在屏幕前面，也不愿在户外的大自然和绿色空间中玩耍。此外，日益增长的城市化减少了安全户外玩耍的机会，许多父母不鼓励儿童外出，以保护他们免受交通或陌生人危险的威胁（Veitch et al.，2010）。由于这些和其他原因，越来越多的儿童成长与自然和户外脱节。英国的一项大型调查显示，在接受采访的儿童中，只有不到10%的孩子在林地和乡村等自然场所玩耍，相比之下，40%的父母和祖父母年轻时就在那里玩耍（Natural England，2009）。人们越来越担心，这种脱节可能会对儿童的发展、健康和幸福产生负面影响。这种担心体现在“自然缺陷障碍”一词中，该词反映了儿童与自然世界脱节可能产生的负面影响（Louv，2005）。

在这一章中，我们对自然和附近的儿童绿地的重要性进行了理论和研究的概述。我们把重点放在6～12岁的学龄儿童以及青少年（13～18岁）上。首先，我们讨论了对儿童自然经验的研究，然后回顾了自然对儿童健康和福祉的积极影响的实证证据。其次，我们还讨论了关于童年自然经历与成年后环境认知之间关系的新见解。最后，我们提出了关于自然对儿童日益增长的知识体系重要性的一些启示和实际应用。

10.2 与自然有关的童年经历

关于儿童与自然的经验的第一批研究包括基于定性研究方法的民族志研究（Hart，1979；Lynch，1977；Moore，1980）。例如，在孩子们玩耍时观察他们，要求他们讲述自己的经历、写日记、拍照，或者画他们最喜欢的地方。对这些数据内容的分析表明，自然地区，如河岸、森林、未修剪的草丛、长满杂草的路旁、水边和树林会引起儿童的高度注意。这些地方之所以特别，是因为它们包含了许多挑战、吸引、激励和激发儿童参与积极、多样和创造性游戏体验的可供性或可能性（Gilbson，1979）。民族志研究表明，在儿童时期体验自然使儿童有机会拥有有意义的经验，这些经验有助于他们了解周围的世界，培养自我感、想象力和创造力以及与自然的联系。

许多关于儿童自然体验的定性研究都是在环境教育方案的范围内进行的。这项研究的一个重要启示是，动手学习是将儿童与自然联系在一起的一种有效方式。在动手学习期间，鼓励孩子们积极参与自然环境，并与他们的所有感官和身体能力相互作用，探索、改变和关爱自然。在这种自然接触中，孩子们可能会有印象深刻的自然体验，在他们的一生中都会产生持久的影响。印象深刻的不同形式的童年自然体验被分成高峰体验和流畅体验、重要的生活经历和神奇时刻（Verboom and De Vries，2006）（见表10-1）。下文对这些概念做了描述。

表10-1　令人印象深刻的童年自然体验类型（基于Verboom and De Vries，2006）

	高峰体验和流畅体验	重要的生活经历	神奇时刻
例子	在海滩上建造水坝，建造一个避难所或照顾动物	在森林中迷路或与（野生）动物接触	对花或动物的美丽或种子的生长过程感兴趣
心理状态	心灵、感官和身体的协同作用，全神贯注	征服恐惧，优势感	被从来没有感受过的东西吸引
成人监督	独自一人，最好没有成人的监督	单独或与成人一起，成人可以起到榜样的作用	单独或与成人一起，成人可以通过引导儿童的注意力来促进体验
自然的可用性	最接近和易于接近自然	可进入和访问自然，较好的野生自然区	室内或室外丰富的感官自然环境
条件：体验需要有时间和空间			

高峰体验是一种罕见的、令人兴奋的、深刻感动的体验，它从日常事件中脱颖而出（Maslow，1970）。高峰体验在自我实现中起着重要的作用，它代表了马斯洛的需求金字塔的最高境界。虽然高峰体验更有可能发生在性格较为成熟的人身上，但儿童和青少年也可能经历高峰体验。例如，在大自然的经历，“当我坐在窗台前享受阳光”，或“在我的地区附近探索森林”，被认为是不同国家独特的高峰体验（Hoffman and Ortiz，2009）。

重要的生活经历是令人深刻感动的，形成的经验往往包含焦虑，并可能永久地改变对生活的看法（Tanner，1980）。要使一次经历成为一次重要的生活经历，这一经历应该是具有挑战性的，但焦虑程度不要太高，引起适当程度的焦虑就可以。一个太具挑战性的事件将被负面评价。什么是适当的焦虑，对重要的生活经历感受不同的人可能不同。对于一些儿童来说，经历的令其震惊的事情（例如，让一只木虱爬到手上），对其他孩子来说也可能太平淡或乏味，无法给他们留下持久的印象（Verboom and De Vries，2006）。

流畅体验是人们十分投入地参与一项活动，以至于忘记他们周围的一切（Csikszentmihalyi，1990）。在这段经历中，思想、意图、感觉和感官都是针对同一个目标的。流畅体验相对经常发生在自然界，因为在自然环境中存在的形式和材料的变化要求儿童锻炼他们的运动协调感觉（Gibson，1979）。一个流畅体验的例子，如一个孩子试图借助树木通过河流，这一经历可以让孩子们充分参与，一次又一次地挑战，最终顺利地到达河的另一边。为了刺激流畅体验，孩子们最好是独自经历，至少孩子们必须感觉到他们对自己的行为和控制负有责任。诸如园艺、照顾动物、建造小屋或木筏等具有责任感的活动还可以为流畅体验提供舞台。

神奇时刻迎合了孩子们对神秘感和惊奇感的需求（Talbot and Frost，1989）。当一个孩子被某种自然现象迷住或产生好奇时，就会出现这样的时刻，就像一只蝴蝶从一朵花飞到另一朵花。这种自然体验的特点是丰富的感官刺激，它扩展了可能性，扩大了意识，超越了普通人，让孩子们有更多的机会沉浸在大自然中，去探索、创造和试验，从而成长。

10.3 自然与儿童健康

在定性研究的基础上，更严格的定量和控制的研究为儿童的健康和福祉提供了更多的实证证据。这些研究的结果表明，接触自然对儿童的身体、精神健康和认知都有好处。下面，我们概述了关于这三种类型的优势的调查结果。

10.3.1 身体健康福利

人们发现，接触周围绿色空间与儿童中等强度的体育活动水平（moderate-to-vigorous physical activity，MVPA）正相关。例如，对 8～14 岁的美国儿童进行的一项研究表明，在他们的社区中每天接触绿色空间 20 分钟以上的儿童的 MVPA 几乎是每天没有接触绿色空间的儿童 MVPA 的 5 倍（Almanza et al.，2012）。绿色空间对体育活动的积极影响可能会降低绿色社区儿童的超重和肥胖水平（Wolch et al.，2011）。也许更引人注目的是，即使孩子还在子宫里，绿色空间也会影响他们的身体健康。婴儿的出生体重是其心理、生理发展到成年的重要预测因子，特别是对于出生体重极低的儿童而言。8 项研究的元分析汇集数据显示，婴儿出生体重增加与社区绿化程度更高有关，与社会经济状况和其他危险因素无关（Dzhambov et al.，2014）。这种联系被认为是由生活在绿色环境中的孕妇压力水平较低和其他健康优势所致。

根据关于自然环境对儿童运动发育重要性的定性研究的观察，挪威的一项研究发现，与在平整的学校场地上玩耍相比，在大自然中的游戏促进了学龄前儿童运动技能的发展，这是通过标准化的运动适应度前后测试来衡量的（Fjørtoft，2004）。此外，对照观察研究证实，儿童在自然环境中比在非自然环境中表现出更多样化和创造性的游戏行为（Dowdell et al.，2011）。

10.3.2 精神健康福利

奥地利农村中学的一项研究报告显示，与对照组学校的学生相比，绿化学校后学生的心理健康状况有所提高，压力有所减轻（Kelz et al.，2015）。在附近拥有自然也可以帮助学生更好地应对逆境，从而使他们更不容易受到压力事件的负面影响（Corraliza et al.，2012）。另外，几项研究揭示了校园环境中的绿色植物与诸如欺凌和侵略性行为等反社会行为的减少之间的关系（Cheskey，2001）。此外，相比贫瘠的、用砖石铺设的操场，更多的亲社会行为发生在绿色环境中。

大自然对儿童心理健康重要性的进一步证据来自对户外挑战方案的评估。在这些项目中，儿童在野外参加各种户外活动，目的是改善他们的心理健康。对参加荒野计划的美国年轻人进行的调查显示，他们的个人自主性增强了，自我概念得到改善，采取行动和果断的能力增强了，人际交往能力也得到了提高（Kahn Jr. and Kellert，2002）。

10.3.3 认知效益

与自然互动也可以改善认知功能。如第6章所述，自然环境支持从定向注意的疲劳中恢复。除此之外，自然环境往往在没有主动认知的情况下自动吸引注意力，从而使大脑的中央执行功能得以休息和补充。越来越多的证据表明，孩子们可以从这些恢复性的活动中受益，就像成年人一样（Collado and Staats，2016）（见知识点10-1）。例如，来自低收入家庭的孩子在搬到更容易接近自然的房子后，表现出更好的专注能力和其他认知功能改善的迹象，这是通过父母的评估量表来衡量的（Wells，2000）。当年龄在7～12岁的女孩在家里拥有更加绿色的视野时，她们在专注、冲动抑制和延迟满足的测试中得分更高（FaberTaylor et al.，2002）。

知识点10-1 自然环境对学校绩效的影响

在学校环境中，人们发现，如果学校周围有更多的绿地，孩子们在数学和英语标准化考试中表现得更好（Wu et al.，2014）。此外，在5所高中进行的一项研究显示，与没有绿色视野的学生相比，被随机分配到有绿化空间的教室的学生在注意力测试方面的表现更好，并且从紧张的经历中恢复得更快（Li and Sullivan，2016）。教室的绿化有类似的好处。与没有绿化墙的控制教室相比，在4个小学教室中设置绿化墙使得学生在对选择性关注的测试中获得较好的分数（Van den Berg et al.，2016b）。因此，学校内部和周围的自然环境有可能提高儿童的学习成绩，也会对他们的职业和未来目标产生重要影响。

注意力缺陷多动障碍（ADHD）的儿童在注意力功能方面有缺陷。考虑到自然的恢复能力，自然环境可以为这些儿童提供支持性的环境。根据这一概念，父母报告说孩子在自然环境中玩耍后，儿童 ADHD 症状降低（Kuo and Faber Taylor，2004）。在一项大样本横截面研究中，生活环境中更多的绿地与减少服用 ADHD 药物有关（DeVries，2016）。患有 ADHD 的儿童参观森林后在集中注意力方面的表现也要好于到访城镇后（Van den Berg and Van den Berg，2011）。

10.4 童年的自然经历和成长

虽然接触自然对儿童的短期益处是有充分记录的，但目前的研究对其长期影响知之甚少。到目前为止，还没有进行跟踪儿童从童年到成年的纵向研究，以监测童年与自然互动进而贯穿整个生命过程的影响。然而，有一些研究回顾性地将成年人回忆他们童年时与自然有关的经历和各种成年结果联系起来。使用这一方法，对生活在美国的 2 000 名成年人进行的一项调查发现，在一个有自然环境的家中长大，在童年时期参观公园、接触园艺，成年之后就会对树木有更积极的情感，并能更多地参与园艺活动（Lohr and Pearson-Mims，2005）。另一项针对美国城市成年居民的大规模调查显示，11 岁之前参与过徒步旅行或在森林中玩耍、野营、打猎、钓鱼等以自然为基础的活动的人，在成年后更有可能表现出有利于环境的行为和态度（Wells and Lekies，2006）。

从童年的自然体验到成人的环境主义被认为是一个逐步的过程，在这个过程中，孩子们首先依附于特定的自然场所，然后更广泛地形成对自然环境的依恋感。在成年人中，这种对自然的普遍依恋或联系与意识到生物圈价值和有利于环境的行为呈正相关（Schultz et al.，2004）（见第 16 章）。与自然的联系不仅与亲环境主义有关，与自然有强烈联系的人也比那些联系较少的人更快乐（见第 7 章）。这些发现表明，可能存在一条“通往可持续性的幸福之路”（Nisbet and Zelenski，2011）。也就是说，如果孩子们在大自然中花费更多的时间，并培养出一种与自然相连的感觉，他们在成年后可能会变得更快乐，并能以更可持续性的方式行事。

10.5 应用和影响

随着对自然如何促进儿童的发展、健康和福祉的日益深入的认识，人们开始积极主动地将儿童与自然联系起来。其中许多举措侧重于通过绿化学校、教室、城市公共空间和医院等场所为儿童带来自然效益。其他倡议旨在通过鼓励和方便儿童积极参与以自然为基础的方案和活动，如自然经验方案和园艺项目，使儿童“走向自然”。这些干预措施可能特别适用于来自贫困家庭的儿童，因为他们在其生活环境中进入自然空间的机会相对有限（Strife and Downey，2009）。因此，基于自然的干预措施可能有助于缓解来自社会经济地位不同的家庭中的儿童之间的健康不平等（见第 7 章）。

10.6 小结

在本章中，我们对儿童与自然环境关系的研究进行了综述。这项研究表明，儿童被大自然提供的丰富的感官刺激所吸引，并从积极参与自然环境的所有感官和身体能力中获得乐趣。在与自然互动的同时，孩子们可能获得印象深刻的体验，加强他们与自然的联系，并可能为以后生活中有利于环境的行为奠定基础。此外，越来越多的证据表明，接触自然环境对儿童的身体、精神和认知健康都有好处。一般来说，童年时期与自然接触经历的多少，可能会对一个人的健康和福祉产生终生的影响。这些研究结果和见解为促进儿童拥抱自然提供了理由，特别是那些在日常生活环境中与自然接触的机会有限的来自贫困家庭的儿童。

推荐阅读书目

Chawla, L. (2015). Benefits of nature contact for children. *Journal of Planning Literature* 30 (4): 433-452.

Collado, S. and Staats, H. (2016). Contact with nature and children's restorative experiences: an eye to the future. *Frontiers in Psychology* 7: 1885.

Wood, C., Bragg, R., and Pretty, J. (2016). The benefits of green exercise for children. In: *Green Exercise: Linking Nature, Health and Well - Being* (ed. J. Barton, R. Bragg, C. Wood and J. Pretty), 46-52. London: Routledge.

思考题

1. 描述 Louv“自然缺陷障碍”的意思，以及为什么社会应该警惕这种现象。

2. 解释什么是“动手学习”（hands-on-learning），以及如何增强儿童与自然的联系。

3. 如果可能的话，描述一下你童年时期对大自然的一次印象深刻的经历。那是什么样的体验？它对你有什么影响？

4. 列举两个可用于减少低社会经济地位家庭中儿童和高社会经济地位家庭中儿童的健康不平等的绿色干预措施的例子。

11 评估和设计提升福利和健康的建筑环境

Robert Gifford（加拿大维多利亚大学）
Lindsay J. Mc Cunn（美国华盛顿塔科马大学）

11.1 引言

人与建筑物的互动很复杂。人会变化，建筑物也会变化。询问 10 个人对某个建筑物的看法，你会得到 10 个不同的回答。但是，询问 10 个人对另外一个建筑物的看法，他们的回答可能又非常一致。本章的前半部分是关于人们评估或评价周围建筑环境的方式，后半部分综述了几种运用环境心理学的见解和知识为建筑环境设计提供依据从而提升人的福利的方法。

11.2 建筑的美学评价

什么样的建筑物是美观的？回答是，这种美在一定程度上取决于观察者，一定程度上取决于建筑物本身（有关自然刺激物和环境的类似论述见第 5 章和第 8 章）。比如，建筑师和非专业人士有时会对建筑物是否美观存在分歧，但有时候，几乎所有人都认为某一建筑物是美丽或丑陋的（见知识点 11-1）。环境心理学旨在发现哪些人类差异和哪些设计差异导致了这种环境评估的变化和一致性，从而可以有效地促进建筑物、社区和城市的设计（比如，Gifford，1980；Gilfford et al.，2000，2002）。在这一部分中，我们首先讨论建筑环境评估的统一性，这些统一性反映了建筑环境的物理特性的影响。接下来，我们讨论与观察者个人特点的差异有关的评价变化。

11.2.1 建筑空间评价中的统一性

环境心理学家用大量的时间识别建筑环境导致观察者的统一评价的特性（Stamps and Nasar，1997）。其中一种特性就是建筑物的外立面或者立面。许多人喜欢富有怀旧感的立面，这种立面具有细致的、有装饰性的、有纹路的或者三维的表面，能够提供庇护并且吸引人去触摸和探索（Frewald，1990）。

知识点 11-1　解读现代建筑

几组建筑师和非专业人士对42座大型现代建筑物进行了评价（Gilfford et al.，2000）。评价结果表明，建筑师和非专业人士对一些建筑物共同做出了积极的评价；而一些建筑物被一组人评价很高，却被另外一组人评价很低；还有一些建筑物同时被两组人评价很低。我国香港的中国银行大厦是非专业人士的最爱，却是建筑师的第二选择。这表明，设计一座专业人士和非专业人士都喜欢的建筑物是可能的。但是，两组人也可能会发生严重的分歧。建筑师不喜欢洛杉矶的迪士尼公司总部这座建筑（仅在建筑师喜欢的建筑中排名第41），非专业人士却非常喜欢（在非专业人士喜欢的建筑中排名第 3）。然而，英国的斯托克利公园大厦（1987—1989 年）在建筑师喜欢的建筑中排名第 4，但是在非专业人士喜欢的建筑中排名第33。也有一些建筑物，两个群体都认为其十分丑陋（比如，芝加哥律师协会大楼在建筑师喜欢的建筑中排名第35，在非专业人士喜欢的建筑中排名第34）。如果你感到好奇，可通过搜索引擎找到这些建筑物的照片。

但是，环境心理学家并不是唯一被征求意见的对象。这项研究比较了42座建筑物的57个不同的立面特点，以了解每组观察者的积极评价和消极评价的关联因素。结果比较复杂，两个小组在一定程度上专注于立面的不同方面，从而以不同的方式得出他们的评价以及价值认知。比如，栏杆和金属覆盖物更多、拱门更少的建筑物给建筑师带来的愉悦感高于给非专业人士带来的愉悦感；带有更多圆形边角的、更多矩形元素的建筑物也能够让建筑师产生更强烈的心理愉悦感。

总体而言，引起特定评价的抽象美学一般分为三类：形式、符号和图解（Nasar，1994）。形式特点包括抽象概念，比如复杂性、顺序和周围环境。符号特点通过设计风格表现（比如，装饰艺术或后现代派）。图解特点是指设计针对功能类别的范性或典型性（比如餐厅和商店）。根据 Nasar 的观点，这些特点的结合会引起不同的评价。比如，采用熟悉的设计风格并且展示出有序性和适度复杂性的建筑物通常被认为是“令人愉悦的”，而采用复杂和非典型设计风格的建筑物通常被认为是“激动人心的”。复杂性和偏好之间的关系通常成倒置的“U”形：具有中等复杂性的建筑物往往比最复杂和最不复杂的建筑物更受人青睐（例如 Imamoglu，2000）。这一点与自然界不同，在自然界中，更为复杂的通常与更高的偏爱相关联（见第 5 章）。

对于设计风格，对建筑师和非专业人士进行的一项研究表明，两个群体都认为农场和都铎风格建筑物（带有倾斜屋顶和装饰性木结构）最理想、地中海风格和盐盒风格建筑物（带有倾斜屋顶的木屋）最不理想、农场风格建筑最友好、殖民地风格的建筑最不友好、殖民地风格和都铎风格的建筑物的地位最高、盐盒风格建筑和地中海风格建筑的地位最低（Nasar，1989）。因此，有时建筑师和非专业人士的建筑风格偏好是一致的。

典型性对建筑物的美学评价的影响取决于建筑物的吸引力。感知的典型性会正向影响偏好（Purcell，1986），但是，典型性越强越可能增强人们对田园和绿地等令人喜爱的场所的偏好（Hagerhall，2001），而降低对不令人喜爱的场所（比如小巷）的偏好（Herzog et al.，2004）。

11.2.2 观察者的差异

对建筑物的美学评价有时也因人而异。一些人喜欢新建筑，而另一些人喜欢传统建筑。一些人喜欢热闹的街道，而另一些人喜欢清静的地方。总体而言，目标、目的、知识、情绪、文化和生活经历的个体差异都与建筑环境的实际特点相互作用，从而决定了对建筑环境的评价（Amedeo and Golledge，2003；Canter，1985；Gifford，1980；Verderber and Moore，1977；Ward，1977）。有时，一个地点的负面的情境会降低对附近地方愉悦性的评价，也有其他时候，一个负面的空间情境会提升较远地方的愉悦感评价（Blaison and Hess，2016）。教育和收入水平不同的个人在对建筑风格的认知上存在差异。比如，随着教育水平和收入水平的增长，人们对殖民地风格的建筑的偏好降低，而对当代风格建筑的偏好增强（Nasar，1989）。

教育和职业也影响人们对环境的评价。比如，建筑师在受教育期间被社会化，喜欢某些设计而不喜欢其他设计（Wilson，1996），并且运用特定的标准来评判建筑物（Delvin，1990）。这可能就是建筑师往往不能够预测非建筑师的建筑物偏好的原因（Brown and Gifford，2001；Nasar，1989）。总体而言，建筑师往往比非建筑师更倾向于不同寻常的建筑形式，而非建筑师往往喜欢传统的建筑风格（Nasar and Purcell，1990）。非建筑师与建筑师的差异还在于前者更喜欢天花板高于一般水平的方形房间，而不是矩形房间（Baird et al.，1978；Nasar，1981），这些偏好的差异好像在建筑师受教育的时候就已经产生了：建筑学的学生和非建筑学的学生有时对建筑物的外观偏好存在差异（Imamoglu，2000）。

其他角色差异似乎也影响对建筑物设计或组织的偏好。比如，当给养老院的管理人员、设计师和居民提供不同的养老院设计方案时，管理人员和设计师喜欢有助于居民进行社会互动的设计方案，而居民似乎喜欢能够给他们提供最大隐私性的设计方案（Duffy et al.，1986）。

11.2.3 建筑中的意义

研究结果表明人们对环境的评价方式存在显著差异，环境心理学家会寻找其中的原因。一个想法就是，建筑师和非建筑师存在评价差异是因为他们对建筑意义的认知存在差异，也就是说，建筑物的直观形象会使人们在历史事件、风格、偏好和权力关系等方面产生来自生活中的联想。这种想法得到了 Groat（1982）的支持，他发现，建筑师根据设计、数量、风格、形式、潜在的历史意义划分现代建筑和后现代建筑，而非建筑师根据自己的偏好和建筑类型（比如，住宅和办公楼）对建筑物进行划分。显然，外行认为后现代建筑物与其他现代建筑物没有区别，这表明建筑师想要通过设计风格表达建筑物的一些含义对外行而言不起作用。

一般而言，许多建筑师的目标是设计出传达典型性或功能方面含义的建筑物：图书馆应该看起来像是图书馆，酒店应该看起来像是酒店，即要让每一座建筑物都有其特色（Genereux et al.，1983）。对于社区居民而言，重要的是能够辨别建筑物的用途（Groat and Canter，1979）。总体而言，具有多种含义（特点）的建筑环境往往不被人喜欢，而明确界定了总体用途的建筑环境往往受人青睐（Nasar，1983）。

11.3 提升建筑物中人的幸福度和健康指标的三种设计方法

多年来，人们一直在努力设计能够提升人的幸福度和健康指标的建筑物（例如Dempsey，1914）。提升建筑物中人的幸福度和健康指标的三种现代设计方法，包括社会设计（设计出最能够满足人的需求的建筑物）、亲近生物设计（建筑物中将自然性状、形式和过程整合在一起）和基于现象的设计（根据能体现设计有效性的现象）。

11.3.1 社会设计

遗憾的是，在现代工业化社会中，建筑师和建筑用户之间存在差距。建筑师通常不与每天使用建筑空间的人讨论他们的项目方案，除非是在为私人设计住宅。相反，建筑师多与公司董事会或设施管理人进行沟通，而后者在项目完工后通常不会在建筑物中工作或学习。

这种差距意味着建筑设计中通常没有包含建筑用户的具体行为需求，建筑师的决策依据往往也不会给大多数用户解释。社会设计（Sommer，1983）（见知识点11-2）旨在缩短建筑设计师和用户之间的这种距离。社会设计与传统（正式）设计不同，因为它不着眼于大规模的、企业化的高成本设计模式。相反，社会设计采用的是小规模、人性化的民主设计模式。建筑物潜在用户提供的信息以及与之相关的信息、意义和本地特色被用来确保提升用户的幸福度和健康指标。

知识点11-2 社会设计的6个目标

社会设计者应牢记6个目标，以促进设计过程中的主要参与者之间的沟通，并且提醒自己典型的建筑用户是主要参与者（Gifford，2007）。

- 目标1：创建一个匹配或者符合建筑用户需求和行为的环境。这个目标也被称为一致性、宜居性或适合度。
- 目标2：满足建筑用户的需求。因为用户大多数时间都在设计的建筑空间中生活和工作。
- 目标3：积极改变环境指标。比如，提高办公楼内的生产力或者增强社区中心的满意度。

- 目标 4：增强建筑用户的个人控制。当用户能够根据自己的需要改变建筑环境时，环境往往变得更轻松。
- 目标 5：促进社会支持，鼓励环境方面的合作。
- 目标 6：利用具体形象特征来帮助用户和访客容易到达目的地，而不会迷路。

社会设计师研究未来建筑物用户的态度和行为（即使在大规模项目中也是如此）。这一点通过对潜在用户进行访谈来实现，访谈的内容包括用户对建筑物的各个区域的预期需求、他们在楼层平面图中的某些位置可能停留的时间长度，以及这些位置之间是否存在特殊要求（比如，对于不同年龄段的人采用不同的照明水平）。这种设计方式几乎能够保证成功，因为它将建筑物用户的意见、建议与环境心理学家、建筑师以及其他相关专业人员的知识和经验结合在一起，在本地特色和约束条件范围内创造出最好的建筑空间。成功的社会设计的一些例子存在于医院创新研究（例如 Becker and Poe，1980）和其他医疗设施的研究中（例如 Gifford and Martin，1991）。医疗和教育部门是整合设计过程（integrated design process，IDP）和整合项目传递（integrated project delivery，IPD）方法的实验场（e.g. Ghassemi and Becerik-Gerber，2011），这些是美国建筑师协会（American Institute of Architects，AIA）等组织开发的现代设计流程，通过项目将关键利益群体联合起来。虽然这些框架和社会设计都鼓励理解建筑使用者的需求和偏好，但是其关注点主要是建筑所有者、设计方和建设方之间开放、信任的合作关系。

设计过程中并不是每一个主要参与者都能认识到社会设计的优点。一些建筑师认为，如果空间具有结构美观性，那么用户会被建筑空间的美观性深深吸引，从而逐渐适应建筑物的功能性。一些建筑师会问，如果特定人群或其需求可能会在建筑物寿命期内多次变化，那么为什么还要将建筑物与这个人群的需求和行为相匹配呢？环境心理学家的回答是，当建筑物的用途发生变化时可以实施新的规划流程和设计流程。

11.3.2 亲近生物设计

几千年来，人类在自然环境中演变，作为物种而言，城市生活的历史只占人类历史的很小一部分。因此，一些人认为现代人仍然具有热爱生命的本性，或者说亲近大自然和自然元素的强烈倾向（例如 Wilson，1984）（见第 5 章、第 7 章、第 8 章）。如果这种倾向可以得到满足，那么就会产生积极的、健康的体验。因此，建筑环境如果将自然界的元素以及健康属性（比如自然通风和采光）结合到立面和内部装饰中，就会促进建筑用户的幸福度。这种设计方法努力将亲近生物的设计与可持续建筑和景观实践整合在一起（Kellert et al.，2008）。

亲近生物设计与健康恢复设计密切相关，这种设计方式着眼于促进用户从压力或心理疲劳中康复，并且作为亲近生物体验的一个关键组成部分（Hartig et al.，2008）（见第 6 章和第 7 章）。康复可以来源于建筑空间中存在的植物和其他自然元素，但是也可以在没有明显的自然元素的休闲场所（比如博物馆）中发生（见第 12 章）。因此，康复性设计可以被视为亲近生物设计的一种更加普遍的形式，旨在提升自然环境的休闲体验特征，但是也不一定局限于自然元素。毕竟我们最具康复性的活动是睡眠，而睡眠几乎始终在室内进行。

亲近生物设计和社会设计之间的一个重要差异就是，在亲近生物设计中，建筑用户不是被直接提问或直接观察的。相反，是亲近生物和康复性设计的倡导者利用了有关建筑物对用户的影响的研究证据。比如，一些研究表明，不接触大自然会导致长期压力和有关建筑环境的负面情绪（Joye，2007；Parsons，1991；Ulrich，1984）。但是，有人会问建筑物为什么不包含更多的自然内容。一个原因是，建筑物往往在设计时更多考虑成本效益，而不是结合自然元素（Salingaros，2004）。另一个原因可能根植于这样的研究结果：如果办公室内有许多植物，那么可能从简单形式上说生产力会降低（Larsen et al.，1998）。可能亲近生物元素对工作人员的心理健康有利，但是对于生产力却不太有利。

11.3.3 基于现象的设计

根据这种设计方法，所有建筑设计都应该以每个设计决策的有效性的现有最佳现象为基础。这种设计方法的倡导者认为，基于直觉、时尚或者仅仅基于理论、先例或美学的设计不大可能像基于现象的设计那样产生积极的宜居建筑环境。

几十年来基于现象的设计一直被认可（例如 Zeisel，1975）。环境心理学家的研究结果表明了各种设计特点（比如，降低噪声、增强照明和通风、更好的人体工程学设计、支持性的工作场所、个人控制和完善的布局）对建筑用户的幸福度和生产力的积极影响（Gifford，2014；Sommer，1983；Ulrich et al.，2004）（见第 4 章）。尤其是在医疗建筑物中，这些研究结果被越来越多地用于提升患者和工作人员的幸福度，帮助患者康复、减轻压力以及提高安全感。

11.4 小结

即使是非常喜欢户外运动的人也会在建筑物中度过生命中的大多数时间，其他人则将更多时间用在了室内活动上，因此建筑物对我们的幸福度极其重要。在本章我们讨论了人们对建筑环境的物理特点的评价以及观察者特点方面的一些重要的异同点。我们还讨论了三种近期的设计方式（社会设计、亲近生物设计和基于现象的设计），这些设计旨在将环境心理学方面的见解转变为满足用户需求并且提升用户幸福度的建筑设计。总而言之，本章表明，当实证研究与建筑成功对接时，建筑空间能够体现用户的行为倾向并且增强他们的日常体验。这不仅可以降低用户的压力，提高用户的满意度，还可以促进未来项目中的流程改进，减少不必要的缺点并且节约时间。

推荐阅读书目

Gifford, R. (2014). *Environmental Psychology: Principles and Practice*, 5e. Colville, WA: Optimal Books.

Kellert, S.R., Heerwagen, J.H., and Mador, M.L. (eds.) (2008). *Biophilic Design*. Hoboken, NJ: Wiley.

Sommer, R. (1983). *Social Design: Creating Buildings with People in Mind*. Englewood Cliffs, NJ: Prentice-Hall.

思考题

1. 请描述影响建筑环境的美学评价的两个物理属性和两个观察者特征。
2. 请描述建筑师和非专业人士在建筑环境评价中的至少 3 个差异。
3. 如何解释建筑师和非专业人士之间对建筑环境评价的差异？
4. 请描述社会设计的 6 个目标。
5. 除了社会设计之外，还有其他哪些现代设计方法可提升建筑物中的人的幸福度和健康指标？

12 城市环境质量

Mirilia Bonnes（意大利罗马智德大学）
Massimiliano Scopelliti（意大利罗马拉姆萨大学）
Ferdinando Fornara（意大利卡利亚里大学）
Giuseppe Carrus（意大利罗马第三大学）

12.1 引言

居住环境的质量是人们生活的根本。多种环境条件（比如，噪声、热量、空气污染和拥挤）可能是不适感的来源，会对城市环境质量造成不利的影响（见第 4 章和第 13 章）。城市环境（从小城镇到复杂的大城市）也包含许多条件（比如，基础设施、绿化区域和医疗与教育设施），这些条件可能会对城市环境质量产生积极的影响，因为它们满足了居民的需求。因此城市环境质量是一个多维概念，包含消极影响和积极影响。

城市环境质量的评价是环境心理学的一个重要课题（Bonnes and Carrus，2017；Craik and Feimer，1987）。城市环境质量可以从专家角度或非专业角度来研究。前者涉及实际的硬性指标（通过技术仪器或者客观可量化的指标）或者专家判断（根据具体的专业背景）（Poortinga et al.，2016），而后者则依赖软性的心理反应（比如认知和态度）（Bonaiuto and Fornara，2017）。二者在城市环境设计和规划中都很重要。本章将着眼于后者，即更具心理性的视角。但是，如第 5 章和第 13 章所指出的，专家（客观的）和普通人（主观的）在环境设计和规划中都很重要，这两种视角并不关联，这也是环境心理学中较多研究和讨论的一个话题（Bonnes et al.，2007）。

通过对有关人与环境研究的两个最重要的期刊（《环境心理学》《环境与行为》）中的科学综述分析，Giuliani 和 Scopelliti（2009）将城市环境质量定义为环境心理学的核心，涵盖实证研究的最大部分。城市环境压力（environmental stress）、居住满意度（residential satisfaction）和地点依恋（place attachment）（第 4 章）是主要的研究主题。

本章通过分析居住环境中人与环境的相互作用回顾了心理学理论以及城市环境质量研究。我们首先讨论了环境压力因素对城市居民的健康和幸福度的不利影响，同时对这些影响做出了理论解释。其次，我们讨论了城市性质和其他城市特点的积极影响。最后，我们介绍了如何从多个维度来研究环境质量，以及环境心理学领域开发的用于度量相关概念的方法（居住满意度、认知城市环境质量、环境的情感品质和地方依恋）。本章结尾处介绍了多地点方法，考虑了各种城市场所的人与环境的相互作用。

12.2 城市环境带来压力和不舒适感

城市环境一直以来都吸引着许多人，因为城市环境提供了各种积极因素、信息以及居住、工作和休闲娱乐的机会。但城市生活的消极（可能同时发生）方面也充分表现出来。这样的例子很多，包括道路交通噪声、糟糕的空气质量、高温和拥挤。这些环境压力给人的身心造成多种不良后果，包括健康相关问题、烦恼、负面情绪和不断弱化的认知功能以及降低的亲社会行为（Lepore and Evans，1996）（第 4 章详细讨论）。

当个人感知到环境需求与个人、社会或环境应对资源之间不平衡时，城市环境就可能是压力的来源。个人通过评估威胁情景的严重性、必要性和可预测性以及对这种威胁的认知控制度将意义归因于环境条件，这种认知控制度会影响人们所认为的令人烦恼的或干扰性的环境需求的程度（Evans and Cohen，1987，2004）。例如，认为噪声来源不重要、不必要、危险但可预防的人感受到的烦扰程度高于对噪声来源持积极态度的人（Guski，1999）。

对城市环境条件的消极反应的作用机理的关键是刺激物过载（stimulus overload）。根据唤醒理论，一个人的任务绩效在很大程度上取决于他的唤醒水平。总体而言，叶克斯-多德逊定律（Yerkes-Dodson Law）（Yerkes et al.，1908）认为，唤醒与绩效之间的关系可以通过倒置的“U”形曲线来表示，在这个曲线中，适度的唤醒水平可带来最佳绩效。过高或者过低的唤醒水平都会对绩效产生不利影响，前者会导致过于兴奋，后者会导致过于枯燥。唤醒理论预测，环境压力因素的影响将取决于一个人的唤醒水平是低于、高于最佳水平还是在最佳水平范围内。具有较高唤醒水平的城市居民会比具有较低唤醒水平的城市居民更能感受到环境压力因素的消极影响。

在城市环境中，多个压力因素的同时存在会导致刺激物过载（Evans and Cohen，1978）。根据刺激物过载理论，为了应对压力因素，需要连续的认知努力，从而导致唤醒水平长期不断增长。因为持续的注意力会随着时间而耗竭，而且会转变为心理疲劳，所以认知功能可能会受损（见第 6 章和第 7 章）。人们需要运用充分的应对策略来补偿他们不断降低的能力。对刺激物过载的一种常见的反应就是“视野狭窄”，即人们只注意与手头任务有关的信息，而忽视其他信息，一旦注意力耗竭，即使是对注意力的最小需求（比如愿意谈论天气的邻居）也会变得不可容忍。在城市环境中，糟糕的环境条件会导致对隐私或隐居的需求增大，进而降低了社会互动、社会支持和亲近社会的行为（Cohen，1980）（见第 7 章）。

12.3 城市环境带来康复和幸福度

城市环境不仅是压力和疾病的来源，还可以提供许多从繁忙的城市生活中解脱的机会。特别是，城市环境中绿地的积极作用一直以来被广泛报道（见第 5 章、第 6 章）。例如，通过友好的徒步设计和管理，城市环境可以提供健康、快乐的步行体验（Wang et al.，2016），还有一些城市特征经常与城市前行状况相关，也会为每天愉悦的步行体验提供支持，例如绿化率、美丽的风景、有趣的商店和建筑外观（Brown and Werner，2012；Lee et al.，2016），特别是城市环境中的绿色植被会带来各种正面效应（第 6 章、第 7 章），充足的绿色空间和元素（比如，城市公园和树木）可以通过多种途径促进居民的健康和幸福度。他们传递出的信息是这个地方被维护得很好，因此会产生安全感（Jansson et al.，2013），此外，维护较好的绿地也会提高社交机会，从而促进社会凝聚力（social cohesion）（Coley et al.，1997；Peters et al.，2010）。

城市自然环境也可以提供心理康复，即减轻压力和心理疲劳（Kaplan and Kaplan，1989）（第 7 章）。比如，对芝加哥的一个贫困社区进行的一项研究（在该社区中，建筑物和公寓的建筑风格类似，但是外部的植被量却存在显著差异）表明，住在贫瘠环境中的居民比住在绿色环境中的居民存在更高水平的家庭暴力和侵犯性（Kuo and Sullivan，2001）。

城市居民不仅仅是在公园和绿地才能够享受心理康复。近期的研究结果表明，以充分的环境条件（比如，照明、空间、布局、温度和安静）、令人愉悦而且吸引人的元素（提供了身体和心理舒适度以及思考的机会）为特点的博物馆等建筑环境也具有康复性（Herzog et al.，2010；Packer，2008）。混合（建筑和自然）环境的康复潜力也得到了研究证实。Karmanov 等（2008）发现，有水（比如运河）、宽敞连贯的设计（比如，吸引人的布局和地标建筑，提供探索和引导的线索）以及富有吸引力的房屋（比如，带有屋顶平台和露台的房屋）的城市环境具有减轻压力和改善情绪的潜力。

12.4 居住满意度——一个多维度的概念

前面章节讲到，城市环境的特点是同时存在导致压力和不适感或者康复与幸福感的环境条件。因此，城市居住环境质量的多维评估是环境心理学研究的关键。为了解决这个问题，人们提出了居住满意度（residential satisfaction）这个广义的概念，它涵盖行为、认知和情绪。

居住满意度是指在一个场所（家中、社区或城镇）中居住所获得的满意体验。它可以直接度量，比如，通过让人说出自己对居住环境的不同方面的满意程度（比如，采用李克特量表）。但是，居住满意度也可以被看作是多维度的概念，并且从认知、行为、情感方面来区分（Bonaiuto and Fornara，2017）。我们将在下文中阐述这些指标。

12.5 城市环境质量评估的多维方法

认知部分主要从居住环境质量（perceived environmental quality）的认知的角度，通过让人们评价与他们的居住环境的整体质量相关的各个方面来研究（Bonaiuto and Fornara，2017）。对于认知居住环境质量指标，人们开发了各种心理度量工具来度量相关的指标，比如认知环境质量指标（perceived environmental quality indicators，PEQIs）（Craik and Zube，1976）和认知居住环境质量指标（perceived residential environment quality indicators，PREQIs）（Fornara et al.，2010），这些指标也在不同文化情景中得到了验证（Bonaiuto et al.，2015）（见知识点 12-1）。

知识点 12-1 认知居住环境质量指标

20 世纪 90 年代以来，意大利研究者一直在开发一组全面的认知居住环境质量指标。采用因素分析，他们识别了 11 个量表，反映了居住质量的 4 个宏观维度：空间（建筑和城市规划）、人（人和社会关系）、功能（服务和设施）以及环境（生活节奏、环境健康/污染和保养/照料）。指标的例子包括：

- 这个社区的建筑物太高（空间）；
- 这个社区的人很文明（人）；
- 这个社区的公交车太不舒适（功能）；
- 这个社区的活动丰富多彩（环境）。

行为方面主要从居住移动性（residential mobility）的角度来研究，是指一个人住所的改变，一直以来都是从移动意图或实际移动性的角度来研究（例如 Van Vugt et al.，2003）。基于涉及 12 个欧盟国家的大规模纵向数据收集，Diaz-Serrano 等（2010）发现了影响实际移动性的许多环境因素。其中，发现房间的拥挤性对居住移动性产生了直接的影响，而其他居住特征的影响（如住房效率低下、噪声、污染和周边犯罪率）只有在导致更低的居住满意度的情况下才影响居住移动性。

情感部分从情感质量和地方依恋的角度来研究（见第 14 章）。对于情感质量（affective quality），Russell 等（1980）提出了一个环状结构模型，这个模型表明，场所会引起不同的情感反应，这些反应通过 4 个主要的两级维度（愉悦—不愉悦、振奋—昏昏欲睡、放松—紧张、激动人心—忧郁）呈现，这些维度代表各种水平（高/低）的愉悦和唤醒的结合（见图 12-1）。作者开发了一个包含 40 个指标的量表，用于度量场所的情感质量。这个环状结构模型还被用于研究城市环境。Hull 等（1989）发现，郊区公园的物理特点和情感状态之间存在显著的关系：树木密度、灌木丛和林间小路增强了建筑用户的愉悦度，并且产生了最佳的唤醒水平。Hanyu（2000）发现，绿色、开放和整洁有序的空间与积极的情感质量有关，而凌乱的环境（比如车辆和电线）与消极的情感质量有关。

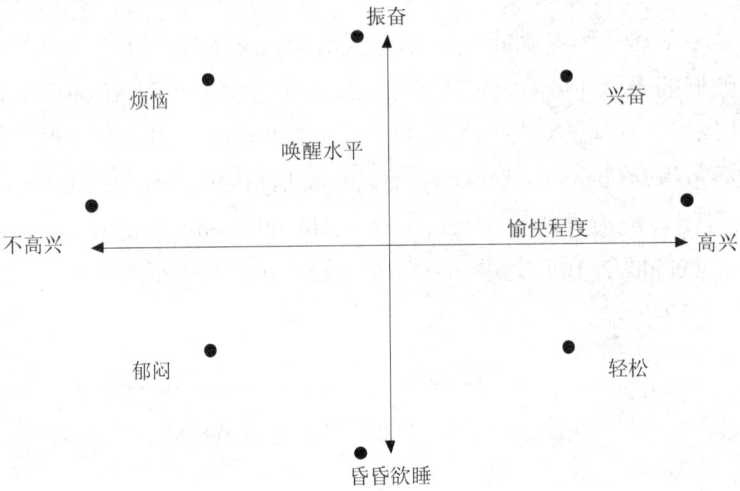

图 12-1　测量场所情感质量的环形模型

资料来源：Russell 等（1980）。

地方依恋（place attachment）是指人们长期以来对居住场所形成的情感依附。地方依恋的相关方面是功能性维度（环境满足个人和社会需求）、个人和社会身份的支持（环境促进差异性、自我的连续性以及本地群体归属感）、与身处场所有关的积极感受（比如宁静和幸福感）以及远离居住场所产生的消极感受（比如想家）（Giuliani，2004；Lewicka，2011b）（见第 14 章）。一直以来人们发现，许多环境因素可以预测地方依恋，包括较低的建筑密度、绿地的存在以及没有污染和整洁有序（Bonaiuto et al.，2003；Poortinga et al.，2016）。大多数影响地方依恋的因素都与影响整体居住满意度的因素相似，虽然这两个测度只是部分重叠（例如 Aiello et al.，2010）。传统意义上，居住满意度的认知、情感和行为方面都是被分开来研究的，而且很少考虑社区的实际特点。运用一个全面的多维度模型，Aiello 等（2010）研究了罗马的两个社区的所有方面。在这项研究中，居住满意度与感知到的商业服务的可获性以及积极的生活节奏、场所的愉悦性以及居民的购物和休闲活动有关。根据社区的物理特点（商店和休闲设施的数量）分别预测商业服务可获性以及积极的生活节奏。地方依恋与建筑物带来的愉悦性、积极的社会关系和商业服务的可获性、场所的愉悦性和振奋人心的特性以及居民的社会和休闲活动有关。根据社区的物理特点（绿地的数量和建筑密度）分别预测人们对休闲场所以及社会活动场所的认知。

12.6 多地点方法

城市环境的物理特点在不同的城市环境或地点（如住宅、社区、市中心、郊区）之间存在差异。城市环境质量的认知也会与居民在这些场所中的体验和活动有关。因此，通过多地点方法可以对认知城市环境质量形成更加全面的生态认识，这种方法同时考虑了居民在不同城市环境中的体验（Bonnes and Bonnes，1990）（见知识点 12-2）。Hartig 等（2003）在住房健康研究领域中提出了一种类似的方法，即社会生态模型。该模型考虑了与社区之外的多个城市环境的相互作用产生的居住体验（比如，工作场所以及其他社区中的休闲场所），并且分析了这些相互作用如何影响健康。

知识点 12-2 研究社区质量的多地点方法

运用多地点方法，Bonaiuto 等（2004）发现，评价社区质量与居民在不同城市地点的体验有关。他们根据居民的多地点城市活动识别了 4 种不同类型的居民，表明了更广泛的城市环境中的不同水平的融合或限制，以及不同的社区质量认知。比如：

- "边际逃脱群体"（主要包括教育和社会经济地位在低水平到中等水平的长期老年居民）主要参与住房和社区范围内的城市活动，不前往郊区，为了逃避日常生活困境而前往市中心。对于社区质量，这类人群认为存在较高的不安全感，但是对空间和功能特点做出了积极的评价。
- "质量用户群体"（主要由年轻的受到良好教育的居民组成）在市中心进行多项文化活动，不前往郊区，主要为了体育活动和户外活动而使用社区设施。对于社区质量，这类人群对空间和功能特点做出了中等的评价，但是不认为存在不安全感。

12.7 小结

在本章中，我们运用各种理论模型和研究方法回顾了积极和消极环境条件对城市环境质量的单独和组合影响。我们认为，城市环境质量可以在多维度方法中对居住满意度和相关概念方面进行度量，这些概念包括居住移动性、认知的居住环境质量、场所的情感质量和地方依恋。对于这些概念，人们开发了有效而且可靠的心理度量工具，这些工具可以在城市环境质量的设计、管理和监测中使用。但是，为了全面地认识城市环境质量，需要采用一种多地点方法，考虑居民与各种城市场所的互动以及认知。

推荐阅读书目

Bonaiuto, M. and Fornara, F. (2017). Residential satisfaction and perceived urban quality. In: *Reference Module in Neuroscience and Biobehavioral Psychology* (ed. J. Stein), 1-5. Oxford, UK: Elsevier.

Francescato, G. (2002). Residential satisfaction research: the case for and against. In: *Residential environments. Choice satisfaction and behavior* (ed. J.I. Aragones, G. Francescato and T. Gärling), 15-34. Westport, CT: Bergin & Garvey.

Frick, D. (ed.) (1986). *The Quality of Urban Life: Social, Psychological and Physical Conditions*. New York, NY: Walter de Gruyter & Co.

思考题

1. 哪些环境条件会对城市环境质量产生消极影响？隐含的心理因素是什么？
2. 城市环境的哪些特点和条件会促进健康和幸福度？隐含的心理因素是什么？
3. 城市环境质量的各种度量指标是什么？简要解释每一个度量指标。
4. 简要阐述居住满意度的多地点方法。

13 环境和生活质量

Goda Perlaviciute（荷兰格罗宁根大学）
Linda Steg（荷兰格罗宁根大学）

13.1 引言

设想正在进行一项严格的环境保护计划，包括肉类和鱼类消费量被降到最低水平，家庭能源消费受到严格限制，禁止人们进入生物多样化区域。从生态的角度来说，这一计划被认为是可持续的，因为它帮助自然界保持了完好性和长久性。但是，这种严格的环保倡议会因为剧烈的行为变化和舒适度的降低而影响人类的幸福度，人们的生活质量可能会降低，公众会强烈抵制这项计划。我们是否还能将这一计划称为可持续的环保计划呢？

在本章中，我们认为，从纯粹的生态角度看待可持续性（sustainablity）过于局限，还应该从人的角度来看待可持续性，从人类与环境之间的平衡关系来看待可持续性。可持续性是要找到环境、社会和经济可持续性之间的平衡（World Commission on Environment and Development，1987）。比如，考虑一项旨在降低二氧化碳排放而提高燃料价格的倡议，这一倡议的可持续性的评估必须要考虑社会和经济后果。一些人（尤其是低收入人群）可能不得不放弃开车，这可能会加剧社会不平等。家庭购买力可能会降低，而燃料行业的现金收入可能会增长。为了实现可持续发展，这三个方面中的任何一个方面的可持续性（环境、社会或经济可持续性）都不应该严重阻碍其他两个方面的可持续性发展。

为了监测这三个方面的平衡性，每一个方面都需要可持续性标准。人们已经针对环境和经济质量设定了足够的标准（Steg and Gifford，2005）。比如，环境可持续性标准包括能源消耗率以及二氧化碳排放量；经济可持续性标准包含购买力水平和通胀率等指标；社会可持续性可以在社会或个人的层面上进行度量（见表 13-1）。在社会层面上，总体上研究了社会福利。在个人层面上，重点研究个人的幸福度。迄今为止采用的社会可持续性度量指标通常都是社会层面上的指标，比如平均寿命和公众健康。

在本章中，我们介绍了生活质量（quality of life，QoL）度量指标，以此来评估个人层面上的社会可持续性。我们将生活质量定义为个人的重要需求和价值观得到满足的程度

（Diener，2000），这种程度取决于个人的实际、经济和社会环境。比如，身处大自然可以提升人们的健康水平（见第 6 章）。或者，强大的经济比脆弱的经济更有可能满足人们对工作和收入的需求。

表 13-1　三类可持续性标准和指标举例

环境可持续性	经济可持续性	社会可持续性	
		社会层面	个人层面
燃气、电力和水消耗	生产价值	平均寿命	个人收入水平
二氧化碳的排放	通胀率	失业率	个人健康状况
土地使用	购买力	服务普及性	
		公众健康	

根据类似的思路，身处人群之中有助于满足一个人的社会关系需求。因此，个人的生活质量很大一部分取决于环境特征。这种环境决定的个人生活质量是一个很好的可持续性指标，因为环境、社会和经济发展只有在保证个人生活质量的情况下才能够被视为具有可持续性。在 12 章中，Bonnes 及其同事阐述了城市环境的各个特点如何影响个人的幸福度，同样，生活质量法可以研究不同的环境对个人幸福度的影响，包括实际、社会和经济环境。此外，除了评估现有环境的影响之外，生活质量指标还可以用来评估环境变化如何影响个人的生活质量。这一点很重要，因为持续的环境变化是可持续发展的内在组成部分。

在本章中，我们首先阐述生活质量度量指标的两个重要的维度，即主观性-客观性以及一维性-多维性。接下来，我们阐述个人生活质量指标如何用于人与环境的关系的研究。

13.2　生活质量：客观和主观度量指标

为了评估环境决定的生活质量，可以采用客观和主观度量指标（见第 5 章）。客观度量指标描述了环境特征如何达到美好生活所必需的标准。这些度量指标包括环境条件的技术度量以及专家判断（比如，自来水的质量、空气中的二氧化硫含量），这种环境条件可以在社会或个人的层面上进行评估。客观度量指标描述了环境特征及其对生活质量的假设影响，但是具有特定的局限性（Diener et al.，2009）。为了设定客观标准，某个人（通常是相关领域的专家）必须要决定哪些生活领域对于人们而言最重要，以及这些生活领域的何种满意度水平足以维持生活质量。虽然生活中的需求和价值观通常具有普适性，但是生活质量度量指标中通常包含的所有指标并非如此，而且，人们在对各种生活领域赋予的价值大小（见第 17 章）以及他们认为的各种环境的满足性方面存在差异。人们的生活质量还取决于个人预期、价值观和已有的知识等因素。因此，生活质量的评估不能仅来源于客观条件。

为了对客观度量指标加以补充，采用了基于个人认知的主观度量指标。主观度量指标可以研究人们如何评价环境特点，以及他们认为的环境满足重要需求和价值观的程度（见第 17 章）。比如，人们可以报告他们在特定环境下对生活的满意度水平（Andrews and Withey，1976；Diener et al.，1985），或者也可以表达当前情况下有关生活的各个方面的积极或消极感受（Watson et al.，1988），以及他们的乐观或悲观态度（Scheier and Carver，1985）。

总之，客观和主观度量指标都可以用来研究个人的生活质量，在理想情况下，应该将二者相结合。在本章的后半部分，我们将着重阐述主观生活质量度量指标，因为这些指标以人们的体验和认知为重点，因此对于心理学更加重要。

13.3 生活质量：单一维度和多维度度量指标

研究主要着眼于特定环境条件对生活质量的特定方面的影响。比如，环境污染和噪声与自我报告的健康状况有关联（见第 4 章）。生活质量的单一维度度量指标（描述了一个环境因素与生活质量的一个方面之间的关系）可以用于这种目的。比如，可以研究个人的汽车使用（如每周的行驶里程）是否与个人自由度有关（如“你在决定自己日常活动的过程中感觉有多大自由或者是受限制？”）。

但是，大多数情况下环境条件影响生活质量的多个方面，就像生活质量的大多数方面受到多个环境条件影响一样。还是以个人使用汽车为例：汽车的使用不仅影响个人的自由度，而且还影响其他各种需求和价值观，比如独立需求、享受生活和提升个人地位的需求（见第 19 章和第 20 章）。同样，自由度不仅取决于汽车使用水平，还取决于其他环境条件，如自然环境的满足性以及设施的可获性（如商店和医院）。为了研究环境因素与生活质量之间的多种关系，需要采用多维度度量指标。多维度度量指标将生活质量的多个方面结合在一起，可以评估这些方面如何以及在多大程度上受到各种环境因素的影响。比如，一个人可以在不同的环境条件下度量对生活质量的各个方面的满意度，并且研究环境因素的差异如何导致对生活质量的各个方面的不同满意度水平。这可以通过比较实际环境以及假设情况来实现，我们将在本章 13.4.3 和 13.4.4 中阐述。

13.4 环境与生活质量：研究综述

各种实证都研究了环境特点与个人生活质量之间的关系。其中许多研究都采用了多维度工具来评估个人的生活质量（Poortinga et al.，2004）。这种工具包含生活质量的 22 个方面，这些方面是从需求和价值观方面的文献回顾中选择出来的，而且代表了人们生活中的（非常）重要的领域（Steg and Gifford，2005）（见知识点 13-1）。研究中生活质量的具体方面在不同的环境条件下可能略有差异。比如，在有关居住环境生活质量的研究中，教育方面被拓展为个人发展，满足性和居住决策的参与方面被作为居住环境中的生活质量的重要因素增加进来（Tjoelker，2011）。

知识点 13-1　生活质量的 22 个方面的描述

Poortinga 等（2004）开发了用于评估个人生活质量的多维度工具，这个工具包含生活质量的 22 个方面。这些方面是从有关可持续发展方面的需求和价值以及有关人们的幸福度的文献回顾中选择出来的（Steg et al.，2005），而且被认为代表了人们生活中的（非常）重要的领域。

- 健康：保持良好的健康状况，可以获得充分的医疗服务。
- 伴侣和家庭：拥有亲密的关系，拥有稳定的家庭生活和良好的家庭关系。
- 社会正义：拥有平等的机会以及与其他人相同的可能性和权利，获得公正的对待。
- 自由度：对个人生活的自由和掌控，能够决定自己想要做什么、何时做以及如何做。
- 安全：家中安全和公共空间的安全，能够避免事故以及犯罪。
- 教育：有机会获得良好的教育并且培养自己的一般知识。
- 身份/自尊：拥有充分的自尊，能够形成自己的身份。
- 隐私：有机会自我行动，做自己喜欢做的事情以及拥有自己的空间。
- 环境质量：可以获得清洁的空气、水和土壤，拥有并且保持良好的环境质量。
- 社会关系：与朋友、同事和邻居保持良好的关系，能够保持联络并且进行新的联络。
- 工作：拥有或者能够找到一份工作，能够尽可能愉悦地完成工作。
- 安全感：感受到其他人的照顾。
- 自然/生物多样性：能够享受自然景观、公园和森林，确保动植物的持续存在以及生物多样性得到保持。
- 休闲时间：工作和家务劳动后有足够的时间，能够满意地使用这段时间。
- 金钱/收入：有足够的金钱购买必要和想要的东西，并且做必要和想要做的事情。
- 舒适：拥有舒适而且方便的日常生活。
- 美观：能够享受自然界的美和文化的美。
- 变化/改变：拥有丰富多彩的生活，体验尽可能多的事物。
- 挑战/激励：面临挑战并且体验愉悦而且激动人心的事物。
- 地位/认可：被其他人感谢和尊重。
- 精神性/宗教：能够过上强调精神性和（或）拥有自己的宗教信仰的生活。
- 物质享用：在家中和周围拥有自己的个人财产。

在典型的研究中，个人生活质量的研究方式是询问人们认为生活质量的各个方面有多么重要，人们在当前情况下对生活质量的各个方面的满意度水平，以及人们是否认为自己的满意度会在不同的条件下发生变化。这样一来，可以回答 4 个问题。第一，可以识别生活质量的哪些方面对于人们最重要；第二，可以评估特定情况下的生活质量；第三，对不同环境中的生活质量的变化可以加以识别，并且与特定的环境因素建立关联；第四，环境变化导致的生活质量的变化可以得到评估。我们将分别阐述这些问题。

13.4.1 生活质量的哪些方面最重要？

环境计划如果威胁到个人的重要需求和价值观，则不具有可持续性。为了避免这种情况发生，应该了解生活质量的哪些方面对于人们最重要。专家可能会误解人们的偏好（Fewcett et al.，2008）（见第 12 章），他们往往会高估特定环境特点的重要性（如美学和材料美观），同时低估其他特点的重要性（如选择的自由度和隐私）。生活质量度量指标需要人们自己评价生活质量的每一个指标对于他们有多么重要（如从李克特量表上的“不重要”到“非常重要”）。重要性得分最高的生活质量方面代表着人们的重要需求和价值观，而重要性得分最低的生活质量方面对于个人的生活质量不太重要。例如，一项研究表明，荷兰被调查者认为健康、伴侣和家庭、社会正义以及自由度在他们的生活中最重要，而地位/认可、精神性/宗教和物质享用相对不重要（Steg and Gifford，2005）。Perlaviciute（2009）研究了居住环境中的生活质量，发现居民认为安全、自由和隐私是生活质量中最重要的方面。有趣的是，往往被住房专家评定为重要的居住因素（如舒适度和物质享用），对于居民而言却不是最重要的生活质量方面。

需求和价值观的相对重要性可能在不同的群体之间存在差异。实际上，研究表明，荷兰女性比男性更加重视个人自由，未婚人士没有像已婚人士那么重视家庭、健康和安全（具体评价见 Steg and Gifford，2005）。在制定可持续性政策时应该考虑群体差异。改善某些条件可能会提升某个群体的生活质量，却不会提升其他群体的生活质量。

13.4.2 生活质量在某些情况下的持续程度如何？

生活质量度量指标揭示了特定情况在多大程度上满足了人们的需求和价值观，以及应该改善生活质量的哪些方面来提高生活质量，这有助于评估政策制定效率以及确定干预措施。对生活质量度量的表征可以通过要求被调查者报告他们在当前情况下对生活质量的每个方面的满意程度（比如，从度量表上的“不重要”到“非常重要”）来获得。与对不太重要的生活质量方面的满意度相比，对更加重要的需求和价值观的满意度与生活质量更加相关，因此，生活质量方面的满意度判断可以用它们的重要性级别（在上一节中做了解释）来加权。而且，生活质量方面可以根据它们的重要性和满意度分数在笛卡尔坐标（cartesian plane）中绘图（Steg et al.，2007）（见图 13-1）。笛卡尔坐标表明生活质量的哪些方面得到了满足，哪些方面没有得到充分满足而且需要改变。位于笛卡尔坐标右上角的生活质量方面对于人们而言非常重要，而且在特定条件下得到了充分的满足。这些是科学决策的一些例子，不需要变更。在笛卡尔坐标的左上角是非常重要的但是没有得到满足的生活质量方面。对于这些方面，迫切需要采取干预措施，以保证个人的生活质量。对不太重要的生活质量方面的满意度（笛卡尔坐标的底部）对于生活质量而言不太重要。如果这些方面没有得到满足，有必要加以改进，但是不需要尽快加以改进。在 Gatersleben（2000）的一项研究中，荷兰被调查者报告了对于许多重要需求和价值观的高满意度，尤其是对于健康和舒适度的高满意度。但是，他们对环境质量的满意度相对较低，表明荷兰环境政策和干预措施应该加以改进，以便更好地满足这一方面的需求。

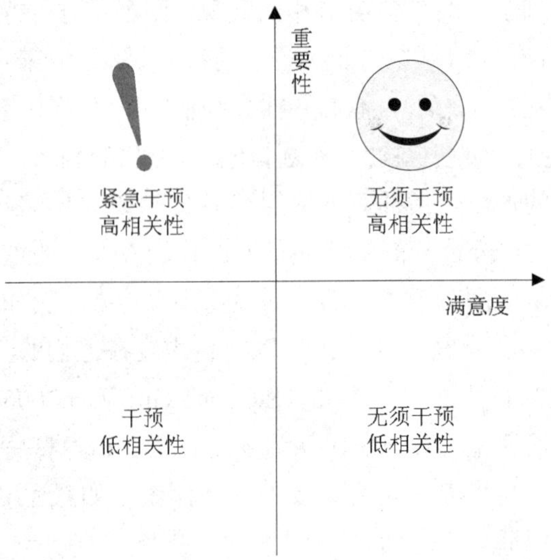

图 13-1　笛卡尔坐标

13.4.3　生活质量如何随着环境条件的变化而变化?

在图 13-1 中，可以在不同环境条件下度量生活质量，观察到的生活质量变化可以和这些条件中的各种环境特征关联起来。到目前为止，研究大多数关注单维度生活质量，比如，更加绿色和不太绿色的环境之间的客观或主观健康（见第 7 章），或者度量了噪声和拥挤程度不同的环境中的压力体验（见第 4 章）。有学者在荷兰的一座中型城市（Perlaviciute，2009）和一个小村庄（Tjoelker，2011）对生活质量多个方面的满意度进行了研究。在这两种环境条件下，居住特征满足了人们的许多重要需求和价值观。但是，城市居民报告称，他们对自然和环境质量的满意度相对较低，而在（更加绿色）村庄中却不是这种情况。村庄的居民指出，他们对个人发展以及居住决策参与的满意度相对较低。这可能与该村庄中有限的社会生活和政治生活有关。

这些研究的一个缺点是缺乏对混淆因素的控制，比如社会经济特征（见第 4 章）。因此，还必须进行试验，将参与者随机指定给不同的环境条件。我们将在 13.4.4 中详细阐述这一点。

13.4.4 环境变化如何影响生活质量?

可持续发展计划和干预措施通常会改变人们的环境，必须要阐明这些变化如何影响个人的生活质量。为此，可以在干预之前和干预之后度量人们对生活质量方面的满意度，并且最好将试验组与对照组进行比较。Steg 及其同事（2005）发现，在进行了一次要求改变行为的节能干预后，参与者报告称他们对环境质量和大自然的满意度比干预之前提高了，但是对于生活质量的其他方面的满意度没有变化。

另外，还有必要了解人们如何评价正在规划但是还没有实施的干预措施。这里，向被调查者展示未来干预的情景，询问他们这些干预措施将会如何影响他们对生活质量各个方面以及总体生活质量的满意度（如在度量表上从“会显著降低”到“会显著提高”来表示）。有关环境计划的预期影响的研究发现，人们认为环境计划对他们的生活质量会产生积极（如提高对环境质量的满意度）和消极（如降低对舒适度的满意度）的影响（见知识点 13-2）（Steg and Gifford，2005）。Perlaviciute（2009）研究了居住决策中较高的参与度水平如何影响生活质量。她发现，荷兰被调查者希望对参与的相关生活质量方面更加满意，即社会公正、自由度和身份/自尊，同时也希望对生活质量的其他方面更加满意，包括安全、隐私、休闲时间和可达性。

人们对未来事件的预期可能会因他们对这些事件的经历不同而不同。比如，人们可能对未来环保干预措施持怀疑的态度，认为这种措施只会降低舒适度并且增加费用。

知识点 13-2 环境可持续性计划对生活质量的影响

De Groot 和 Steg（2006）研究了汽车使用成本翻倍对生活质量的潜在影响。被调查者认为舒适度、金钱/收入、自由度、变化/改变、休闲时间和工作方面会发生消极的变化，而环境质量、自然/生物多样性以及安全会发生积极的变化（见图 13-2）。有意思的是，人们认为总体生活质量只会略微降低。显然，一些生活质量方面的下降被其他方面的提高抵消。因此，不仅能预期到消极结果，还可以预期到积极结果，那么，这种严格的环境干预措施也可能被公众接受。当知道人们对于哪些生活质量方面预期会发生最严重的消极影响时，可以制定额外的干预措施，以改善这些方面的生活质量。比如，人们认为如果汽车使用成本增加一倍，会对舒适度产生最严重的消极影响，可以通过提高其他交通工具的舒适度来减少这种消极影响。

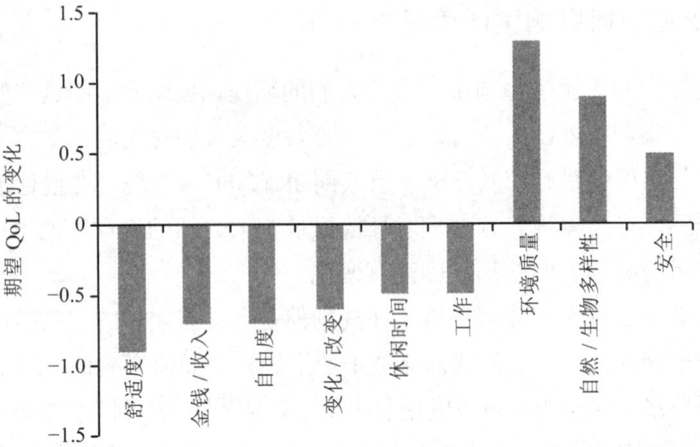

图 13-2 汽车使用的成本加倍（*N*=490）后生活质量的变化

注：被调查者当 *N*=490，在 7 分制量表上做出回答，从−3“会显著降低”到 3“会显著提高”变化。

资料来源：De Groot 等（2006）。

但是在实施了干预措施后，他们往往表示生活质量的积极变化超出了预期（如环境质量改善，见第 29 章）。这一出入可能是由情感预测中的认知偏差以及被称为“快乐跑步机”（hedonic treadmill）的心理现象所致。关于情感预测，人们往往会在预测未来事件造成的情感时产生偏见。他们会高估情感影响的持续时间（Wilson et al.，2000），或者认为未来事件比实际上更加令人愉悦（或者不愉悦）（Gilbert and Wilson，2000）。“快乐跑步机”指的是，人们适应变化的环境，并且报告的幸福度水平与变化发生之前的幸福度水平类似（Diener et al.，2009a，b）。比如，过了一段时间后，彩票获奖者并不比之前快乐，运动或感官功能受损的人并不像预期的那样不快乐（Brickman et al.，1978）。

人们对未来干预措施的认知偏见影响着公众对这些干预措施的接受度。当了解到人们的关注点时，政策制定者可以通过实施策略来降低这些担忧（如通过提供信息或者让人们参与决策），从而降低公众对干预措施实施的抵制程度。

13.5 小结

我们通过生活质量度量指标来研究可持续发展的个人认知。生活质量反映了重要需求和价值观被满足的程度。个人生活质量可以客观度量（可观察的环境特征），也可以主观度量（人们对环境特征的认知）。生活质量指标可以是单一维度（特定环境因素与生活质量的特定方面之间的关系）或者多维度的（多个环境因素与生活质量的多个方面之间的关系）。个人生活质量的度量起到 4 个基本作用：识别人们最重要的需求和价值观、评价环境决定的生活质量、研究各种环境之间的生活质量的变化，以及评估环境变化对生活质量的影响。对于这些作用中的每一项都实施了实证研究，进一步说明了环境特征如何、在多大程度上以及在哪些方面影响个人生活质量。这些研究结果为实现可持续的人与环境的关系确定了基本指导准则。

推荐阅读书目

Diener, E. and Diener, R.B. (2008). *Happiness: Unlocking the Mysteries of Psychological Wealth*. Malden, MA: Wiley Blackwell.

Eid, M. and Larsen, R.J. (eds.) (2008). *The Science of Subjective Well-Being*. New York, NY: Guilford Press.

Kahneman, D., Diener, E., and Schwarz, N. (eds.) (1999). *Well-Being: The Foundations of Hedonic Psychology*. New York, NY: Russell Sage Foundation.

思考题

1. 解释可持续发展的概念。
2. 列出生活质量主观度量指标的优点和缺点。
3. 描述单一维度和多维度生活质量指标之间的差异。
4. 简要解释生活质量度量的 4 个作用。

14 地方依恋

Lyhne C. Manzo（美国西雅图华盛顿大学）
Patrick Devine-wright（英国埃克塞特大学）

14.1 引言

当人们彼此之间形成情感联系时，我们也会与生活中重要的地方形成情感上的联系。这些对地方的情感纽带被环境心理学家称为地方依恋（place attachment）。对地方依恋的探索借鉴了寓意的哲学［尤其是现象学（phenomenology）］和地形学（topophillia）的概念（对地方的爱），并关注如何通过人们对物质世界的体验来发展与地方之间的情感纽带。地方和我们的情感纽带与我们所有人都有关系，因为它们影响着我们的幸福和生活质量。

地方依恋的变化与人和地点一样丰富。例如，人们可能会依恋不同地理尺度的地方，而这些地方要么可以通过在那里发生的经历，要么仅仅通过对那个地方的思考，从不同程度上唤起各种情绪（从欢乐到悲伤）。此外，人们可以依恋他们经常去的地方（例如最喜欢的住所或家），或者他们可能依恋一个从来没有去过的地方，但这个地方代表了一个想法（例如移民的家乡概念）。此外，人们可能会依恋一个消失的地方（无论是通过物理破坏还是通过地点的改变），从而唤起悲伤的反应。

关于地方依恋的理论集中在什么是地方依恋，它们是如何形成的，以及它们是如何与其他类似的概念产生关联的，比如地方认同（见第 20 章）或地方依赖。随着这些理论的发展，出现了不同的研究地方依恋的方法（见关于研究方法的第 1 章）。例如，一些研究人员采取了定量的方法，试图测量人们情感纽带的强度（Williams and Vaske，2003），或确定地方依恋与居住时间等变量之间的因果关系。另一些人则采取定性的方法来捕捉人们对地方的情感依恋的丰富性和细微差别。随着研究的发展，研究地方依恋如何应用于现实世界的挑战，如有利于环境的行为、自然资源管理和气候变化的方法也是如此。本章将概述研究地方依恋的主要理论发展，并探讨我们对地方的理解如何应用于各种基于地方的学科和问题。

14.2 地方依恋的理论和模型

由于从不同的角度研究了地方依恋，因此关于这一问题有多种研究途径。在这里，我们确定了地方依恋研究的四大理论发展：①地方依恋构成部分的识别；②地方依恋类型的识别；③对地方依恋和非地方依恋种类的识别；④将地方依恋作为社会产物并因此具有动态、社会和政治性质的研究。本章将更详细地解释每一种理论的发展情况。

14.2.1 地方依恋的组成部分

学者们开发了几个模型来解释地方依恋并分析其组成部分。一个流行的模型提供三维的地方依恋框架，包括人、过程、地点三个组成部分（Scanell and Gifford，2010a）。人的要素指的是个人和群体所赋予的意义，而这一意义是从人们的特殊历史、身份和经历中产生的；地点要素侧重于地点的物理特征和品质，包括空间尺度和社会的/象征的方面；过程要素则考虑地方依恋是如何通过情感、思想（认知）和行为的组合形成的。

其他模型识别了地方依恋的其他组成部分。例如，一个模型标识了地方依恋的5个组成部分：地方认同、地方依赖、自然依恋、家庭依恋和朋友依恋（Raymond et al.，2010）。该模型通过区分与家庭相关的依恋和与朋友相关的依恋对一般“人”的组成部分进行解释。它还通过考虑人们与给定地点的自然环境和社会环境的联系，扩展了“地方”这一组成部分。然而，值得注意的是，这一具体模式是建立在对特定人群——例如澳大利亚农村土地所有者——进行的研究的基础上的，问题仍然是这一框架在其他社会和地理环境中应用的范围有多广泛。

为了努力完善地方依恋的参数并识别其组成部分，研究人员不得不思考其他现象，如场所感、地方认同或地方依赖是否与之相关并且是如何与之相关的。地方感（sense of place）是一个由物理环境创造的体验过程，结合人们所赋予的意义，体现为一个人的经历、态度、价值观、信仰（Steele，1981）。地方认同（place identity）被理解为自我的维度，这些维度与物理环境和我们与物理环境的联系有关，定义了我们是谁（Proshansky et al.，1983），而地方依赖（place dependence）是指一个地方能够满足我们的需求和预期用途的程度（Raymond et al.，2010）。若干研究表明，地方依恋是更广泛的概念，地方认同和地方依赖是地方依恋的组成部分（Jorgensen and Stedman，2006）。然而，关于这些概念是如何相关的却并没有达成共识，因此需要进一步的研究来澄清这些关系。

14.2.2 地方依恋的类型

研究人员除了识别构成地方依恋的因素外，其他研究者也试图识别和区分不同类型的地方依恋。例如，一项研究提出了两种地方依恋类型（传统的和主动的依恋）和三种非地方依恋类型（疏离、位置相对性和无家可归）（Lewicka，2011a）。在这里，传统的地方依恋包括对一个人的邻里、乡镇、地区理所当然的根深蒂固的依恋，而主动依恋的定义是从当地到遥远的地方这种对物理环境有意识的依恋。例如，在一个特定社区生活多年的人会比在社区中居住时间很短的人具有更多的传统的地方依恋。同样，主动依恋于一个地方的人往往在他们的社区中更加活跃（Lewicka，2011a）。

其他研究将人和自然的地方依恋确定为两种不同类型的依恋。人的地方依恋发生在社区或城市/城镇一级，性质往往是社会和象征性的（Scanell and Gifford，2010b）。也就是说，它倾向于关联并象征一个更大的集体身份（如"为你的城市感到骄傲"）。自然的地方依恋是一种情感依恋，它指向一个当地地区的自然特征，与一般的自然相反（Scanell and Gifford，2010 b）。当探索理解地方依恋可能在当代社会和环境问题中发挥的作用时，上述区别很重要。例如，对自然的地方依恋进行的研究表明，那些更附着于其区域的自然部分的人展现出更多的亲环境行为（Scannell and Gifford，2010b）。此外，研究表明，那些主动依恋于某一地方的人比那些传统依恋的人更有可能反对当地的能源基础设施提案（Devine-Wright，2013）。

14.2.3 地方依恋包括情感矩阵

就积极的地方情感纽带而言，地方依恋的释义最多。学者经常研究房子或者是邻舍的居住地，一些研究揭示了我们所依恋的地方如何唤起爱和幸福的感觉，并创造安全感、归属感和舒适感（Cooper Marcus，2006）。同样，人们对在日常生活中最喜欢的地方依恋和如何识别的研究展示出一种自尊心和对自己社区或家乡的自豪感（Twigger Ross and Uzzell，1996）。

地方依恋也可能涉及消极或矛盾的感情。这种依恋可以通过两种情况来发展：①当一个被爱着或在一个人的生命中积极存在的地方消失或被改变的时候；②当重要的和有意义的地方同时成为快乐和痛苦经历的源泉的时候。在第一种情况下，不受欢迎的和个人无法控制的改变或破坏可能引起悲伤反应，例如将弱势群体非自愿地迁离家园（Fried，1963；Manzo，2014）。一项研究调查了那些家乡需要被建成水库从而被强行赶出村庄的人，他们甚至在40年后还有悲伤和痛苦的反应（Nanistova，1998）。

人们可能对一个地方有着复杂的感觉，但它仍然是一种依恋感。更确切地说，人们把他们的感情识别为依恋，并表现出对某个地方的一种情感纽带，然而这种感情却带有不确定性或痛苦的感觉。例如，年轻的同性恋成年人和来自社会边缘群体的人对他们所描述的依恋的地方同时感到一种包容和排斥感（Manzo，2003）。其他研究显示，社会集体房居民产生了很矛盾的依恋，因为他们既排斥又依恋自己的家（Manzo，2014）。在一个流动性增加、环境被破坏和变化的世界里，应该理解我们对地方的情感反应的复杂性和细微差别。

14.2.4 地方依恋是动态的和社会的产物

地方依恋表明我们对地方的依恋是动态的和社会意义上的产物。也就是说，物理场所本身和我们赋予这些地方的意义帮助我们形成对它们的依恋，这些都是社会文化和政治、经济背景作用的结果。例如，当人们被迫逃离战争或环境被破坏时，祖国的意义对一个人会变得更加深刻。

关于基于社会文化的地方意义对依恋的影响的研究很好地说明了地方依恋的动态性。这项研究考察了社会关系，以及我们用来交流相关地方的语言，是如何在地方依恋中发挥作用的。这项研究表明，地方依恋是由人们对地方每天赋予的意义组成在一起形成的（Di Masso et al.，2014）。例如，一个人对附近城市公园的依恋可能会受到每年在公园某一特定区域举行的基于文化的庆祝活动的影响。

14.3 地方依恋的应用

地方依恋有助于我们理解和解决各种现实世界的问题。应用地方依恋研究的主题包括流动和重新安置、环境破坏、当地社区社会群体之间的紧张关系以及城市设计和规划项目中的挑战。本节提供了每个主题的例子，以说明依恋研究能够产生不同效果的方式。

在移动和迁移环境中研究地方依恋有助于我们了解发生地点变化的意外后果，尤其是在这种变化不受居民控制的情况下。例如，关于城市再生项目涉及拆除低收入家庭住房的影响的研究表明了当地方依恋被切断时，居民面临的困难（Manzo，2014）（见知识点 14-1）。这一领域的研究可以为制定有关住房和搬迁的更好的政策提供依据，因为这些政策需要考虑搬迁的情感层面，并试图与邻居或家庭成员保持社会关系。

知识点 14-1　无家可归和地方依恋

城市重建方案主要指决定拆除现有住房，并将居民安置到城市其他地区的决策。这些决策虽然用意良好，但通常是基于对住房存量质量的技术或实物评估，并希望重新开发有价值的城市土地。这种方案可能忽视居民对其居住地点的情感依恋的重要性，并使居民流离失所。

流离失所可能会引起失去了安全的固定生存空间的人们的悲痛情绪，并且还有在哪里扎根、如何扎根以及如何在新家重建社区感的担忧（Fried，1963；Nanistova，1998）。此外，如果造成社会孤立的行动并将社会网络打乱，这些负面影响将进一步恶化（Fliliove，2014）。

关于城市重建方案对低收入家庭住房拆迁影响的研究尤其表明，地方依恋感不仅受到拆迁的威胁，还受到决策者和负面媒体报道在重建过程中对人们的住房造成的污名的威胁（Manzo，2014）。这项研究揭示了居民对其住房社区作为积极居住地的生活的描述与决策者用来为拆除住房辩护的“严重危难”的论调之间的鲜明对比（Manzo，2014）。决策者应承认这些发现，例如，制定对地方依恋纽带更敏感的城市再生政策时，避免对社区的污名化，并确保居民在搬迁后共同居住（Di Masso et al.，2014）。

地方依恋研究也可以用来了解移民的过程和移民如何适应他们的新邻居。例如，研究移民居民依附于其被收容社区的日常场所的意义表明，有助于发展新身份的地方有利于形成对地方的依恋（Rishbeth，2014）。这种研究提供了对搬迁和地点变化的适应过程的重要见解，因为移民与那些具有某种特征的地方结合起来，使他们想起了家乡，或者为移民提供了类似于他们原籍的愉快的社会经历。这项研究对移民支持服务产生了影响，例如，让新移民意识到这些当地的地方和资源，进而让人联想到故土，从而支持他们努力安顿下来，适应新社区。

地方依恋研究已经揭示了场所变化和环境破坏对健康的负面影响。早期对地方依恋中断的研究描述了房屋和当地发生的几种形式的场所变化的后果，包括盗窃和滑坡，这导致了当地居民的痛苦和隔离感（Brown and Perkins，1992）。最近的研究利用地方依恋理论来揭示社区对能源基础设施（例如风力涡轮机和高压电力线）在当地选址的反对意见，这种反对意见通常被称为“尼姆比主义”（“不要在我的后院”，或反对在家中附近的土地的使用）（Devine-Wright，2009）。这些研究表明，地方依恋可能导致支持或抗议，这取决于技术和地方相关的含义是被视为和谐还是冲突（例如 Bailey et al.，2016）。这项研究的一个应用是让开发商重新设计协商程序，与当地居民讨论新的基础设施如何不仅对国家或地球有利，而且对这个特定的地方也有好处，同时又不损害地方的独特性或历史性的特征。

地方依恋为研究群体空间方面的社会紧张和冲突提供了解释。研究人员调查了当城市地区因“外群体”或“其他人”的涌入而发生变化时居民的反应。例如，对南非居民的地方依恋的研究表明，其地方依恋在废除种族隔离后发生了变化，因为白人居民用环境威胁的语言表达了他们对废除种族隔离的反对，以掩盖种族偏见。具体来说，白人居民讲述了一个曾经被隔离，现在是多种族的海滩的故事，因为融合削弱了海滩自身恢复的能力，他们担心会失去一个喜爱的地方（Dixon and Durrheim，2004）。该研究探讨了地方依恋的社会和政治维度，它是一种相互作用的过程，通过媒体账户被集体共享。这项研究的一个应用是使地方政府机构和决策者加深了对身份和归属的不安全感如何增强威胁因素（包括原群体努力夺回控制权，加强物理边界并排斥外来者等）的认识。

最后，地方依恋研究使从业人员了解到，在社区成员参与设计过程的情况下，通过帮助挽救人们喜爱的地方不被拆除，从而提高城市设计项目的质量和社会相关性，表明了当地主要地点的价值和意义（Hester，2014）。规划和设计可以极大地受益于对地方依恋的考虑，用于指导对社会响应的设计解决方案。这方面的实际应用包括，首先，规划者必须认识到，现有的地方对居民有情感上的意义，在准备新的设计或项目时应予以考虑；其次，居民与来自该地区外的设计专家相比，可能会对特定地点的质量和重要性做出不同的评价，这就需要对规划和设计采取一种对当地更敏感的参与方式。

14.4 小结

地方依恋是环境体验的一个基本方面，它代表着人们与生活中重要的地方形成的情感纽带。我们讨论了不同的地方依恋的组成成分和类型，地方依恋是如何与积极的、消极的和混合的情绪联系在一起的，以及地方依恋是如何成为动态的和社会的产物。现有的研究有助于了解和解决现实世界的问题，包括流动和重新安置、移徙和移民适应、环境退化、社会-空间冲突以及具有社会响应性和参与性的规划和设计过程。在一个越来越不稳定和地方变化的时代，在未来的许多年里，地方依恋可能仍然是一个很重要的研究课题。

推荐阅读书目

Altman, I., and Low, S. (1992). *Place Attachment*. New York, NY: Plenum Press.

Lewicka, M. (2011). Place attachment: how far have we come in the last 40 years? *Journal of Environmental Psychology*, 31, 207-230.

Manzo, L.C., and Devine-Wright, P. (2014). *Place Attachment: Advances in Theory, Methods and Applications*. London: Routledge.

思考题

1. 定义地方依恋。地方依恋的组成成分是什么？
2. 写出本章中被识别的三种地方依恋的名称并描述。
3. 提供 3 个与地方依恋有关的现实问题。

15 环境暗示对人们行为的影响

Siegwart Lindenberg（荷兰格罗宁根大学）

15.1 引言

环境影响行为的一个重要途径就是暗示（cues）。暗示是环境中传达重要信息或引起情感反应的元素。比如，对于路人而言，在人行道上乱扔东西就是一种环境暗示，暗示其他人不遵守清洁规范，看到这种暗示就可能影响一个人的行为。在本章中，我们将着重阐述环境暗示对于规范行为的影响。在任何社会中，人们都必须要支持并且遵守社会规范和合法规范（Sherif，1965；Cialdini et al.，1990）。这一点对于亲环境行为也非常关键。但是，对社会规范的态度和行为的尊重是有原因的。我们将解释环境中的暗示为什么能够对人们记住及遵守规范产生重大影响。

人的行为始终都在特定环境中发生：家、校园、城市街道、工作场所、超市等。在每一种环境中，都有适用的相关社会规范。总体而言，指令性社会规范可以被定义为非正式执行的规则，对于这种规则，存在一些共识（Horne，2001）。如果人们不遵守这些规范，或者如果他们只是因为当时认为有利才遵守这些规范，那么社会秩序和法制就会受到损害（Herrmann et al.，2008）。

环境中的哪些元素会对人们是否遵守社会规范产生影响？一般的回答是，在每一个环境中，都存在影响遵守社会规范和合法性规则的目标的相对强度的暗示。举个例子：停车场的入口被意外关闭（通过物理措施并且设置警方标示牌），人们必须要步行大约 200 米到另外一个入口，也可以不顾标示牌的警告钻过围栏上的狭小开口，他们会怎么做呢？Keizer 等（2008）发现，有 27%的人会钻过围栏。但是，当有 4 辆自行车被锁在围栏上，并且设立了禁止穿过围栏的标示牌时，有 82%的人不顾警方的标示牌，强行穿过围栏。环境中存在的“其他人不遵守规则”（有关自行车）的暗示使许多人忽视了另外一项规则（关于绕道的规则）。环境暗示为什么有如此大的力量？在后文中，我们将进一步阐述可能促使环境暗示产生这种强大力量的作用机理。

15.2 中心目标及其相对强度

根据目标框架理论，环境暗示对遵守规范产生的影响背后最重要的作用机理就是中心目标相对强度的变化（Lindenberg，2008；Lindenberg and Steg，2007）（见第 18 章）。目标是理想的未来状态的心理表达。对于暗示的力量，特别重要的一点就是中心目标，即在激活时能够指导大量二级目标，而且影响许多不同认知过程的抽象目标。目标框架理论（goal farming theory）是专门针对这些中心目标的。

3 个中心目标：

• 规范性目标（normative goal）：适当的行为、遵守社会规范和规则（二级目标包括帮助他人、保持环境清洁）；

• 收益目标（gain goal）：保持或者改善自己的资产（二级目标包括赚钱、获得地位和为以后存钱）；

• 快乐目标（hedonic goal）：保持或者改善现在的感受方式（二级目标包括省力和享乐）。

这 3 个目标涵盖人的行为的最重要方面：需求满足（快乐）、获取和满足需求的方式（收益）以及融入社会（规范）。

目标只有在被激活的时候才能够指导行为（Kruglanski and Köpetz，2009）。以最强烈的方式被激活的中心目标称为目标框架，因为它通过决定我们注意的事物、正在激活的概念和知识、好恶、期望别人做的事情、考虑的选择、最敏感的信息以及处理信息的方式来“框定”一种处境（Bargh et al.，2001；Förster and Liberman，2007；Kay and Ross，2003；Kruglanski and Köpetz，2009）。激活可以是因为一个人的内部信号（如饥饿感会激活吃东西的目标）或者外部的信号（如其他人的行为）。在一定程度上，3 个中心目标都是被慢性激活，并且同时产生一些影响的。因此，行为几乎始终都由多个目标引导。但是，这 3 个目标中的任何一个目标对行为的影响取决于其相对于其他两个目标的强度，正是这种相对强度会因为环境暗示而变化。

规范性目标的相对强度与亲环境行为也高度相关，因为对自然环境的关爱在其基于规范性关切（而不是情绪、对惩罚的担忧以及对奖励的期望）的情况下最稳定。但是，与其他两个中心目标相比，规范性目标需要最大限度的支持才能够影响行为（Lindenberg and Steg，2007）。如果规范性目标很强大，那么人们就会遵守规范，行为就会反映出对规范的尊重。如果规范性目标比较弱，那么人们就不会遵守规范，而且只有在感觉好的情况下或者存在奖惩措施的情况下遵守规范。

对于这些中心目标的相对强度，最重要的环境暗示如下：环境中人的存在或缺位；有关其他人遵守规范的暗示；与某个中心目标强烈相关的主体（比如穿西装的人与赚钱有关联）；表明收益机会的暗示；本能暗示（如香味或臭味，或者装饰精美的橱窗）。这种暗示可以直接增强或减弱规范性目标的相对强度。另外，它们也可以直接增强或减弱快乐目标或收益目标的相对强度，从而间接弱化规范性目标（见图 15-1）。因为强化快乐目标或收益目标的暗示通常比弱化这些目标的暗示更多，所以环境暗示对快乐目标或收益目标的影响通常会导致规范性目标的弱化。在下文中，我们将说明并讨论这两个基本的作用机理。

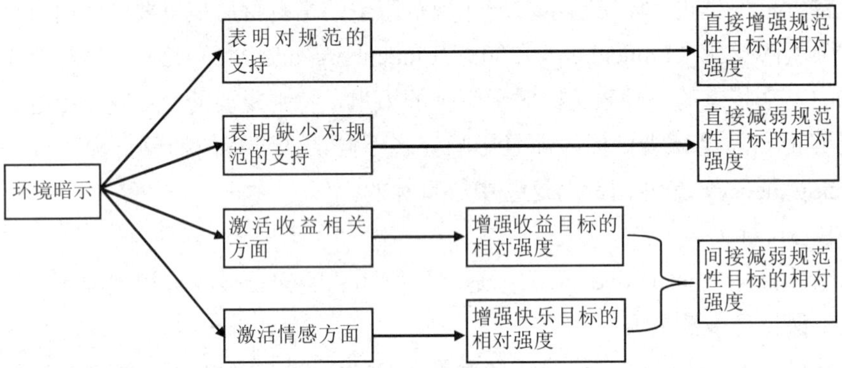

图 15-1　环境暗示影响规范性目标相对强度的作用机理

15.3　直接强化规范性目标的环境暗示

环境中人的存在就能够强化一个人的规范性目标，前提是存在的这些人遵守相关规范的暗示。比如，如果有人在人行道上跌倒，而且伤得很重，人们就更倾向于遵守情景规范，帮助这个行人，前提是在场的其他人也表示他们关注而且愿意帮助彼此（Rutkowski et al.，1983）（见知识点 15-1）。相反，如果其他人似乎不准备帮助这个跌倒的行人或者现场完全没有其他人，那么就会产生相反的效果。空旷的环境（比如停车场、夜间的办公楼和空荡荡的街道）可能会让规范性目标的激活处于低水平，从而为考虑收益目标或快乐目标留出了空间。这会增加异常行为的概率，或者让人们感到不安全。

有关重要人物（比如家长、老师和宗教领袖）遵守情景规范的环境暗示对规范性目标的强化程度超过了普通人能够达到的程度（Sentse et al.，2010）。因此，如果年轻人在实际环境中面临的主要是同伴，而不是家长或老师，那么他们对规范性目标框架的支持就低于所处的环境中存在遵守规范的重要人物的年轻人，而且也会表现出比后者更加越轨的行为。此外，如果孩子放学回家，发现家中没有成年人，他们就更有可能不遵守规范（Hay and Forrest，2008）。

与遵守规范的重要人物有关的环境暗示在这些重要人物不仅在场而且还表现出遵守规范的额外暗示时会变得更强烈（例如一个教师把纸扔进垃圾箱）。在表明存在遵守规范的重要人物的暗示方面，甚至整个社区都存在差异。因此，对于居住在这个环境中的青少年的规范性目标框架的相对强度方面，可能也存在差异（Teasdale and Silver，2009）。

知识点 15-1 关爱彼此的暗示强化了规范性目标

Rutkowski 等（1983）实施的一次试验表明了强化规范性目标的暗示所起的作用。在进行这次实验前，已有研究表明，公共场所帮助他人的行为表明了一种矛盾规律：人们观察一种需要帮助他人的情况越久，他们就越没有可能帮助他人（Latané and Darley，1970）。Rutkowski 及其同事表明，如果旁观者（最初相遇时的陌生人）首先发出他们关爱彼此的暗示，那么这种“旁观者矛盾”就会消失。这种“关爱暗示”群体的成员帮助他人的可能性比陌生人群体中的可能性高 3 倍，即使需要帮助的人不属于“关爱暗示”群体的成员也会如此。

此外，Rutkowski 及其同事的研究表明，陌生人群体中帮助意愿的缺乏并不是由于“搭便车”行为所致。实际上，陌生人群体中的人不希望其他人帮助自己，因此也不希望在他们的遵守规范的行为上“搭便车”。相反，对于他们而言，帮助他人的这种规范没有被充分地激活，所以没有人伸出援手。相比之下，对于“关爱暗示”群体中的人，共享个人信息以及表明他们关爱彼此的行为激活了规范性目标，使人们更有可能帮助他人，并且他们期望其他人也这样做（这就使他们自己的帮助行为更少）。注意，在共享个人信息期间，他们之间产生的实际上是激活的规范，而不是同情心，这使他们会帮助与己无关的局外人（如当局外人可能在隔壁房间）。

这种作用也适用于政府官员。比如，如果公民认识到表明当地官员致力于提升规范的遵从性的暗示，那么他们在公共场所中的规范激活水平就可能更高。这一点可以通过英格兰的一项研究来说明，这项研究发现，街道夜间照明的改进不仅降低了夜间的犯罪率，还降低了白天的犯罪率（Welsh and Farrington，2008）。该研究认为，街道照明水平的提高被人们解读为社区关注规范的明确信号。这一暗示激活了公民心中的规范性目标，从而强化了他们自己的规范性承诺，不仅能减少偏离规范的行为，而且会施加社会控制、将可疑情况报告给警方，以及传播有关涉嫌违反重要规范的人员的信息。这样一来，地方官员也可以通过在整个社区内发出存在遵守规范的重要人物的暗示来改变青少年的行为。

研究表明（Sonderskof and Dinesen，2016），制度上的暗示（例如，议会、司法警务部门、公共部门等）表现出突出的规范性目标，使得人们更加相信他们所处的社会环境中的大多数人都遵循默认的规则（用信任的指标来测量）。

15.4 直接弱化规范性目标的环境暗示

具有讽刺意义的是，强化规范的过程可以被逆转。当环境暗示表明不尊重规范时，人们就会变得不太具有规范性。比如，当一个人看到其他人乱丢东西，这个人的清洁规范的激活水平也会降低。因此，这个人更有可能也乱丢东西（Cialdini et al.，1990）。

环境暗示的消极作用不只在于模仿行为。表明不尊重一项规范的暗示会导致其他规范也遭到践踏，这被称为“规范间的抑制效应”（cross-norminhibition effect）（Keizer et al.，2008）。因此，如果某个人所处的环境存在其他人明显偏离规范的暗示（比如在墙上涂鸦、在街道上乱丢垃圾），那么这个人就更加难以遵守规范，从而屈服于快乐目标或收益目标。规范性失序弱化了规范性目标（有关这一作用的更多例子，见第16章）。

规范间的抑制效应表明了规范性目标的弱化如何快速从一个人传递到另外一个人。某个人看到有人涂鸦——将这种行为解读为对违反规范的表现——从而会变得更加追求享乐目标，而且也会随意乱丢垃圾；另外一个人看到有人乱丢垃圾后，就更有可能去偷窃；第三个人看到有人偷窃后就会无法抑制对邻居的侵犯等。因为规范性目标需要更多的支持才不会被快乐目标或收益目标排挤，所以失序就可能自己传播。这意味着住在混乱环境中的人比住在有序环境中的人更加难以遵守规范。

作为不遵守规范的一系列环境暗示的失序也会提高犯罪发生率并且增强对犯罪的恐惧感。比如，在一项关联研究中，Armitage（2007）发现，附近存在明显的涂鸦迹象的住宅往往会成为犯罪的对象。人们在存在这种暗示的环境中也会感到特别不安全（Doran and Lees，2005）。Markowitz 等（2001）发现，正是这种由于混乱无序的暗示产生的对犯罪更强烈的恐惧感促进了犯罪率升高的恶性循环。具有讽刺意义的是，警察存在的暗示会增加而不是降低人们对犯罪的恐惧（Hinkle and Weisburd，2008）。

15.5　强化收益目标的环境暗示对规范性目标的间接弱化

环境暗示也会成为与中心目标之一密切关联的对象。这种对象的作用可以被用来说明环境如何直接增加了收益目标的相对权重。目标框架理论认为，在大多数情况下，通过环境暗示强化快乐目标或收益目标意味着弱化规范性目标。收益目标大多数情况下被表明金钱或者竞争在环境中起到核心作用的暗示激活。这种暗示会非常微妙，甚至是仅仅看到商业中使用的典型物体都会激活收益目标，从而增强竞争导向。比如，对大学生进行的一次试验表明，当大学生接触到西装、商业方案或董事会会议室中的会议桌等物体时，他们就会比接触到其他中性物体（比如风筝、鲨鱼、音乐）时表现出更强的竞争性，而且不太以社会规范为导向（Kay et al.，2004）。而且，仅仅是看到或者被提醒有钱就能提高收益目标的显著性（Vohs，2015）。

有这样一句古语：机会创造小偷。附近环境中的物体会增加收益目标的相对权重，甚至会促使人们去偷盗。比如，社区中的环境暗示如果表明，现在住在这个社区中的人比以前的更加富有（比如房屋的立面被改善，或者房屋前停着更加昂贵的轿车），就会吸引更多的犯罪（Covington and Taylor，1989）。与此同时，如果还存在其他人不遵守规范的暗示，这种效应就更有可能出现。Keizer 等（2008）的一项研究就证明了这一点，这项研究表明，在现场试验中，13%的路人由于受到邮箱中的一封信函中露出的一张5美元钞票的影响，会偷窃这封信。更糟糕的是，如果这个邮箱被涂鸦所覆盖，那么会实施偷窃行为的人的百分比会翻倍。这表明了一种结合效应：增加收益目标的相对权重的暗示（5 美元钞票）以及涂鸦的暗示同时降低了规范性目标的相对权重。

15.6 强化快乐目标的环境暗示对规范性目标的间接弱化

产生情感反应而且提高了一项或多项基本需求的显著性的本能暗示（环境中的非常有吸引力或者没有吸引力的方面）很容易强化快乐目标，从而使得人们自然而然地失去了耐性，而且容易冲动行事。他们因此降低了对规范性目标和收益目标的潜在指引。比如，Li 等（2007）通过研究表明，当人们接触到具有吸引力的香味时（比如刚出炉的饼干），他们在财务交易中也会变得更加没有耐心。性感的广告也具有这种作用（Van den Bergh et al.，2008）。

对于这一点，物品也扮演着重要的角色。例如，可视化和方便获取的诱惑性食物能够提升享乐目标的暗示性，从而也增加对这种食物的消费（Painter et al.，2002）。

15.7 小结

环境从来都不是中性的，每个环境都发出影响目标和行为的暗示。重要的是，环境暗示对规范性行为具有显著的影响，而规范性行为是社会秩序的关键。环境暗示的这种影响是通过对 3 个重要的中心目标之一的相对强度产生的影响而起作用：规范性目标（适当的行为、遵守社会规范和规则）、收益目标（保持或者改善自己的资源）、快乐目标（保持或者改善现在的感受方式）。这 3 个目标在某种程度上被激活，但是由于环境暗示的原因，它们的激活程度（相对强度）不同，影响行为的程度也不同。环境暗示通过直接强化或弱化规范性目标，或者间接提高收益目标或快乐目标的相对强度来产生这种影响。这种对环境暗示的影响的简单认知（行为主要受到目标的相对强度的引导，而目标的相对强度取决于这种暗示导致的激活）为规范性行为的有利干预提供了潜在的强有力的新工具。

推荐阅读书目

Keizer, K., Lindenberg, S., and Steg, L. (2008). The spreading of disorder. *Science*, 322, 1681-1685.

Lindenberg, S., and Steg, L. (2013). Goal-framing theory and norm-guided environmental behavior. In H. van Trijp (Ed.), *Encouraging Sustainable Behavior*, (pp. 37-54). New York, NY: Psychology Press

思考题

1. 简要说明如何用目标框架理论来解释环境暗示对规范性行为的影响。
2. 列举环境暗示增强或减弱规范性目标的相对强度的4个例子，考虑直接和间接影响。
3. 描述物理失序导致异常行为扩散的几种方式。
4. 说明商店橱窗如何包含能够降低关爱自然环境的意愿的暗示。

第Ⅱ部分

测量环境行为

16 环境行为的测量

Birgitta Gatersleben（英国萨里大学）

16.1 引言

大多数环境心理学研究的目的是理解和改变环境行为。要实现这一目标，最重要的一点就是要开发出科学测量这种行为的量表。本章综述了至今为止学者们已经应用了的测量环境行为的一些方法。有三方面的要点如下：测量什么（行为还是行为产生的影响），如何测量（通过自我报告的方式还是观察的方式），以及如何界定概念（是单一维度还是多维度的）。在开发环境行为的量表时必须考虑到这三点，这样的决策才具有理论、方法和实践的意义。

16.2 测量什么？行为还是影响

Stern 等（1997）认为把行为的测量和影响的测量区分开来是非常必要的。测量影响和测量行为是不同的，而且这两种测量不一定会有重合。

16.2.1 环境行为

大多数环境心理学方面的研究聚焦在环保行为（pro-environmental behavior）方面。还有的通常会用术语来界定这些类型的行为是环境友好的行为（Dolnicar and Grün，2009）、生态行为或保护行为（例如 Scherbaum et al.，2008；Schultz et al.，2008），因此对这种类型的行为有不同的定义。例如，Kollmuss 和 Agyeman（2002，P240）就将环保行为定义为“有意识地寻求减少某种行为对自然环境的负面影响”。这种类型的行为因此被贴上了“目标驱动的环保行为”（goal-directed pro-environmental behaviour）的标签，即人们怀着明确的目标要做对环境有益的事情，从而采取的行动。Kaiser 和 Wilson（2004）认为环境心理学应该只关注研究这种目的驱动的行为。Steg 和 Vlek（2009a，P309）则将环保行为定义为“对环境的危害尽可能小，甚至对环境有益的行为”。这种行为对环境有利，但是也不一定是环境目标所驱动的。根据这个定义，人们的环保行为可以是不带有任何意图的，例如，出于习惯性的行为（例如，刷牙的时候你总是会关掉水龙头），又或者出于其他的目的（例如，不开车上班是因为骑自行车便宜而且健康）。

环保行为（无论是否是目标驱动的）都应该与广义的环境行为区分开来。Steg 和 Vlek（2009，P309）将环境行为定义为“改变环境中获取原材料或能源的途径，或者改变生态系统、生态圈的结构和动态的任何行为”。这既包括了破坏环境的行为，也包括了有益于环境的行为，也就是说包括了几乎所有我们所做的对环境产生影响的行为。因此测量这些影响（见第 16.2.2 小节）也应该包括破坏环境的行为以及对环境有利的行为。

测量什么是由研究的理论和实践目的所决定的。目标驱动型的环保行为从定义来看是受到了环境目标的驱动，但是并不一定会产生实际的影响。如果一项研究的目的是理解环保行为和环保态度或价值观之间的关系，那么就可能要测量目标驱动的环保行为。但是如果一项研究的目的是研究某个特定的干扰所引起的行为反应，那么就可能要测量普遍的环境行为。此外，如果一个研究的目的是检验某个干扰对居民环境的实际影响，那么可能就要通过用电或燃气的读数来测量。

16.2.2 环境影响

环境心理学家通常是尝试测量行为而不是以环境影响（environmental impact）为表现形式的这些行为的结果。但是，测量环境的影响可能与环境政策相关，因为更像是要达到政策的终极目标，也就是模糊人类对整个环境影响的印记（例如 McKenzie-Mohr，2000；Oskamp，2000b）。

对行为的测量也许不一定能反映实际的影响，主要有以下原因（Gatersleben et al.，2002；Stern et al.，1997）。首先，行为测量通常依赖于自我报告，对响应误差很敏感（Schwartz，1999），因此并不一定能真实地反映实际行为（Kormos and Gifford，2014），由此也就不能准确地反映环境影响（例如能源利用）。其次，当学者开发出行为量表来测量其结构的时候，他们也很少会考虑到环境影响，环境方面最重要的行为也可能就没有在量表中涉及。而且，在合并环保行为测量时，很少会根据其相应的影响来赋予权重。如果一个人有 10 项行为当中的 7 项，就认为他比只有 3 项行为的人对环境更友好。但是，如果那 3 项行为对环境的影响更显著，这可能就不是有效的结论。特别是当人们没有意识到他们的行为对环境的影响时，这显得更加重要（见知识点 16-1 和图 16-1）。

知识点 16-1　评价行为对环境影响的偏差

Gatersleben 和他的同事（2002）研究了 1 200 个荷兰家庭的各种家庭活动对环境的影响（例如取暖、洗涤）。被试者估计的平均每年这些活动的影响都差不多（在 5 刻度量表中平均为 2.8～2.9，其中 1 代表非常低，5 代表非常高）。但是，与这些活动相关的实际的能源利用却千差万别，从洗衣的 7.2 GJ，到取暖的 47 GJ。结果表明感知到的家庭活动对环境影响的差别跟估计的这些活动实际影响的差异之间没有关联。由此也说明人们并不总是在意他们的行为对环境的影响。

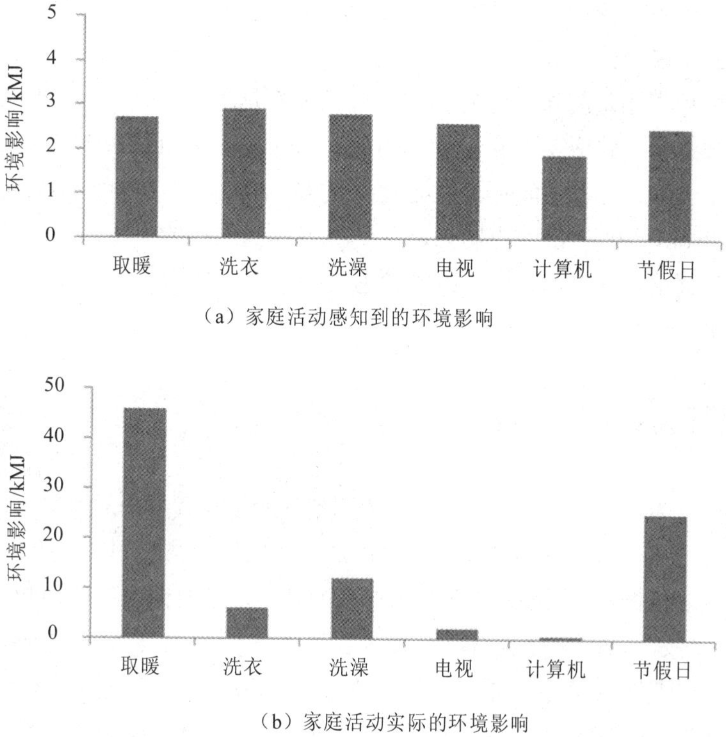

图 16-1 家庭活动感知的和实际的环境影响

资料来源：Gatersleben 等（2002）。

如果研究的重点是解释对环境产生实际影响的变量，那么这时的结果变量就跟重点在测量行为上的研究不同。一种可能是仅包含那些对环境有显著影响的行为，例如汽车的使用（例如 Stern，2000）。另一种可能是直接测量结果变量来代替背后的行为，例如，能源的利用（通过仪表读数），废弃物的产生（通过垃圾箱称重），或者汽油的用量（Schultz et al.，2007；Nigbur et al.，2010）。最后，可以通过自我报告或者观察来测量行为，然后在将这些变量合并成总的影响时，还要估计这些行为对环境影响的权重（Abrahamse et al.，2007；Gatersleben et al.，2002）。基于最后一条，环境学家开发了系统的量表来评估在不同领域的环境影响，例如碳足迹的测量（Druckman and Jackson，2009），以及直接或间接地测量能源利用（Abrahamse et al.，2007；Gatersleben et al.，2002）。这些测量的优势在于能够在跟踪环境影响的同时更好地理解心理方面的因素，主要是因为融合了对行为和影响的测量。

值得注意的是要测量行为实际产生的环境影响是很复杂的。建立行为和影响之间的关联对某些行为很容易，但是对某些行为就比较难。环境问题是多样的，而且在很多不同的领域诸如污染、资源消耗和噪声都存在采用本地量表还是全球量表的问题（Vlek，2000）。因此，在某个层次上行为对环境是有利的，但是在另一个层次上可能就是有害的。例如，购买有机食品会减少有害杀虫剂的使用，但是这种食品就需要航空运输更长的距离。在研究对环境影响有作用的变量时，最重要的是要考虑这些潜在的冲突性问题，同时也要听一听环境科学家的建议。

是测量环境行为还是测量行为的影响一直以来都是争论的焦点。有人认为当研究的目标是要为政策服务时，就应该关注影响（例如 Gatersleben et al.，2002；McKenzie-Mohr，2000；Oskamp，2000b），而有人认为心理学的目的是解释行为而不是这些行为的影响（Kaiser and Wilson，2004），因为影响还受到很多其他因素的作用，例如技术。在决定什么样的环境行为测量最适合时，都应该要考虑这些基本的问题：行为的测量，影响的测量，还是将这些测量结合起来。

16.3 环境行为如何测量？

在开发环境行为以及实际影响的测量，特别是依赖于自我报告的测量时，首先要考虑几个问题。自我报告的行为如循环利用的频率，以及自我报告的结果如汽车的英里数或者能耗，通常都是用问卷来调查的。例如，环保行为典型的题项都是要做出一些判断，如多久会有一次这样的行为，例如“我经常回收旧报纸”（1 表示完全不同意，5 表示完全同意），又如“多久会回收一次旧报纸”（1 表示从不，5 表示经常）。这种类型的问题优点是容易操作，而且也容易在不同行为之间进行对比，还可以借助方便的统计工具例如因子分析来探索行为背后的集群。但是，这种自我报告也容易引起响应误差（例如社会赞许或者自私的偏见），以及测量误差。一项元分析研究对 15 篇研究中的客观测量环境行为和被试者自己报告两者之间的关系进行元分析，结果发现正向的关系，但是相关性不强（Kormos and Gifford，2004）。

也许更为精确的自我报告测量应该是问一些更加详尽的问题（或者计算），例如“上个星期你有百分之多少的啤酒罐扔进了可回收废物的垃圾箱”？此外，也可以问一个家庭中所有个人的行为。这种类型的问题会产生详细的数据，虽然仍然避免不了测量和响应误差，而且还可能引出复杂的问题，比如不容易理解（导致更多的响应误差），或者需要计算大量数据（例如，关灯和开灯的次数，或者循环利用的材料的数量）。后者也是自我报告行为结果的问题。例如，对人们来说要读出他们的燃气表和电表很难，报出他们的汽车的里程数也不容易。此外，越是精确的测度越容易造成更加复杂的问卷，因为不同的行为可能需要用不同的量纲来测量（例如，每天、每周、每月、每年），这样也就不容易应用标准数据分析技术，而且使回答更容易出现偏差。

最准确的测量方式也许是观察的方式，如对实际行为的观察（例如，观察垃圾倾倒或循环利用），或者对其直接结果的观察（例如，垃圾桶称重，仪表读数）。但是，这需要密集的劳动力，因此也需要更多的财力支持。信息技术如智能仪表也许能减少这方面的问题，但是也会带来伦理方面的问题，因为会造成潜在的隐私权侵犯（Bolderdijk，2011）。在环境心理学中观察法不是很普遍，当然也有个别研究（例如 Bolderdijk et al.，2011；Nigbur et al.，2010；Schultz et al.，2007，2008）。

16.4 单一维度或多维度界定环境行为

环境行为的测量通常将这种行为界定为多维度的。这些研究认为将不同的行为聚集到一个维度上是不合理的，因为这些行为并不一定是相关的。例如，当有人回收玻璃瓶的时候，不一定就意味着他们会为绿党投票或者不开车。但是，Kaiser 和 Wilson（2004）开发了一种单一维度的概念来测量目的导向的环保行为，也就是说认为可以界定这种行为并且用单一维度的概念来进行测量。

16.4.1 环境行为多维度的概念

对环境行为的测量通常聚焦在某一种类型的行为，如循环利用（例如 Garrus et al.，2008），或者交通方式的选择（例如 Carrus et al.，2008；Matthies et al.，2002），或者政治活动（如联名请愿书、捐款）(Berenguer，2007)，或者包含了一系列不同的行为（Lee et al.，2013）。当被试者被问到一系列行为的时候，他们的回答就可以转变为某种形式的统计释义，由此检验这些不同类型的行为是否能区分开来，例如，减少废弃物、循环利用、消费主义或政治活动言论（Corraliza and Berenguer，2000；Dolnicar and Grün，2009；Karp，1996；Milfont et al.，2006；Oreg and Katz-Gerro，2006）。基于各种行为之间的相关性分析，多数研究认为环保行为是多维度的。确切的数量和类型在不同研究中有差异，主要依赖于问卷中问题的数量和类型（Lee et al.，2013）。这些发现表明在不同的领域人们的环保行为并不一致（例如有的行为就不相关或弱相关），而是不同的行为受到的驱动因素也不同。此外，同一驱动目标（做对环境有益的事）也会驱动一个人捐款，而另一个人买有机产品，还有的会骑自行车而不开车。也有数据表明环保行为的关联并不可靠，有时甚至是内部的而不是不同领域的关联，因此参与一项环保行为并非必然会外溢至另外一项（Truelove et al.，2014）。

16.4.2 环境行为单一维度的概念

Kaiser 和 Wilson（2004）开发了目标驱动的环保行为的单维量表（unidimensional measure of goal-directed pro-environmental behavior），属于坎贝尔范式（Campbell paradigm）（Kaiser et al.，2010）。根据这一范式，有关特定目标或者态度的所有的行为（例如环境保护）就构成了一种有序行为的集合（从易到难）。实施这些行为的层级就能够反映一个人环境态度的强度。一个人克服的困难越多，要实现目标所付出的努力就越多（例如环境保护），这样他对目标的承诺就越强。反过来，当一点点阻碍就足以让某人放弃继续行动的时候，其对环境目标的付出就会很少。

Rasch 模型（Bond et al.，2001）是坎贝尔范式的数学表达形式，这一模型用来估算绩效或能力。例如，知识测验的题项可以从易（多数人都回答正确了）到难（很少有人回答正确）安排，某个人答题的分数可以反映出问题的难度以及这个人对这个话题的知识水平。

Kaiser 和 Wilson（2004）用 Rasch 模型对环保行为排序，从最常采用的（最简单的）到最不常采用的（最难的）。他们假设人们基于成本效率采取行为。因此，被多数人采用的行为就是简单的，而只有少数人采用的就是难的，而且只有那些具有很强的环保态度（或目标）的人才会采用。

界定目标驱动的环保行为意味着多样的行为形成了一致的行为集合，例如，对环保组织的资金支持、重复利用和素食主义。这也意味着不同的行为背后的目的是一个（例如环境保护），因此可以用一个维度描述。基于这个维度，各种行为只是难易程度不同。Kaiser 和 Wilson（2004）发现能源保护、避免废弃物、循环利用、与保护相关的代理行为（如政治活动），以及生态交通和消费者行为都可以描述成一个维度（Kaiser et al.，2007）。

这种单维量表的优点是可以简单区分比较环保的人和不太环保的人，从而包含各种各样的行为。但是，这种方法是基于一个假设的，即行为从心理上看是与同一个潜在的目标相关的（做有利于环境的事）。不同于其他对环保行为的测量，Kaiser 和他的同事开发的单维量表既体现了对一个人环保态度的测量，又体现了他们的总体行为绩效（Kaiser et al.，2007），由此也区别于一般的“态度-行为”观，即认为态度和行为是不同的心理概念。这跟环境问题（解决方案）是多维度的观点相悖（Vlek，2000），而且不同的行为也许是由于不同的前因变量引起的（见第 22 章）。

16.5 小结

本章概述了测量和界定环境行为的不同方法。首先，环保行为或环境友好行为有别于广义的环境行为，即任何对环境有害或有利的行为。其次，环保行为即对环境有利的行为，以及目的导向的环保行为即目标是对环境有益的行为，两者也是不同的。因为行为对环境产生的实际影响可能会因为预期的影响而不同，本章也讨论了多种环境影响的测量，同时还探讨了在选择测量行为还是影响时需要考虑的基本问题。本章的最后一部分聚焦在环境行为的概念是单一维度还是多维度，特别是讨论了测量目标驱动的环保行为的单维量表，它基于人们所采取的行为的难度区分出比较环保的人和不太环保的人。总之，在开发环境行为的量表时需要考虑三点：测量什么（影响还是行为），如何测量（自我报告还是观察），如何界定（单一维度还是多维度）。任何一个问题的答案都会影响到其他问题，但是一个答案并不能排除另外一个。例如，行为的测量有助于解答动机的问题，但是也与影响的测量相关，也就是同时回答动机和影响的问题。

推荐阅读书目

Gatersleben, B., Steg, L., and Vlek, C. (2002). The measurement and determinants of environmentally significant consumer behaviour. *Environment and Behaviour* 34: 335-362.

Kaiser, F.G. and Wilson, M. (2004). Goal-directed conservation behaviour. The specific composition of a general performance. *Personality and Individual Differences* 36: 1531-1544.

Kormos, C. and Gifford, R. (2014). The validity of self-report measures of proenvironmental behavior: a meta-analytic review. *Journal of Environmental Psychology* 40: 359-371.

思考题

1. 如何界定环境行为、环保行为和目标驱动的环保行为?
2. 为什么环境行为的测量不一定会反映对环境的影响，如何解决这个问题?
3. 自我报告的环境测量有什么优点和缺点?
4. 环境“态度-行为”关系在坎贝尔范式下是如何定义的?

17 价值观和环保行为

Judith I. M. de Groot（荷兰格罗宁根大学）
John Thøgersen（丹麦奥胡斯大学）

17.1 引言

对你来说，保护环境有多重要？大多数人可能会回答保护环境非常重要。那么，再思考以下问题：你会采取什么样的行动来保护环境？你可能已经有很多行为威胁到环境质量。你也许是一个环境组织的成员，但是你也许不会在早上为了节约能源和水资源而匆匆洗个冷水澡，为了减少二氧化碳排放不开车而是乘公交或骑自行车。什么样的行为反映了你真实的环境价值观？什么情况下你的行为遵循了你的价值观，什么情况下又没有？在本章中，我们试图回答这些重要的问题。我们给出了价值观的定义，并且探讨了价值观理论。我们还解释了价值观为什么对环境态度和行为很重要，以及人们的行为如何才能遵循其环保价值观。最后，我们区分了价值观和环境心理学研究中其他相关的概念，同时解释了如何应用价值观的研究。

17.2 价值观

价值观（values），例如自由、平等、保护环境，被描述为超越情境的目标，在人们的生活和其他社会组织中有不同的重要性，同时也是基本的原则（Schwartz，1992）。这一定义包含了价值观的三个特征。第一，价值观包括某种最终状态的有利条件或者不利条件的信念。第二，价值观是非常抽象的概念，因此超越具体的情境。这一点有别于第 15 章提到的“最高目标”，即一个人一生中努力追求的目标。因此，在实现之前都是目标，而价值观则需要坚守较长的时间。第三，价值观是评价人的行为的标准，价值观可以排序（例如按照其重要性），因此当同一情境下有多个相互竞争的价值观时，基于其价值优先序的选择是最重要的。

在环境行为研究中应用价值观的优点很多。第一，与无数的具体行为相关的信念、态度和规范相比，价值观的总量要少得多。因此，价值观是解释人与人之间、组织之间、国家之间和文化之间异同点的有效工具。第二，价值观的抽象性允许在各种情境下进行预测。价值观影响更加具体的态度和行为（Seligman and Katz，1996）。价值观对于态度和行为的预测非常重要，因为价值观为态度和行为提供了稳定的和相对持久的基础（Stern et al.，1995）。而且，环保价值观与环境行为的因果关系是被普遍认可的（Thøgersen and Ölander，2002）。因此，价值观是改变行为的起始点。通过影响或者激发特定的价值观，就有可能影响一系列具体的环境信念、规范、意图和行为（Thøgersen and Ölander，2006）。

17.3 价值观理论

下面，我们首先探讨两种常见的价值观理论：社会价值观导向（social value orientations，SVO）（Messick and McClintock，1969）和 Schwartz 的价值观理论（Schwartz，1992）。之后，我们还简要概括了关于生物圈价值观的最新观点。

17.3.1 社会价值观导向

社会价值观导向，是来自社会悖论的研究（见第 21 章），体现了两难情境下，人们对个人和他人收益的在乎程度（Messick and McClintock，1968）。通常要区分几个概念："合作者""个人主义者"和"竞争者"。合作者希望最大化总的产出，个人主义者希望最大化他们自己的产出而并不关心其他人的产出，竞争者则希望相对其他人而言最大化自己的产出。多数的研究都只是区别了个人价值观导向（人们特别关心自己的产出）和社会价值观导向（人们特别关心其他人或者团体的产出）。一个人的 SVO 通常是通过分解游戏技术（decomposed game technique）来评估的（Liebrand，1984），也就是参与者在他们自己和其他人的点数之间进行选择。

实证研究表明，关于 SVO 和环境信念、规范、行为之间的关系是很复杂的。一些研究发现社会的价值观与环保意图是正向相关的，而个人的价值观与环保意图是负向相关的（例如 Hilbig et al.，2013；Joireman et al.，2001），而 SVO 与环保行为的偏好没有显著相关（例如 Joireman et al.，2004）。

17.3.2 Schwartz 的价值观理论

在 Schwartz 的价值观理论中（Schwartz，1992，1994），对 56 种价值观做了详细的分类。参与 Schwartz 价值观调查的被试者要对每个价值观题项打分（9 级量表），由此测量它们作为"生活中指导原则"的重要性。基于 44 个国家的调研数据，Schwartz 区分出 10 种类型的价值观（见图 17-1、表 17-1）。这 56 种价值观可以在一个二维图中标示出来，即不同的价值观类型成为独立的价值聚类，一起构成一个环形（circumplex）结构。价值观类型和个人的价值观越接近，他们之间就越兼容，相隔越远就越不兼容。例如，普救主义类型（例如，心胸开阔、平等、美丽世界）都是与善意的价值观相关的，例如，助人、宽容、诚恳，但是与那些表现成就的价值观相冲突（例如，成功的、有能力、有野心）。因此，在Schwartz的理论中，对价值观重要性的打分本身并没有什么意义，但是反映了这些价值观相对其他价值观的优先次序，同时在构成价值聚类或价值导向的时候其背后的动机也就更明确了。

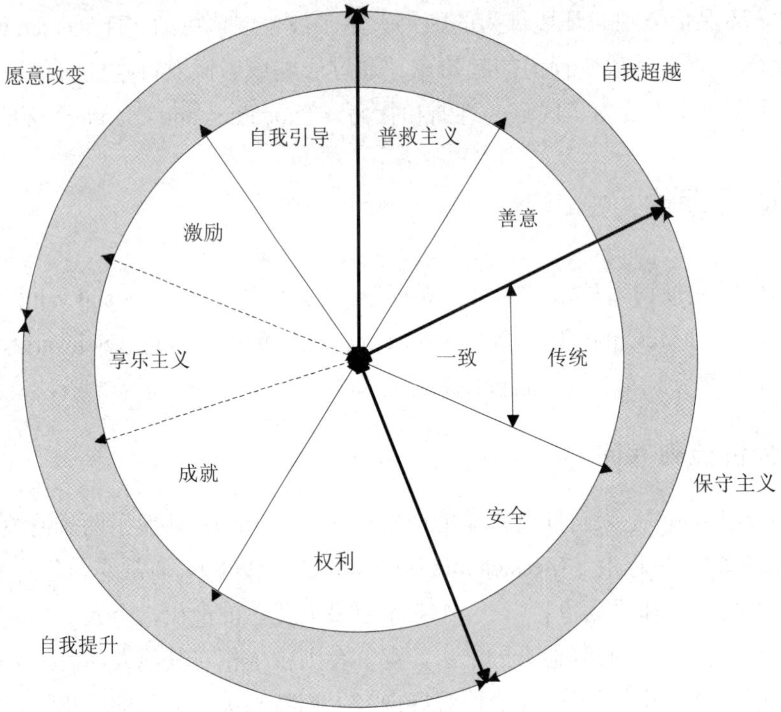

图 17-1　价值观的类型

资料来源：Bilsky and Schwartz，1994。

表 17-1　Schwartz（1994）价值观理论中的四种动机类型

动机类型	定义	价值观的例子
权利	社会地位、声望，控制或者主宰其他人和资源	社会权利； 财富； 权威
普救主义	理解、赞赏、忍耐，以及保护自然和全人类的福利	社会正义； 心胸宽阔； 保护环境； 公平
善意	通过频繁的个人联系，维系和提升人们的福利	助人； 宽容； 诚恳
传统	尊敬、承诺和接受传统文化或宗教施加在个人之上的风俗和思想	接受生活中“我”的责任； 虔诚的； 尊重传统

Schwartz 的价值观结构中的第一个维度是愿意改变的程度，这样乐于接受新事物和新观点的价值观，例如自我主导和激励，就跟强调传统和一致性的价值观区别开来。第二个维度区分了那些强调他人、社会、自然利益的价值观（例如，普救主义和乐善好施），以及那些强调个人利益的价值观（例如，权利和成就）。这种自我超越和自我提升的维度跟前面所提到的社会的和个人的价值观相对应在第 17.3.1 小节有讨论。所假设的价值观聚类在不同国家和文化背景中基本都适用（Schwartz，1994）。自我超越与自我提升的价值观维度在解释环境信念、规范和行为的时候尤为重要（De Groot et al.，2016），可能是因为很多环保行为都需要个人克制自私自利的倾向。研究表明，有强烈的自我超越价值观的个人更会展现出对环境积极的态度、规范和行为（De Groot et al.，2016；Steg and De Groot，2012）。

17.3.3 环保行为相关的四种价值观

在环境领域，两种自我超越的价值观（利他主义和生物圈价值观）以及两种自我提升的价值观（自我和享乐）都与态度、规范和行为相关。

研究表明，利他主义和生物圈价值观从实证上可以区分开来（Stern，2000；De Groot et al.，2008）。生物圈价值观（biospheric values）体现的是关注自然和环境的质量，不同于利他主义体现的是对其他人类福利的关注。利他主义和生物圈价值观呈正向相关，与 Schwartz 的价值观理论一致，因为都表明了自我超越的价值观。但是，在大多数情况下，生物圈价值观对环保信念、规范和行为的预测强于利他主义价值观（De Groot et al.，2008）。而且，当环保决策对利他主义和生物圈价值观影响不同的时候，他们对环保行为的预测也是不同的，而且有时候方向是相反的（见知识点 17-1）。在大多数案例中，相比于利他价值观，生物圈价值观在环保态度、规范和行为方面的预测性更强（De Groot et al.，2016；Schuitema and De Groot，2015；Van Doorn and Verhoef，2015）。

知识点 17-1 生物圈价值观

基于 Schwartz（1994）的价值观调查，De Groot 和 Steg（2008）检验了利己主义、利他主义和生物圈价值观是否可以通过一种价值观工具区分开来。他们采纳了 Schwartz 价值观理论中的自我超越和自我提升维度的价值观，同时还包括了生物圈价值观的内容，因为这些价值观在 Schwartz 最初的价值观工具中并没有体现。

3 个研究的结果为这一价值观工具的效度提供了支持。利己主义、利他主义和生物圈价值观可以从实证上区分开来，而且量表也有足够的内部一致性。在大多数情况下，利己主义的价值观和环境信念与意图负向相关，而生物圈价值观、利他主义价值观则与环境信念和意图正相关。因此，利他主义和生物圈价值观是相关的，但是在让参与者选择是捐款给一个环保组织还是人道组织的时候却有所不同：利他主义导向的人倾向于捐助人道主义组织，而生物圈导向的人则倾向于捐助环保组织。所以，利他主义和生物圈价值观在有冲突的时候其意图也不同。

17.4 价值观如何影响环境行为？

价值观的抽象性会导致很多个人的理解。诸如“重视环境”，如何解释？一个人的行为如何遵循这一价值观？有这种价值观的人也许会去加拉帕戈斯（群岛）度假，欣赏那里无与伦比的自然景观，但是如果他认为这种行为会毁坏当地或者全球的环境，也可能就会决定不去。因此，基于相同的价值观，也许人们的行为会完全相悖。因此，相比价值观，指向特定行为的态度和规范能够更好地预测行为（Eagly and Chaiken，1993）。事实上，很多研究都表明价值观对行为的影响是间接的，主要是通过指向特定行为的信念、态度和规范来实现，尽管一些研究也表明了价值观和行为之间的直接关系（见第22章）(e.g. De Groot et al.，2016；Thøgersen et al.，2016）。

在特定的情境下，价值观的影响可能更强。例如，在多个餐厅之间选择的时候，对生物圈价值观更看重的人会考虑餐厅的生物圈属性（例如提供有机食品），而对利他主义看重的人会考虑利他方面（例如工作条件），而那些看重享乐的人更会考虑享乐方面（例如食物好吃）（Steg and De Groot，2012），虽然价值观会间接影响行为，但也有些研究报告了价值观和行为的直接关系（De Groot et al.，2013）。因此，关注特定的价值观可以凸显其特征，这样就会影响特定情境下人们对其价值观的优先排序，同时价值观影响态度和行为的程度也有所不同（De Groot and Steg，2009a,b）。一种激发核心价值观的方法是提升对自我的关注（Verplanken and Holland，2002）。人们对保持自己的良好印象很在意。因此，他们喜欢将自己视为关心环境的人，而不是仅仅关心自己的人。有两个研究表明，通过关注环境问题让生物圈价值观更突显（“想保护环境吗？检查你的汽车胎压”）而不是关心经济原因让利己价值观更突显（“想省钱吗？检查你的汽车胎压”），可以帮助人们保持更加积极的自我概念，从而带来更环保的行为（例如接受兑换轮胎检查的优惠券；Bolderdijk et al.，2013b）另一种方法是通过让某人认知其价值观而提高价值观和行为的一致性，也就是说，让人们能说出为什么会持这种价值观（Tapper et al.，2012）。如果没有认知的支持，人们就很难辨识哪些是腐蚀价值观，从而导致价值观和行为不一致，甚至是价值观发生改变。因此，激发生物圈价值观，将这些价值观和人们的自我认知联系起来，为这些价值观提供认知支持，是促进环保行为的有效途径。

17.5 相关概念

除了价值观之外，环境心理学文献中还有一些与环境行为相关的心理学因素，例如，环境关注度、生态世界观、自然神秘感。

环境关注度（environmental concern）通常被描述为与环境相关的态度（Fransson and Gärling，1999），体现出一个人对环境事件的评价。对环境关注度的测量可以根据所关注事件的数量来分类(单个和多个事件)，或者根据一个或多个关注的表达形式(Dunlap and Jones，2002）来分类。常用的工具包括多主题、多表达的测量，主要是基于传统的对态度的三分法，包括情感、认知和意识（直觉）维度（Weigel and Weigel's，1978）。其他的测量目标是要揭示环境问题的特殊性，往往是跟其他社会问题相比较（Dunlap and Jones，2002）。不考虑所用的量表，研究发现环境关注度通常与环保意识和行为正相关，但是这些关系常常比较弱（例如 Mcdonald et al.，2015）。

生态世界观（ecological worldviews）体现的是一种对人与自然环境之间关系的信念（Dunlap et al.，2000）（见第 22 章）。对生态世界观的测度比较常见的是新环境范式（NEP），即支持 NEP 的人相信人类可以轻易打破自然的平衡，人类社会的发展是有限制的，人类没有权力制定自然法则。研究发现 NEP 与环保意识和行为是正相关的（但是比较弱）（Dunlap and Jones，2002）。

自然神秘感（myths of nature）体现的是对环境风险的认知，以及控制这些风险的管理策略（Steg and Vlek，2009）。有 4 种自然的神秘感：自然无常（nature capricious）、自然容忍（nature tolerant）、自然仁慈（nature benign）、自然短逝（nature ephemeral）（见表 17-2）。这一理论的前提假设，包括与环保行为的关系，都在实证研究中得到了支持（Steg and Vlek，2009）。

表 17-2　自然神秘感

	自然无常： 没有对自然的特定观点； 环境关注度低； 没有明显偏好的管理策略
	自然容忍： 自然是容易受到破坏的； 环境关注度一般； 政府政策是较好的管理策略
	自然仁慈： 自然是有弹性的； 环境关注度低； 自由市场和技术是较好的管理策略
	自然短逝： 自然很脆弱； 环境关注度高； 改变行为是较好的管理策略

注：线代表景观和自然脆弱性；黑色圆点代表环境风险行为（Steg and Vlek，2009）。

环境关注、世界观和自然神秘感比价值观更特殊，因为他们只关注环境问题，而价值观关注的是生活中更高层面的目标，包括环境的和非环境的（例如利己的、享乐的）关注。实证研究表明价值观比其他相关概念对环境行为的预测性更强（Steg et al.，2011），也许是因为大多数人不会只因为环境原因而做出环境行为（有时因为利他，有时甚至是因为利己和享乐）。

17.6 价值观研究的实践意义

很多广告人在设计宣传主题的时候经常会用到价值观的知识来促进环保行为。例如，丹麦的公交车公司 Midttrafik 在 2010 年发起了一个主题为“做世界的节约者”的行动，强调乘坐公交车代替汽车对气候的正面效应。这对于支持生物圈价值观的人来说是非常重要的。通过关注这些生物圈的效应，可以激发生物圈价值观，同时其他相对的价值观就显得不重要了，因此也就增强了乘坐公交车的理由。

因为每个人的价值观排序都不同，价值观也会用来将人们细分为相近的群体，可以作为传递信息或者其他交互活动的目标群体（Kamakura and Mazzon，1991）（见第 26 章）。有研究表明强调生物圈价值观的活动特别会驱动那些强烈支持生物圈价值观的人们的行为变化（Bolderdijk et al.，2013a）。从这一角度看，Midttrafik 的活动可以看作是针对某个特定群体的：那些看重利他主义或者生物圈价值观的人群。为了让那些利己主义价值观的群体也愿意乘坐公交车，Midttrafik 或许可以发起另一项活动，强调公交车相比于汽车的优点，例如，可以休闲、阅读或者遇到有趣的人。

17.7 小结

本章我们讨论了价值观在预测和解释环保行为中发挥的作用。我们首先将价值观定义为抽象的、较高的目标，作为人们生活的指导原则，其重要性也有所不同。我们还认为价值观在探索环境行为的心理学因素的研究中也是非常有用的工具，因为它非常容易测量，比较稳定，而且应用范围也广。在本章的第 2 部分，我们概述了不同的价值观理论和范式，以及一些针对不同价值观概念对环保行为的预测性的实证研究。这些综述中的一个重要结论就是生物圈价值观和利他主义（或者自我超越）与环保行为的关系是正向的，而利己主义（或者自我提升）与环保行为的关系则是负向的。但是，总体来说，在特定的情形下，如果找到认知层面上的原因，人们就会倾向于遵循生物圈价值观和利他主义。最后，我们探讨了价值观和其他相似的概念如环境关注度、生态世界观和自然神秘感，同时说明了价值观如何应用，以及在促进不同人群的环保行为的时候，应该关注哪些成本和收益。

推荐阅读书目

Maio, G.R. (2010). Mental representations of social values. In: *Advances in Experimental Social Psychology* (ed. M.P. Zanna), 1-43. San Diego, CA: Academic Press.

Schwartz, S.H. (1992). Universals in the content and structure of values: theoretical advances and empirical tests in 20 countries. In: *Advances in Experimental Social Psychology* (ed. M. Zanna), 1-65. Orlando, FL: Academic Press.

Seligman, C. and Katz, A.N. (1996). The dynamics of value systems. In: *The Psychology of Values: The Ontario Symposium*, vol. 8 (ed. C. Seligman, J.M. Olson and M.P. Zanna), 53-75. Hillsdale, NJ: Lawrence Erlbaum Associates.

Steg, L. and De Groot, J.I.M. (2012). Environmental values. In: *The Oxford Handbook of Environmental and Conservation Psychology* (ed. S. Clayton), 81-92. New York, NY: Oxford University Press.

思考题

1. 解释环境心理学研究中关注价值观的优缺点。
2. 描述在解释环保行为的时候哪些价值观最重要。
3. 我们如何将有关价值观的知识应用在研究中？
4. 价值观和环境行为的影响因素（如环境关注度或自然神秘感）有何不同？

18 社会规范和环保行为

Kees Keizer（荷兰格罗宁根大学）
P. Wesley Schultz（美国加利福尼亚州立大学）

18.1 引言

我们今天遇到的很多环境问题都是由人类行为造成的，因此这些问题也可以通过改变我们的行为得以解决。请读者思考以下的环境决策：

- 买一个大屏幕等离子电视机，或者是花多一点儿钱买一个更加节能的 LED 电视机。
- 骑自行车去工作，而不是开车。
- 把废纸扔在地上，而不是扔到垃圾桶里。

在上述的情境中，都存在一个明确的环境决策。在很多情况下，做出环境决策并不容易，因为这需要投入更多的精力，会带来不便，或者是花更多的钱。本书接下来的章节将讨论在个人做出环境决策的时候，与此相关的个人和情境因素都有哪些。本章主要探讨社会规范和人们遵守规范的倾向。我们会解释社会规范的含义到底是什么，它们到底如何影响环境行为，在什么情况下影响。

18.2 社会规范是什么？

社会规范是“一个群体中的成员所理解的规则和标准，并且在没有法律效力的情况下指导或者限制人们的行为”（Cialdini and Trost，1998，P152）。更通俗地讲，社会规范就是通常允许或不允许做什么，涉及他人如何想、如何做。这就跟个人规范（personal norms）区分开来，即个人行为的规则和标准（Kallgren et al.，2000）（见第 22 章）。

有必要区分两种类型的社会规范：命令性的规范（injunctive norms），即通常允许或者不允许的行为；描述性的规范（descriptive norms），即大多数群体成员体现出来的行为。比如将用过的机油倾倒入排水沟是社会不允许的行为，而且有命令性的规范禁止这样做。一篇新闻报道了荷兰的大多数人短途情况下都会骑自行车，或者每年捐出 5 欧元给环保组织，这就是描述性的规范信息。这些信息表述了哪些行为是通常被接受的（骑自行车），或者某个行为在一定程度上是普遍的（捐钱）。

当心理学家讨论社会规范的时候，他们通常指的是个人对群体成员的行为和评价的信念。例如，Jan 每天乘火车上班，他也许会想，火车站这么拥挤，大概是大多数人都乘坐火车而不是开汽车。对于 Jan 来说乘坐火车就是一个描述性的规范，但事实上也有许多人都开汽车。

18.3 社会规范如何影响行为？

社会心理学家多年来一直研究社会规范。早期的研究如 Sherif（1936）认为个人会用其他人的反应作为他们自己回答的一个参照点。在这个研究中，参与者被要求估计在黑暗的房间里一个亮点的移动情况（被称作自动效应，在缺少任何情景信息的情况下，光亮看起来好像是移动的）。在 Sherif 的研究中，有 3 组被试者，每个人都要大声说出他们的答案。结果表明在多次尝试后，被试者的答案越来越接近。显然，听到其他人的回答形成了一种规范。在这些研究中，对被试者来说这种情境是非常模糊的。但是，其他研究也表明规范的影响并不受这种情境的影响。

在 Asch（1951）的研究中，被试者被要求在 3 根线中判断哪根线和第 4 根线的长度一样。当单独坐在座位上的时候，所有被试者都给出了正确的答案。但是，当被试者被安排坐在一个群体中间，这个群体的其他成员都给出了相同但却错误的答案，这时回答正确的比率降低到了 68%。因此，有 32%的被试者都遵从了描述性规范，同时给出了错误的答案。规范不仅影响口头的选择也会影响个人的行为。在一项研究中，当居民知道大多数邻居都会通过特定的行为节约家用能耗的时候，他们自己因此也会减少能源的消耗（Schultz et al.，2007）。

虽然规范会影响环境行为，但是人们往往会低估它们的影响。这种倾向在 Nolan 等（2008）关于个人节约能源意愿的研究中有所表述。这项研究表明，相比于接收到关于节约能源原因的信息如环境保护、社会责任、省钱，提供规范性的信息更有效果，例如，同一社区的其他家庭的环保行为。但是，在问及规范性信息在多大程度上驱动他们节约能源的时候，居民的打分跟省钱或者环境保护相关的信息的打分差不多，影响都不强。

18.4 为什么人们会遵守规范？

社会规范告诉我们哪些行为是被允许的，哪些是不被允许的。遵守规范通常与社会接受度或者奖励相关，而违反规范则常常会被禁止并得到处罚。人们遵守规范以获得社会的认可或者避免社会的处罚。本质上，我们是希望他人都像我们一样。Deutsch 和 Gerard（1955）将这种激励命名为规范性的社会影响（normative social influence）。遵守群体规范的其他原因还有想要做正确事情的愿望。在很多情况下，跟随群体会带来正确的结果。例如，在火车到达一个陌生的站点后，跟着人群走可能就会找到出口。Deutsch 和 Gerard（1955）将这种类型的动力称为信息性的社会影响（informational social influence）。

18.5 社会规范在什么情况下影响行为？

如前所述，社会规范会影响我们的行为。但是随后的研究发现了很多重要的调节变量。调节变量（moderators）是增强或者削弱某个影响的变量。在本节，我们会讨论几个已经发现的影响规范性社会作用强弱的调节变量。我们的焦点是环保行为，同时会通过举例来说明以前研究中的这些影响。

18.5.1 特殊性

在考虑社会规范的时候，很重要的一点是要意识到规范通常都是在某个情境下特定的。也就是说，规范涉及特定情景下的普遍或者适当的行为。因此，也许你会认为浴巾在家里重复用个六七次是适当的，但是当在旅馆里的时候你也许就会想仅用一次才是合适的。此外，在大多数情境下，有很多规范都是相关的，例如，关于社会行为如眼神交流或交互距离的规范，关于个人态度或环境行为的规范等。

一个社会规范特殊的程度决定了其被激发的程度。规范性行为的聚焦理论（focus theory of normative conduct）认为规范在被激活的时候对行为的驱动最强（Cialdini et al., 1990）。在一项测量规范特殊性作用的研究中，Reno 等（1993）检验了人们在没有垃圾的公共图书馆停车场是否会丢掉汽车挡风玻璃上的宣传页。没有垃圾的环境状态体现了描述性的规范信息，表明“在这个地方通常是不丢垃圾的”。在他们停车的地方，被试者会看到一个实验员带着一个袋子从一个快餐店出来。在控制情境下，实验员只是走开了。但是在实验的“特殊”情况下，实验员会将袋子扔在地上（在没有垃圾的情境中）。笔者认为丢垃圾的行为让描述性规范凸显出来（例如“在这里通常是不丢垃圾的”）。结果表明，相比于看到实验员走开的被试者（37%），看到实验员将袋子丢在没有垃圾的环境中的被试者更倾向于把宣传页丢在自己车里（11%）（见图 18-1）。

18.5.2 群体规模

对社会规范的影响有调节作用的第二个变量是群体规模。Cialdini 等（1990）发现某个情境下的垃圾越多，即表明有很多人丢垃圾，人们就越倾向于乱丢垃圾。Asch（1951）的研究也表明群体规模的调节作用。在最初的研究中（就是发现当人们知道他们的回答是错误的时候，就会遵循群体的规范），群体规模为 8～10。在随后的研究中，Asch（1956）发现群体规模为 4（3 个实验员加 1 个真正的参与者）比规模为 2 或者 3 的时候更确定。但是，规模超过 4 时影响就不会增加了。这些发现表明较大的群体对个人的影响也会更强，但是群体规模的影响会很快达到阈值。

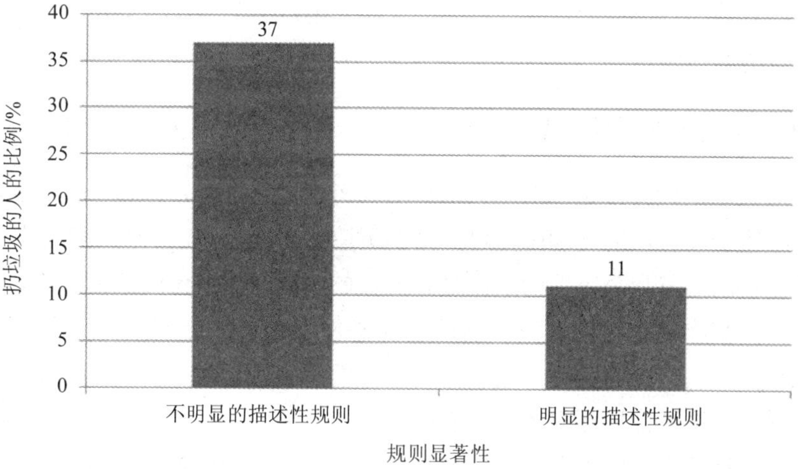

图 18-1 在干净的环境中扔垃圾的人的比例

资料来源：Keizer 等（2011）。

18.5.3 参照群体

规范性的社会应认识到群体特征的调节作用。这一领域的研究通常会做出一个社会身份范式，同时表明社会的影响主要来自将个人归为一个特殊群体的成员，之后采取的态度和行为就会跟群体中的其他成员相似（Hogg，2003）。例如，Abrams 等（1990）报告了使用 Sherif 和 Asch 传统范式的一系列研究。在这些研究中，他们发现在参与者相信他们是一个群体的成员而不是单独一个人的时候，他们发现的行为会随着实验重复次数的增加而趋同。而且，用 Asch 的范式，Abrams 等（1990）的研究表明当实验员是其他心理学系学生的时候，这个群体的规范性影响要比当实验员是历史系学生的时候高。

同样的结果在其他研究中也得到了支持。例如，Smith 和 Louis（2008）发现参与者更容易受到他们所在大学其他学生的观点和行为的规范性信息的影响，相比之下，相同的规范性信息描述为来自另一个大学的学生时，就不那么容易受到影响。本质上，当规范性信息的来源是自群体之外的时候，对其行为的影响就较小。

18.5.4 个人规范

前面的例子说明了规范性信息的普遍作用，同时也描述了几种会调节这种作用的社会情境。但是，一个人现有的态度是否会凌驾于规范的压力之上呢？Schultz 等（2016）的一项研究结果表明个人规范的强度会调节规范性的社会影响。个人规范涉及一个人的信念，即他们做出这种行为的道德约束。这项研究的结果表明规范性的社会影响在人们对行为主旨摇摆不定的时候最强。例如，一个人认为节约能源非常重要，这个人通常会做一些节约能源的事情，而且会训导其他不节约能源的人。相比那些对能源节约没有强烈感觉的人，这个人更容易受到某些信息的影响，例如，其他人也做了节约能源的事情，或者有线索表明其他人没有节约能源。

18.5.5 规范冲突和联合信息的重要性

我们在理解规范性社会影响的时候，最后要考虑的是冲突性规范。Cialdini 等（1990）的研究表明相比于没有垃圾倾倒的情境，人们更愿意在有很多垃圾的情境下倾倒垃圾。这也说明了描述性的规范和命令性的规范是相冲突的。在有垃圾倾倒的情境下，存在垃圾的信号表明很多人都在这里倾倒垃圾（描述性规范），因此与一般的不允许倾倒垃圾的（命令性）规范相冲突。这个研究的结果表明命令性的禁止倾倒垃圾的规范在这种“冲突的”情境下，与另一个描述性规范支持命令性的规范的情境下（例如，干净的环境）影响是不同的。最近的研究表明当描述性的规范缺乏对命令性规范的尊重时，不仅妨碍了这种规范的影响，而且还影响了其他的冲突性规范。Keizer 等（2008）将这一发现称为交叉规范的阻碍作用（cross-norm inhibition effect）（见知识点 18-1 和图 18-2）。目标框架理论可以解释这种作用，即观察到的线索使阻碍行为的某个特定规范凸显出来，从而削弱了人们做出适当行为的目标（Steg et al.，2016）（见第 15 章、第 22 章）。

知识点 18-1 交叉规范的阻碍作用

Keizer 等（2008）的一系列试验表明，在觉察到另一个相悖的命令性规范的情况下，命令性规范的影响会被削弱（例如，交叉规范的阻碍作用）。个人在推走自行车的时候，更倾向于把放在手把上的宣传页丢在有涂鸦的地方（69%），而不是没有涂鸦的地方（31%）。同样，杂乱的环境也会诱发很多违背规范的行为。在另一项研究中，将装有钱的信封挂在一个邮箱上，相比在干净的环境下（13%的人会偷走），人们更会在周围都是垃圾的环境下偷走这个信封（25%的人会偷走）。

图 18-2 检验交叉规范的禁止效应

注：照片来自 Kees Keizer。

在起草促进环保行为的信息的时候，通常会加入图片或者文字来描述这种不受欢迎的行为（Cialdini，2003）。设计这些信息的目的是要提高对这一事件严重性的认识，或者是减少采取这种不受欢迎的行为。但是这种醒目的信息是一种描述性的规范，即其他人不会做的行为。

在 Petrified 国家公园的一系列研究中，Cialdini 等（2006）展示了处理这种提醒信息的可行的解决方案。这个公园的特点是有很多远古的树木，经过上千年后变成了石头（硅化木）。一些硅化木的碎屑散落在公园里，对于游客来说非常容易找到。为了减少这种硅化木的流失，研究学者进行了关于鼓励游客留下硅化木的一项研究。在第一种情境中，标示出命令性的规范，禁止带走硅化木：

“请不要从公园带走硅化木。”

这个标示还配上了一张图片，上面是一个游客拿走了一小片硅化木，在这种行为上面是一个禁止的红色圆圈。在第二种情境中，标示出了一种描述性的规范信息，表明了问题的严重性：

“很多以前的游客从公园带走了硅化木，改变了 Petrified 森林的面貌。”

这个标示也配了游客从公园带走硅化木的图片。为了测验这些标示的有效性，研究者沿着公园的几条小路标记了一些硅化木。因变量是被偷走的标记标本的百分比。结果表明关注命令性规范的信息偷盗比率最低（1.67%），而相比之下描述性规范的标示较高（7.92%）。但是，当把这两个结果与没有标示的情况（2.92%）对比时（Cialdini，2003），可见命令性规范语言的效果更好。

观察其他人遵守而不是不遵守命令性规范也会提升在该情况下对其他命令性规范的一致性（Keizer et al.，2013）。特别是，人们更愿意在相对干净而不是很多垃圾的情境下帮助陌生人。这项研究也表明了当同伴通过清理自己或其他人的垃圾来遵守“禁止扔垃圾”的命令性规范的时候，这种帮助在干净的情境下也会增加。后者表明即便是一个人也能起到促进他人的环境行为的作用。

硅化木和警示牌的研究表明，命令性的规则会受到相悖的描述性规范的影响。但是，Schultz 等（2008）的一系列研究表明，当描述性规范和命令性规范保持一致的时候，两种规范的组合会产生有效的交互作用（见知识点 18-2）。

知识点 18-2

Schultz 等（2008）在对社会规范的研究中，设计了一些信息，放在旅馆房间中，鼓励房客重复使用他们的洗澡巾。其中一项研究中，描述性和冲突性的信息是保持一致出现的，如下：

“很多客人都向我们反映节约能源的重要性。在有条件的情况下，70%的客人都会选择每天重复使用他们的毛巾。因为那么多的客人都很看重也非常愿意节约能源，于是本店发起了一项节约活动——请重复使用您的毛巾。”

6个月后，结果表明住在有规范信息的房间中，62%的客人都会至少重复用一次毛巾，在前一天的清扫中，平均每个房间更换了1.74件毛巾。另一组是在房间里贴有重复使用毛巾的环境效益提示语，57%的客人会选择至少重复使用一次毛巾，而平均每个房间更换了2.32件毛巾。Smith等（2012）的研究展示了在促进能源节约时应用规范信息的重要性。

18.6 小结

本章我们讨论了社会规范对环保行为的作用。我们区分了两种类型的社会规范：命令性的规范和描述性的规范。之后，我们介绍了一些有关社会规范对（环保）行为产生显著影响的研究，主要是通过规范性的和信息性的作用。这种作用受到很多因素的影响，如规范的特殊性、参照组的规模、群组被认可的程度、个人的规范、命令性和描述性规范相互联合的程度。在设计促进环保行为的信息的时候，有关描述性规范的信息是否与目标行为相一致非常重要。

推荐阅读书目

Keizer, K., Lindenberg, S., and Steg, L. (2008). The spreading of disorder. *Science* 322: 1681-1685.

Nolan, J., Schultz, P.W., Cialdini, R.B. et al. (2008). Normative social influence is underdetected. *Personality and Social Psychology Bulletin* 34: 913-923.

Schultz, P.W., Tabanico, J., and Rendón, T. (2008). Normative beliefs as agents of influence: basic processes and real-world applications. In: *Attitudes and Attitude Change* (ed. R. Prislin and W. Crano), 385-409. New York, NY: Psychology Press.

思考题

1. 界定社会规范，区分描述性社会规范和命令性社会规范，并举例说明。
2. 举出规范性社会影响背后的两种动机。
3. 举出3个社会性影响的调节变量。
4. 设想你所在的大学要求你组织一项活动，目的是减少地上乱丢的烟头。举出两种你认为有效的策略，两种可能无效的策略。

19 情感和环保行为

Danny Taufik（荷兰瓦格宁根大学与研究中心）
Leonie Venhoeven（荷兰格罗宁根大学）

19.1 引言

请回想一下你今天所做的所有事情（假设你今天做的第一件事不是阅读这一章）。也许你今天早上洗了个热水澡，或是骑自行车、乘公共汽车或汽车去上课，又或是你可能一直在考虑晚餐是否要全素食。每天，人们都会做出许多对环境质量有重要影响的决定。从环境的角度来看，你洗澡时间的长短及水温的高低，选择哪种交通工具去学校，以及你今晚是否要做一顿素食餐或荤菜都会对环境产生重要影响。各种各样的考虑可能会影响你做出的选择（见本书第II部分）。例如，你可以坐汽车而不是骑自行车去上课，因为你认为这样可以节省时间，而且可以防止衬衫被汗水浸湿，尽管坐汽车比骑自行车污染更大，花费更多。诸如时间、舒适度、环境影响和金钱等方面都被称为是一个人行为的工具性后果（instrumental consequences）（Dittmar，1992）。通常假设人们会做出合理的选择，权衡一个产品或行为的（工具性的）成本和收益，然后从事产生最多积极影响和最少消极影响的工具性后果的行为。

然而，在环境行为方面，人们并不总是以如此理性的方式行事。值得注意的是，人们也可能因为感觉良好而选择特定类型的行为，或者避免让他们感觉不好的行为。在本章中，我们描述了在环境行为中情感所起到的重要作用。首先，我们将介绍一些实证研究，以展示情感如何成为环境行为的动机。其次，我们将讨论所谓的享乐主义和优柔寡断的环境行为观，以更清楚地了解为什么环境行为可以同时与消极情绪和积极情绪联系在一起。虽然人们通常认为环保行为与前者有关（例如，因为环境保护行为很麻烦），但我们将解释为什么环保行为也与积极情绪联系在一起。最后，我们详细阐述在何种条件下，环保行为会引发积极的情绪。

19.2 作为行为动机的情感

情感（emotions）是由某事物引起的对某事物的反应，通常是关于某事物，即特定的对象或行为（Ekkekakis，2012）。这将情感与核心情感（core affect）和情绪（mood）区分开来。核心情感被定义为最基本的有意识地获得的感觉，如感觉愉悦或难过（Russell and Feldman Barrett，1999）。核心情感本身并不是有意识地指向任何事物，当它指向某个事物时，核心情感就变成了某种情感的一部分。同样，情绪也被定义为“与特定事物无关，或与任何事物都有关，即一种总体意义上的情感状态”（Frijda，2009，p.258）。因此，情绪可以被视为核心情感的一个长期版本。在本章中，我们重点关注与环境行为相关的核心情感，换句话说就是环境友好行为引发的情感。

研究表明，人们认为行为会在多大程度上引发积极或消极的情感，即所谓的预期情感（anticipated emotions），可以作为他们是否会采取相应行动的一个重要预测因素。预期情感可能会导致人们做出对环境有害的行为，如更频繁地乘汽车出行，这是因为他们将汽车使用与带来快乐联系在一起（Steg，2005）。然而，预期情感也会促使人们做出对环境有利的行为，例如，人们越期望骑行可以减少生活的无趣并带来更多的愉悦感，他们骑行的意愿就越高（Kraft et al.，2005）。类似地，当人们预期使用公共交通会产生积极的情感时，以及当他们预期不使用公共交通时会产生消极的情感时，他们使用公共交通的意愿会更强烈（Carrus et al.，2008）。因此，人们可以被激励而做出某种特定的行为，因为他们相信这会让他们感觉良好（体验积极的情感），或者因为他们相信这会帮助他们避免感觉不好（体验消极的情感）。某种对象或行为被期望引发的情感由此可以作为（进一步）进行该行为的动机。这些引发行为的原因被称作情感动机（emotional motives）。

在解释人们为什么决定做有益于环境的事情时，某些情况下情感动机的解释力甚至会超过预期环境保护行为的工具性后果。例如，研究已经表明在预测人们节约能源的意图时，与人们预期从节能中获得的工具性收益相比，减少能源消耗带来的积极情感是一个更强有力的预测因素（Taufik et al.，2016）。即使节能带来的省钱力度通常相对较小，但如果人们仍然预计这样的行为会带来良好情感，那么他们就会采取节能措施。而当许多环保行为可能具有较少积极的和更多消极的工具性后果时，例如，相对于一个不那么环境友好的选择，环保行为会更昂贵和/或更费时、更费力（Bolderdijk and Steg，2015），情感动机可能是非常重要的。例如，步行几分钟到回收站扔掉你用过的纸张比把它放在家里的垃圾桶里要花费更多的时间和精力，此外，通常回收纸张带来的积极的工具性后果很少，因为大多数城市的纸回收不会为个人节省金钱。然而，当人们期望通过回收再利用体验到积极的情感时，这些情感动机仍然可能促使他们采取回收行为，即使得到的积极的工具性后果很少或根本没有。

总之，人们对环境行为引起的某些情感的预期程度，对他们是否打算从事这种行为有着重要的影响。如果预期情感对人们是否会从事环保活动有着重要的影响，那随之而来的就有一个关键问题——是什么促使人们对环保行为做出积极或消极的情感预期？不足为奇，人们预期未来会经历的情感的一个重要来源是过去他们在从事行为时实际经历的情感（经验情感，experienced emotions）（Carver and Scheier，1990）。因此，一个有趣的问题是，是什么让人们在从事环保行为时产生积极情感或消极情感？

19.3 情感的享乐观与幸福观

我们在这里介绍两种不同的观点来解释为什么环保行为会引起积极或消极的情感。为了说明第一种观点，想象一下今天早上下了很大的雨，你决定开车去学校。尽管开车不是一种非常有利于环境的行为，但天气状况可能会使它成为一个愉快的体验。然后，在一个阳光明媚的日子，你可能决定骑自行车去工作，并且也是一个愉快的经历。

当考虑到环保行为激发情感时，基于愉悦的（或不愉悦的）体验的情感是享乐观（hedonic view）的一部分（Venhoeven et al.，2013）。一些环境友好的行为天然令人愉悦，从享乐观来看，这会引发积极情感。例如，一些人认为有机食品比非有机食品味道更好（Zanoli and Naspetti，2002），在阳光明媚的春天骑自行车上班比开车更令人愉悦。然而，相比于环境友好行为，对环境有害的行为往往被认为会带来更多的愉快或更少的不愉快。例如，长时间洗热水澡通常比短时间洗冷水澡更令人愉快，而后者却更利于环境。似乎是缺乏愉悦感导致人们将环境友好行为视为"需要最高秩序的个人牺牲"（De Young，1990—1991，p.216），并需要确保选民认为"美国人的生活方式不适合用来谈判"（由美国前总统布什在里约热内卢地球峰会前提出）。因此，从享乐观来看，许多环境友好的行为可能与消极情感有关。如果环境友好的行为确实被视为愉快感更少的行为，甚至是不愉快的行为，这可能会抑制环境友好的行为。

然而问题是，我们是否有必要让所有的环保行为都变得吸引人，以让人感觉良好。事实上，将环保行为仅仅视为是不愉快的行为，甚至在某种程度上是一种牺牲，忽略了一个事实，即这种行为也有积极的一面：环保行为有助于提高环境质量，由此可以被视为道德的、有意义的行为。

为了说明对环境行为引发积极和消极情感的第二种看法，请考虑另一个例子：你早上洗了一个短时间淋浴，并意识到短时间淋浴是保护环境的一种有用方法。当你这样想时，短时间淋浴使你感觉良好，这是因为你做了一件有意义的事情并为有益的事业做出贡献：提高环境质量。

当考虑到环保行为激发情感时，基于有意义的（或无意义的）体验的情感是幸福观（eudaimonic view）的一部分。环境友好行为通常被视为道德行为（moral behaviour），因为它有利于提高环境质量和其他人的福祉（Van der Werff et al.，2013a）（见第 22 章）。特定的道德情感也与人们从事环保行为的可能性有关。例如，人们因不购买环保产品而预期的负罪感越高，他们购买环保产品的意愿就越高（Onwezen et al.，2013）。此外，人们因购买环保产品而预期的自豪感越高，他们购买环保产品的意愿就越高（Onwezen et al.，2013）（见第22章）。

由于其道德内涵，环保行为可能对参与其中的人有意义，因为他们正在为更大的福祉做出贡献。因此，由于其对环境质量的有益性，短时间淋浴可能会激发积极的情感（Venhoevenet al.，2013）。为了支持这一推理，Venhoeven（2016）表明，人们越是认为某种行为有利于环境，他们就越认为该行为有意义。继而，人们越是认为这种行为是有意义的，他们就越期待和实际采取这种行为。此外，把更多的个人意义赋予环保行为的人（更强烈地重视环境，具有更强的参与环保事业的道德义务感），在采取相应行动时，预期会感受到更多的积极情感。因此人们赋予这种行为的意义可能确实部分解释了由环保行为激发的积极情感。

19.4 为什么环保行为会激发积极情感：进一步阐释幸福观

根据目前特定的环保行为，采取环保行为可能是愉快或不愉快的，会激发积极或消极的情感（基于享乐观）。然而正如我们在第19.3节中所介绍的，从事有益于环境的活动通常会激发积极的情感，因为这种行为可以被视为道德行为（基于幸福观）。在本节中，我们要更深入地讨论后一种联系可能存在的原因：为什么采取道德行为可能会激发积极的情感。

对这一联系的一个重要解释可能是，通过采取诸如环保行为等道德行为，你向自身表明自己是一个很好的人。因此，从事环保行为发出积极的自我信号（self-signal）。人们的自我形象可以看作是不同要素的集合，它们共同构成了一个人对自己的看法（见第20章）。例如，你可以认为自己是一个勤奋的学生，朋友圈中的气氛活跃者，同时是一个保护环境的人。所有这些要素一起构成了你的自我形象。人们自我形象的支柱之一是他们表现出来的行为（Bem，1972），正如Bem（1972）所提出的“个体通过观察自己的公开行为和/或这种行为发生的环境，逐渐地部分‘了解’他们自己的态度、情感和其他内部状态”（p.2）。事实上，环保行为引导人们认为自己是一个更爱护环境的人（Van der Werffet al.，2014b）（见第20章）。此外，当他们采取环保行为时，人们认为他们必定是一个好人（Venhoeven et al.，2016）。人们认为自己态度的积极程度是决定他们感觉如何的一个重要因素（Baumeister，1993）。当意识到自己在采取环境友好行为时，就会产生积极的自我形象，这反过来又会引发积极的情感（Venhoeven et al.，2016）。这种源于帮助他人或助益环境而产生的积极的感觉也被称为温情效应（warm glow）（见知识点19-1）（Taufik et al.，2015）。

行为发生的环境会影响行为的解释方式。例如，选择短时间淋浴背后的动机会影响你对自己行为的感受。是不是一些外部因素（如时间限制）使你只能在淋浴间待上几分钟？或者你选择这样做是因为你认为短时间淋浴有助于提高环境质量？虽然两种情况下的行为都是同等（不）愉快的（享乐观），但因为第二个原因时，行为可能会被视为有意义的（幸福观）。

知识点 19-1 环保行为的温情效应

预期到的积极影响可以解释为什么人们做出有利于环境的决定。如前所述，环保行为可能被视为有意义的行为，由此认为参与其中使人感觉良好。已有学者提出，采取有意义的行为会引起温暖的感觉（Andreoni，1990），即由于帮助他人而产生的积极感受。有趣的是，这种温暖的感觉可以从字面上理解（Taufiket et al.，2015）。

在两项研究中，参与者完成了碳足迹计算，以表明他们的行为对环境影响的大小。这个计算包括关于旅行、能源和饮食行为的问题。在试验条件下，参与者收到了他们自己的碳足迹情况及一些信息，这些信息显示了其他学生的平均碳足迹（在之前的试验中假装计算了他们的碳足迹），共分为两种情况：要么低于 49%，即表示其他学生更倾向于环保；要么高于 49%，即表示其他学生相对于参与者本人没有那么环保。因此，这一信息突出地表明了一个人的行为要么对环境非常有利，要么非常有害。这一信息通过明确表示“与平均水平相比，你的碳足迹要好（坏）49%”，以让参与者明确地意识到他们的行为对环境相对有利或有害。

在研究 1 中，得知自己的行为是相对环保的参与者，平均感觉到的环境温度（20.76℃）比得知自己的行为是相对有害的参与者（19.86℃）要高，同样的情形也出现在研究 2 中（20.23℃和 19.49℃），参与者处于一个实际环境温度被控制在 20℃的房间里。另外，研究 2 还表明，碳足迹反馈对塑造积极的自我形象的贡献越大，参与者就认为周围的温度越高。这些研究表明，人们确实可以从为环境做贡献中得到一种实在的温暖，因为这些行为会释放一个积极的自我信号。

无论是情境约束还是个人选择被视为行为的诱因，都可能影响人们如何解释自己的行为，进而影响自我信号行为的发送。当人们自愿参与某些行为时，他们更可能将这一选择归于内因而不是外因（Van der Werff et al.，2014b）。特别是当人们（感觉到他们）由于他们想这样做而决定以某种确定的方式行事时，他们不仅向他人，而且向自己揭示了他们的内在特征或性格（Bodner and Prelec，2003）。因为你选择和想这样做而采取环保行动，可能会明显地发出一个积极的自我信号：它更强烈地表明你是一个好人，由此可以产生积极的情感（Venhoeven et al.，2016）。因此，当个体自愿和有目的地选择采取环保行为时，短时间淋浴可能会激发更多的积极情感。

因此，在设计营销活动以促进环保行为时，考虑到它可能激发积极情感的原因和条件是非常重要的。例如，当强调某种行为对于提高环境质量的贡献，或当给人们造成只能通过参与特定活动从而发送积极的自我信号这一印象时，营销活动可能更有效。一个例子就是在公交车站张贴海报并放置一个镜子，候车的人可以从中看到自己。在镜子下面，他们会看到这样一句话“我选择乘公共汽车来帮助应对气候变化”。当某人明确地选择参与到保护环境活动中去时，之后的乘公共汽车将会发送一个积极的自我信号。这一框架促使乘坐公共汽车带来积极情感，继而可以引导人们更加频繁地乘坐公共汽车，形成一个良性循环。

19.5 小结

本章旨在综述有关情感动机在环境行为中的作用的相关研究结果和理论发展。我们指出，环境行为不仅受到工具性后果（如成本和时间投入）的影响，而且（有时会更加强烈地）受到预期行为激发的情感程度（情感动机）的影响。之后，我们讨论了预期情感的其中一个来源：事实上情感会被之前的环保行为所激发。我们就为什么环保行为会激发情感提供了两种不同的观点：其一，从事环保行为可以是愉快的或不愉快的（享乐观）；其二，从事环保行为可以是有意义的（幸福观）。尽管愉快感和意义性都可能在特定的环保行为激发情感时发挥作用，但后者更广泛地适用于环保行为。由于所有的环保行为都有助于提高环境质量和他人的福利，这类行为通常被视为道德的和有意义的行为，因此采取这类行为可以发送一种积极的自我信号：它向你表明自己是一个好人，因此可能会引发积极的情感。

推荐阅读书目

Taufik, D., Bolderdijk, J.W., and Steg, L. (2015). Acting green elicits a literal warm glow. *Nature Climate Change* 5 (1): 37-40.

Venhoeven, L.A., Bolderdijk, J.W., and Steg, L. (2013). Explaining the paradox: how proenvironmental behaviour can both thwart and foster well - being. *Sustainability* 5 (4): 1372-1386.

思考题

1. 描述预期情感是如何作为采取环保行为的动力或阻碍的。
2. 根据享乐观和幸福观思考并解释环保行为是如何激发积极情感的。
3. 阐释为什么环保行为即使缺乏愉悦感，但还是会激发积极情感。
4. 描述这样的情境：垃圾分类释放出一个强烈的、积极的自我信号；垃圾分类没有释放出一个强烈的、积极的自我信号。

20 环境行为的象征方面

Birgitta Gatersleben（英国萨里大学）
Ellen van der Werff（荷兰格罗宁根大学）

20.1 引言

人们采取行为有很多不同的原因，且通常是功能性、工具性的原因。例如，当人们感到饥饿时就会吃东西，然后开车从 A 地到达 B 地。然而有时，人们由于事情所具有的象征意义（symbolic meaning）而去采取行为——因为这种行为对行动者来说意义重大或能向他人展示他们是谁，想成为什么样的人，或者认为他们应该成为什么样的人。例如，有些人可能自豪地开着一辆四轮驱动的大汽车，另一些人可能自豪地开着一辆电动汽车，这可能与汽车的价格、载人功能或者燃料消耗都无关，相反，人们可能购买和驾驶这些汽车，是因为这彰显着他们的特质（例如，成功、环保）和社会身份（例如，商人、环保活动家）。因此，这些汽车具有自我表达（彰显独特的个人特点）和分类（表示社会身份）的象征功能（Dittmar，1992）。这种象征方面的作用在消费者心理学中得到了广泛的研究，但最近才出现在环境心理学中。然而，正如我们在本章将要展示的，环境行为可以具有很强的象征价值。本章我们将讨论已经检验了环境行为的象征价值的两个研究领域：环境自我认同和印象管理。这些相关但不同的研究领域表明，环境行为受人们看待自己的方式（他们的认同感）以及他们希望别人看待他们的方式（印象管理）的影响。

20.2 身份

自我认同（self-identity）是指人们用来描述自己的标签（Cook et al.，2002）。人们持有许多不同的（有时甚至是相互冲突的）身份，这些身份在不同的时间点上根据情境而变得突出（Stryker and Burke，2000）。这些身份包括社会身份（见第 23 章）、消费者身份和许多其他身份。

在环境心理学文献中，一个对环境行为具有重要影响并受到显著关注的特殊认同是环境自我认同（environmental self-identity）——人们在多大程度上认为自己是一个环境友好的人。环境自我认同以不同的方式被概念化，主要集中在亲环境行为（“我认为自己是一个环境友好的人”）（Van der Werff et al.，2013a）或消费者身份（“我是一个绿色消费者”）（Gatersleben et al.，2012）。其他的测量包括了人们对如何看待自己以及希望他人如何看待自己的思考（见第20.3节）。例如，在测度环境自我认同时，Whitmarsh和O'Neill（2010）要求受访者思考自己的行为（“我是一个环境友好的消费者”）、价值观（“我是一个非常关注环境问题的人”），以及其他人如何看待他们（“如果被他人视为有一种环境友好的生活方式，我会感到尴尬”）。

身份的另一个概念是身份相似性（identity similarity），也就是说，一个人对自己的感知特征（如时尚、社会认可、随和）与特定的刻板印象（如典型的回收者或典型的跑车拥有者）（Manetti et al.，2002，2004）。

20.2.1 环境自我认同和行为

身份的显著性往往与情境相关。然而，与自我意识更接近（更重要）的身份显著期更长，并将广泛地影响行为（Burke，2006）。对个体来说，环境自我认同越重要，由此就越可能采取一系列有利于环境的行为。事实上，环境认同的重要性已经被证明会影响各种环境行为，包括绿色购物、减少浪费、节约用水和能源（Whitmarsh and O'Neill，2010），避免乘飞机、垃圾分类、购买公平贸易产品（Gatersleben et al.，2012），能源使用、可持续产品选择、使用绿色能源（Van der Werff et al.，2013a，b），以及绿色谈话和减少使用汽车（Kashima et al.，2014）。

环境自我认同被证明可以结合或高于其他变量（如态度、感知的行为控制和主观规范）预测行为，这表明理解身份可以为其他变量无法解释的行为提供独特的见解（Gatersleben et al.，2012；Manetti et al.，2002，2004；Van der Werff et al.，2013a，b）。

人们保持积极一致的自我意识的愿望有助于解释环境自我认同和环境行为之间的联系。自我差异理论（self-discrepancy）（Higgins，1989）认为，人们追求自我的一致性（self-consistency），也就是说，他们的真正自我（他们所做的）、有价值的自我（他们的价值和愿望）和应该的自我（感知的规范）之间的一致性。人们会试图解决他们在自我的不同方面所经历的任何差异，例如，通过改变他们的行为。同样地，自我感知理论（self-perception）（Bem，1972）也表明人们通过观察他们所做的来了解他们是谁。当人们感知到他们所做的（和他们所说的）与对他们很重要的事情之间不一致时，他们会感到心理上的不适：认知失调（cognitive dissonance）（Festinger，1957），这是行为或态度改变的强大动力。因此，环境自我认同很强的人更容易采取环保行为，尤其是当这些行为被认为与环境自我认同相一致时（Kashima et al.，2014）。这种自我一致的期望也影响道德义务。研究已经证明，环境自我认同很强的人具有更强大的道德义务来参与环保活动，这进而影响他们的行为（Van der Werff et al.，2013a，b）。

20.2.2　影响身份的因素

环境自我认同与其他一系列心理变量有关，如价值观、态度和行为。环境自我认同与人们的价值观尤其是他们的生物圈价值观尤为密切相关（见第 17 章）。毕竟，如果保护环境是某些人生活中的一个指导原则，那么他们就会更倾向于认为应该按照自己的价值观行事，进而更倾向于把自己看成是一个以环境友好的方式行事的人。即使价值观是在环境自我认同的几个月前测量的，生物圈价值观依然和环境自我认同相关联，这一证据支持了这些概念的稳定性（Van der Werff et al.，2013a，b）。环境自我认同是价值观和行为之间的中间量，表明身份是更广泛的概念，且随着时间的推移保持稳定（Gatersleben et al.，2012；Van der Werff et al.，2013a，b）。

尽管身份相对稳定，但也有证据表明，它们可能受到行为变化和过去行为提醒的影响（Cornelissen et al.，2008；Poortingaet al.，2013；Van der Werff et al.，2014a）。例如，在威尔士引入收费 5 便士的塑料袋，显著减少了塑料袋的使用以及环境自我认同感的增多（Poortinga et al.，2013）。这符合第 1）部分讨论的自我感知理论（Bem，1972）。提醒人们他们过去的环保行为也被证明可以加强环境自我认同（Van der Werff et al.，2014a）。然而，并非所有过去行为的提醒都能加强认同感（见知识点 20-1 和表 20-1）。根据归因理论（attribution theory），当过去的行为强烈地显示人们是环保者时，它更有可能影响人们的自我认知（Kelley，1973）。当涉及一系列不同的过去的环保行动时，或困难和独特的环境行为时，就验证了这种情况（Van der Werff et al.，2014a）。值得注意的是，反之也是成立的：当人们意识到他们经常不从事环保行为时，他们的环境自我认同就会减弱，从而减少随后的环境友好行为（Cornelissen et al.，2008；Van der Werff et al.，2014a）。

知识点 20-1　最初的环保行为是如何加强环境自我认同和溢出的？

一项研究测试了在何种情况下，最初的环保行为可以加强环境自我认同，并扩展到其他环保行为（Van der Werff et al.，2014a）。参与者被分配到 4 个试验组中的一个，并被提示了过去的不同行为。1/4 的参与者被提示有 8 种反映不同类型的环保行为（如交通、回收），1/4 的参与者被提示有 8 种反映一个基本行为类型（关闭应用程序）的行为，1/4 的参与者（控制组）被提示一种环保行为（购买有机产品），最后 1/4 的参与者被提示 8 种与环境无关的行为（如阅读报纸）。相比于控制组的参与者，被提示有 8 种反映不同类型环保行为的参与者确实有环境自我认同显著增强（见表 20-1）的现象。被提示有 8 种反映一个基本行为类型的行为的参与者，其环境自我认同与控制组没有显著差异。此外，研究结果显示，被提示有 8 种反映不同类型环保行为的参与者也比被提示有一种行为的参与者有更强的环境自我认同。

环境自我认同反过来也与环保产品选择相关。环境自我认同越强，参与者越倾向于选择环保产品。此外，环境自我认同调节了过去行为与操纵之间的关系（通过比较被提示有8种不同环保行为组和控制组）。这些结果表明，提示人们8种不同的环保行为可以增强其环境自我认同感，反过来又增加了对环保产品的选择。但是，仅仅提示人们注意8种相似的环境行为或一种环境行为不足以强化环境自我认同进而促进随后的环保行为。

表 20-1 对于提示不同类型行为的参与者的环境自我认同

	环境自我认同
不同类型的环保行为	4.53
一种基本类型的环保行为	4.24
一个环保行为	3.80
控制组	4.08

很明显，环境自我认同对于理解环境行为十分重要。这方面的研究表明，人们不仅因为功能或工具性的原因而采取这种行为，而且还因为这种行为是一个人体现个人特质的自我意识的象征。但是人们不仅有动机按照他们看待自己的方式行事，也关心别人对他们的看法，并且他们的行为也受他们想要给别人留下何种印象的影响。

20.3 印象管理

印象管理（impression management）是指人们倾向于试图控制自己的形象（Baumeister，1982；Schlenker and Leary，1982），以创造一种与他们希望被看到的一致的印象。例如，如果有人相信购买某个消费品会向别人展示他们是成功人士或有道德的人，那么他们可能更倾向于购买和展示它。印象管理在消费者和营销心理学中得到了广泛的研究（Christopher and Schlenker，2000），因为消费品对于与他人的交流（非口头）特别有用，包括人们是怎样的，取得了什么成就，相信什么（Dittmar，1992）。印象管理在解释购买环境产品和从事环境行为方面也起着重要作用。

类似于并非所有过去的行为都能加强自我认同的发现，并非所有的产品或行为都有助于向他人传达独特的人类品质。根据归因理论，有些产品和行为更可能向他人传达关于一个人的某些信息（Kelley，1973）。更具体地说，消费品的象征价值与产品的显著性（可见度）、独特性和成本有关（Sirgy and Johar，1999）。毕竟，有些产品或行为并不容易被他人看到（阁楼绝缘），或是被每个人拥有、采用（如回收），或是几乎没有（货币）价值以至于需要很少的自愿投资（如洗涤液），就不太能向其他人发出关心环境的信号。另外，购买并展示太阳能电池板或电动汽车向他人证明自己正在花费金钱和精力保护环境。在美国学生之间进行的试验研究表明，在操纵状态问题后，参与者更倾向于选择绿色产品，而不是非绿色替代品（例如，混合动力车和普通车）（Griskevicius et al.，2010）。值得注意的是，只有在公共场所而非私人场所（在普通商店而非网上商店）做出行为决定时，以及只有当它们比非绿色替代品更贵时，才会出现这种情况。这表明，如果人们相信绿色产品将通过向其他人展示他们有足够的资源为环境做出牺牲由此来提高他们的地位，那么他们将可能购买绿色产品。

印象管理对报告的环境行为的影响也可以在一个非常不同的研究领域中发现，即社会期望的回应。社会期望的回应（socially desirable responding）是指人们以一种给他人好印象的方式来回答调查问题的倾向。当人们被要求报告自己的环境行为时，他们往往高估了自己环保行为的发生频率。例如，一项研究比较了环保行为的自我报告与受过训练的观察者对该行为的独立记录，发现自我报告的频次一直较高（Chao and Lam，2011）。这种（过度）积极的自我环保行为表现与印象管理以及自我欺骗有关（Ewert and Galloway，2009）。比如，标准印象管理的得分研究发现，与环境问题相比，环境行为自我报告的关联性更强（Bratt et al.，2015）。这些研究结果表明，有强烈愿望展示良好印象的人可能会报告更多的环保行为，这支持了“对于这些人这种行为具有积极的象征价值”这种观点。

环境行为的象征价值的影响取决于人们对这一象征价值的认识。只有当行为人和观察者对这一行为赋予相同的象征意义时，环境行为才具有深刻的象征或地位功能。例如，“一辆保时捷汽车不能作为男性身份的象征，除非车主的参考群体至少认同该车确实具有男性气概”（Dittrand and Pepper，1994，p.235）。拥有跑车可能不会给每个人都留下深刻印象，太阳能电池板也是。例如，在英国进行的一项研究表明，具有更强的生物圈和利他主义价值观的人更有可能相信他们会通过采用不同的环境行为来打动他人，而那些具有更强的利己主义价值观的人更有可能相信他们会通过购买奢侈品来打动他人（见知识点 20-2），大概是因为这些人将自己与不同的参照群体进行比较。

知识点 20-2　不同商品的象征价值和价值观

这项研究检验了分配给不同行为的地位价值是否与人们认同不同价值取向的程度有关。一项关于家庭能源使用的纵向研究的参与者（n=138）被询问如果他们进行了 16 种行为，将给其他人带来何种程度的深刻印象（“1” 到 “7” 代表从 “完全没有” 到 “非常有印象”）。因子分析表明，这些行为可以被分为 4 类：环保行为（自由饮食、少吃肉类、乘坐公共交通工具、旅行时避免乘坐飞机）、投资绿色技术（太阳能电池板、风力发电机、绿色屋顶、绿色汽车）、购买奢侈品（跑车、手机、游戏机、奢侈度期）、无汽车（不开车、骑自行车）。根据这些调查结果，可以计算出 4 个可靠的量表，见表 20-2。受访者还填写了一份价值观调查问卷，包括利己主义、利他主义和生物圈价值观（见第 17 章）。

正如预期的那样，那些具有较强利己主义价值取向的人更倾向于认为，如果他们购买昂贵的奢侈品，更容易给其他人带来深刻印象；而那些具有较强利他主义价值取向的人更倾向于认为，如果他们采取了有利于环境的行为，更容易给其他人带来深刻印象。那些具有较强生态取向价值观的人更倾向于认为投资绿色技术会给其他人留下深刻印象，而他们也不太可能认为购买奢侈品会给其他人留下深刻印象，他们也不认为采取环保行为会给其他人留下深刻印象。也许对这类人来说，这种行为不再是独特的，由此失去了地位价值。对于“无汽车”这类行为，价值观与感知到的地位价值无关。总之，这些发现支持了一种观点，即不同行为的象征价值由于人们的不同价值观而不同。

表 20-2 价值观和感知到的不同行为的地位价值的关系

	平均值	标准差	利己主义价值观	利他主义价值观	生物圈价值观
环保行为	3.84	0.89	0.08	0.23（$p<0.001$）	0.03
投资绿色技术	4.70	1.02	−0.09	0.13	0.18（$p<0.01$）
无汽车	4.21	1.24	0.01	0.15	0.08
购买奢侈品	3.58	1.14	0.23（$p<0.001$）	−0.14	−0.22（$p<0.001$）

20.4 小结

人们从事环境行为不仅是由于环境行为的工具性和功能性，也是因为这些行为的象征意义。环境行为可以展现自己并且与他人交流。首先，人们的自我认同，特别是他们的环境自我认同，在理解环境行为中起着重要的作用。人们被激励去按照他们看待自我的方式行事（自我一致性）。其次，人们被激励去管理他人对自己的印象（印象管理）。相对可见、独特和昂贵的环境行为，尤其可能会受到人们希望与自我评价一致，并给他人留下好印象的强烈影响。

推荐阅读书目

Griskevicius, V., Tybur, J., and Van den Bergh, B. (2010). Going green to be seen: Status, reputation, and conspicuous conservation. *Journal of Personality and Social Psychology* 98: 392-404.

Van der Werff, E., Steg, L., and Keizer, K. (2013). The value of environmental self-identity: the relationship between biospheric values, environmental self - identity and environmental preferences, intentions and behaviour. *Journal of Environmental Psychology* 34: 55-63.

Whitmarsh, L. and O'Neill, S. (2010). Green identity, green living? The role of pro-environmental self-identity in determining consistency across diverse pro - environmental behaviours. *Journal of Environmental Psychology* 30: 305-314.

思考题

1. 环境自我认同是如何被增强的？
2. 价值观是如何与环境自我认同联系起来的？
3. 人们看待自我的方式（他们的自我认同）是如何影响他们的环境行为的？

21 社会困境：影响合作的动机因素、个人因素及结构因素

Chris von Borgstede（瑞典哥德堡大学）
Lars-Olof Johansson（瑞典哥德堡大学）
Andreas Nilsson（瑞典哥德堡大学）

21.1 引言

设想你住在一个人口密集的郊区，每天都去位于市中心的大学上班。正常情况下，从学校下班后你还要在一家距离大学 10 千米左右的呼叫中心工作 2 小时，以赚取额外的收入。你乘坐公交车上班所用的平均时间大约是一个半小时。但是，如果你选择自驾车上班，平均时间会缩短 35 分钟。显然，你更愿意自驾车上班，因为节约了时间，而且还可能会感到更加舒适。但是，如果每个人都选择自驾车上班，就会导致严重的交通堵塞和尾气排放问题，从而导致比大家都选择公交车出行更加糟糕的结果。

上面这个例子只是可以表征为社会困境（social dilemmas）的许多情形之一。现代社会困境研究始于 Hardin（1968）的一篇被广为引用的文章《平民的悲剧》。Hardin 在文章中描述了一群能够在共用草地上放牧的牧民。每个牧民都希望能够让尽可能多的牲畜在这片草地上吃草，因为每个牧民都想获得利益，而损失由整个群体共同承担。然而，如果所有牧民都做出这样个体意义上合理的决策，那么共用草地就会很快枯竭，所有牧民都会遭殃。根据 Hardin 的观点，如果每个人都受到自身利益的驱动，从消耗共用资源中获益，那么他就会继续这样做，直到资源的使用受到限制或者资源被毁坏。用 Hardin 的话说就是，“大家的自由会让大家走向灭亡”。

本章，我们将首先简要阐述不同类型的社会困境。其次，我们阐述对于社会困境中选择具有重要意义的动机。最后，我们讨论影响人们为了自身利益或者集体利益做出行为选择的因素。

21.2 社会困境的定义

如上所述，社会困境是指个人利益与集体利益产生冲突的情景。人们用两个标准来定义社会困境：①每个人的自利行为（称为“背叛”）的回报高于为了集体利益实施的行为（称为“合作”）的回报；②不管其他人怎么做。如果所有人都“背叛”，那么所有人获得的回报低于所有人都合作时的回报。换句话说，每个自私的决策都会为其他参与者产生一点儿消极的结果（或者成本增加）。当许多人都做出自私的选择时，消极的结果就会积累，导致每个人的利益都受损（Dawes，1980）。

21.3 社会困境的类型

21.3.1 大规模困境

大规模困境是指许多人在高度匿名性、低沟通水平的条件下相互依赖地行事，合作或背叛的选择是由不太团结的集体中的人们做出的，而且个人具有地理意义上的分散性。这种社会困境通常意味着短期后果（比如直接的经济利益）和长期后果（比如全球性的后果，包括气候变化）。当某个人在大规模社会困境中为了个人利益采取行动时，往往对这个人意味着积极的短期后果，而如果许多人都以这种方式行动时，就会导致消极的长期后果。在大规模社会困境中，由于负担被分摊给为数众多的其他人，所以人们会更倾向于自私的选择。

为了按照集体利益行事或者注意到给其他人造成的后果，至少需要了解这种情况下的相互依赖性（Dawes，1980）。人们必须要意识到他们是在社会困境中行事，而且认识到他们的行为会影响其他人，其他人的行为也会影响他们自己。这不是一个容易被接受的视角，尤其是当个人行为造成的问题不为人所知的时候。此外，在大规模困境中，资源的实际状态（环境不确定性）和其他人的行为（社会不确定性）方面往往会存在很高的不确定性。因此，难以知道一个人在不耗竭资源的情况下能够取用多少资源，也难以知道其他人会自私地行事还是会参与合作。我们在“促进合作的因素”部分阐述了这种不确定性。

21.3.2 资源困境

资源困境是指多个人能够自由地共享有限的资源，而每个群体成员都能决定从共用资源中取用多少资源。这样的例子包括共用森林、河流、渔场或牧场。资源困境也往往被称为共有资源（CPR）困境（Ostrom et al.，1994）。

21.3.3 公益困境

在公益困境中，公共利益取决于个人的贡献，但却可以被群体中的所有成员获取。一个例子就是纳税：当我纳税的时候，不论其他人是否纳税，其他人一定会受益。比如，其他人可以享用城市公园，不论他们是否通过本地税收为公园的维护做贡献。从短期来看，我为公共利益做贡献会产生高昂的代价，但是如果我们长期这样做，抵制“搭便车”的诱惑，那么我们大家就都会获益（Messick and Brewer，1983）。因为公共物品不具有排他性（一旦提供了公共物品，任何人都可以使用），所以人们往往会企图在不做贡献的同时享用这种公共物品。做贡献的成本对于个人而言是消极的短期后果，而对于整个群体或社会而言，长期后果却是积极的。但是，利益在群体中的成员之间平等分配，不论每个成员自己所做的贡献有多大（例如 Van de Kragt et al.，1983）。这样的例子包括为公共电台或电视台提供资金，或者为研究基金或环保组织捐款。

21.4 社会困境中的动机

人们在社会困境中做出选择时不仅受到个人利益最大化的驱动。贪婪-效力-公平性（GEF）假设（Wilke，1991）（见知识点 21-1）预测，人们的贪婪（G）受到高效率使用资源的欲望（E）以及平均分配资源的欲望（F）的约束。当个人面对日益减少的资源和严重的不公平时，效率和公平性动机就会被强化。以下给出了这三个动机更加详细的阐述。

知识点 21-1 贪婪-效率-公平性假设

Wilke（1991）提出的贪婪-效率-公平性假设认为，社会困境中存在三种相互冲突的动机：贪婪、效率和公平性。

• 贪婪：社会困境中的竞争性选择或背叛性选择对应于自我利益最大化的贪婪动机。贪婪可以基于生存本能，也可以基于社会比较动机，比如努力避免自己的状况比别人更糟糕。

• 效率：社会困境中的合作选择对应于集体利益最大化的效率动机。在以生产力和绩效为导向的群体中，效率往往与公平分配原则挂钩（见下文）。效率被认为能够约束贪婪。

• 公平性：公平性动机反映了人们按照三项原则之一分配成果的欲望：公平（按照投入的比例分配资源，这在以生产力为主要目标的情况下很普遍）、平等（平等地分配资源，这在以群体和谐为首要目标的情况下很普遍）以及需求（帮助有需要的或者处于危险之中的其他人，这在以福利和个人发展为首要目标的情况下很普遍）。公平性被认为能够约束贪婪。

21.4.1 贪婪

传统意义上，经济理论一直都假设，个人始终都是为了自身的最大利益而行事（“经济人”）。因为社会困境中的奖励结构使背叛的选择带给人的回报高于合作的回报，所以背叛被认为始终都是一个主导性的选择（Dawes，1980）。这一选择基于所谓的贪婪动机，也就是说，将自己的利益最大化。在社会困境中，贪婪包括接近个人的生存本能的利己主义或自我增强型的动机，以及社会比较动机，比如，努力避免比其他人的状况更糟糕。但是，贪婪的影响取决于决策背景。一些研究发现，如果赌注被提高，自利就会变得更加重要（Bethwaite and Tompkinson，1993；Boyes，1996）。而且，由于存在较高的环境不确定性，人们获得的利益超出了他们的平等份额（De Vries and Wilke，1992）。此外，人们似乎会受到贪婪动机的驱动，而不顾他人的建议。根据这些结果，环境不确定性代表其他动机促成了贪婪。

21.4.2 效率

当总体结果被最大化的同时又保障了公共资源的时候，就达到了效率。但是，如果我们旨在将长期结果最大化，资源的未来状态却不确定的时候，我们应该如何选择呢？本能的认识是，一个人在存在高度不确定性的情况下应该谨慎行为，并且将资源的使用最小化，从而避免耗竭我们赖以生存的资源。然而，人们通常会在这种情况下过度获取（De Vries and Wilke，1992）。但是，效率动机对行为的影响很大程度上取决于哪一类目标在特定情况下在群体中处于主导地位，这进而影响了分配公平的定义方式（见 21.5）。效率动机被认为与公平具有最强烈的关联，也就是说，投入和产出之间的比例性（Deutsch，1975）。

21.4.3 公平性

公平性对社会困境中的行为产生巨大的影响（Tyler and Dawes，1993）。人们发现在程序和资源分配方面难以接受不公平性。特定资源的公平分配决策往往通过社会比较的过程做出，在这个社会比较过程中，人们通常将其他人的结果作为判断自己结果的参照点。人们假定，个人的效用不仅取决于自己的结果，还取决于其他人的结果（Fehr and Schmidt，1999）（见第 24 章）。

被认为是公平分配的事物对于不同类型的利益或损害是不同的（如工作、教育、医疗、财产、权力）（Walzer，1983）。比如，在工作中，我们通常期望根据自己的技能和努力程度的比例获得奖励，但是当患病时，无论经济或社会地位如何，我们希望获得同样妥善的治疗。Deutsch（1975）认为，三种分配公平性原则（平等、公平和需求）与不同的集体目标、基础价值观以及资源分配所处的处境类型有关联。平等原则反映了根据能力和投入的比例在个人之间分配资源。平等被认为与效率有关，而且在生产力是主要目标的竞争性情况下处于主导地位。公平原则（在群体成员之间公平地分配资源）被认为在群体的共同目标是良好的社会关系的情况下处于主导地位，因为这一原则不强调人与人的差异。需求原则（帮助有需要的或者处于危险之中的其他人）被认为在福利和个人发展是首要共同目标的情况下处于主导地位。这三个公平原则在实践中往往结合在对公平的总体评判中。比如，当一个人知道了群体成员的需求和贡献之后，就可能会关照有需求的某个人（需求），而且仍然想要奖励做出更大努力的某个人（平等），但是当缺乏有关群体成员的需求和贡献的有效信息的时候，人们就会采用公平性作为启发性论据（Messick，1993；Messick and Schell，1992）（在第29章中进一步讨论分配公平性原则）。

21.5 促进合作的因素

所有社会困境研究的绝大部分都是关于这样一个关键的问题：是什么促使人们更加自私（无私）的行为？下文阐述了影响社会困境中合作程度的因素（见知识点21-2；对于评论，见推荐阅读书目）。

知识点21-2 影响社会困境中合作程度的因素	
• 群体规模	• 环境不确定性
• 沟通	• 社会不确定性
• 响应效力	• 社会规范

21.5.1 群体规模

合作水平随着群体规模的缩小而提高（例如 Brewer and Kramer，1986；Van Lange et al.，1992）。但是，应该记住的是，群体规模的影响是在3～5名成员组成的群体与十多名成员组成的群体进行比较时观察到的（Kerr，1983）。这一结果难以推广到涉及更多人的现实生活环境。但是，群体规模与其他促进合作行为的因素有关，比如沟通、环境不确定性和社会不确定性以及团体认同。沟通可能会随着群体规模的下降而提高。如果人们能够彼此沟通，他们就会有更多的机会做出战略性的协调化的选择；群体中的成员可以决定如何做才能够避免耗竭或者减少共用资源，从而降低环境不确定性和社会不确定性。

21.5.2 沟通

人们在事先讨论困境的情况下会比没有事先讨论的情况下做出更少的背叛性选择（Dawes et al.，1977）。困境讨论为人们提供了群体中的其他人将要做出的选择（背叛或合作）方面的信息，这就确立了有关正确行为的群体规范，从而降低了社会不确定性。总体而言，面对面沟通的机会提高了合作率，可提高45%以上（Sally，1995）。但是，沟通并不是群体内产生合作行为的关键因素或者是必要因素（Buchan et al.，1999）。因此，沟通虽然重要，但是大多数情况下只相对于小集体而言。

21.5.3 响应效力

响应效力反映了人们感到他们的合作行为对于保持或创造共同资源的重要性的程度。显然，响应效力与群体规模有关：大群体中的成员往往认为他们的努力不重要（Kerr，1989）。人们如果认为合作行为会被浪费，他们就不大可能会为了共同利益而进行合作。

21.5.4 环境不确定性

合作水平取决于群体成员对共同资源的规模的认识（Messick et al.，1983）。但是，往往不存在环境信息或者环境信息的不完整，导致所谓的环境不确定性（Wit and Wilke，1998）。环境或资源不确定性提高了群体成员对资源规模的估计（大资源库幻想），从而产生对资源更高的需求（Messick and McClelland，1983）。

21.5.5 社会不确定性

社会不确定性反映了有关社会困境中的其他成员选择的不确定性。研究发现，当参与者不知道群体中的其他人会怎样做的时候，他们会不太愿意合作（Rapaport et al.，1992）。比如，公平分配原则降低了社会不确定性（De Vries and Wilke，1992）。在资源规模和获利者的人数被充分知晓的情况下，在社会困境中运用公平分配的原则似乎是非常直截了当的做法。但是，人们往往不知道其他人怎么做；如果有关资源规模的信息不完整，平等性原则就难以实施（比如在旱灾期间，能够消耗多少水）。

21.5.6 社会规范

在社会困境中，自私行为和合作行为之间的冲突有时难以被发现，因为沟通机会少，而且存在高度的匿名性。在这种情况下，适当行为的指导准则可以是社会群体中的其他人如何采取行为或者认为一个人应该如何采取行为。社会规范可以指导行为；如果没有明确的行为规范，人们就会仿效其他人的行为，或者认为其他人的行为就是适当的行为。社会规范是指个人对特定社会场合下应该如何做所怀有的期望（Schwartz，1997）（见第 18 章和第 22 章）。社会规范和内部化的个人规范限制了自私行为，倡导集体行为，比如各种环保活动（Biel and Thøgersen，2007）。此外，Kerr（1995）指出，管理和协调社会行为的规范（比如承诺、互利和公平）增强了社会困境中的合作。但是，目前还不清楚哪些类型的规范在大规模社会困境中选择合作或背叛时最重要。

21.6 小结

稀缺资源的管理是大多数社会面临的一项重大挑战。社会困境在个人或群体需要做出的决策类型方面存在差异；他们应该限制公共利益的使用（资源困境），或是为公共利益做贡献（公益困境）。我们回顾了有关个人为什么在社会困境中选择自私行为或合作行为的最重要的因素。贪婪、效率和公平性是促进合作或背叛的3个基本动机。此外，沟通、群体规模和不确定性是影响社会困境中行为的显著因素。但是，当人们在大规模社会困境以很高的匿名性和不确定性的环境下行事时，事实证明规范可以引导人们采取有利于集体利益的行为，前提是群体中的成员认识到规范，而且将其作为管理公共资源的指导加以接纳。

推荐阅读书目

Komorita, S.S. and Parks, C.D. (1996). *Social Dilemmas*. Boulder, CO: Westview Press.

Van Lange, P.A.M., Balliet, D.P., Parks, C.D., and Van Vugt, M. (2014). *Understanding Social Dilemmas*. New York, NY: Oxford University Press.

Van Lange, P.A.M., Joireman, J., Parks, C.D., and Van Dijk, E. (2013). The psychology of social dilemmas: a review. *Organizational Behavior and Human Decision Processes* 120: 125-141.

思考题

1. 社会困境的动机是什么？简要解释每一个动机的特征。
2. 研究发现沟通社会困境中的合作水平会产生积极的影响，请解释其中的原因。
3. 描述三种分配公平性原则（平等、公平和需求）与不同的集体目标和基本价值观以及资源分配所处情形的类型有何关联。

22 解析环境行为的理论

Linda Steg（荷兰格罗宁根大学）
Annika Nordlund（瑞典于默奥大学）

22.1 引言

本章我们讨论环境行为影响因素的模型。这些模型都会假设人们做出合理的选择，第24章会讨论自律和习惯的影响。首先，我们讨论的模型是聚焦在个人成本和收益上的，其中计划行为理论是最典型的例子。其次，我们会讨论关于道德的模型，特别是规范激活模型，以及有关环保主义的“价值-信念-规范”理论。最后，我们讨论目标框架理论，这是一个分析环境行为影响因素的组合框架。

22.2 计划行为理论

计划行为理论（theory of planned behavior，TPB）（Ajzen，1985）（见图22-1）假设个人会做出合理选择，而且行为是由采取这种行为的意图决定的（例如是否计划这样做）。意图越强烈，就会付出越多的精力来进行特定的行为，同时也就越愿意做出这种行为，意图依赖于与行为相关的态度（attitudes）。而与这种行为相关的主观规范（subjective norms）也与行为和感知的行为控制（perceived behavior control）相关。

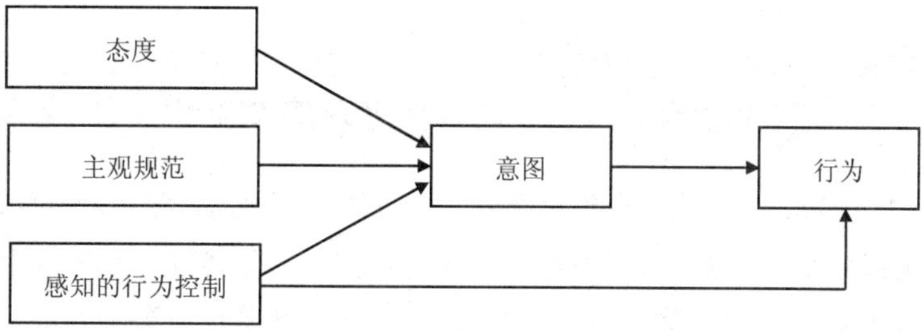

图22-1 计划行为理论

态度体现了评价采取这种行为的积极或消极的意愿。例如，你也许对循环利用有很积极的态度，但是也许对乘坐公交车的态度比较消极。态度基于有关这种行为的成本和收益的信念，这些成本和收益的重要程度作为权重。例如，某人也许认为开车更快、更舒适、更可信、更有享受感，而且也认为这些方面都非常重要。同时，这个人也可能认为开车很贵、不环保，但是认为这些方面都不重要。这样总体来看，他对开车的态度还是积极的，因为收益的权重要高于成本的权重。

主观规范体现了一个人认为其他人赞同或不赞同某种行为的重要程度（与第 18 章的命令性规范相似），同时也体现了这种行为的社会成本和收益。主观规范是基于对相关参照群体关注这种行为的期望，以达到这些期望的动机作为权重。例如，你的同学和朋友期望你骑自行车来学校，你也非常愿意这样做，而你的邻居跟你的价值观点相去甚远，反而赞成你开车去学校。在这种情况下，骑自行车与开车之间就存在主观规范。

感知的行为控制体现的是感知到采取这种行为的可能性，依赖于促进或者阻碍相关行为的各种因素。例如，你认为可以承担起开车工作的成本，那么对于开车的行为控制就比较低。或者你认为骑车去上班很费劲，而你的身体状况也不允许，那么骑车的行为控制也比较低。感知到的行为控制会通过意图影响行为，如前所示的例子，但是也有可能会直接影响行为。例如，假设你想乘坐公交车上班，但是得知公交车司机正在罢工。在这种情况下，乘坐公交车的行为控制就会比较低，从而直接影响你的行为。

TPB 假设所有其他因素，例如，社会人口统计因素、一般的信念和价值观都会通过态度、主观规范和感知到的行为控制间接影响行为，例如，生态圈价值观很强（见第 17 章），那么对乘坐公交车就会有积极的态度，而对开车就会有消极的态度，前提是两种交通方式的环境影响不同。而且，如果公共交通服务状况不佳，那么相比城市里的人，郊区的人乘坐公交车的行为控制就会更低一些。

TPB 能够很好地解释不同类型的行为（Bamberg and Schmidt，2003；Harland et al.，1999）。特别是态度和感知的行为控制似乎可以预测这些行为。当模型中加入其他动机预测变量时，TPB 的预测力增强。例如，采取特定环保行为的道德责任感的个人规范（personal norms），可以预测不同的环保意图和行为（Bamberg and Schmidt，2003）（见知识点 22-1）。个人规范是环境心理学两个重要理论的关键因素，我们将在后面讨论这两个理论：NAM 和环保主义的 VBN 理论。

知识点 22-1　用个人规范扩展 TPB 模型

Harland 等（1999）要求被试者给出最近 6 个月中他们使用未漂白的纸张的频率。被试者要说明：①他们如何评价使用未漂白纸张的行为（态度）；②其他人期望他们使用未漂白的纸张的重要程度（主观规范）；③在他们愿意的时候，大多数情况下会使用未漂白的纸张（感知的行为控制）；④他们是否感到自己有义务使用未漂白的纸张（个人规范）。TPB 变量对行为的解释力度达到 28%：使用未漂白的纸张的积极态度，以及较高的行为控制会导致更多使用未漂白纸张的行为。主观规范并没有显著的影响。当在方程中加入个人规范的时候，对行为的解释力度达到 34%。由此看来，个人规范是最强的预测变量：在人们感到道德上有责任做的时候，他们会更频繁地使用未漂白的纸张。态度和感知的行为控制也是显著的预测变量，因此，增加个人规范后显著提高了 TPB 的预测力。在对其他类型的环保意图和行为中，该研究也得到了相似的结果。

22.3 保护动机理论

保护动机理论（protection motivation theory，PMT）（Rogers，1983）假设人们在做决策的时候会考虑环保和环境危害行为的成本和收益。PMT 认为人们在威胁评估和解决方法评估的时候更倾向于环保行为（Rogers，1983）。威胁评估包括评估环境危害行为的感知利益，这些行为造成的风险感知强度，以及对这些风险感知的感知脆弱性。解决方法评估标明人们考虑他们能够参与到减少威胁的环保行为的程度，是基于感知自我效能的（与感知的行为控制类似），感知结果效能的（人们考虑他们的环保行为会减少环境问题的程度），以及环保行为的感知成本（Bockarjova and Steg，2014）（图 22-2）。

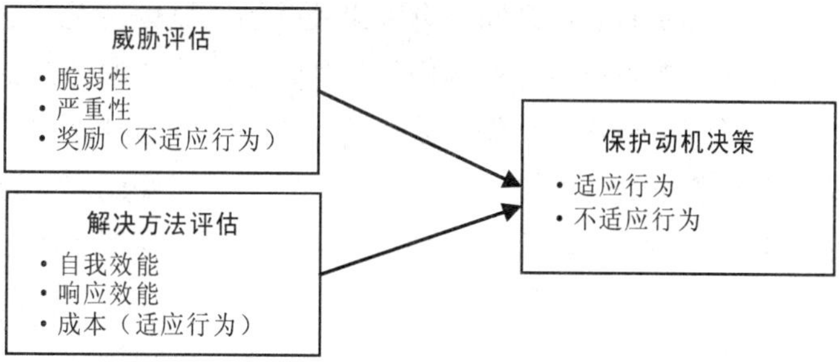

图 22-2 保护动机理论

PMT 成功地解释了对电动汽车的采用（Bockarjova and Steg，2014）。越愿意采用电动汽车，人们越感觉到汽油车造成的问题的严重性，越感觉到对这些问题的脆弱性（高威胁评估），以及越不愿意评价汽油车的优势。此外，人们越是认为电动汽车能够解决其他汽车的问题，他们就越感到能够驾驶电动汽车，并且越忽视电动汽车的缺点（高解决方法评估），从而更加愿意采用电动汽车。

22.4 规范激活模型

很多环保行为对个人来说要花费较高的成本和精力。这种情况下，当人们感到这是道德的和正确的事情时，他们才会更愿意做出环保行为。规范激活模型（norm activation model，NAM）（Schwartz，1977；Schwartz and Howard，1981）认为环保行为是个人规范被激活后产生的，感受到要采取或者避免某种行为的道德责任。4 个因素会激活个人规范：问题意识（problem awareness）；责任归因（ascription of responsibility）；结果效力（outcome efficacy）；能力或自我效能（self-efficacy）。

基本的观点是在某人意识到自己的行为造成环境问题的时候个人规范就会被激活，而当他感觉到自己对这些问题负有责任，并且不认为是别人、产业或政府造成的时候，个人规范就被激活了。此外，人们应该相信自己的行为有助于减弱相关问题（例如，结果功效）。但是很多环境问题如全球气候变化只有很多人合作才能解决。在这些情况下，结果效力依赖于别人也参与环保行为的期望。最后，必须觉察到自己有能力对减少环境问题做出相应的行为（自我效能）；这与 TPB 中感知的行为控制相对应。

NAM 可以很好地解释各种类型的环保意图和行为，例如，汽车使用（Eriksson et al.，2006）和一般环保行为（Nordlund and Garvill，2002）。但是，大多数研究不会包括自我效能，而是包括责任归因或结果效力之中的一个。

NAM 的主要构念是在一般层面上定义的(例如环境问题的一般意识，Ster et al.，1999)，也是界定在特定行为这个层面上（例如汽车使用引起的问题意识，Norlund and Garvill，2003）。特定行为变量通常比一般的信念同意图和行为的关联性更强。

试验研究已经表明 NAM 的变量之间是有因果关联的。显然，人们是先意识到他们的行为造成的问题，然后才思考自己对这些问题的责任，最后才考虑是否能有效地减少这些问题，并且从道德上感觉到有责任这样做（见知识点 22-2）。中介模型在理论上也更适用，因为在人们还没意识到他们的行为会造成环境问题的时候，以及他们认为自己不能做出减少这些问题的行为的时候，就不会思考自己保护环境的责任，同时也不会依此行事。

知识点 22-2　NAM 中的因果关系检验

Steg 和 De Groot（2010）在一项试验研究中检验了 NAM 中的因果关系。他们为了设计问题意识，让一半的被试者阅读一段文字，上面强调了特定问题，而另一半被试者阅读的文字上则没有凸显出这些问题。这种方法很有效：第一组的问题意识比第二组更高。然后，他们检验了这种操作的影响，包括减少特定问题（例如，我相信自己对减少这个城市的特定问题有部分责任）的责任感知，个人规范（例如，我感觉到从道德上有责任反对这些特定问题），以及参与这些行为的意愿（例如，为减少特定问题产生，你准备收集多少签名）。因此，较高的问题意识会导致较强的责任归因、个人规范和减少特定问题的行为意愿。因为是在试验研究中，因此一个变量是操作变量，而其他变量都是固定的，我们可以得出结论：较高的问题意识会导致较强的责任感知、个人规范，同时提高环保意愿。

22.5 环保主义“价值-信念-规范”理论

环保主义“价值-信念-规范”理论（VBN 理论）（Stern，2000）是 NAM 的延伸。VBN 理论认为情境因素，特别是问题意识，依赖于价值观（values）（作为人生中指导原则的一般目标）和生态世界观（ecological worldviews）（第 17 章中针对人与环境之间关系的信念）。VBN 理论认为利己主义价值观与生态世界观负向相关，而利他主义和生物圈价值观与生态世界观正向相关。生态世界观影响问题意识，因此也就影响对是否应该采取行动减少环境危害的信念、个人规范，以及导致的行为（见图 22-3）。这条因果链条上的每个变量都与后一个变量相关，但是也会直接影响链条下游的变量，虽然这些关系可能比较弱。这与作为中介模型的 NAM 相一致。个人规范会影响环保意图带来的各种行为，包括环境行动主义（例如，积极参与环境组织）、在公共领域的非行动主义（例如，环境公民权、公共政策的接受度），以及组织行为（例如，设计环保产品）。

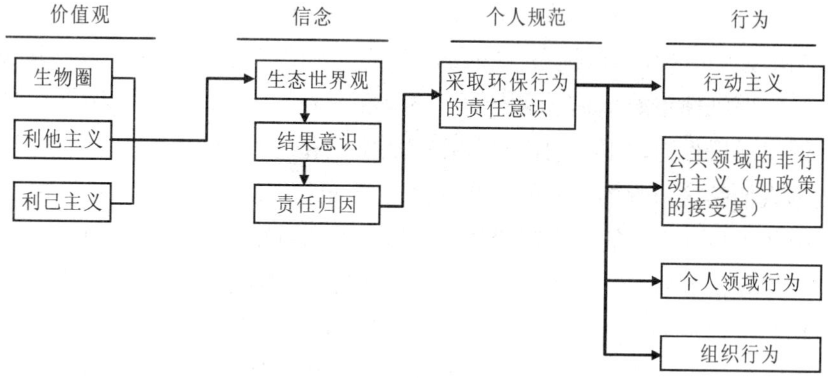

图 22-3 环保主义“价值-信念-规范”理论示意图

资料来源：Stern（2000）。

VBN 理论可以很好地解释行为（Eriksson et al.，2006；Stern et al.，1999），不同文化情境的研究也支持了 VBN 理论中的因果框架：因果链条中的所有变量都跟后一个变量显著相关，而且大多数情况下，当其他的影响因素加入回归方程中的时候，整个理论的解释力度大大增强了（Jakovcevic and Steg，2013；Steg et al.，2005）。当控制中介变量的时候，只有生物圈价值观跟道德责任的感知显著相关，说明生物圈价值观可以直接激活个人规范。

总体上，现有研究表明 NAM 和 VBN 理论很有效，例如，解释低成本的环保行为，以及“好的意图”如改变行为的意愿、政治行为、环境公民意识、政策接受度，但是在有的情况下解释力度不强，例如，较高的行为成本、较强的行为限制（减少开车）（Abrahamse et al.，2009）。在这些情境下，TPB 的解释力度更强（Bamberg and Schmidt，2003），因为 TPB 考虑了更多的因素，特别是非环境的动机。但是，很难说到底哪一种理论模型更有效，因为对每种理论应用范围的系统研究很少。

当做出环保行为是有代价的时候，人们可能会通过自我否定来减少道德责任感知（Lindenberg and Steg，2007）。可以通过削弱前面所述的四种情境因素来实现。例如，人们否认环境问题的严重性，拒绝对这些问题负责，或者认为其他的机构或产业对环境问题负有责任，表明个人的环保行为在减少环境问题方面作用不大，或者认为自己不具备必要行动的能力。

22.6 目标框架理论

目标框架理论（goal framing theory）（Lindenberg et al.，2007）（见第 15 章）认为目标管理或者“限定”人们处理信息的方式和基于此的行为：享乐目标（hedonic goals），即“现在感觉很好”；获取目标（gain goals），即“守护和改进某人的资源”；规范目标（normative goals），即“适当的行动”。当目标处于激活状态时，就会影响人们此刻的想法，对什么样的信息敏感，有什么备选方案，以及如何行动。根据目标框架理论，一个成为焦点同时对信息处理影响最强的目标，而其他的目标都在背后增强或者削弱焦点目标。规范性的目标可以为环保行为提供稳定的基础，因为做出环保性行为是适当的方式。如果人们基于获得求享乐目标做出环保行为，那么他们只有在有利可图和感到舒适的时候才会这样做。

这是依据人们的价值观的目标的优势（Steg et al.，2014a）享乐的目标在看重享乐价值观的人们中作用更强，强的生物圈价值观提升获得目标的效力，而强的利他主义和生物圈价值观会加强规范目标。实际上，有强享乐价值观的人们更多考虑决策中的享乐方面，而有更强生物圈价值观的人更多考虑他们选择的环境后果（Steg et al.，2014b）。此外，情境因素也会影响目标的强度（Stag et al.，2014a），例如，他人破坏规范传递出他们不尊重规范的信息（第 18 章），会削弱规范目标，而他人遵守规范的情境因素会增强规范目标。此外，规范目标在环保行为成本较高的情境中较弱，使人们聚焦在成本上，同时加强获取目标。

在环境心理学中这种目标框架通常与三种理论框架结合使用（Lindenberg et al.，2007）：关于情感的理论和模型聚焦在享乐目标上（见第 19 章），TPB 聚焦在获得目标上，NAM 和 VBN 理论关注规范目标。因此，目标框架理论为解释环境行为提供了一个综合的框架。

22.7 小结

本章探讨了很多解释环境行为的模型。TPB 模型假设个人做出合理的选择，而行为是源于参与特定行为的意愿。在人们对相关行为有积极态度的时候，当主观规范支持这种行为的时候，以及有能力控制行为的时候，环境意愿和行为最有可能发生。NAM 和 VBN 理论关注道德和环境行为之间的关系。NAM 认为环保行动是在个人规范激发后发生的，体现了对采取或者规避特定行动的道德责任的感知。即在某人意识到环境问题是由他的行为造成的时候，感觉到自己对这些问题负有责任，自己的行为也许可以减少相关的问题，同时觉察到自己有能力参与到减少相关问题的活动中去的时候，个人规范就会被激发出来。VBN 理论是 NAM 理论的延伸，同时认为情境因素，特别是问题意识，依赖于生态世界观和价值观导向。NAM 和 VBN 理论很好地解释了低成本环境行为和“好的意愿”，而 TPB 则体现出高行为成本或强行为约束情境下更好的解释力。

目标框架理论为理解影响环境行为的因素提供了一个综合的框架，强调了在任何给定时间里的多种目标。目标框架理论区分了三种影响行为的目标（享乐目标、获得目标和规范目标），与环境心理学中的理论框架一致：对情感的理论和模型（享乐目标）、TPB（获得目标）、NAM 和 VBN 理论（规范目标）。

推荐阅读书目

Bamberg, S. and MÖser, G. (2007). Twenty years after Hines, Hungerford, and Tomera: a new meta-analysis of psycho-social determinants of pro-environmental behaviour. *Journal of Environmental Psychology* 27: 14-25.

Steg, L. and Vlek, C. (2009). Encouraging pro-environmental behaviour: an integrative review and research agenda. *Journal of Environmental Psychology* 29: 309-317.

Vining, J. and Ebreo, A. (2002). Emerging theoretical and methodological perspectives on conservation behaviour. In: *Handbook of Environmental Psychology* (ed. R.B. Bechtel and A. Churchman), 551-558. New York, NY: Wiley.

思考题

1. 阐述计划行为理论。
2. 规范激活模型和“价值-信念-规范”理论的区别。
3. 影响个人规范的 4 个情境因素是什么？
4. 根据目标框架理论，有哪些目标驱动行为？

23 群体过程在环境问题、态度和行为中的作用

Lise Jans（荷兰格罗宁根大学）
Kelly Fielding（澳大利亚昆士兰大学）

23.1 引言

你认为谁更关心环境：今天的学生还是1960年的学生？像这样的问题不仅仅是评估人们对环境的关心是否随时间而改变的了解程度，还要求我们将自己与其他群体进行比较——在这种情况下上一代人——会做出影响我们的环境态度和行为的显著的特定群体认同（Ferguson et al.，2011）。在本章中，我们讨论了在环境问题、态度和行为背景下，群体过程（group processes）的重要作用。我们将讨论为什么环境态度和行为不仅是个体属性的产物，而且受群体成员身份以及与这些身份相关联的群体过程的影响。

23.2 为什么环境心理学家应该对群体过程感兴趣？

至少有4个原因可以解释为什么对于环境心理学家来说，理解群体成员身份和与之相关的群体过程与环境问题、态度和行为相关是十分重要的。

第一，环境问题可以突出群体之间的差异，而这可能导致冲突。群体之间（如公民和企业之间）可能会发生冲突，因为他们在环境态度和行为上存在差异。例如，一些群体可能支持建设新能源基础设施的计划，而其他群体可能反对。第二，群体成员身份会影响个人的环境态度和行为，因为群体成员受其群体环境规范的指导（见 Fielding 和 Hornsey，2016 年综述）。第三，许多环境问题反映出社会困境，其中群体起着关键作用。社会困境要求个体作为一个群体进行合作，而对于不同国家的群体，则需要合作以防止污染和耗尽集体资源（见第21章）。第四，环境问题可以加强现有的群体成员身份，并为新群体的形成提供动力。例如，人们可以组成或加入群体，以促进其社区内的环境保护行为（Sloot et al.，2017a），或反对对环境有害的发展。这些新的群体成员身份将指导他们的环境态度和行为。

在下面的章节中，我们将概述社会认同方法（Tajfel and Turner，1979；Turner et al.，

1987)，它提供了一个理论视角来理解以下问题：①为什么在环境问题的背景下会出现群体间的冲突；②为什么群体成员身份会影响个人的环境态度和行为；③为什么群体成员身份可以促进合作，从而促进群体在环境问题上的兴趣；④环境问题如何能够促进与现有群体相比更大的群体认同或产生新的群体成员身份。为此，我们提供了证据以表明群体成员身份和相关群体过程在环境态度和行为中所起的重要作用，并说明环境心理学家如何利用这些洞察来鼓励环保态度和行为。

23.3 社会认同方法如何解释环境冲突？

社会认同方法是对群体成员身份如何影响个人态度和行为的一种解释。它包括社会认同理论（social identity theory，SIT）和自我分类理论（self-categorization theory，SCT）两个相互关联的理论。社会认同理论（Tajfel and Turner，1979）提出个体从对群体的了解和情感依恋中获得自我概念（他们的社会认同）的一部分。例如，一个人的自我概念，可以部分地由一位女性、一名学生和一名素食者的社会身份组成。根据 SIT，这些社会身份通过与特定社会背景下显著的其他相关群体的比较（群体间比较）被定义和评估。人们被激励积极地看待自己，尤其当他们看到自己所属的群体明显积极地不同于相关的外部群体时，这种倾向更明显（如素食主义者对肉食爱好者）。

根据 SIT，在特定的环境条件下（例如，被视为不合法的群体之间不稳定的地位差异），这种积极区分自己的群体与其他相关群体的愿望可以激发行为，使群体成员倾向于自己的群体而不是外部群体（群体间行为，intergroup behaviour），这可能会导致这些群体之间的冲突。例子包括不同群体之间由于环境和自然资源管理而引发的冲突（Colvin et al.，2015a），如环境组织和农民之间涉及物种保护法的冲突，因为这会影响农民的财产权。在这种情况下，群体成员通过固有印象，以有利于自己的群体的方式，积极地将自己的群体与其他群体进行区分（“他们是破坏者”）（Opotow and Weiss，2000）。这样，群体之间的差异就变得根深蒂固，群体之间的负面关系可能会破坏物种保护法的制定。然而，在环境问题的背景下，一些跨群体层面的冲突可能是不可避免的，甚至可能是富有成效的，例如，当面对可能破坏环境的反对群体时，群体会采取保护环境的行动（Colvin et al.，2015b）。

23.4 为什么社会认同指导环境态度和行为？

虽然 SIT 最初是作为一种解释群体间冲突的理论而发展起来的，但社会认同方法的相关性并不局限于理解与环境问题相关的冲突。纳入社会认同方法的第二个理论视角是自我分类理论（Turner et al.，1987），它是 SIT 的延伸。SCT 提出个体可以用个人身份或社会身份来定义自己。当个人身份变得突出时，个人根据其独特的属性区分自己和他人；行为是由个人动机驱动的，社会身份变得不那么突出。相反，当社会身份变得突出时，群体成员由他们共有的群体成员身份来定义，他们的行为符合内在的群体规范和动机。因此，个人的自我认知变得“去个性化”，个人身份变为背景，从而变得不那么突出。根据 SCT，这种去个性化（depersonalization）的过程促进了群体行为、群体影响和合作。

SCT 与环境心理学的相关性在于，当一个特定的群体成员身份很突出时，环境态度和行为不受个人身份和相关个人动机的引导（见第 20 章），而是受社会身份动机的引导，从而导致以下主张：①群体规范影响群体成员的环境态度和行为，群体规范的内容至少部分取决于将自己所在的群体与哪个群体进行比较（特定的群体间背景）；②我们认为与不属于我们群体的人相比，属于我们群体的人会对我们的环境态度和行为有更强烈的影响；③特定群体成员身份越突出，即特定群体成员越是自我定义，这个群体成员身份对成员的环境态度和行为的影响就越大。

23.4.1 群体规范指导环境态度和行为

一个特定的群体成员与多少有利于环境的态度和行为有关取决于社会认同的内容（社会认同内容，social identity content），如通过群体规范所表达的那样。第 18 章已经讨论了社会规范的影响。群体规范（group norms）是指与特定群体身份相关的社会规范。当特定群体的成员身份突出时，群体成员将群体的规范内化，从而指导他们的环境态度和行为。社会认同方法表明，认同内容是流动的，而且可以根据群体成员与某一特定的外部群体进行比较而改变。

群体规范对环境态度影响的证据来自对政治认同（一种特殊的社会认同类型）和气候变化观念之间关系的研究：认同共和党和保守派的美国人（具有群体规范的社会认同，该群体规范在环境态度中的作用是不支持人为的气候变化）倾向于对气候变化持怀疑态度，而更少地支持采取行动来缓解气候变化；认同民主党和自由派（具有群体规范的社会认同，该群体规范在环境态度中的作用是支持人为的气候变化）的美国人则相反（Hornsey et al.，2016）。一项试验研究表明，当政治认同变得突出时，人们的环境态度符合与其政治认同相关的规范（Unsworth and Fielding，2014）（见知识点 23-1 和图 23-1）。

知识点 23-1 政治认同和气候变化

在 Unsworth 和 Fielding（2014）的一项试验研究中，澳大利亚学生政治认同的显著性是通过将该研究描述为左派和右派政党的比较，并让参与者产生支持左派和右派的人的特征。当右派参与者的政治认同被突出（被激发）时，他们判断人类对气候变化的贡献百分比比政治身份未被激发时要小（见图 23-1）。一项后续试验还表明，相比右派的政治认同没有被突出时，当它被突出时，这些参与者认为政府在应对气候变化方面做了太多的工作。这些发现表明，相比于没有突出时，当这一政治认同被突出时，右派的人更倾向于表达与他们的政治认同相一致的态度。有趣的是，在左派参与者中，政治认同的激发并没有影响到观念和态度，这可能是因为先前的政治环境已经满足了他们群体独特性的要求。

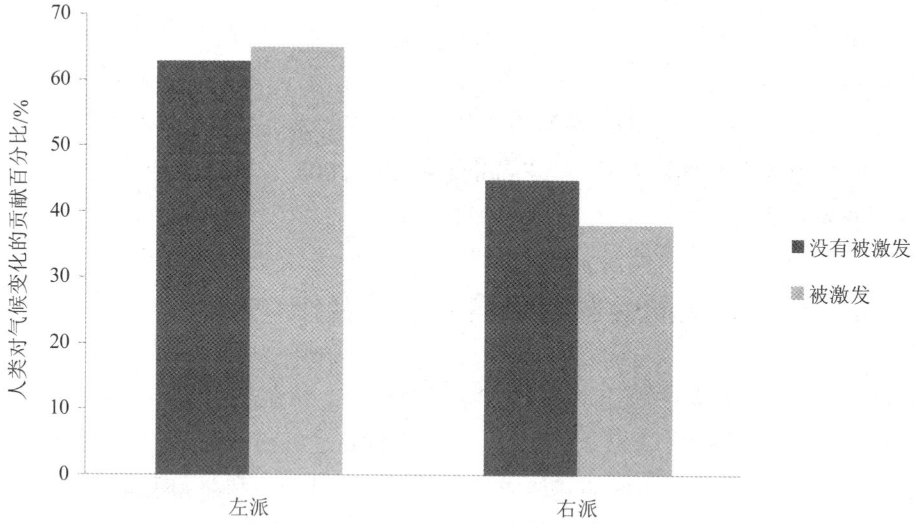

图 23-1 政治认同突出性操纵与人类对气候变化贡献感知的政治取向之间的关系

社会认同的内容可以根据比较群体的不同而改变。例如，一项研究显示，英国参与者（群体内）将自己与美国人（传统印象中不那么亲环境的外部群体）进行比较，认为他们的群体比美国人更亲环境，且这种规范的转变伴随着生物圈价值观和亲环境行为意向的转变。相比之下，当比较群体是瑞典人（传统印象中更倾向于环境保护的外部群体）时，英国的参与者认为他们的群体不太亲环境，并相应地改变了他们的价值观和行为意向（Rabinovich et al.，2012）。这项研究强调，群体成员是否会促进或阻碍环境保护的态度和行为取决于通过群体间比较得出的特定认同内容。

23.4.2 群体成员影响环境态度和行为

从一个特定的社会认同的角度来反思自己的另一个关键结果是，人们更容易受到他们认为属于自己所在群体的人的影响。例如，当一个赞成使用循环水的科学家强调了他们共同的区域观念，而不是不强调自己的区域认同时，那些认同某个特定区域的人更可能支持使用循环水（Schultz and Fielding，2014）。这表明环境态度和行为更有可能被认为是一个群体成员的人而改变。另一项研究表明，倡导可再生能源并强调共有群体成员身份（如使用“我们”）的领导人比不使用这类说法的领导人更能影响人们的可再生能源利用意图（Seyranian，2014）。

23.4.3 群体认同影响环境态度和行为

一个特定的群体成员身份越明显，它对人们的环境态度和行为的影响就越大。SCT 认为，如果一个人相对更容易接触到某个特定的群体成员，那么在特定的情况下，这种社会身份更可能是突出的（OaKes et al.，1994）。社会认同的显著性取决于群体认同（group identification）的程度，即个体对群体的评价和情感体验的积极程度。一个人对群体认同的程度越高，群体成员身份的突出性就越高，而且越可能按照该群体的规范行事（Turner，1991）。事实上，研究表明，与亲环境组织有强烈认同感的人更有可能进行循环利用（White et al.，2009），从事可持续农业实践（Fielding et al.，2008），并减少碳排放（Masson and Fritsche，2014）。

23.5 为什么社会认同会影响环境问题的合作？

SCT认为，当社会认同突出时，自我会被去个性化，人们的行为不符合他们的个人动机，而是与他们所共享的群体成员身份的需求、目标和动机相一致。当成员的社会认同感突出时，人们也更可能与群体内的其他成员合作，并促进群体利益和关注（Turner et al.，1987）。这意味着社会认同感的显著性可以促进群体成员在环境问题上的合作。事实上，对当地社区的认同感与参与基于社区的集体气候行动的意愿有关（Bamberg et al.，2015b）。此外，社区能源小组的成员身份和认同感可以促进合作，以作为一个整体推动小组的可持续能源目标（Sloot et al.，2017b）。由于环境问题可以被视为社会困境，只有当人们的行为符合集体利益而不是个人利益时这个问题才会被解决（见第21章），强调共有的社会认同感和有利于环境的群体规范，可能才是克服这种社会困境的方法。

虽然社会认同显著性可以加强群体成员之间的合作，但同时也会使不同群体在环境问题上的合作更加困难。事实上，强大的国家认同（一种特定类型的社会认同）可能是联合国缓解气候变化这一谈判十分艰难的原因，因为人们关注的是什么符合本国利益，而不是所有国家的利益（Batalha and Reynolds，2012）。

23.6 社会认同方法如何解释环境群体的形成

社会认同方法解决了一个重要问题，即特定的群体成员身份是如何变得突出的，以及新的社会认同是如何形成的。SCT提出社会认同显著性取决于人和环境。当群体之间的差异大于群体内部的差异时，特定的社会认同更可能变得显著（元对比原则，principle of meta-contrast）（Turner et al.，1987）。这表明当社会背景使人们成为一个与众不同的群体时，现有的认同将更加突出，人们也更有可能形成一个新的共有认同。我们之前讨论了政治认同显著性如何影响对气候变化的态度。这一原则还解释了围绕气候变化的争论如何导致新的社会认同的形成：气候变化的相信者和气候变化怀疑论者将自己定义为对立的群体，他们各自的新社会认同的内容昭示了与气候相关的行动（Bliuc et al.，2015）。因此，当环境问题突出了不同群体之间的区别时，可能会出现新的社会认同。

群体成员之间的互动也可以促进社会认同的显著性，因为它允许群体成员从他们的贡献中产生共有的社会认同（Postmes et al.，2005）。例如，有研究表明，互动可以提高对群体的认同水平（Jans et al.，2015），促进对群体规范的共识（Smith and Postmes，2009）。这有助于促进环境保护行动，前提是社会认同的新兴内容对环境有利。

群体成员之间的互动对于形成新的社会认同可能特别重要（Jans et al.，2015；Thomas et al.，2016）。例如，社区成员之间的互动可能有助于建立或参与社区环境保护团体，从而发展一种新的社会认同（Sloot et al.，2017a）。此外，不同群体的成员之间的互动可以帮助人们将不同的小群体认同融入一个新的总体社会认同（Haslam et al.，2003）。为了说明在气候变化辩论的背景下，不同层次的互动可能对建立联合国在减缓气候变化的更高一级的认同方面至关重要（Batalha and Reynolds，2012）。首先，需要在个体国家内部进行交互，以在全球气候变化的背景下确定其国家最认同的方面；其次，需要在志同道合的国家之间进行交互，以产生一种共同的社会认同感；最后，在联合国的高阶层面同样需要交互，以在气候变化的背景下，将国家（小团体）的各种利益和需要集中起来，形成一种综合的认同感。这种新的社会认同允许各国将联合国的利益置于其国家利益之上，并与其他国家合作以减缓气候变化。

23.7 小结

我们讨论了群体成员身份和相关的群体过程如何以及为什么会影响环境问题、态度和行为。我们已经概述了社会认同方法如何有助于理解这些影响。当社会认同突出时，人们的个人利益变为背景（去个性化），人们的环境态度和行为受到该认同内容的引导，即群体规范——如支持或破坏有利于环境的态度和行为。社会观念的突出可能导致群体之间在环境问题上的冲突，但也可以促进群体成员之间为环境服务的合作。对于那些高度认同自己所在群体的人来说，群体成员身份的影响力特别强。此外，当社会背景促使人们所在的群体成为一个与众不同的群体时，人们更有可能将自己定义为群体成员的身份。人与人之间的互动有助于分享群体成员的经验，特别是在环境问题上（支持或反对环境保护行动）可能促成新群体的出现。社会认同方法提供了新的视角，以理解群体过程在环境问题背景下的重要作用，这可以为鼓励环保态度和行为的战略提供建议。

推荐阅读书目

Fielding, K.S. and Hornsey, M.J. (2016). A social identity analysis of climate change and environmental attitudes and behaviors: insights and opportunities. *Frontiers in Psychology* 7: 121.

思考题

1. 为什么环境心理学家应当对群体过程感兴趣？
2. 简要描述社会认同方法，即 SIT 和 SCT。
3. 突出群体成员身份会对环境态度和行为产生什么影响呢？
4. 举例说明在环境问题背景下如何才能形成群体。

24 旧习惯会阻碍改变吗？惯性对于环境行为的影响

Christian A. Klöckner（挪威科技大学）
Bas Verplanken（英国巴斯大学）

24.1 引言

设想你要购买一台新冰箱，你的购买决策会对环境产生影响，阅读本书的几个章节可以让你充分认识到这种决策的预测指标（第 17 章、第 18 章、第 20 章和第 22 章）。现在，考虑你的日常生活，各种小事情（比如，离开房间时关灯，不让电视机处于“待机”状态并且决定早上如何前往学校）都对环境产生重大的累积影响。这一组预测指标是否也适用于购买冰箱这样的行为呢？在你每次关灯之前，你是否真的衡量过你的态度、价值观、规范等？回答可能是否定的，最有可能的是，你会自动重复你之前的行为。仔细分析日常行为，可以发现我们一天中做的许多事情都是潜在的自动行为（Wood et al.，2002）（见知识点 24-1）。

知识点 24-1　习惯

Wood 等（2002）请参与者记录一两天的日记，报告他们醒着的每个小时的所做、所想和所感（用腕表信号来提醒）。此外，他们还需报告过去一个月中的行为频率以及这种行为通常是否在同一个地点实施。在所有报告的行为中有 35%（研究 1）到 53%（研究 2）的行为都被归类为习惯，因为这些行为经常实施（几乎每天实施），而且每次都在同一个地点实施，这表明情景条件的高度稳定性。对于实施非习惯性行为时，思想和行为通常相对应（参与者会思考他们正在做的事情），但在实施习惯性行为时，人们的思想通常处于游离状态。

本章将习惯作为这种行为的一个重要预测指标加以介绍。习惯是指通过将特定的情境暗示与（一系列）行为模式关联起来而自动决定未来行为的认知结构。在本章中，我们首先讨论习惯的理论背景，其次概述习惯如何影响信息处理，再次对各种习惯度量方式进行讨论，最后综述用于改变高度习惯性行为的干预策略。

24.2 理论背景：习惯如何养成

知识点 24-1 中提到的研究介绍了习惯行为四个关键特点中的两个：频率和稳定性。另外两个特点是成功和自动性。每次在稳定的情景环境中成功实施了一个行为模式时（意味着预期目标达到并且是这种行为导致了预期结果），那么在遇到相同的情形时自动重复这种行为的可能性就会增加。Triandis（1977）描述这一过程应该随着时间的推移导致意图行为和习惯行为之间权衡的产生：第一次实施行为时，意图应该是一个占主导的预测指标。但随着相同行为重复频率的增高，习惯的影响会变得越发强烈，直到超过意图的影响而占据主导地位。Ouellette 和 Wood（1998）重新分析了有关各种类型行为的 64 项研究，证实了预测的效应：在不稳定的环境中，意图显著的预测是每年或每两年实施的行为，而微弱的预测是被用作习惯的过去行为；在稳定的环境中，过去行为显著的预测是每日或每周实施的行为，意图和行为的关联显著弱化。但是，需要注意并不是在稳定的环境中成功且频繁实施的所有行为都会成为习惯。比如，医生往往在稳定的环境中成功地做出相同的决策，但他们并不是自动地做出这种决策（希望如此）。这就是自动性是习惯的第四个重要特点的原因。

在环保领域，习惯似乎是许多不同行为的重要预测指标，比如旅行方式的选择（Friedrichsmeier et al.，2013；Verplanken et al.，1998）、能源使用（Marechal，2010）和购买有机食品（Biel et al.，2005）。习惯通常被认为是环境行为的障碍，干扰了环境意图或规范。比如，即使你有意愿更加频繁地乘坐公交车，但每天开车上下班的强烈习惯也使你很难改变自己的行为。事实上，习惯调节了意图和个人规范对环境行为的影响，意味着你的环境意图和个人规范在具有牢固的习惯的情况下与你的行为不太相关（Klöckner and Matthies，2004；Verplanken et al.，1998）。

习惯对日常行为的强烈影响如何从理论上进行解释？在稳定的环境中行为模式的多次重复会将行为与情境暗示联系在一起。如果这种关联变得足够强，当遇到相关的暗示时就会引起行为模式的实施，审慎的决策过程就被绕开了。暗示可以是外部暗示（比如浴室的设置），也可以是内部暗示（比如激活前往大学的目标）。研究者们提出了各种方法来解释情景暗示和行为模式的关联方式，其中两种最显著的方法就是联结主义法（connectionist approach）（Neal et al.，2006）（见知识点 24-2）和基于脚本法（script-based approach）（Aarts and Dijksterhuis，2000；Verplanken et al.，1994）（见知识点 24-3）。这两种方法并不相互排斥，只是因分析习惯的不同导致了不同的角度。在出行方式决策领域也有对联结主义方法的实证支撑（Friedrichsmeier et al.，2013）

知识点 24-2　联结主义法

习惯的联结主义法假定，负责处理情景暗示的神经元结构与负责实施行为的其他结构被同时激活，并在两个结构之间产生了某种神经元关联。当重复地共同激活这些结构时就会逐渐强化这种关联。结构之间的关联越强，暗示处理结构的激活就会更容易而且会更快速导致行为结构的共同激活。Neal 等（2006）将这种方法描述为直接语境暗示，意思是通过关联学习在作为暗示的语境和不同行为之间建立了直接关联，并且不需要任何其他中介结构。

知识点 24-3　基于脚本法

习惯的基于脚本法假定，情景暗示和行为的持续配对导致了行为脚本的形成，行为脚本是存储习惯行为的蓝图存储结构。一个脚本包含行为序列，这个行为序列通常在相关情景暗示被发现的情况下实施，而且导致成功实现之前会有各自的目标（Verplanken and Aarts，1999）。这个观点将习惯视为主要以目标为导向，这意味着目标通常首先被有意激活（比如，“我现在就想去学校”），然后因脚本形式存在的自动性通过定义来实现这个目标的二级步骤被部分或完全接管。所以习惯被认为是目标和行为之间的自动关联（Aarts and Dijksterhuis，2000）。

24.3　缩小决策范围：习惯如何影响信息使用

如果我们认为日常行为的大部分都受到自动过程的控制，并且进一步考虑到这会剥夺我们对自己行为的控制，那么我们会提出有关行为中的自动性的好处是什么样的问题。知识点 24-1 中描述的研究已经给出了提示：实施习惯行为的人能够思考其他事件，而实施非习惯性行为的人不得不专注于自己的行为。不需要思考我们所做的每一件事，就使我们能够高效率地分配稀缺的认知资源。Chalken 和 Trope（1999）概述了有意行为和自动行为这种双重性的关键特点（见表 24-1）。虽然自动过程和有意过程之间的界限并不明确，但是一般意义上的审慎决策会对认知资源提出高需求，这就使人们无法同时进行多个审慎决策过程。而且，决策时会考虑大量的可用信息，这就使得战略具有高度灵活性且必须对变化非常敏感。设想你在一座从未到过的城市中找路时的情形。你需要关注路标、地标、地图或导航系统，持续监测你的进度，以便发现你是否走错路并根据信息及时做出调整。但是，这需要大量的认知努力，以至于你难以在找路的同时与人谈话或者听有声电子书。相比之下，自动决策的特点是速度快，所需的心理资源水平低，可以进行并行处理，但是相关信息可能不会被考虑，对过程及其可控性的意识比较低。现在，设想你正在从家前往大学的路上。你知道怎么走，不需要持续思考在哪里转弯；你可以轻松地听着有声电子书，并且仍然能够到达目的地。但是，如果意外遇到路障会怎样呢？你很有可能错过指示标志，而只是沿着每天回家的同一条路走向目的地，结果却走进了死胡同。

表24-1 审慎决策和自动决策的特点

特点类别	审慎决策	自动决策
所需的心理资源的水平	高	低
并行处理	不可能	可能
灵活性	高	低
对变化的敏感性	高	低
效率	低	高
可控性	高	低
意识	高	低
所需的注意力	高	低
决策参与度	高	低
速度	低	高
准确性	高	高（如果情形相同） 低（如果情形发生变化）

牢固的习惯会导致不太关注备选行为的相关信息（见知识点24-4）。在另外一项研究中，Aarts等（1997）发现，有牢固习惯的参与者不仅检查信息的数量少，而且在实际决策过程中实施信息的数量也少。这两项研究表明，牢固的习惯对于信息的获取和使用具有限制作用，这一作用可能会对人们在变化的环境中的环境行为产生严重的影响。设想一个人习惯频繁驾车出行的情况。在他上班的路上设置一条新的非常舒适的公交车线路可能对他不产生影响，因为有关这条新的公交线路的信息很有可能不被他认知或者不会包含在他的决策中。

知识点24-4 习惯和信息处理

在一系列的研究中，Verplanken等（1997）分析了牢固的骑车习惯在前往市中心购物的模拟旅行中对信息获取和信息使用的影响。有关行程特定方面的信息（比如费力程度、延误的可能性）被提供给四种不同的出行方式（步行、公交、地铁和自行车），但是必须要通过鼠标来激活才能够显示。然后，参与者必须要选择一种出行方式。有着牢固习惯的参与者在做出选择之前研究的信息非常少。此外，他们在检查信息的方面非常挑剔，将一些出行方式在决策过程的初期就排除。通过告诉参与者他们必须要向研究者证明其决策的合理性，这种提高决策参与度的做法增强了信息的使用。但是，如果参与者有着牢固的习惯，这种增强的信息搜索只会持续相对较短的时间。如图24-1所示，在被告知他们需要证明决策的合理性时，有着牢固习惯的参与者最初研究信息的数量与有着弱习惯的参与者一样多（见图24-1中的“增强注意力条件”），但是在大约20次试验后就返回到显著降低的信息使用水平。

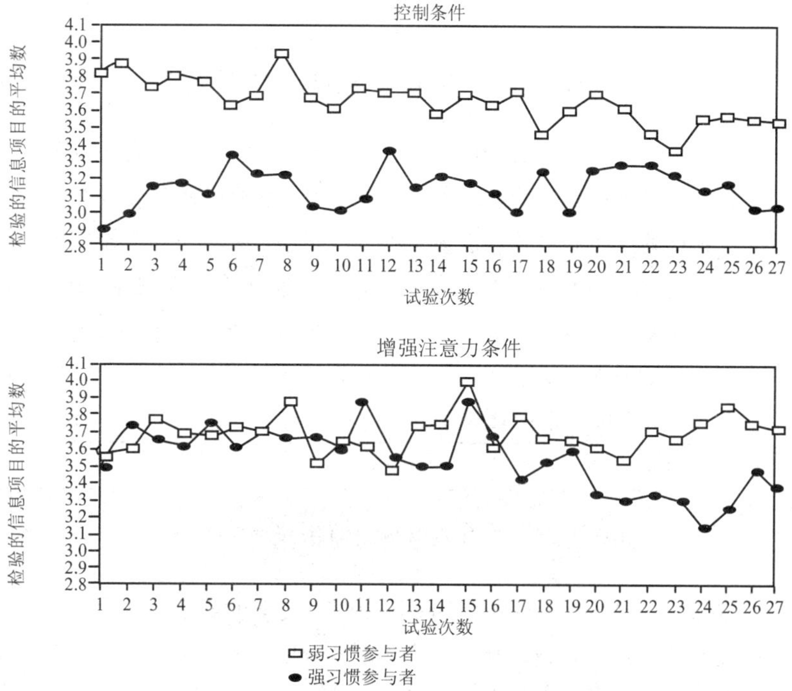

图 24-1 增强注意力条件 27 次试验的检验信息项目的平均数；参与者必须要在之后证明他们的决策的合理性

资料来源：Verplanken et al.，1997，p.554（获得了出版商的许可）。

24.4 度量习惯：研究面临的挑战

习惯的度量是一个挑战，这是由于习惯本身是无意识的，并且人们对自我报告的有效性存在疑问。但是，如果习惯通过重复相同的行为而养成，那么过去各个习惯的频率乍一看似乎是习惯强度的有效度量指标。这种方法[Quellettte 和 Wood（1998）使用的方法之一]是有问题的，因为它忽视了习惯形成的一些重要组成部分（比如稳定的处境）以及稳定行为的其他潜在来源（比如稳定的意图或情景条件）。首先，一种基于脚本的度量指标，被称为响应频率指标（RFM）（见知识点 24-5），这个指标与基于脚本法相关联（见知识点 24-3）。其次，另外一个指标度量了自我报告措施中源自理论的习惯行为的关键特点，因此被称为“自我报告习惯指数”（SRHI）（见知识点 24-6）。最后，一个混合的指标包括了过去的各自行为频率以及语境的稳定性两个组成部分作为习惯度量指标（见知识点 24-7）。所有这 3 个度量指标都在环境心理学研究中运用，并且取得了成功的结果。鉴于响应频率指标仅限于在基于计算机的研究中使用（在这种研究中，可以控制诱导的时间压力），自我报告习惯指数和复合习惯度量指标在问卷研究中也适用。另外，响应频率指标通常应用在出行方式选择领域，而其他两种度量指标则应用于各种行为领域。

知识点 24-5 响应频率指标（RFM）

习惯强度的响应频率指标（Verplanken et al.，1994）假设，人们在获得不充分的信息而且面临时间压力时，需要利用现有的脚本做出决策。脚本一致性的度量被视为一般习惯强度的度量指标。度量指标的原始版本旨在度量出行方式习惯，并且为参与者提供 5 ~ 15 个设想出行目标进行选择（比如，访问附近城市的一个朋友、购买日常必需品、前往海滩旅游）。只描述了出行目标，要求人们尽快地说出他们与每个出行目标相关联的首选出行方式。习惯强度对应在各种情况下说出的一种出行方式（比如汽车）的频率。采用响应频率指标度量的习惯反映了一般习惯，因为这一指标归纳了不同的出行目标，并不针对某个目的地或者目标。

知识点 24-6 自我报告习惯指数（SRHI）

自我报告习惯指数（Verplanken and Orbell，2006）度量的是目标行为是否被习惯的基本特点所表现：重复行为的历史、缺乏控制和意识、效率以及表达个人身份（最后这个方面是 Verplanken 和 Orbell 增加的，没有包含在到目前为止讨论的原始概念内）。这一度量指标的优点在于，它不依赖行为度量指标评估习惯强度。基于行为的习惯度量指标往往与稳定性的其他来源混淆，高估了习惯和未来行为之间的联系。此外，自我报告习惯指数认为，习惯强度可能独立于行为频率而变化（Verplanken，2006）。用于评估习惯强度的标准化项目如下：

①我经常做的事情。

②我自动做的事情。

③我不需要努力记忆就会做的事情。

④如果我不做就会让我感到奇怪的事情。

⑤我不加思考就会做的事情。

⑥我很难不去做的事情。

⑦属于我的（每日、每周、每月）例行程序的事情。

⑧我在意识到做之前就开始做的事情。

⑨我发现很难不去做的事情。

⑩我不需要思考做还是不做的事情。

⑪我通常会做的事情。

⑫很长时间我一直在做的事情。

知识点 24-7　习惯的复合度量指标

Wood 及其同事（2005）提出了习惯强度的复合度量指标，这个指标将形成习惯的两个主要因素（频率和环境的稳定性）结合起来，并且与联结主义法相关联（见知识点 24-2），因为它试图通过度量行为环境的稳定性和实施频率来发现暗示处理结构和行为触发结构同时激活的条件。频率通过度量特定行为在特定时期（比如一个月）的实施次数来评估。而语境稳定性通过询问参与者语境的某些特点（比如位置、其他人的行为）或每次实施行为时的变化程度来评估，然后计算语境特点变化这些单一指标的平均数。最终的习惯强度分数通过频率与稳定性相乘来计算，稳定环境中的频繁行为得到了最高分数，不稳定环境中的频繁行为和稳定环境中的不频繁行为得到了中等分数，不稳定环境中的不频繁行为得到了最低分数。这一度量指标很难纳入研究，因为必须要确定过去行为和语境稳定性的相关方面，不存在情景稳定性的标准化度量指标。

24.5　打破坏习惯、形成好习惯：改变习惯行为的干预措施

许多环境行为可以被认为是习惯行为，因为这些行为深深扎根在我们的日常行为中。在环境方面，并不是所有的习惯都一定是“坏习惯”。比如，我们可以在每次离开房间时关灯。但是，如果人们形成环保意识，习惯往往会起到反作用，成为违背意愿的习惯。改变习惯行为是极其困难的，因为许多成熟的干预方法（见第 26 章）都可能会失效：如果行为形成了习惯，那么提供有关行为的不利影响的信息或者有关如何实施积极行为的信息的做法可能不会被行为人认知或接受。针对社会规范或个人规范的干预策略可能会成功改变规范，但是根深蒂固的老习惯却仍然会干扰行为，因为当一个人形成了牢固的习惯，规范就不太有影响了（Klöckner and Matthies，2004）。因此，旨在改变习惯行为的干预策略必须要分阶段规划。在针对审慎决策的干预措施起作用之前，必须要首先停止起反作用的习惯（Walker et al.，2015）。研究表明，两种主要干预策略能够成功地停止老习惯：①环境条件的显著改变，②鼓励目标群体形成实施意图。

第一个策略建立在习惯的理论背景之上：如果习惯是情景暗示和具体的行为模式之间的直接或自动关联，那么改变或者消除相关暗示就会消除习惯。因为习惯对情景变化的反应非常不敏感，所以情景暗示的改变程度必须足够大，才能够被行为人认识到。Thøgersen 等（2008）建议采用一个月的免费公交卡来消除驾车的习惯。他们的这项措施在短期内取得了效果，但是在干预措施终止之后，人们又回到了以前的行为模式。这意味着习惯的停止是改变习惯行为的必要条件，而不是充分条件，它必须要与其他策略相结合。Matthies 等（2006）发现，设定时限的免费公交卡与随后做出的乘坐公交车的书面承诺相结合可以比两项策略的单独实施取得更好的长期的效果（有关承诺的讨论，见第 26 章）。Verplanken

等（2006）将这种策略的结合称为“下游加语境变化”干预。Fujii 等（2003）发现，限时免费公交卡在这种干预措施实施之后的一个月提高了公交的使用率，但是仅针对的是在干预期间强化公交使用习惯的参与者。这表明免费公交卡可能为尝试除驾车外的其他出行方式提供了机会。如果在这个试验期间出现了积极的体验，而且行为不断结合到日常生活中，那么就可以形成信息，从而导致持续的干预效果。

但是，在干预环境中，难以实现基本的情景变化。因此，多名作者研究了人们生活中自然发生的行为变化对习惯强度的影响，导致这种自然发生行为变化的原因包括前往另外一个地点、承担新工作、退休或者生儿育女等人生大事。这种人生大事打开了基本情景变化的机会之窗，可能会降低习惯强度。Klöckner（2004）发现，人生大事对出行方式选择的变化产生了显著影响，在人生大事发生之后的有限时期内降低了习惯强度。Davidov（2007）和 Bamberg（2006）的研究表明，搬家可以消除现有的用车习惯，使人们更容易接受干预措施，从而形成乘坐公交车的习惯。在一项大型的田野试验中，研究者发现促进 25 项可持续行为的干扰措施对于过去 3 个月里搬家的居民而言，要比没搬家的控制组更加有效果（Verplanken and Roy，2016）。第一种消除习惯的策略的另外一种变化形式就是防止实施习惯行为。Fujii 等（2003）的研究表明，驾车者在为期 8 天的高速路封闭措施期间（这就使习惯性的驾车行为难以实施）选择公共交通工具之后，即使在一年之后也会继续频繁地选择公共交通工具。高估公共交通出行时间的经常驾车的人在高速路封闭期间纠正了对出行时间的估算，因为他们亲身体验到了公共交通工具的便捷（Fujii et al.，2001），这表明有限时期内的强制性行为的变化可以提供纠正误解的机会，从而促进可持续的行为变化。

另外一种消除习惯的策略就是采用执行意图。目标意图是指人们想要实现某个目标（“我想要回收利用废纸”），而执行意图包含有关实施预期行为的时间和地点的具体计划（“下一次，我阅读了报纸之后，会直接把它放进回收垃圾箱”）（Gollwitzer，1999）。通过形成执行意图，情景暗示（阅读报纸）和相关行为之间就会在一个有意识的行为中形成关联。这种关联被认为在遇到暗示后自动起作用。因此，执行意图可以被认为是习惯的敌手，因为它们在相同的自动性水平上起作用。Holland 等（2006）发现，执行意图有效地降低了习惯强度对于参与办公室环境中的废纸回收的重要性。

24.6 小结

本章中，我们指出，环境行为的许多方面都受到自动过程的控制。通过成功地重复相同的行为模式，在稳定的环境条件下，人们在选定的情景暗示和行为实施之间形成了自动关联。在这种情况下，不大有可能进行审慎决策，行为也更少受到意识的控制。这意味着，传统干预方法对于这种类型的行为很可能会失效，必须要考虑将情景变化或执行意图达到的习惯失效与传统方法相结合。通过联结主义法和基于脚本法，我们讨论了习惯的两个理论概念、习惯的关键特点以及环境领域中习惯强度的 3 个度量指标。

推荐阅读书目

Aarts, H. and Custers, R. (2009). Habit, action, and consciousness. In: *Encyclopedia of Consciousness*, vol. 1 (ed. W.P. Banks), 315-328. Oxford: Elsevier.

Dahlstrand, U. and Biel, A. (1997). Pro-environmental habits: propensity levels in behavioural change. *Journal of Applied Social Psychology* 27 (7): 588-601.

Neal, D.T., Wood, W., and Quinn, J.M. (2006). Habits-a repeat performance. *Current Directions in Psychological Science* 15 (4): 198-202.

Verplanken, B. and Aarts, H. (1999). Habit, attitude, and planned behaviour: is habit an empty construct or an interesting case of automaticity? *European Review of Social Psychology* 10: 101-134.

Verplanken, B. and Wood, W. (2006). Interventions to break and create consumer habits. *American Marketing Association* 25 (1): 90-103.

思考题

1. 习惯行为的特征是什么？列举可能具有习惯性的积极和消极环境行为的例子。
2. 习惯行为为什么与非习惯行为不同？
3. 如何通过理论描述习惯？
4. 如何度量习惯？习惯度量中面临的难题是什么？
5. 描述用于改变习惯行为的一些策略。

25 环境心理学在拉丁美洲的发展

Javier Urbina-Soria（墨西哥国立大学）
Emilio Moyano-Díaz（智利塔尔卡大学）

25.1 引言

拉丁美洲的环境心理学在环境问题及其对人类行为、健康和福祉造成日益显著影响的情况下，以及拉丁美洲社会对改善环境条件的要求下逐渐受到重视。然而，其重要性并没有在整个拉丁美洲区域得到统一的提高。这一章节包含了用语境分析和文献回顾来描述拉丁美洲环境心理学研究的主要话题和关键特征。我们的主要目的是为该地区环境心理学未来的发展提供概述。

25.2 拉丁美洲的背景

拉丁美洲大陆地区由北美洲、中美洲和南美洲的 20 个国家组成，面积达 2 000 万 km^2，居民超过 6 亿人。地理意义上，拉丁美洲从墨西哥（北美洲的一部分）开始，延伸覆盖了 7 个中美洲国家和 12 个南美洲国家以及 20 个位于加勒比海的岛国。

拉丁美洲国家存在经济增长参差不齐（相比其他国家的可观增长，人均收入水平较低）和巨大的不平等性（2014 年，拉丁美洲 10%的最富有的人口拥有该地区 71%的财富）（Barcena Ibarra and Byanyima，2016），以及低经济发展水平（贫困水平高、教育质量低下、失业率高以及住房短缺和恶化）等问题。尽管如此，拉丁美洲人民的幸福度和满意度水平相对较高，尤其是在哥斯达黎加和哥伦比亚（Diener，2011）。

拉丁美洲拥有广泛而丰富的生态系统（包括南极洲地区、沙漠和海岸线），拥有丰富的自然资源和地球上最高的生物多样性。但也有 2 个人口超过 2 000 万的大都市地区（墨西哥城和圣保罗），以及 2 个人口超过 1 000 万的城市（里约热内卢和布宜诺斯艾利斯）。这些人口稠密的地区导致了从农村向城市的大量移民，以及诸如恶劣的卫生服务和小型社区中缺乏通信手段等问题。

拉丁美洲面临的重要问题之一是多民族和多语言环境（仅巴西就有 192 种语言，墨西哥有 69 种语言），继而从该地区的原住民历史和欧洲背景中衍生出的各种价值观，塑造出一种混合文化，呈现出强烈的本土特征。与此同时，全球化进程带来了拉丁美洲根本性的变化。宗教、社区，特别是家庭和集体主义传统仍然是大多数人的核心价值观，而越来越多的人正在向更加个人主义的生活方式转变。这些相互矛盾的价值观对心理过程和环境行为有着巨大的影响（见第 17 章）。

价值观的多样性也导致了意识形态的多样性，又反过来产生了差异，例如，在环境信仰方面（Moyano-Díaz et al.，2015）。因此，第一个对应的方面是，拉丁美洲在设计有关环境行为的研究和项目时应当考虑到意识形态的差异。有如下两个原因：首先，已经建立起的适用于北欧或地中海人口的心理结构可能不适用于拉丁美洲世界；其次，将其他语言开发的工具翻译成西班牙语、葡萄牙语或拉丁美洲区域内数百种语言的任何一种都不容易。因此，必须要满足种族心理测量学（Reyes，2010）的要求，加强用于测量常用心理结构（如态度、规范和感知）工具的信度和效度。

由于语言的障碍，只有少数拉丁美洲的心理学家用英语发表论文，并且大部分论文并没有编入索引。该领域的许多数据都是完全采用西班牙语（Corral-Verdugo，2010；Granada，2002；Guevara and Mercado，2002；Ortega-Andeane et al.，2005；Urbina-Soria and Martínez，2006）或葡萄牙语出版（Pinheiro，2003）。此外，大多数由公立和私立机构资助的研究并没有对外公布（Moreno and Urbina-Soria，2008；Urbina-Soria et al.，2010）。由于这些原因，本章节综合了对这类研究的分析，以便对拉丁美洲从开始到近年来的研究工作提供一个包容性的看法或观点。

25.3 拉丁美洲环境心理学回顾

虽然已有其他关于拉丁美洲环境心理学重要性的回顾，例如，墨西哥的环境心理学（Montero y López Lena，1997；Urbina-Soria and Ortega-Andeane，1991），以及巴西的环境心理学（Pinheiro，2003），但只有两篇综述涉及整个拉丁美洲的环境心理学。

30 多年前，出现了第一篇从拉丁美洲的角度对环境心理学的描述（Sánchez et al.，1987）。10 年后，出现了第一篇对拉丁美洲研究的综述。这篇题为《拉丁美洲的环境心理学：危急情况下的努力》（Corral-Verdugo，1997）的综述文章被收录在《环境与行为》的特刊中。其中一些话题包括圣保罗小学和中学的入学后评估、墨西哥社群中的重复利用和回收理念与回收行为之间的关系、加拉加斯的贫民窟房屋的意义构建。

后来，在 2009 年，第二篇综述发表，确定了拉丁美洲研究的主要主题（Corral-Verdugo and Pinheiro，2009）。这篇综述并没有只关注具体的主题，而是确定了与环境和环境行为（变化）相关的基本心理过程，比如情绪、感知和认知、环境态度和价值观、社区环境、环境行为、住房、城市压力因素（噪声和交通事故）。在比较拉丁美洲环境心理学这些基本评论时，我们注意到有两大主要发展：第一，当比较 1987 年和 2009 年发表的评论中识别的主题数量时，可以看出，拉丁美洲的环境心理学在不断发展，而且正在研究的主题范围也更加广泛；第二，我们还可以看到，除了重视本地区的问题之外，全球环境可持续问题也日益受到拉丁美洲的重视。

25.4 拉丁美洲环境心理学的近期发展

为了分析拉丁美洲环境心理学领域的发展，我们在 ISI 科学网收录的 1971—2015 年的期刊中检索了一位或多位拉丁美洲作者发表的与环境心理学有关的出版物。此外，为了获得一个出版物、论文和其他非索引文献的具有代表性的样本，我们请拉丁美洲环境心理学网络（西班牙语缩写：REPALA）的成员和美洲心理学学会环境心理学工作组的成员给我们发来了他们最具代表性的环境心理学研究论文的简短描述。我们获得了 150 多篇论文和文章，大多数是提供了数据或者确认有关环境或人口（从大学生到一般民众）的特定假设或更广泛假设的实证论文。知识点 25-1 提供了我们基于此次检索得到的主要研究主题的汇总。虽然这些结果为该领域近期的发展提供了一次很好的探索过程，但不清楚这类研究的结果能被其他群体或一般人群推广到什么程度。我们应该明晰的是，因为许多研究仅限于大学生样本，在未来有必要使用更广泛、更具代表性和多样性的样本。

知识点 25-1　拉丁美洲环境心理学研究主题综述

环境质量：环境质量评估、乐观、责任、环境影响、健康的环境、森林保护区环境质量评估、景观质量、环境压力、环境设计的认知、生活质量、水质、康复性环境、空间管理、空间句法、环境行为、气候变化、环境教育及其影响。

认知过程：环境意义、环境偏好和动机、环境评估、环境认知、环境风险认知、媒体环境的代表性内容、水质认知、占用空间。

感受、情绪和归因：情感、内疚、快乐、身份、认知的责任、认知的脆弱性、环境威胁感知。

住房：地方依恋、宜居性、生活区、居住美学、居住环境、居住家具、居住满意度。

态度和信念：环境态度、环境信念、因果归因、环境规范、计划内行为理论、个人规范、价值导向、意识形态、态度和环境保护行为。

特定行为：儿童玩耍、儿童环保行为、学前班的空间占用、南极环境适应、反社会行为、保护行为、环境风险应对、环境行为、环境有害行为、违反规范、环保能力、循环回收、居住用水、住宅水消耗、重复使用、可持续行为、交通违规行为、选择自行车交通方式。

特定环境：教室、学校、城市公园、广场、住宅单位、森林保护区、城市。

本地环境关切：空气质量、废物控制、环境风险、废物产生、废物管理、水资源保护、水资源消耗、气候悲观主义。 全球环境关切：全球环境变化、气候变化和动机、可持续性。 其他：环境教育、社区意识、健康、入住后评估、时间视角、交通事故。

在最初几年里（1985—2000 年），研究重点在于人类与建筑环境的相互作用，解决诸如环境满意度、环境评估、环境影响和环境压力等问题。近年来，虽然人们依然着眼于与环境意义、方向、感知和评价有关的认知和情感过程，但特定的主题已经拓展到如在南极区等极端环境中长期停留（Zimmer et al.，2013）、生活居住区的设计（Mattos and Pinheiro，2013）、地方依附等（Felippe and Kuhnen，2012）（见第 14 章）。

过去几年里，重点已从研究与建筑环境的相互作用转变为与自然环境有关的主题，诸如对自然环境的感知、利用和管理（Bustos et al.，2005；Corral-Verdugo et al.，2002；Mocelin Polli and Vizeu Camargo，2015），全球环境变化的心理维度（Urbina-Soria and Martínez，2006），生态行为（Pato et al.，2005），可持续性（Corral-Verdugo et al.，2010；Páramo et al.，2015），环境偏好（Sánchez Miranda et al.，2012），自然保护区环境质量评估（Granada and Molina Cortés，2015），自然灾害的影响如土地滑坡（Landeros-Mugica et al.，2015），以及地震和海啸（Díaz et al.，2012）。城市流动和交通也成为人们日益关注的话题，包括交通系统化（Günther and Neto，2015），违反交通规则意图（Moyano-Díaz，2002），城市机动化出行的八种模式评估（Urbina-Soria and Flores-Cano，2010），智利和巴西公民的行人行为的比较风险（Moyano Díaz et al.，2014），以及自行车在城市空间的使用（Olekszechen et al.，2016）。

除此之外，我们还找到了关于医疗保健和康复性环境的研究（Ortega-Andeane and Estrada-Rodríguez，2010），以及环境健康的研究（Valadez and Landa，2007）。尽管这一话题在早年的研究中很重要，但研究重点已从环境条件对福利的消极影响转变为环境条件的积极影响以及对环境行为的理解和改变。对环境行为的积极影响的关注体现在诸如康复性环境（见第 7 章）以及环保行为的执行满足感等主题中。

25.5 拉丁美洲研究发展面临的关键问题

在限制拉丁美洲环境心理学发展的因素中，3 个突出的因素是：①拉丁美洲研究人员之间以及同其他地区研究人员之间缺乏协作；②用西班牙语或葡萄牙语出版发表的困难；③研究生的学习机会有限。

25.5.1 缺乏协作

尽管拉丁美洲环境心理学家和其他纬度同事之间的合作一直在增加，但这种合作依然处于较低水平。例如，在 *Scopus*、*Scielo* 和 ISI 索引期刊中，相对较少的研究是由拉丁美洲和其他地区的研究者联合发表的。在文化、经济、意识形态和社会多样性的背景下，评估环境心理学每一个子领域中潜在心理结构的相关性和适用性是一个很好的机会领域。在创造有关结果和观点在何处汇合和分歧的知识方面，共同努力的成果将是非常宝贵的。这种合作可以成为大大推动来自拉丁美洲不同国家以及来自其他区域和大陆的研究人员之间研究工作的重要因素。

25.5.2 用西班牙语或葡萄牙语推广的低可能性

越来越多的拉丁美洲环境心理学家在以英语语种的国际期刊上发表论文，但更多人则出于语言原因没有发表。显然，如果拉丁美洲心理学家与英语国家的接触增多，在书籍和期刊中的参与感也会更强。促进国际合作出版的另一种可能性是创办以环境心理学领域为重点的拉丁美洲学术期刊，这将有助于在拉丁美洲区域环境心理学方面建立相似性和差异性。环境心理学杂志 *Psico*（De Campos and Bonfim，2014）就是一份值得高度关注的出版物，其中包含了巴西、阿根廷、委内瑞拉和西班牙在该领域的大量论文。

25.5.3 环境心理学的学术培训

与其他地区的国家相比，拉丁美洲的大多数研究环境-行为交互作用的研究人员没有受过环境心理学的培训。例如，目前只有墨西哥国立大学有一个专门的环境心理学硕士学位和一个研究环境心理学的博士项目（这两个项目都被认为是优秀的研究生课程，确保了所有被录取的申请人都能获得奖学金）。除此之外，还没有其他拉丁美洲的大学设立环境心理学相关的学士、硕士或博士项目，环境心理学的研究生课程、研讨会或培训班往往是孤立地提供。当然，其他国家的大学开设正规环境心理学或其中一个子领域的研究生课程的做法是可取的。如果没有这样的机会，这个领域就得不到充分的发展。不幸的是，想要开设这样的课程，必须首先要使大学和政府部门相信培训环境心理学家以帮助分析和解决环境-行为交互作用问题的潜在好处。我们需要明白：尽管环境问题不能用心理学或社会科学来解决，但离开了心理学和社会科学，这些问题更将无法得到解决。

25.6 小结

拉丁美洲在自然资源和文化因素方面都是一个极为丰富和多样化的地区，它结合了原住民和欧洲国家的遗产，形成了一个宝贵的组合。同世界其他地区一样，拉丁美洲目前正在经历环境变化（过度使用资源和自然资源的减少）以及社会人口（迁徙和生活方式）的变化。这强调了环境心理学家有必要将其专业和研究集中在保护自然资源、改善建筑环境以及有助于环保生活方式的心理过程上。

从本章的分析中我们可以得出：①环境心理学工作自20世纪80年代开始有了长足的发展；②最初的研究主要集中在建筑环境，而目前大多数研究则与自然环境和可持续性有关；③对已有研究的系统回顾表明，最初的研究集中于环境条件对行为和福利的消极影响，而最近的研究更着重于与积极影响的结合；④我们所关心的问题最初仅限于当地秩序的各个方面，而现在也包括了全球问题。

限制拉丁美洲区域环境心理学发展的因素：①该区域环境心理学家与其他地区研究者之间缺乏协作；②不是所有的研究成果都得到了发表，主要是语言原因；③在拉丁美洲的大学很少有机会进行环境心理学的研究生项目学习。因此，显然应当采取主动措施来加强拉丁美洲和其他地区环境心理学家的合作，为在 *Scopus* 等三种期刊的发表提供更多选择或创办该领域的拉丁美洲期刊，设立环境心理学的正规研究生课程。

推荐阅读书目

Corral-Verdugo, V., & Pinheiro, J. (2009). Environmental psychology with a Latin American taste. *Journal of Environmental Psychology*, 29, 366-374.

Díaz-Loving, R. (2000). An historic psycho-socio-cultural look at the self in Mexico. In: *Indigenous and Cultural Psychology. Understanding People in Context* (ed. U. Kim, K. Yang and K. Hwang), 315-325. New York, NY: Springer.

思考题

1. 拉丁美洲环境心理学发展过程中的主题变化是什么？
2. 从知识点 25-1 中选择 3 个你认为应该用拉丁美洲城市和欧洲城市的比较法来研究的主题，并解释你选择的原因。
3. 将墨西哥城城市中心区的居民人数（约 2 000 万）与瑞典、荷兰、希腊、奥地利或葡萄牙的总人口进行比较，并就环境问题对生活质量的影响提出结论。
4. 拉丁美洲环境心理学的发展有 3 个关键问题，你认为哪一个最重要？为什么？

第Ⅲ部分

鼓励环保行为

26 鼓励环保行为的信息策略：改变知识、认知及态度

Wokje Abrahamse（新西兰惠灵顿维多利亚大学）
Ellen Matthies（德国奥托·冯·格里克大学）

26.1 引言

自20世纪70年代以来，社会和环境心理学者就已经检验了在各种不同的鼓励下人们采取环保行为的方式，由此来减少人类行为对环境的影响，如化石燃料消耗和气候变迁。但是，现在的全球形势表明，我们对环境的影响仍然是个值得思考的问题：使用化石燃料产生的二氧化碳在过去的10多年里持续增加（Field et al.，2014）。在前面的章节中，各种方法和模型被用来描述和解释环保行为，同时也探讨了行为产生的环境影响。在这一章中，我们将聚焦在行为改变的策略上，因为在过去的30多年中已经探讨了很多，存在的问题就是，这些研究教会了我们什么，或许更重要的是如何改善这些研究基础来促进环保行为的变化。

促进行为变化的干预措施可以分成两类（Steg and Vlek，2009）：信息策略（informational strategies）的目的是改变知识、意识、规范和态度（例如，一些提升循环利用意识的组织）；结构策略（structural strategies）的目的是改变行为决策做出的具体环境（例如，采用循环利用的设施）。本章，我们聚焦在信息策略上，其也被称为软方法，与硬方法不同，用的是激励和技术变化（见第27章和第28章）。首先，我们会概述一些关于干预研究的基本原则；其次，对信息策略研究的概述：信息提供、目标设置、承诺、提示和反馈；最后，我们将对未来的研究提出展望。

26.2 干预：从研究到实施

在实施干预之前，需要仔细地计划（Gardner and Stern，2002；Steg and Vlek，2009）。以下几点是非常重要的：

第一，目标要设为那些能够显著改善环境状况的行为。虽然在商店拒绝使用塑料袋是有意为之，但是与购买当地生产的食品而不是从国外进口的食品相比较，其影响较小。较

理想的状态是关注那些环境影响相对较大的行为。

第二，干涉是要基于理论的。使用理论驱动的方法非常重要，因为它不仅为理解和改变影响环境的行为，同时也为较好地评价提供了有力支持。对于这里谈到的五种信息策略中的任何一种，其背后的理论假设我们都会探讨。

第三，要恰当地评价干涉的最终影响。理想状况下，有关干涉的研究应该包括在实施干涉之前和之后的目标行为的测度，被称为测试前或测试后的设计，以及没有被干预的控制组。这样，就可以检测到结果测量的变化，同时也可以与通常情境相比较。此外，测量与行为决策相关的因素也很重要（例如，知识、态度），因为这有助于解释一项干涉是否有效背后的原因。例如，能源保护组织改变行为失败的原因也许是因为人们已经有了如何节约能源的知识。

26.3 信息策略

在这一节，我们会讨论如下的信息策略：信息提供、目标设定、承诺、提示和反馈。我们选择这些策略主要是因为它们在文献中用得最多（系统的综述和数据分析见 Abrahamse et al.，2005；Möser and Bamberg，2008；Abrahamse and steg，2013；Osbaldiston and Schott，2012）。

26.3.1 信息提供

信息提供应该是促进行为改变的策略中使用次数最多的。有两种不同的信息：关于环境问题的信息，以及如何帮助人们采取措施来解决这些问题的信息。信息提供的基础是知识-逆差模型（knowledge-deficit model），其假设是人们不了解一个特定的环境问题，或者是他们不清楚该如何解决这个问题（Schultz，2002）。信息提供的目的就是克服这种知识逆差。

现有的研究表明信息本身是不会产生任何影响的（Schultz，1998；Staats et al.，1996）。Staats 及其同事（1996）的研究评价了一个荷兰的大众传媒组织，这个组织关注的是如何提升关于全球变暖的认知，以及人们应该采取什么样的行动。测试前和测试后的问卷调研表明关于全球变暖的知识是增加了，但是行为变化并没有发生。

促进行为变化的一种更有效的策略是定制化信息（Abrahamse et al.，2007；Daamen et al.，2001；Winett et al.，1983）。定制化信息旨在根据个人的特点影响特定的人或人群（Kreutter et al.，1999）。工作场所中实施的一项研究（Daamen et al.，2001）发现，与非定制化信息相比，定制化信息能够更有效地鼓励员工参与降低油污染的行为（比如检查油管是否漏油）。

通过模范（实施建议行为的其他人）传达的信息可以作为另外一种有效的信息策略（Sussman and Gifford，2013）。这种策略以班杜拉的社会学习理论（1977）为基础，认为人们通过观察其他人的行为来推论在特定情形中如何行动。

规范信息（有关其他人的观点或行为的信息）可以有效促进环保行为（Cialdini，2003；Cialdini et al.，1991）（见第 18 章）。这种干预是基于社会规范理论的观点。比如，Goldstein

等（2008）实施的一项研究发现，当给酒店住客提供描述性的规范信息（有关其他许多住客如何重复使用毛巾的信息）时，与酒店中常用的标准环保提示相比，住客会更加频繁地重复使用毛巾。

看来，信息本身无法非常有效地促进行为变化，还必须要将信息与其他干预措施相结合（Gardner and Stern，2002）。当信息被定制时，当信息通过模范传达时，或者当提供有关其他人行为的信息时，信息会变得更加有效（Abrahamse et al.，2005）。

26.3.2　目标设定

这种干预方法以目标设定理论为基础，该理论认为，个人行为具有目标导向，而且对达到一个具有吸引力的目标的预期会激励个人行为（见第 22 章）。目标设定在目标较高而且又切合实际的时候最有效（Locke and Latham，1990）。此外，目标应该明确，且能够在短期内实现。

Becker（1978）研究了目标设定和反馈（见 26.3.5）在鼓励家庭减少能耗中所起的作用。他设定了难度不同（节约 20%的能源和节约 2%的能源）的降低能耗的目标，并将其与反馈或没有反馈相结合。目标设定只有在与反馈相结合的时候有效，而且只对于设定了高节能目标（20%节能）的群体有效（这个群体实际上实现了 15%的节能）。

目标设定似乎在与其他信息策略相结合时更加有效。早期研究主要着眼于个人目标的制定，而近期的干预计划实际上包含了群体目标的制定（见知识点 26-1）。

知识点 26-1　结合群体目标和奖励的成功干预计划

欧洲的能源干预计划节能社区中实施了群体目标制定策略（Merziger and Neumann，2010）。该计划要求家庭群体（所谓的节能社区）将能耗总体上减少 8%或以上（这个目标与欧盟二氧化碳总体减排 8%的目标挂钩，该减排目标将在 2010 年之前实现）。节能社区由所谓的节能大师支持，节能大师是来自参与该计划的家庭的志愿者，他们获得过专门的培训，能够帮助其他家庭实现节能。在为期 6 个月的竞赛期间达到 8%群体目标的社区获得了奖励（比如羊毛毯子和灯泡）。总体而言，欧盟 9 个成员国中大约有 600 个社区参与了该计划，约 60%的社区能够达到或超过 8%的节能目标，每个家庭的平均节能率达到 11%。

所谓的执行意图能够增强目标设定的作用。执行意图（implementation intentions）是实施计划，列出了必须实现特定目标的时间、地点和方式（Schweiger Gallo and Gollwitzer，2007，p. 37）。一系列研究表明，执行意图可以有效地鼓励各种环保行为（Bamberg，2003）（见第 30 章）。

26.3.3 承诺

在承诺式干预措施中，个人或群体需要签署改变行为的保证书（承诺书）。可以认为，承诺通过减少认知失调（cognitive dissonance）（Festinger，1957）来影响行为变化。认知失调是指当一个人的信念或态度与他的行为不一致的时候产生的紧张感（比如，我承诺做这件事，但是我没有履行我的承诺）。承诺法通常与其他信息策略（比如，目标设定）以及奖励相结合（Banchmann and Katzev，1982；Matthies et al.，2006）。

Matthies 等（2006）运用承诺和奖励相结合的方法来鼓励习惯开车的人尝试公共交通工具。只采用奖励法的群组中的参与者每人获得了1张免费公交卡。只采用承诺法的群组中的参与者被要求承诺尝试他们选择的至少1项活动（在10项建议活动中选择，包括使用公共交通工具）。在第3个群组中，承诺与免费公交卡相结合。第4个群组没有受到任何干预。所有干预群组与基本水平相比都增加了公共交通工具的使用，而对照组在公共交通工具的使用上没有发生变化。在一项后续研究中（12周以后），只有承诺群组（只采用承诺的群组以及承诺与免费公交卡相结合的群组）更加频繁地尝试了公共交通工具。

承诺需要投入相对大量的时间和资源，比如，当需要单独联络每一个人的时候。而且，当并不是每一个参与者都愿意按照研究计划签署承诺书时，这些参与者往往被排除在研究范围之外。这些参与者很有可能不太愿意改变行为，这就可能导致高估承诺的作用（但是这些参与者没有被排除在研究之外的情况除外）（Matthies et al.，2006）。

26.3.4 提示

自从干预研究初期，人们就一直采用提示法来促进环保行为。提示法运用简短的书面留言或者标志来引起人们对特定情形中的特定行为的关注。提示是简单的提醒，提醒人们妥善地行为，比如，避免乱丢垃圾或者在离开房间后一定要关灯（例如 Sussman and Gifford，2012）。通过运用提示，人们假定目标群组已经具有了积极的态度或者有意愿来实施相关行为，但是所处的环境中缺乏暗示。因此，提示可以被认为否决了问题行为的自动诱发（见第24章）。根据提示的具体内容，提示可以被认为直接传达了惩罚或奖励（比如，感谢你不乱丢垃圾），这种奖惩可以与行为主义法挂钩（Bell et al.，2001）（见第27章）。

Austin 等（1993）运用提示（象形图）来鼓励人们循环利用和正确处理垃圾。这种提示在直接张贴在垃圾桶上的时候可回收垃圾和不可回收垃圾的正确处理率分别提高了54%和29%。当研究者将提示贴在距离垃圾桶4米远的位置时，垃圾正确处理率只提高了19%，这表明，提示在被直接放置在将要实施正确行为的位置时会特别有效。

一直以来，研究者认为提示法只有微弱的短期效果（Bell et al.，2001）。提示主要对于不太复杂的行为有效果，而且主要在用语礼貌、及时放置在适当的位置上的时候有效果（Geller et al.，1982）。

26.3.5 反馈

反馈是指给予人们有关他们的绩效的信息，比如，节能或循环回收的材料数量。根据反馈干预理论（Kluger and DeNisi，1996），反馈之所以影响行为是因为它让人认识到特定结果（如节能）和实现该结果所必需的行为变化（如关灯）之间的关联。反馈越频繁往往就越有效（Abrahamse et al.，2005）。比如，在家中使用能源显示屏的研究发现，这类连续反馈比不经常（每月）反馈更加有效（Van Houwelingen and Van Raaij，1989）。

还有研究探讨了如何更有效地将反馈信息传达给家庭。在 Asensio 和 Delmas（2015）的研究中，洛杉矶的家庭收到了他们的能源消耗反馈。反馈的内容要么是财务方面（上周，你们多用了 66%的电，在一年之内，这将额外花费你 34 美元），要么是公共健康方面（上周，你们多用了 66%的电，这增加了 610 磅的空气污染物，这些污染物会对人们的健康造成影响，比如儿童哮喘和癌症）。研究发现，与对照组相比，公共健康方面的反馈导致平均节约能源 8%，而财务方面的反馈导致增加约 4%的能源消耗。这表明，经济并不总是行为改变的主要动机。此外，呼吁对公众健康的影响可能会更有效——特别是在公众健康问题很严重的地方（如洛杉矶）。

反馈似乎是促进行为变化的有效途径（Abrahamse et al.，2005）。但是，因为反馈往往与其他策略（比如信息、目标设定）结合使用，所以有时候并不清楚反馈的独特贡献究竟有多大（Abrahamse et al.，2007；Staats et al.，2004；可参见 Karlin et al.，2015 了解反馈贡献的元分析结果）。

26.4 干预研究：一般问题

有关干预研究以及信息策略应用的几个问题在这里有必要谈一下。在接下来的一节中，我们将着重阐述 4 个关键问题。

第一，正如本文其他地方所提到的（Abrahamse et al.，2005），人们对干预的长期影响及其成本效力不太了解。由于时间、资源或其他方面的限制，许多研究都没有在更长的时期内监测干预的作用。但是，必须要确定在终止干预措施后是否保持了行为变化。

第二，干预研究往往是以行动为基础，似乎缺乏作为促进环保行为的基础的连贯理论。为了进一步加深对信息策略和行为变化的理解，必须要阐明有关干预的作用原理、干预起作用的语境以及干预最适合的行为类型的基本理论假设。这些因素应该作为评估的一部分被系统化地记录下来（例如 Matthies et al.，2006；Staats et al.，2004）。

第三，与其他专业的合作也很重要，而且也是为（未来）信息策略有效性研究奠定基础所必需的。比如，环境科学家可能会表明，行为变化在哪些情况下能更有效或者不太有效地降低环境影响（如降低温度调节器的设置与关灯）。

第四，用于促进行为变化的信息策略往往只是环境问题解决方案的一部分。在需要改变行为的大多数语境中，更有效的方法可能是将信息策略与结构策略（如定价策略，见第27章）相结合，可以通过不同方法的结合来促进环保行为。

26.5 小结

本章我们讨论了5种用于促进环保行为的信息策略：信息提供、目标设定、承诺、提示和反馈。这些策略的成功程度存在差异。信息的提供导致了意识的提高，但是不一定导致行为变化。但是，当信息被定制化时，当通过模范传达时，或者当提供有关其他人的行为信息时，信息就会更加有效。目标设定和承诺通常成功地促进了行为变化，尤其是在与其他干预措施相结合的时候。提示似乎也有效，但主要针对的是相对容易的行为。提供反馈（尤其是频繁反馈）是促进行为变化的有效干预措施。在本章的最后一部分，我们讨论了对于干预研究至关重要的4个问题。第一，对干预措施的长期效果的认识是促进和保持长期行为变化的关键。第二，理论见解是（更好地）认识和改变重大环境行为的关键。第三，必须要与其他专业合作，开发有效的环境干预措施。第四，因为环境问题是多方面的问题，所以信息策略需要与结构干预策略相结合，以鼓励人们选择更加环保的生活方式。

推荐阅读书目

Gardner, G.T. and Stern, P.C. (2002). *Environmental Problems and Human Behavior*. Boston: Allyn & Bacon.

Geller, E.S. (2002). The challenge of increasing proenvironment behavior. In: *Handbook of Environmental Psychology* (ed. R.G. Bechtel and A. Churchman), 525-540. New York, NY: Wiley.

Lee, N.R., Lee, N., Schultz, P.W., and Kotler, P. (2011). *Social Marketing to Protect the Environment: What Works*. London: Sage.

思考题

1. 设想一所想要实施废纸、废玻璃和罐头回收计划的大学或其他大型组织。你会为这所大学或组织推荐哪些信息策略来促进回收行为的普及，为什么？

2. 你如何设计一项评估，以检验你推荐给这所大学或组织的促进回收行为的干预措施的有效性？

3. 干预研究为什么必须要以理论为基础？

4. 说出政策制定者设计促进变化的干预计划的3个重要元素。

27 通过奖励和惩罚来鼓励环保行为

Jan Willem Bolderdijk（荷兰格罗宁根大学）
Philip K. Lehman（美国塞勒姆退伍军人医疗中心）
E. Scott Geller（美国弗吉尼亚理工大学）

27.1 引言

上一章介绍了信息策略如何促进环保行为，但仅仅提供信息很少能够促进行为变化（Bolderdijk et al.，2013a）。人们往往固守已有的行为模式，尽管他们认识到对环境的消极后果以及存在的可替代选择（比如有机产品、公共交通）。那么，人们为什么保持破坏环境的行为呢？我们如何减少这种不理想行为的发生并且提高环保行为的频率呢？根据应用行为分析（参见 Geller，2016），为了改变行为，必须要分析和改变行为的后果。

27.2 后果分析

思考你当前的行为，是什么促使你翻开这本书、翻阅有时难以理解的内容并且试图理解它？我们认为你的行为在一定程度上受到一种或多种后果的驱使。对于你们中的一些人，后果可能就是收集信息用于写作论文或者取得良好的考试成绩。其他人可能是为了更加崇高的后果阅读这本书：为了获得解决环境问题的知识，或者就是为了进一步学习环境心理学。希望你不是为了催眠的目的阅读这本书（如果你不知道“催眠”这个词的意思，并且想要查出这个词的意思，你可能是为了降低好奇心这种唤醒状态而这样做）。

你现在可能意识到，几乎所有的行为都由其后果决定。正如试验和应用行为分析创始人 B.F. Skinner（1974）所提出的，人们是因为对后果的期望而被驱使着做各种事情。换句话说，我们的行为是为了获得积极的后果或者避免消极的后果。此外，我们重复那些导致积极后果的行为，避免导致消极后果的行为。这种非常简单的想法是旨在通过奖惩来改善环境行为的干预措施的理论依据。

虽然应用行为分析表明，行为受到后果的控制，但是它也表明了环境中刺激物的重要性，它昭示了结果出现的可能性，从而将行为引向理想的结果。因为这些刺激物是行为的前提，所以它们被称为先例。“先例→行为→后果”序列被称为三项权变模式或ABC模式，它是许多旨在改善环境行为的干预措施的理论依据。

三项权变模式提出了促进环保行为的两种基于行为的方法。一种就是引入或者强化一些宣布环保行为的积极后果或者破坏环境行为的消极后果的可获性的先例。另一种（或者作为补充干预措施）可以为环保行为引入新的积极后果（奖励），或者为破坏环境行为引入消极后果（惩罚）。

饮料瓶回收计划就是这个三项权变模式的一个现实例子。在这个例子中，先例是饮料瓶上的广告信息，广告的内容是饮料瓶可以换钱。当人们实施厂商期望的行为时（在指定地点退还饮料瓶，而不是随手扔进垃圾箱），他们就可以获得小额的经济回报（见知识点27-1）。

知识点27-1　饮料瓶换钱

1971年，俄勒冈州首先颁布了饮料瓶法案。该法案规定为退还的饮料瓶、饮料罐和其他饮料容器提供5美分的让利。在该法案颁布实施后，90%的饮料容器被回收，从而大大降低了饮料瓶的浪费率（Oregon Department of Environmental Quality，2004），提高了饮料容器的回收利用率并且促进了资源节约。现在，该法案被认为是环境管理领域的成功案例之一。遗憾的是，美国50个州中只有10个州颁布了这样的法律。

饮料瓶换钱的例子提供了设定额外条件的机会。承诺为期望的行为带来好结果的先例被称为“奖励”。相比之下，规定不期望的行为会造成坏结果的先例（比如规则和政策）被称为“惩罚”。关于惩罚的一个例子是超市里对塑料袋收费，由此减少了消费者对塑料袋的需求（Jakovcevic et al.，2014）。

当后果导致行为的频率、持续时间或强度增加时，后果被称为“强化物”。研究表明，返利强化了回收饮料瓶的行为（Levitt and Leventhal，1986）。相比之下，导致行为减少的后果被称为“惩罚因素”。减少饮料瓶浪费的另外一种措施就是按重量对垃圾回收收费。这一策略可能惩罚了将饮料瓶扔进垃圾桶的行为，从而增加了回收饮料瓶的行为。但是，如后文所述，依赖惩罚措施来改变行为的做法存在重大的风险。

在继续讨论应该如何呈现后果之前，必须要注意的是，并不是所有的后果都是平等的。一般而言，很快会发生的确定后果比很久之后才会发生的不确定后果的作用更大（Geller，2016）。遗憾的是，破坏环境行为的许多令人愉快的后果都属于很快就会发生的确定后果。比如，食品消费。虽然环保的食品选择往往要求人们购买本地生产的食品，但是快餐店的芝士汉堡的可以立即得到的特点可能比在本地农贸市场购物然后回家做饭的这一耗时费力的想法更具有诱惑力。同样，当我们选择驾车上班而不是骑自行车或者乘公交车上班时，立即获得的确定的舒适、高效和便利后果可能会让我们忘记我们的行为对全球变暖这个遥远而且不确定的后果的影响（Van der Linden et al.，2015）。

27.3 自然后果和额外后果

虽然我们认为所有行为都是由后果决定的，但是你可能会意识到，强化物并不会从天而降。每次你做正确的事情时，并不会有人跟在你的左右，每天为你发放奖励。实际上，对于一些行为而言，后果可能并不明显。思考参与体育运动的例子。世界上只有很少一部分人能够因为体育成绩而获得报酬，但是数百万人仍然会定期参与体育运动，比如慢跑、远足、骑车、足球、高尔夫、网球和篮球。我们经常开展的体育运动和其他许多活动受到自然后果的驱动。

比如，练习投篮的篮球运动员，在一次准确投篮动作中，篮球在空中划出的优美弧线以及篮球落入篮筐所产生的令人满足的沙沙声为投篮者提供了奖励性的反馈，促使运动员重复相同的行为。在不太准确的投篮中，篮球的扁平抛物线以及篮球击中篮筐边缘发出的哐当声提供了纠正性的反馈，引导运动员完善投篮技术，重复投篮行为，直到再次看到篮球划出优美的弧线并且产生令人满足的沙沙声。换句话说，任务自然产生的内在后果本身可以强化行为。

我们对自然强化的讨论对于环保行为是极其重要的，因为这些行为中有许多都不会提供立即的自然奖励。实际上，诸如垃圾回收、骑车和冬天调低空调的温度等行为会比较不便利、耗费时间，而且也会不舒适（Venhoeven et al.，2013）。为了促进缺乏自然强化因素的环保行为的发生，可能必须要增加额外后果（见知识点 27-2）。在下一节中，我们将讨论这种额外后果（奖励和惩罚）如何促进环保行为，包括额外后果非常有效的情况以及奖惩措施实际上会起到相反作用的情况。

知识点 27-2 临时免费公交卡的作用

汽车运输对环境的不利影响已经被人们深刻认识（比如，造成污染物排放和温室气体排放）。政策制定者也因此一直在寻找各种途径来说服驾驶人采用公共交通工具。但是，说起来容易做起来难，因为人们对公共交通工具的态度比对开车出行的态度消极得多（Steg，2003）。然而，正如 Fujii 等（2003）的一项研究所示，这并非没有可能性。

在一次实地试验中，研究人员为驾驶人提供了日本京都市的一个月免费公交卡和公交路线图，驾驶人还完成了有关驾车和使用公共交通工具的态度的问卷调查。研究者发现，这项干预措施起到了作用：免费公交卡将公交车的使用率提高了 20%。此外，研究者还发现，一个月之后，当驾驶人必须要为再次乘坐公交车付费时，许多人仍坚持乘坐公共交通工具。如何解释这个结果呢？

起初，驾驶人对公共交通工具表现出了过于消极的态度。乘坐公交车的体验可能纠正了这种认知：乘坐公交车的实际体验比预期的更加令人愉悦。换句话说，额外后果（暂时减少交通费用）促使驾驶人体验到了意外的自然后果（比如，乘坐公交车时，你可以读书或者放松）。

27.4 何时适用额外后果？

为了确定何时采用额外后果来增加环保行为的频率，需要仔细分析相关行为，运用ABC模型来评估行为所处的语境。这种分析的重点是相关环保行为的先例和后果。

在许多情况下，人们意识到自己的行为破坏了环境，但是仍然继续这样做（见第24章有关习惯的阐述）。在这种情况下，提供信息和指导不会起作用，因为人们已经有意识地实施行为，尽管他们认识到自己的行为对环境有害。但破坏环境的行为的自然后果可能比环保行为的自然后果更加具有激励性。如骑车上下班通常会比开车更加耗费体力，而且舒适度比后者低。因为问题在于缺乏激励，所以需要采用激励性干预（Geller，2002）。激励性干预可通过奖励和激励因素来促进环保行为，或通过惩罚来阻止不环保的行为（两个选项在知识点27-3中做了说明）。

知识点 27-3 通过激励性干预改变驾驶方式

考虑到超速行驶的安全风险和消极环境影响，人们会认为司机松开油门就可以完成相对不费力的行为。然而，大多数司机仍然会存在超速行驶的行为。在这种情况下，需要采用激励性干预措施来改善行为，许多政府似乎都意识到了这一点。当采用移动雷达和固定摄像头来发现和处罚超速司机的时候，往往降低了超速行驶的司机的比例。但是，这些处罚或惩罚措施具有一些局限性。超速行驶的行为通常只有在监测驾驶速度（Hauer et al.，1982）以及司机在离开限速区之后提高速度以补偿损失的时间的情况下才会减少。安全驾驶行为也可以通过奖励或激励策略来促进。在近期的一项研究中，研究者为遵守限速规定的年轻司机提供了保险费折扣。对参与者的GPS数据进行的分析表明，在参与者驶过的所有路段上，超速行为减少了14%（Bolderdijk et al.，2011）。

总之，在采用激励性干预措施之前，必须要认识到人们目前为什么没有实施期望的行为。特别是，增加后果可能是提高环境质量的适当途径，但是前提是，人们知道必要的特定环保行为是什么，而且有能力和机会实施这种环保行为，但是没有充分的动力这样做（参见Geller，2016）。

27.5 应该如何宣布和提供额外后果？

一旦确定了行为变化所需的激励性干预措施后，还需要做出一些额外的选择。你是应该引入积极的后果（奖励和激励）还是消极的后果（惩罚和处罚）？你会使用有形的后果（比如金钱）还是无形的后果（比如反馈）？这些选择很重要，因为这些选择决定了激励性干预措施最终是否能够成功地促进环保行为。

27.5.1 消极后果与积极后果

在运用额外后果时，心理学家通常倾向于采用奖励而不是惩罚，因为消极后果会产生有害的副作用（见知识点 27-3）。惩罚通常导致特定的不期望行为具有更高的实施成本，从而限制了人们行为选择的自由度。这种认知的自由度损失会影响人们以违背预期干预的方式行为，这种过程被称为“心理反作用”（Brehm，1966）或者“反控制”（Sidman，1989）。比如，在荷兰，限制超速的装置往往被愤怒的摩托车车手破坏。同样，人们可能试图逃避惩罚：当垃圾收集按照重量收费时，人们可能倾向于将垃圾非法倒入大海，而不是减少浪费。

此外，惩罚策略会导致对实施惩罚的代理人的消极态度。比如，超速罚单可能会让因为无意超速而被罚款的司机感到恼怒：“交警只是为了赚取外快才对我罚款。”相反，奖励会导致人们对给予奖励的代理人持积极的态度。这些观点表明，公民对政府的认可和信任会因为政策制定者过于依赖消极后果来促进可持续性而减损。但是，如果是这种情况，为什么政府机构会依赖惩罚措施呢？

首先，可能也是最重要的原因，就是奖励会花费成本，而惩罚可以产生收入。其次，奖励之所以不同于惩罚，是因为奖励表明行为是自愿的，而惩罚则表明了强制行为（Mulder，2008）。比如，因为遵守限速规定而给人们提供经济奖励的做法会无意间发出这样的信号：遵守限速规定是自愿的行为，而不是义务。最后，奖励的运用（即使是大额奖励）有时也不足以促进行为的变化。比如，驾车行为的自然奖励（比如舒适度）产生的作用非常大，以至于可能需要通过惩罚（比如，公路定价方案）来降低驾车的吸引力，从而促使人们放弃驾车而选择公共交通。

27.5.2 货币后果和非货币后果

额外后果可以采用各种有形形式（比如现金、标签）和无形形式（比如赞扬和特权）。然而，政策制定者几乎完全依赖于经济后果（比如补贴、返利、罚款和税收）来促进环保行为和阻止不环保的行为。这样做的原因很明显：经济后果相对容易实现大规模管理。

虽然金钱奖励和罚款一定能够让行为变得更好（Van Vugt，2001），但是这种特定的方法存在重要的风险。具体而言，金钱会让人们产生一种商业心态，从而抑制了个人规范或道德义务的影响（见第 22 章）。当采用金钱手段时，人们开始将道德行为决策看作是商业决策，而不是一个道德问题（Lindenberg and Steg，2007；Tenbrunsel and Messick，1999）。因此，经济奖励和惩罚会让人们“忘记”环保行为的道德方面，从而导致不太理想的行为，而不是更理想的行为（Gneezy and Rustichini，2000；Heyman and Ariely，2004）（见知识点 27-4）。

知识点 27-4　罚款是行为不当的许可证

设想你正在经营一家日托中心。近来，你注意到家长总是很晚才来接孩子，这迫使你不得不加班加点地工作。忍无可忍，你决定对迟到的家长收取罚金，认为这样做可以让他们更有可能及时来接孩子。但是，如果发生相反的情况怎么办呢？

在一次实地研究中，研究者发现，额外的罚款（迟到 10 分钟罚款大约 2.5 美元或者 1.84 英镑）实际上强化了不想要的行为（家长迟到的频率在采取罚款措施后提高）。在解释这些结果时，研究者认为，罚款改变了家长对适当行为的认知。之前，他们认为迟到是“错误的”。但是，在引入这种额外后果后，家长可以用钱“购买”迟到的权利：通过支付罚款，他们不再面临及时接孩子的道德义务（Schwartz et al.，2015）。

这意味着，对于人们因为道德而实施的行为，提供货币后果的做法存在风险。因为许多环保行为都受到道德义务感的驱动（De Groot and Steg，2009b），所以政策制定者应该确保他们的环保税收和补贴不会消除人们环保行为的道德动机，从而起到适得其反的效果（Frey and Jegen，2001）。但是，如何做到这一点呢？

首先，必须要注意环保行为的货币后果的传达方式。如上所述，额外货币后果之所以具有风险性，是因为这些后果会引起人们的商业心态，在这种心态中，人们会理性地衡量特定环保行为的个人得失（“对我有什么好处？”），而忘记道德义务（“做正确的事情”）。政策制定者可以通过将货币奖励和处罚作为环保行为的支持（而不是最终目标）来努力防止这种商业心态的产生。所以，与其将省油汽车补贴作为消费者的经济利益来宣传，不如将补贴作为对环保消费者的认可和感激来加以宣传。

其次，政策制定者可以通过非货币后果来促进行为变化。表扬、称赞、甜品、玩具、特权和公开表扬可以强化环保行为，且不大可能引起商业心态（Heyman and Ariely，2004）。但是，如何大规模而且高效率地为环保行为提供非货币后果呢？表扬似乎是一种强有力的非货币奖励，但是需要教师、家长或同学在场并且给予关注。但是，通过电子通信的方式，可以大规模运用表扬。比如，笑脸等“表情图标”可以通过在线媒体用来表示赞扬和失望。一项现场试验的结果表明，在反馈网站上发出的表情图标增强了社区居民的节能行为（Schultz et al.，2007）（见第 18 章）。

最后，还有许多其他方式可以用来通过非货币后果鼓励环保行为。比如，考虑通过为载有多名乘客的汽车设置单独车道来促进拼车的行为（Golob et al.，1990）。但是，非货币后果对于鼓励环保行为和阻止破坏环境的行为仍然没有得到充分的运用。

27.6 小结

本章我们解释了如何通过自然后果和额外后果促进环保行为。许多环保行为缺乏自然奖励，需要通过奖励和激励策略或者抑制和惩罚策略来改变或者增加额外后果。额外后果特别有效的前提是人们意识到自己的行为对环境有害且有能力改变自己的行为，但是缺乏足够的动力去做出改变。

额外后果的有益影响取决于如何宣布和提供额外后果。立即发生的确定奖励比未来不确定的奖励具有更大的影响。惩罚可以导致反控制或者心理反作用，而奖励可以形成积极的态度。但是根据具体的情况，有时候并不适合采用奖励。货币后果的应用带有一定的风险，但是可以通过确保货币后果被人们认为是支持（而不是削弱）保护环境的道德义务来抑制货币后果的潜在消极影响。

推荐阅读书目

Bolderdijk, J.W. and Steg, L. (2014). Promoting sustainable consumption: the risks of using financial incentives. In: *Handbook of Research on Sustainable Consumption* (ed. L.A. Reisch and J. Thφgersen), 328-342. Cheltenham, UK: Edward Elgar Publishing.

Geller, E.S. (ed.) (2016). *Applied Psychology: Actively Caring for People*. New York, NY: Cambridge University Press.

Lehman, P.K. and Geller, E.S. (2004). Behavior analysis and environmental protection: accomplishments and potential for more. *Behavior and Social Issues* 13: 13-32.

思考题

1. 一些行为提供自然强化因素，而其他行为则不然。两者各举一个例子，解释自然强化因素的存在或缺失。

2. 环保行为往往缺乏自然强化因素，举一个实际例子解释这句话的含义。

3. 为什么一些心理学家喜欢采用激励和奖励干预，而不是抑制和惩罚策略？

4. 货币奖励和惩罚并不总是能够起到预期的效果，解释其中的原因。

5. 举出环保行为的先例和后果的一个例子，以及改变先例和后果从而增加环保行为的途径。

28 运用说服性技术促进环保行为

Cees Midden（荷兰埃因霍温理工大学）
Jaap Ham（荷兰埃因霍温理工大学）

28.1 引言

很早以前，人类就运用技术来让生活变得更加便利。遗憾的是，技术的运用往往导致产生有害的副作用和副产物，比如污染和工业废物。但是，技术也可以被用来支持环保行为并且促进可持续生活。在第 26 章和第 27 章中，我们介绍了各种干预和激励措施，说明如何劝说人们以实际行动支持环保。本章我们将讨论说服性技术（persuasive technology）的维度和范围及其促进环境的可持续利用的潜力。说服性技术旨在通过干预具有环境后果的用户—系统相互作用，进而弥合环境问题的技术解决方案和心理解决方案之间的缺口。本章将介绍说服性技术的各种运用，包括运用说服媒介物、提供新体验、在承认环境行为的社会性的群体层面上运用说服性环境技术和说服性技术。

28.2 技术和行为

环境政策和科学研究通常通过强调运用技术创新来降低环境影响或者改变技术和资源运用的必要性来看待技术。但是，每一种方法都有其局限性，因为技术和行为往往密切联系在一起。比如，技术创新只有在消费者接受之后才能够成功。此外，虽然更好的工程设计毫无疑问改善了许多技术工具（比如照明系统和汽车）的资源效率，但是，技术改进并不一定导致环境影响的减少。比如，尽管汽车技术显著改进，但是汽车的使用所造成的总体消极环境影响在过去的 100 年里一直在增加。虽然这种增加大部分都是由汽车数量引起的绝对增长，但是其中的一部分是因适应性消费者反应所致，这种反应被称为“反弹效应”。这种效应表明，消费者因为燃油效率的提高而增多了汽车的使用（比如更远的旅行，换更大的汽车）（Midden et al.，2007）。

行为与技术的影响是相互的，不仅行为影响技术的采用和效果，技术也会影响人的行为。在很大程度上，行为是由于与语境的相互作用所致（见第15章），包括日益塑造人们的行为语境的技术产品和系统。比如，出行的选择对我们的目标和目的地偏好以及舒适度的依赖程度与对可用的公交系统、自行车道和停车设施的依赖程度相同。但是，技术对行为的影响往往是不可预期的和未知的。从这个角度来看，设计出既很少滥用资源又促进可持续的资源使用的技术环境可以大大促进可持续生活目标的实现。我们运用“说服性技术”这个词来表示旨在改变人的认知处理、态度和行为的系统和环境（Fogg，2003）。

28.3 说服性技术

说服可以被认为是人类的一项典型行为。特别是，人能够运用说服机制（比如论证、赞扬、互惠、规范激活或权威）。对说服的研究几乎完全着眼于人与人之间的说服性互动（Petty and Wegener，1998）。这种研究识别了与源特征（比如信赖）、要旨因素（比如论点强度）和接收者因素（比如参与）有关的许多说服因素。人们会想，如果说服者是技术工具而不是人的话，是否会出现类似的过程。

技术一直以来都大大促进了运用传统渠道（比如广告牌）向人们生活中普遍存在的现代互动系统（比如互联网搜索结果）发送说服性讯息的行为。因为它们有时具有像人一样的沟通特征（比如运用语言），这些互动系统可以代替说服性媒介物，至少能在接收者的认知层面上做到这一点。技术说服工具比真人说服具有特定的优势（Fogg，2003）。这些说服技术更加持久（虽然这一点也会让人感到烦恼），而且可以匿名进行说服（这对于涉及敏感问题的情形很有用），它们可以运用几乎无限量的数据（在合适的时间检索合适的信息），而且可以运用许多互动形式（比如音频、视频、虚拟环境、游戏）来传达主旨，并且提供具有说服力的体验。此外，技术干预措施很容易分配，随着电脑的日益普及，说服性技术可以扩展到真人说服者不受欢迎的领域（比如卧室）或者真人说服者无法进入的领域（比如衣服内）。在下一节中，我们将阐述运用说服性技术改变用户行为的三种途径。

28.4 运用说服性技术的途径

说服性技术具有各种功能：它可以作为社会行动者，能够建立作为社会影响的基础的社会关系，它也可以作为说服性体验的媒介物，还可以提供指导或支持行为的工具（Fogg，2003）。

作为社会行动者，说服性技术采用了人类通过社会机制（比如社会许可、规范激活或社会比较）来影响其他人的原理。研究结果已经表明，人们对智能系统的反应方式类似于对其他人的反应方式（Reeves and Nass，1996）。比如，人们在技术系统提供服务后会像感谢其他人那样感谢技术系统。这些效应表明，智能系统可以通过社会影响来影响人类。

作为媒介物，说服性技术可以提供新颖的体验。技术传达了我们对世界的许多体验，比如，当我们通过望远镜观察自然界时。这些传达改变了我们的认知，进而强调了特定的元素，同时忽略了其他元素（Verbeek and Slob，2006）。多媒体技术可以通过引起直接感官体验来增加说服能力，比如声音、图像、气味和触摸，这些感官体验产生了“存在感”（“身处”中介环境中的感受）。技术媒体也可以通过直接感官体验（而不是间接信息）引起人们对空间和时间上遥远的问题的关注（比如，未来或者遥远国家发生的气候变化）。在 28.7 中，我们详细阐述了这种体验的运用。

作为一种工具，说服性技术可以通过各种方式促进变化。第一，它可以让新行为变得更加容易，从而对个人更加具有吸引力而且使人觉得更加舒适。在支持一站式购物的网站上购买有机产品就是一个例子。第二，说服性技术有助于定制信息，使信息更加个性化，而且更加针对具体的语境，因此更加具有说服力。比如，食品顾问可以运用技术来考虑用户的情绪。第三，说服性系统可以用来实施全面强化期望行为的学习计划。比如，人们可以参与包含了这些学习机制的模拟游戏。第四，说服性技术可以通过提供反馈来帮助人们监测他们行为的后果（见第 28.7 节中有关环境光线反馈的讨论）。第五，说服性技术可以激活社会规范，比如，通过提供群体中的绩效信息（见第 28.7 节中有关用于强化社会规范的群体干预的讨论）。

在后文中，我们将进一步阐述说服性技术的三个功能。

28.5 智能系统的社会影响

基本上，人类运用三种策略来影响其他人（Cialdini and Trost，1998）：社会规范（见第 18 章）、符合（Moscovici，1985）和合规（Milgram，1974）（见第 23 章）。智能系统似乎能够运用这些社会影响策略，尤其是因为人们与智能系统的互动类似于人们与真人的互动（Reeves and Nass，1996）。比如，人们对计算机给予的表扬的敏感程度与对真人给予的表扬相同。但是，目前仍然不明确的是社会人与人工媒介互动的潜在认知机制是什么、这些社会互动在多大程度上会导致真正的社会影响以及哪些媒介物和互动特征是相关的。

研究表明，运用社会影响策略的说服性技术比采用非社会影响策略的说服性技术更具有说服力（Midden and Ham，2009）。比如，在实验室环境中，试验研究了说服性技术提供的社会规范信息是否能够有效地降低能耗。参与者可以在使用一台模拟洗衣机体验洗衣服时节约能源。在这一任务过程中，一些参与者获得了一台机器人（iCat，由飞利浦公司开发，见图 28-1）给予的有关能耗的（积极或消极）社会性反馈，这台机器人具有类似真人的面部表情，能够说话，而且在耳朵和手上设有灯光。比如，这台机器人在参与者将洗衣机的温度设定到 90℃时会对参与者说，“你的能耗太高了”，从而表明社会指责。其他参与者获得了具有非社会性的更具事实性的（积极或消极）反馈：洗衣机操作面板上包含一个能耗指示器，用于表明能耗情况。结果表明，社会反馈比事实反馈更具有说服力。此外，一项实验表明，即使在事实反馈包含评估的情况下（一盏通过表明高能耗或低能耗的颜色变化来显示能耗状况的指示灯），社会反馈也会导致最低的能耗，进而证明了社会反馈起作用的观点。此外，研究表明，消极反馈（尤其是消极的社会和事实反馈）导致比积极反馈更强的节能行为。这一发现与之前的研究结果吻合，后者表明，消极（社会）事件能够引起更多的注意，而且被处理的强度高于积极事件（Baumeister et al.，2001），但是这取决于具体的情况（见第 27 章）。

图 28-1 iCat
（一台被赋予生命的机器人，能够表达感情并且用语言提供事实和社会反馈）

28.5.1 具体化和语言的作用

如果社会影响是人类参与者的典型特点，有效的说服性技术应该具有表明社会互动能力的类人特点吗？换句话说，需要哪些社会暗示以及多少社会暗示来使得系统能够产生社会影响？研究表明，类人的形体和语言是重要的社会暗示，而且类人形体或类人语言的存在强化了技术的说服力（Vossen et al.，2010）。有趣的是，一个社会暗示、语言或人形化身在激活与说服性代理的互动的社会模式中所起的作用与这两种社会暗示的结合的作用相同。这表明，人工代理不一定与真人极其相似才能够在社会影响中发挥作用。未来需要进一步研究哪些社会影响是引起人工媒介物的社会互动的关键。有趣的是，人工代理也有像使用者类似的社会暗示，而且更容易被信任（Verberne et al.，2015）。这些社会性反馈很难控制，特别是在人们精力不集中的时候容易发生（Ham et al.，2012）。Roubroeks（2014）的研究表明只有时刻被提醒要关注代理人工智能属性的参与者（例如它不是真哭）才会展示出对它更少的社会性反馈（例如对它产生同情感）。

28.5.2 反作用

人们可能会认为说服性讯息（以及来自技术的说服性讯息）是对他们的自主性的威胁，从而会导致心理反作用（Brehm，1966；Roubroeks et al.，2010）。实际上，与 iCat 机器人给出的不太具有威胁性的建议（“你可以将温度设定到 30℃”）相比，当 iCat 机器人给出的建议威胁到参与者的自由度（“你必须要将温度设定到 30℃”）的时候，参与者感受到了更强烈的心理反作用（对于 iCat 的愤怒和消极想法）。心理反作用甚至可能会导致非预期的行为反应（比如，提高洗衣温度）。

28.6 提供说服性体验

许多政府都开展了旨在改善环境问题、环境风险以及重大行为变化的意识的媒体宣传活动，但是往往得到令人失望的结果（Bartels and Nelissen，2001）。政府似乎难以提高人们对于抽象的、遥远的或者难以想象的问题的意识，比如气候变化。但是，新技术媒体可以通过引起产生“存在感”的直接感官体验（比如气味和触摸）来提高传统沟通渠道（比如文字或语言）的说服力。这些技术可以使人们能够更好地认识到气候变化的影响。新媒体技术采用了用户发起的模拟控制、3D 表示以及触觉（通过触摸）反馈等功能（IJseelsteijn，2004）。

针对感官体验在说服性讯息中的作用的新技术媒体研究目前仍处于初始阶段。一些试验证据表明，感情丰富的视频图像可以引起人们对气候风险和应对策略的关注，进而促使人们搜索相关信息（Meijnders et al.，2001）。有关洪水体验的研究表明，沉浸式 3D 虚拟环境比传统洪水视频更加能够有效地促进应对信息的处理，增强人们购买洪水保险的意愿（Zaalberg and Midden，2010）。而且，室内照明（例如温暖的白光）会影响人们对室温的体验（例如，感知到的温度比实际的高）从而会潜在影响供暖能源消费（Lu et al.，2015）。

28.7 运用说服性技术促进行为变化

在本节中，我们将阐述运用说服性技术促进行为变化的两种途径：环境说服和群体干预。

28.7.1 环境说服

大多数类型的说服性沟通只有在引起用户注意的情况下才有效。但是，在许多情况下，人们可能没有动力，或者缺乏认知能力来有意识地处理相对复杂的信息（见第 26 章），比如事实反馈。我们能够设计一种不需要用户有意识关注就能够起到作用的说服性技术吗？

一种可能性就是环境智能：日常生活中普及信息技术（Riva et al.，2004）。这种做法可以通过环境中的微妙暗示（见第 15 章）或者提示（见第 26 章）来反映形状、动作、声音、颜色、气味或光线的变化，进而形成新形式的影响。比如，一种名为 WaterBot 的装置旨在通过跟踪和显示水槽处的用水信息来减少水的消耗（Arroyo et al.，2005）。

这类环境说服性技术能够在不获得用户的有意识关注的情况下影响这个用户吗？近期研究表明，答案是肯定的（见知识点 28-1）。环境说服性技术的另外一个优点就是，它可以继续影响人，甚至是在认知资源负担重而且需要认知注意力的干预措施不起作用的日常生活情景中（Ham and Midden，2010）。采用灯光的互动反馈可以作为环境说服性技术，因为它比事实反馈更加容易处理：它直接表明评价意义，而事实反馈仍然需要由用户处理和评估。Ham 等（2010）发现，在特定任务中处理有关能耗的互动灯光反馈的参与者能够很容易地同时实施第二项任务，而处理事实能耗反馈的参与者则不然。

知识点 28-1 环境说服性技术

Lu 等（2016）的研究表明使用与任务关联一致的颜色可以使获取反馈信息更容易，而与已存在的关联不一致的信息会阻碍信息加工。颜色会引起很强的联想。例如，红色代表“警示”或“危险”，这是在绿色背景下，但是换成蓝色背景就代表着“热烈”。有色光带来的反馈有很强的关联性，如红色关联高能源消耗而绿色关联低，也有的颜色配对没有强关联如黄色代表高能源消耗，紫色关联低的。这种光做媒介的信息与氛围声音一起为个人或群体使用者提供了达成目标的机会，同时又能保持最小化的认知精力。

28.7.2 群体干预

大多数节能干预措施（以及环保干预措施）都将个人作为一个决策单位。但是，节能通常是在社会体系中发生的，是群体成员共同行为的结果。这些群体中出现的社会动态性可能在较大程度上影响节能行为。所以，技术干预措施还应该针对群体层面。

最重要的群体层面（与家庭和办公室中的群体一样）似乎被研究者忽视了。家庭动态没有引起研究者关注的一个潜在原因是，家庭的行为往往是私人的行为，因此难以观察。此外，能耗度量指标只存在于全体家庭的层面上，使研究者难以认识到每个群体成员的贡献。说服性技术可以让研究者更好地观察群体成员的行为，促进群体内的沟通，从而实现更有效的干预，比如，能够识别群体成员行为的技术可以提高该群体获得的反馈的针对性和准确性。

近期有关说服性技术的研究（Midden et al.，2011）检验了在荷兰和日本进行的两项相同研究中家庭中的群体反馈和个人比较反馈的说服力。研究对象参与一个模拟家庭，在这个模拟家庭中，他们可以实施各种类型的耗能任务（比如设定温度控制装置）。反馈采用生态岛应用程序上的界面来提供（Shiraishi et al.，2009）。该界面将 4 名（可识别的）参与者作为一个岛屿上的 4 个头像来显示（见图 28-2）。一半参与者获得了群体反馈，而另一半参与者没有获得反馈：较高的水位表明群体能耗水平较高。此外，一半参与者获得了个人比较反馈，而另一半参与者没有获得反馈：衬衫颜色表明每个群体成员的相对耗能量。荷兰的研究表明，个人比较反馈尤其降低了能耗。群体反馈只是在同时给出个体比较反馈的情况下降低了能耗。

相比之下，在日本的集体主义语境中，群体反馈特别有效地降低了能耗，而个人比较反馈却没有产生重大的作用。所以，群体反馈和个人比较反馈的有效性似乎存在文化上的差异（Midden et al.，2011）。总之，群体层面上的干预（比如群体反馈和个人比较反馈）表明了降低能耗的潜力。干预类型以及干预措施与文化背景的结合是说服性技术设计需要考虑的两个重要因素。

图 28-2　提供了群体反馈和个人比较反馈的生态岛应用程序

最后，研究表明人工代理也会施加群体压力。基于传统的 Asch 范式，Midden 等（2015）研究了群体压力的一致性效应对参与者对绳子长度比较判断的影响。人类的群体压力与电脑人工虚拟代理的压力进行了比较。结果表明对大多数人来说规范性压力是有限度的，而虚拟代理则可以施加信息压力。因此，虚拟代理会施加群体压力，虽然这种作用的程度还有待进一步说明。

28.8　小结

说服性技术旨在通过干预具有环境后果的用户—系统相互作用，进而弥补环境问题的技术解决方案和心理解决方案之间的缺口。本章我们首先阐述了技术和行为密切相关这一观察结果。一方面，技术创新的环境影响在很大程度上取决于人们的接受度和反应；另一方面，技术环境日益塑造了人类的行为。其次我们讨论了说服性技术的三种功能：第一，说服性技术可以起到社会行动者或者智能系统的作用，采用了人类用来通过社会机制（比如社会许可、规范激活或社会比较）来影响其他人的原理。智能说服性技术提供了新颖的能力，使信息更加具有互动性，更加针对语境。它可以在合适的时间和地点为用户提供建议和反馈，而且精确性和一致性是真人反馈所无法达到的。第二，说服性技术可以提供过滤我们对世界体验的媒介物。特别是，互动虚拟环境可以提供现实世界中无法实现的说服性的感官体验。第三，说服性技术可以通过让期望的行为变得更加容易而且更加可控从而促进行为变化。比如，环境智能的运用实现的说服方法只用到很少的认知资源。最后，提供有关群体行为和个人行为的反馈的技术也可以影响群体动态，而群体动态是改变能耗行为的关键。

推荐阅读书目

Fogg, B.J. (2003). *Persuasive Technology: Using Computers to Change What We Think and Do*. Amsterdam: Morgan Kaufmann.

IJsselsteijn, W., de Kort, Y., Midden, C.J.H. et al. (2006). *Persuasive Technology*. Heidelberg: Springer.

Spahn, A. (2011). And lead us (not) into persuasion...? Persuasive technology and the ethics of communication. *Science and Engineering Ethics* doi: 10.1007/s11948-011-9278-y.

思考题

1. 说服性技术如何促进环保行为？说出并描述说服性技术的三种功能。
2. 人们为什么对人工说服性媒介的社会许可或不许可敏感？
3. 环境说服性技术为什么在日常生活中有效果？

29 环境政策的可接受性

Geertje Schuitema（爱尔兰都柏林大学）
Cecilia J. Bergstad（瑞典哥德堡大学）

29.1 引言

2003 年，伦敦引入了拥堵费，这项收费大大减少了轿车的使用，改善了本地环境质量、交通安全以及交通的便利性。受到伦敦收取道路使用费的启发，英国其他城市也提出了类似的道路定价方案，比如曼彻斯特和爱丁堡。但是，在这两座城市，公众强烈反对道路定价方案的实施。例如 Manchester（2005），Edinburg（2007），New York City（2008），the Netherlands（2010），Copenhagen（2012）的研究。因此，本地公投中否决了道路定价方案，迄今为止，这两座城市也没有实施道路定价方案。这些例子表明了公众接受度会对环境政策决策过程产生重大的影响。前几个章节解释了各种类型的环境政策和干预措施如何改变行为，本章重点介绍影响这些政策和干预措施的公众接受度的因素。

环境政策在社会的各个层面上实施。一些政策针对特定的人群，而另一些政策旨在影响大企业或者市政规划者。在本章中，我们重点介绍环境政策的一个特定类型，即针对个人的环境政策。这种环境政策的例子包括能源、水和汽车使用税、航空旅行税、禁用高能耗电器（比如电灯泡）、鼓励使用可再生能源（比如风力发电或太阳能面板）、实施渔业和农业配额、野生动物保护法令以及为鼓励可持续消费模式而实施的宣传活动或社会营销策略。

本章的概要如下：首先，解释了可接受性的概念，提出了用于解释影响环境政策可接受性的个体因素的理论框架；其次，解释了认知的程序公平性以及对主管部门的信任对于可接受性评判的作用；最后，用一个实际例子说明了所有这些因素如何影响环境政策的可接受性。

29.2 作为社会困境的可接受性

环境政策的可接受性概念通常以两种不同的方式加以研究。第一，可接受性可以被定义为特定类型的环保行为（Stern，2000），即它反映了公共领域中的一种非行动主义行为

（见第 22 章）。非行动主义行为（比如在全民公投中投票或者在请愿书上签字）可以影响公共政策实施的决策过程，以及实施这种政策的可能性。第二，政策措施的可接受性可以被定义为对这些政策的态度（Eriksson et al.，2006），即以一定程度的赞成或反对来评估环境政策（Eagly and Chaiken，1993）。态度通常被认为是行为的一个重要决定因素，可以影响环境政策的实施。此外，态度还影响人们在政策实施时改变行为的方式。如果人们对一项政策持强烈的消极态度，他们就可能会拒绝遵守该政策。

在行为理论和态度理论中，都假定可接受性由有关政策结果的特定信念决定。环境政策对于个人以及整个社会会产生积极和消极的后果。在个人层面上，人们在政策实施时会改变自己的行为（比如减少航空旅行、回收废物），或者面临环境政策的后果（比如接受位于景观中的一座生物质能电站、支付更高的税款）。在社会层面上，有效的环境政策通常对社会产生积极的后果，比如，降低有害物排放水平以及保护生态体系和物种。在一些情况下，也可能发生消极的集体后果，比如，风力发电站可能会降低景观的吸引力，野生动物保护法令可能会对经济福利造成不利影响。

许多环境政策都具有消极的个人后果（比如财务成本升高），但是却具有积极的集体后果（比如环境质量提升）。因此，许多政策措施的可接受性可以被描述为社会困境（见第 21 章），因为个人后果与集体后果相互冲突。

29.3 用于解释政策措施的可接受性的理论框架

假设环境政策的可接受性反映了社会困境，那么用于解释可接受性的决定因素的一个相关理论框架就是贪婪-效率-公平性（GEF）假设（Wilke，1991）（见第 21 章）。GEF 假设认为，在社会困境中，人们从本质上都希望自身利益的最大化，而且希望保持集体资源并且公平地分配成果。因此，可以认为，环境政策的可接受性与 3 个主要因素有关：① 个体政策结果；② 集体政策结果；③ 政策结果分配的认知公平性。

29.3.1 个体政策结果

当人们认为他们会受到政策措施的不利影响时，政策措施就会被认为是不可接受的（Jakobsson et al.，2000）。总体而言，环境政策的可接受性在人们认为自己的自由受到侵犯或者不遵守政策的代价太高的情况时会下降。比如，渔业或农业配额的实施通常被认为严重侵犯了渔民或农民的自由，因为他们能够捕捞或种植的产品数量受到了限制。不遵守这些配额的人通常面临严重的后果，比如高额的罚款。

政策侵犯人们的自由进而影响政策的可接受性水平的程度取决于政策特点。比如，政策可以针对效率行为，规定采用节能解决方案，比如电动车或住房保温。这通常意味着不经常地实施一种行动或者行为变化。政策也可以针对缩减行为，即改变通常必须经常实施的用户行为，比如，缩短淋浴时间或者降低空调的设置温度。针对效率行为的政策通常比针对缩减行为的政策获得更加积极的评价（De Groot and Schuitema，2012）。虽然效率行为通常需要做出大量的投资，但是缩减行为通常要求做出更大的努力，降低了人们的行动自由度。因此，针对效率行为的政策通常比针对缩减行为的政策更容易被接受。

提升环境政策的可接受性的一种措施就是对这些措施造成的潜在消极后果进行个人补偿，通过实施“一揽子”政策措施可以做到这一点。一个相关的政策特点是，政策是旨在奖励环保行为（拉动措施）还是惩罚破坏环境的行为（推动措施）。在同时实施拉动措施（旨在让环保行为更加具有吸引力的措施）时，个人更有可能接受推动措施（旨在让不环保的行为不太具有吸引力的措施），因为在这种情况下，期望的变化得到了促进，而且变得更加具有吸引力（Bainster，2008）（见知识点 29-1）。比如，如果在对航空旅行提高征税额的同时修建高速铁路，那么提高征税额的措施可能更加容易接受。拉动措施还意味着为消极个人后果提供经济补偿，比如，通过税收返还或者补贴的形式。

知识点 29-1　推动措施和拉动措施

推动措施旨在降低不环保行为的吸引力。这样的例子包括对化石能源的使用征税以及土地改革。相比之下，拉动措施旨在让环保行为更具吸引力，比如对太阳能面板提供补贴或者改善公共交通的质量。总体而言，推动措施能更有效地改变个人的行为。因此，与拉动措施相比，推动措施往往被认为不太公平，不太能接受，因为推动措施被认为侵犯了个人的自由（Eriksson et al.，2006）。但是，推动措施也更有可能产生积极的集体结果，因为这种措施更有可能导致行为变化。如果推动措施能够有效减少集体问题，接受度判断就会更加积极，人们认为问题会减少，他们理解而且同意这样做的重要性。

29.3.2　集体政策结果

GEF 假设认为，人们并不总是以自身利益为重，他们还希望高效率地使用集体资源。这意味着环境政策在人们认为政策的实施可以减少集体问题的情况下更容易被接受（Garling et al.，2008），即当政策被认为有效的时候。这可能取决于政策的特点。比如，当政策具有明确的可能被实现的目标时，政策的认知有效性以及政策的可接受性就会更高（Schuitema et al.，2010b）。再举一个例子，推动措施往往比拉动措施更有效地改变行为，因此，推动措施也往往被认为更有效（见知识点 29-1）。但是，推动措施的接受水平依赖于其他人中有多少认为政策可接受，如果大多数认为政策可接受（暗示了强的社会规范，见第 18 章），那么这个政策就被视为可接受的，相比少数人接受的类似政策而言（De Groot and Schuitema，2012）。这可能是因为其他人也支持这一政策让人觉得更肯定了，因此正面结果的机会就增加了。有时，研究发现，人们认为拉动措施比推动措施更有效（Eriksson et al.，2008）。但是，当人们说推动措施不如拉动措施有效时，这些回答可能是策略性的回答，原因是他们发现推动措施不可接受，而且希望实施拉动措施。

政策有效性对于政策可接受性具有重要意义的一个原因是，许多人重视环境，并且考虑集体利益（见第 17 章和第 22 章）。另一个原因是，集体问题的减轻可能也对个人有利，这取决于他们受到这些集体问题影响的程度。比如，减少用车可以改善本地空气质量，从而减轻健康问题，或者在减少交通拥堵的情况下缩短出行时间。

环境政策的可接受性通常在人们意识到并且关注环境问题时变得更高（Eriksson et al.，2006）。当问题显而易见时，问题意识可能会更高。因此，环境政策在面临严重环境问题的区域中实施时可能会更容易被接受。环境关切不仅会影响环境政策的可接受性，而且会影响人们对环境政策有效性的认知。比如，瑞典的一项研究表明，高度关注环境问题的人比关注度低的人更加坚定地认为，环境政策会提高城市环境质量（Loukopoulos et al.，2005）。

研究表明，政策措施的可接受性在人们实际体验到这种政策的好处之后会增加。比如，荷兰的一项研究表明，体验风力发电的好处提高了可接受度水平，尽管人们最初抵制这种环境政策（Wolsink，2007）。还有研究表明，实施塑料袋收费后政策更容易被接受了（Poortinga et al.，2013）。这表明公众支持度会在环境政策的实施让人们真正体验到政策的积极影响时提高。但是，这意味着当政策结果比预期的更加消极或者积极时，公众支持可能不会发生变化，在政策实施后甚至会降低。比如，法国里昂就发生了这种情况，当地的一项税收计划在实施后因为公众抵制不得不大幅度修订（Raux and Souche，2004）。导致公众抵制的原因可能是这项政策没有达到预期的效果。

29.3.3 政策结果分配的认知公平性

GEF 假设的第三个假设是，人们希望公平地分配结果，即分配的公平性（Tyler，2000）。但是，结果应该如何分配才能够使政策公平进而被接受呢？公平性评判是以政策结果与参照点的比较为基础。可以进行三类比较，从而导致不同的公平性原则：个人内心比较、人际比较和代际比较（见图 29-1）。

个人内心比较是指个体政策结果与内部参照点或之前结果的比较，与其他人的结果无关。第一个参考点可以是政策与个人意愿。比如，将定价政策的结果与一个人愿意为特定商品（比如电力）支付的绝对金额进行比较。电税的增长如果导致电价高于这个内部标准，就会被认为是不公平和不可接受的。第二个参考点可以是一个人的现状。比如，如果你认为风力发电站阻碍了你的视野，而且让你感到比以前更糟了，你就会认为促进风力发电站建设的政策是不公平而且是不可接受的。

人际比较是指人们将政策对他们个人造成的结果与个人或群体的结果进行比较。首先，一个人自己的结果可以与其他人的结果进行比较，即如果政策的结果对一个人的影响大于对其他人的影响，那么这个人就可能会认为这一政策是不公平的。举个例子，一个渔民可能会认为鳕鱼的捕捞配额是不公平和不可接受的，因为该政策会对他的渔业工作造成不利影响，但是却不会影响其他捕捞鲱鱼的渔民。

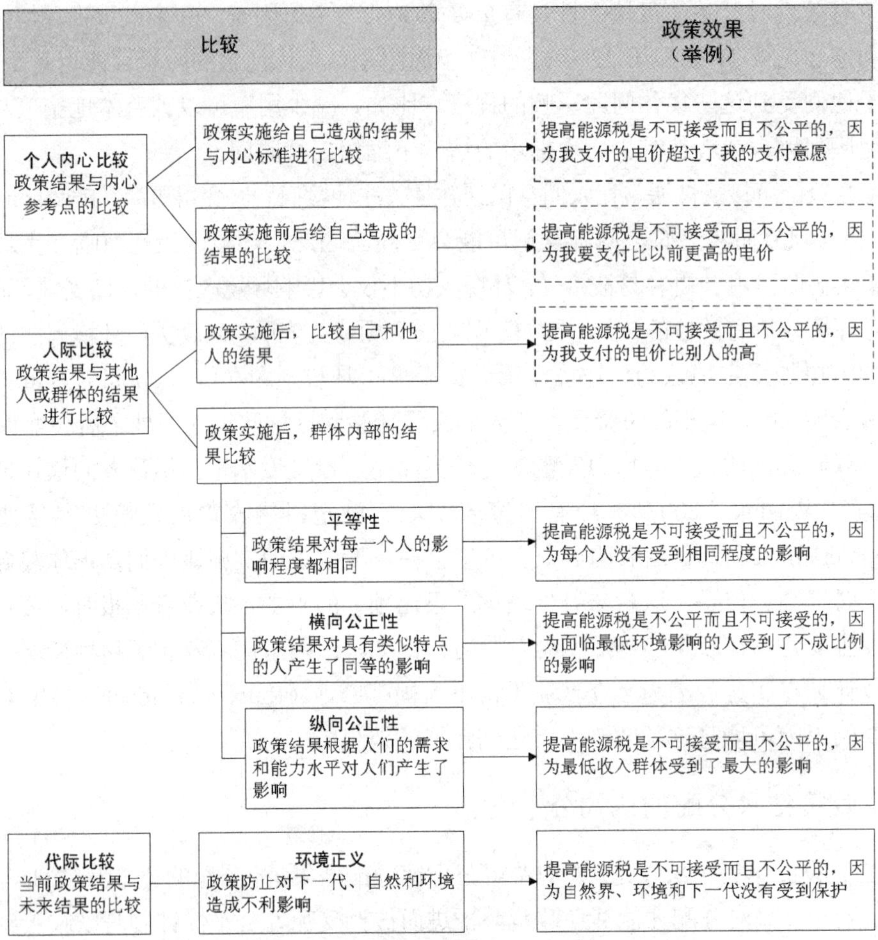

图 29-1 用于评估政策结果的比较综述

资料来源：Schuitema et al.（2011）。

其次，各个群体之间可以比较结果。在这一方面，两个相关的公平性原则是平等性和公正性。平等性是指政策对所有人的影响程度相同。举个例子，禁用电灯泡的政策可能会被认为是公平而且可以接受的，因为它对每个人的影响程度都相同。反之，风力发电站的建设可能会被认为是不公平而且不可接受的，因为风力发电站对住在附近的居民的不利影响大于对住在远处的居民的影响，因此对每个人的影响程度不相同。这一点与所谓的“邻避主义”的现象有关，这意味着，人们通常赞成对社会和环境有利的设施（比如废物处理设施、风力发电站或铁路）。但是，如果这些设施会对他们自己或本地社区造成不利后果（比如，噪声和臭味、健康和安全风险或者财产经济价值缩水），他们就会抵制这些设施。

公正性是指所有人都受到政策结果的相对同等的影响。公正性可以分为横向公正性和纵向公正性。横向公正性是指当政策影响人们的程度与人们对相关问题的贡献成比例时，政策被认为是公正的。比如，如果对环境问题贡献很小的人（比如使用很少的能源、水或空间）受到环境政策的影响与造成严重环境影响的人相同或者高于后者，那么这一环境政策可以被认为是不公平而且不可接受的。纵向公正性是指人们受到的影响与他们的需求和能力成比例。比如，根据收入水平收取汽车税的政策可能被认为是公平和可接受的，因为低收入和高收入群体的相对成本变化是相同的。换句话说，如果低收入群体受到政策的影响程度与高收入群体受到的影响相同（甚至是高于后者），那么政策可能会被认为是不公平而且是不可接受的。

最后，代际比较是指人们将当前政策结果与下一代的结果以及对自然界和环境的影响进行比较（体现了环境正义）（Clayton，2000）。环境正义的一个例子是，野生动物保护法可能被认为是公平和可接受的，前提是人们认为这种法律会保护自然界、环境和子孙后代。

只有少数几项研究分析了反映不同公平性原则的不同类型的政策结果分配如何与环境政策的公平性和可接受性评估有关。Clayton（2000）发现，环境正义被认为是解决两种环境矛盾的最重要的原则，即有关政府是否能够限制私人土地所有者开发自己的土地，以及有关国家公园是应该向公众开放还是应该保持自然状态。而且，环境正义曾经是各种环境定价政策的公平性和接受度评判的最佳指标，仅次于其他原则，比如平等性原则和公正性原则（Schuitema et al.，2011）。环境正义通常反映了对集体利益的关切，但是也在一定程度上反映了个人利益，即个人也可能在政策结果按照环境正义的原则进行分配时获益，比如，因为这些人希望获得更好的本地空气质量或者自然水源。

29.4 环境政策的公平程序和可接受性

公平的程序和决策流程可以提高这些政策的执行水平，并且增强对决策者的信任，这两个是环境政策能否被公众接受的重要的前提条件。程序公平性是指在环境政策实施之前和期间采用的程序和决策过程的认知公平性，即决策程序满足基本社会价值观以及公平性规范的程度（见第 17 章和第 18 章）。这一点与信任有关，反映了对可以依赖另一方履行其承诺的期望。公众参与往往被认为是提高程序公平性认知以及对主管部门的信赖度认知的一个关键因素，因为人们可以通过公众参与表达自己的观点。但是，公众参与只有在人们的观点被政策制定者慎重考虑的情况下才有效。

程序公平性和信任的另外一个关键因素是决策程序的长期一致性。程序必须要遵循相同的规则，即开放而且有效的沟通，以及主管部门履行承诺。与此相关，可接受性取决于政策措施在各个政策部门之间的一致性（Banister，2008）。比如，如果灰色能源和绿色能源价格同时增长，就会向公众发出含糊不清的信号，从而可能降低环境政策的总体可接受性。

29.5 公众支持如何能逐渐增长？所有说明

在经过漫长的争论之后，瑞典政府同意从 2006 年 1 月开始在斯德哥尔摩市实施一项为期7个月的交通拥堵费试验项目。机动车在工作时间每次通过收费点时都被收取拥堵费。政府也规定了一些例外情况，比如出租车、急救车辆和低排放车辆无须执行这项政策。政府在火车站附近设置了更多的停车场，公共交通也得到了扩展。

在此次试验之前，拥堵费政策的接受度比较低。人们对拥堵费的积极影响表示怀疑，他们认为成本会大幅增长（Schuitema et al.，2010a）。此外，民众对政府的信任度也比较低，主要是因为政治问题。因此，在试验开始之前，民众和媒体对拥堵费政策表现出了强烈的消极反应（Isaksson and Richardson，2009）。

在试验实施后，接受度得到了显著提高，试验后举行的全民公投的结果就反映了这一点：51.3%的斯德哥尔摩居民都赞成永久实施拥堵费政策，而 45.5%的居民反对这一计划。因此，自 2007 年来，斯德哥尔摩市一直在实施拥堵费政策。

拥堵费政策的接受度为什么提高了呢？潜在的原因有多个。第一，公共交通得到了改善，从而促进了行为变化，补偿了驾车者因为拥堵费而遭受的不利影响。第二，拥堵费降低了交通拥堵和污染水平，同时提高了交通便利性。这些积极影响不仅得到了政府和媒体的证实，公众也表示他们真正地体验到了这些影响（Schuitema et al.，2010a）。与此同时，消极影响没有人们预期的那么严重。具体而言，在实施了拥堵费政策后，人们认为交通拥堵、停车问题和污染问题得到了减轻，而交通费用的增长没有预期的那么高。人们预期以及实际体验到的自驾车的减少程度以及公共交通的拥挤程度没有发现显著的差异（见图29-2）。第三，拥堵费的一个重要目的就是降低斯德哥尔摩市的污染水平，这符合环境正义的公平性原则。如上所述，环境正义在环境政策的公平性和可接受性评判中起到了重要的作用。第四，试验期[“强迫”民众体验拥堵费计划的（积极）影响]过后进行了全民公投，而这可能进一步增强了人们对遵守公平程序的认知。

29.6 小结

在本章中，我们综述了影响环境政策可接受性的因素。我们首先阐明，政策措施的可接受性可以被认为是一个社会困境。其次，我们提出并且讨论了预测环境政策可接受性的 3 个关键变量：① 个体政策结果——政策实施后，如果人们认为政策会造成消极后果，政策的可接受度就会降低；② 集体政策结果——政策实施后，如果人们认为集体问题能够被减少，政策的可接受度就会提高；③ 结果的分配——如果政策结果得到了公平分配，政策的可接受性就会提高。我们还解释了公平程序和决策过程如何提升可接受性评判。最后，我们用一个实际例子说明了如何逐渐提高环境政策的可接受性。

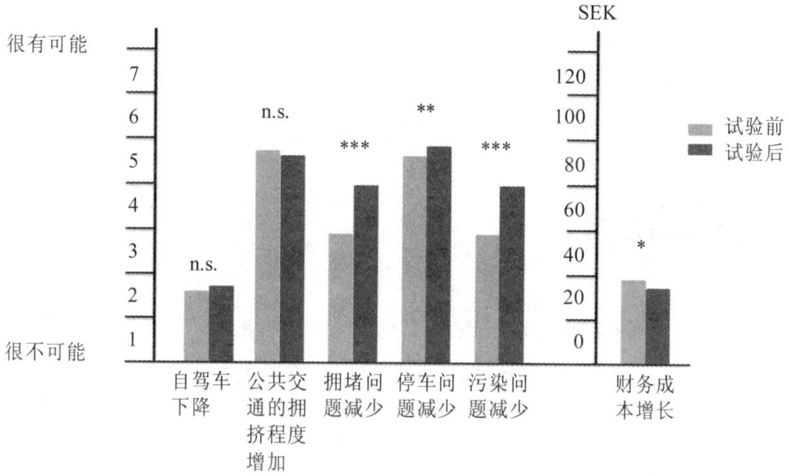

图 29-2 试验前后有关斯德哥尔摩市拥堵费政策结果的观点

资料来源：Schuitema et al.（2010a）。

注：SEK—瑞典克朗（2006 年 1 月：1 克朗≈0.11 欧元）。***$p<0.001$；**$p<0.01$，*$p<0.05$，n.s.—不显著。

推荐阅读书目

Gärling, T. and Steg, L. (2007). *Threats from Car Traffic to the Quality of Urban Life: Problems, Causes, and Solutions*. Amsterdam: Elsevier.

Schade, J. and Schlag, B. (2003). *Acceptability of Transport Pricing Strategies*. Oxford: Elsevier Science.

思考题

1. 为什么必须要研究环境政策的可接受性？
2. 如何定义环境政策的可接受性？
3. 可以区分哪些公平性原则？哪些公平性原则对于环境政策的可接受性特别重要？
4. 如何提高政策措施的可接受性？

30 变化的进程

Sebastian Bamberg（德国应用科学大学）
Maxie Schwlte（德国应用科学大学）

30.1 引言

虽然环境心理学具有环境行为建模的丰富传统（见本书第Ⅱ部分），但是针对解释环境行为变化条件或过程的模型却非常少，而有关行为变化的开始时间和方式、进行的方式以及成功的时间的实证支持观点恰恰是系统化干预措施开发所必需的。

本章首先介绍了勒温（Lewin，K.，1952）的场理论（该领域中的先驱）。第 30.3 节和第 30.4 节介绍了行为变化的两个不同的视角：作为自我调节过程的行为变化，以及经历一系列性质不同的阶段的行为变化。然后阐述了自我调节行为变化的阶段模型，这个模型是整合和阐述环境行为领域内的这些观点的一个框架。最后一节阐述了这个框架对于系统化干预设计的重要意义。

30.2 勒温的场理论

第二次世界大战期间，Lewin（1948）研究了影响美国人改变饮食习惯（比如，食用内脏或全谷物面包）的途径。他发现，当群体成员参与其中并且被鼓励进行讨论，而且能够作为一个群体做出决定时，他们比仅仅参加提供信息、食谱或建议的讲座更有可能改变饮食习惯。

为了解释这一发现，Lewin（1952）根据他的一般行为模型开发了一种变化理论，即“场理论”。场理论认为，人们的活动受到他们周围环境中的力量（或者称为“场”）的影响，这个场可以是变化的“驱动力”，也可以是抑制期望变化的“阻力”。比如，为了降低人们的轿车使用率，可以：① 强化驱动力，比如增强人们对驾车有关的消极环境后果的担忧；② 降低阻力，比如使其他出行方式的使用更有吸引力。

场理论为人的行为如何来源于内部和外部因素的相互作用提供了一个一般框架，而在他的场理论中，Lewin（1952）明确着眼于当前行为变化下的潜在过程。他认为，行为变化通常分 3 个步骤发生，即解冻、移动和再冻结（见图 30-1）。在第一步“解冻”中，表明目前没有实现一个人或群体的重要目标的信息产生了变革的动力。因此，目前的行为模式被放弃，转而选择了新的行为模式，然而，需要学习新的行为模式。因此，在第二步“移动”中，人们必须要开发和检验用于实现目标的新的行为模式。在这个阶段，旨在支持行为变化的干预措施会起到帮助作用，因为“解冻”导致人们能够接受新的信息来源、新概念或者通过新途径来看待老信息。在最后一步“再冻结”过程中，这个人或群体将新行为稳定下来。如下文所述，Lewin 的想法仍然可以在本章阐述的最近的行为变化理论模型中被识别。

图 30-1 Lewin 的三步骤场理论

资料来源：Jackson（2005）。

30.3 行为变化：受到反馈引导的自我调节过程

自我调节是指人类努力改变与个人重要目标有关的想法、感受、欲望和行动（Carver and Scheier，1998）。正如 Lewin 的场理论中所述，自我调节研究认为，一个人在认识到重要个人目标没有被实现的情况下开始思考变革。根据目标构成人的性格的核心部分这一观点，自我调节被构建为“设定目标、制定和实施实现这些目标的战略、评估进度以及相应地修订目标和战略”的动态激励体系（Baumeister，2005；De Ridde and de Wit，2006）。

30.3.1 作为反馈的参考值的目标

Carver 和 Scheier（1998）认为，目标的核心功能在于为反馈循环提供一个参考值，行为通过这个反馈循环被调节。参考值（目标）提供了有关预期或期望结果的信息，从而提供了系统调节所依据的目标。此外，这个反馈循环包括一个输入功能、一个比较器和一个输出功能（见知识点 30-1）。

30.3.2 目标和反馈的分级结构

Carver 和 Scheier（1998）的自我调节模型中的第二个关键想法是，目标在抽象性方面存在差异：上级和下级反馈的分级结构指导着行为自我调节。在这个分级结构中，高级反馈循环为下方的反馈提供了参考值（目标）。因此，当从分级结构的上层向下层移动时，被规定为输出的目标变得更具体和更受限制。

知识点 30-1　反馈循环

恒温器是一个常用的反馈循环（也叫反馈）例子。恒温器系统具有一个输入功能（传感器），持续对当前空气温度进行采样。这一输入信息进入将感应值与恒温器设定值（参考值）相比较的装置中。只要两个值不存在显著差异，就不会发生任何事情。但是，如果比较器检测到当前气温低于恒温器设定值，它就发出一个信号，打开加热器，加热器开始向室内排放热量（输出）。如果恒温器发现室温和设置值之间不再存在差异，它就要求加热器停止运行。

Carver 和 Scheier（1998）提出了反馈的三层结构（见图 30-2）。最高层（理想目标层）反映了与一个人的理想自我、理想关系或者理想社会的愿景有关的目标。这一层的参考值（目标）非常抽象（比如与大自然和谐相处）。这一最高的理想目标层的输出是为下一层提供目标，Carver 和 Scheier（1998）将这个下一层称为行为目标层。行为目标层（比如降低家庭能耗）规定了为实现理想目标所需采取的行动方案。行为目标层规定了一般的行动方案，但是仍然包含忽略了许多细节的决策点。行为目标层上形成的目标为最底层（运动控制目标层）提供了输入。运动控制目标层的任务是通过实施一系列特定的行动来实现行为目标（比如减少加热恒温器）。

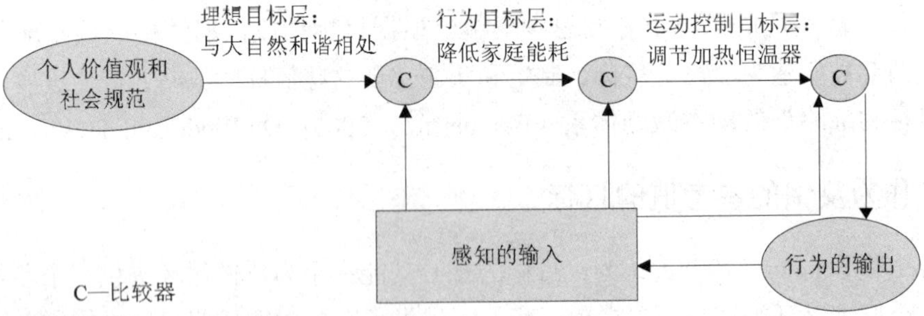

图 30-2　描绘目标和控制过程的三层组织结构

资料来源：Carver 和 Scheier（1998）。

30.3.3　自我聚焦的作用

即使 Carver 和 Scheier（1998）认为理想目标是人类行为的最高目标，他们也不认为日常行为始终都直接受到这些抽象目标的调节。大多数习惯化的日常行为在较低的行为目标层上被更有效地调节。Carver 和 Scheier（1998）认为，只有在特定的心理状态中（自我聚焦），人们才会有意识地将他们的实际行为（以及他们的真实自我）与理想目标（理想自我）进行比较。让人们照镜子是一种常用的方法，它是从实验的角度引起这种自我聚焦状态。如果人们看到当前的行为和理想目标之间存在差异，他们就会主动改变行为，从而使之更加接近这个目标（Scheier et al.，1984）。

30.4 行为变化：克服变革阻力需要时间

通过将行为变化描述为 3 个阶段的过渡过程（解冻、移动和再冻结），Lewin（1952）强调了行为变化的时间维度，并且将其看作是一个过程，而不是一次事件。这种理论的一个最近的详细版本就是跨理论模型（TTM）（Prochaska and Velicer，1997）。与 Lewin 的场理论一样，跨理论模型将行为变化表征为经历一系列性质上不同的阶段的过渡，在这些阶段中，人们面临着各阶段特有的阻力来源。人们需要阶段特定的技能和策略来克服这些阻力来源。这些阶段的成功过渡体现在一个人不断增长的变革过程中。跨理论模型假定 5 个阶段的变化（见图 30-3）。

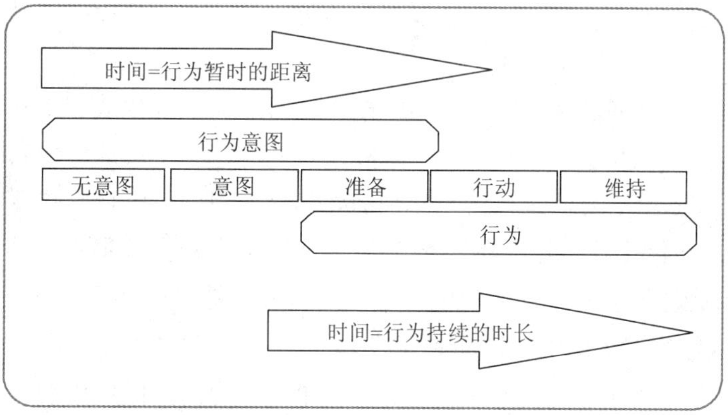

图 30-3 跨理论模型假定的变化阶段的时间维度

（1）无意图阶段是人们无意在可以预见的未来采取行动并且避免阅读、谈论或思考问题行为的阶段。这可能是因为人们没有（完全）意识到他们行为的消极后果，或者他们多次尝试改变，但是没有取得成功，并且对改变的能力失去了信心。

（2）意图阶段是人们意识到必须要改变的阶段。他们意识到行为变化的好处，但是也意识到行为变化的坏处。行为变化的代价和收益之间的这种平衡可以产生深远的矛盾心态，从而使人们长时间处于这一阶段。

（3）准备阶段是人们形成在近期采取特定行动的意图的阶段。

（4）行动阶段是人们实际上改变行为的阶段。因为行动是可以观察的，许多理论将行为变化等同于这一阶段。

（5）维持阶段是人们努力防止复发的阶段，但是他们不像采取行动的人们那样频繁地变化。他们不太受到复发的引诱，而是更加相信他们可以继续改变。

跨理论模型将行为变化看作是循环的过程，而不是线性的过程。障碍和阻力可以使人们长时期处于变化的初期阶段，以致他们频繁地回到这一过程的开始阶段。

30.5 自我调节行为变化的阶段模型

在文献中，TTM 被批评为一种描述性模型，因为它没有为所假设的 5 个阶段以及触发阶段转变的过程提供令人信服的理论基础（如 West，2005）。Bamberg（2013a,b）开发的自我调节行为变化的阶段模型（stage model of self-regulated behavioural change，SSBC）提供了这样的理论基础（也参见 Klöckner，2015）。SSBC 结合了来自行动阶段模型（Gollwitzer，1990）和社会、环境心理学领域流行的行为模型，如计划行为理论（Ajzen，1991）和规范激活理论（Schwartz and Howard，1981）（见第 22 章）。SSBC 的主要假设是，如果人们有动机这样做，那么他们就可以改变即使是强烈的习惯性行为（见第 24 章）。然而，从抽象的动机到具体的行为改变这个过程需要几个步骤，SSBC 将这一过程描述为一系列的 4 个阶段：①预先决定阶段；②事前行动阶段；③行动阶段；④事后行动阶段（见图 30-4）。

成功的行为改变遵循这 4 个阶段，但阶段之间可能会出现挑战和重复。每个阶段都有其特定的挑战，从一个阶段过渡到下一个阶段意味着跨越一个设定特定意图的门槛。在预先决定阶段，个人提出了为什么行为改变是必要的这一问题。以自愿减少用车为例，这一阶段的问题是："为什么减少用车很重要？"一旦设定了减少因果关系的目标意图（goal intention），个体就进入了事前行动阶段。这里的目标意图是采取行动的一般意图："在接下来的几周内，我打算减少对汽车的使用。"减少汽车使用的个人规范激活了这一意图。个人规范被定义为一种行为的道德义务感。它由个人行为的负面后果的意识所激发，归纳这些后果的责任，然后凸显社会规范，即表明社会期望一个人减少汽车的使用。因此，决定目标意图的变量和机制来源于规范激活理论（Schwartz and Howard，1981）。SSBC 预测，当足够强烈的个人规范被激发时，目标就会产生。一旦人们意识到使用汽车的负面后果（如对环境、城市生活质量的影响），接受自己对这些后果的责任，并感受到关于减少用车的社会压力或社会支持，就会启动这一个人规范。

在事前行动阶段，相关的问题是："我应该采取什么行动来减少用车？"研究对象会评估他们对步行、乘坐公共交通工具、骑自行车等不同出行方式的态度，以及他们对这些出行方式实施起来的简易性（感知的行为控制，PBC）。态度和 PBC 是从计划行为理论中提取的两个概念（Ajzen，1991）（见第 22 章），它们为下一步——发展行为意图（behavioural intention）——奠定了基础。在这里，人们为自己选择了最佳的一种平衡了态度和难度的行为。这种行为意图（例如，"在接下来的几周，我打算骑自行车而不是开车去上班"）标志着从事前行动阶段到行动阶段的过渡。在行动阶段，需要计划如何实现所选择的行为。这

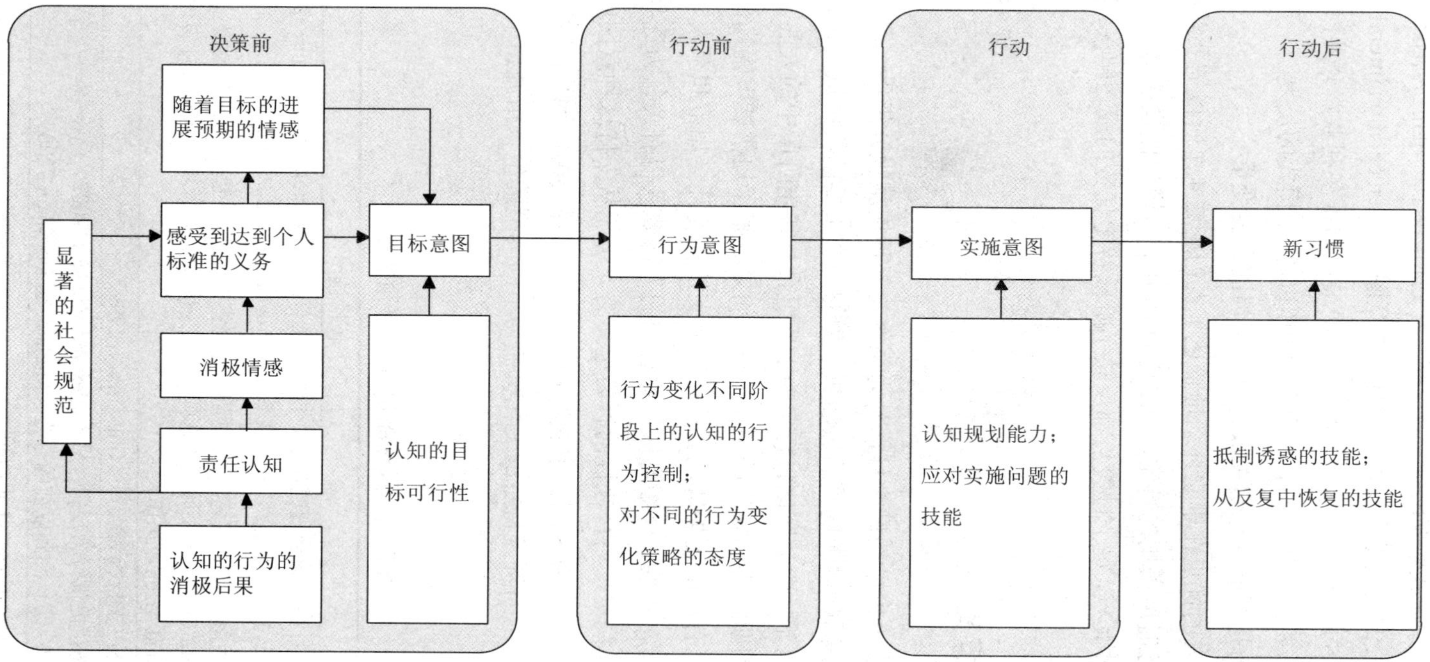

图 30-4　自愿行为变化的自我调节模型

一问题的障碍是："我如何实现我想要的改变？" 制订计划和消除障碍的能力是这一阶段的主要驱动力。向最后一个阶段的过渡是通过形成一种实施意图（implementation intention），例如："明天早上7点，我将乘5路公共汽车到距我公司大楼最近的维多利亚路公共汽车站。" 在最后的事后行动阶段，需要稳定改变的行为并且处理旧有行为模式的反复。从反复中恢复的能力是预测一种新行为是否能够稳定并成为一种习惯的主要变量。

综上所述，SSBC 最大的优点在于它详细地描述了人们在这4个阶段需要解决的任务，以及人们在解决这些任务时所采用的特定的认知思维方式。该模型假设在这4个阶段的过渡过程中有3个关键的过渡点，每个过渡点都反映了阶段特定任务的成功解决：目标意图、行为意图和实施意图。

30.6 对于干预的意义

自我调节行为变化阶段模型的最终目标是为系统化干预措施设计提供一个理论依据。将行为变化视为一系列不同阶段的过渡的做法所产生的一个重要的实践意义是，不应该对所有人采取同一种干预措施，而是应该将特定的干预组合与特定阶段中的人的需求和障碍相匹配。针对处于变化初期阶段的人们的干预措施，如果着眼于提供能够提高问题意识和个人责任认知的信息，就有可能更加成功。旨在激活支持性的社会规范和个人规范的干预措施在这一阶段也可能非常重要。已经形成目标意图的人需要获得有关行为选择的可获性以及优劣势的信息。已经决定采用替代性的行为选择的人可能从支持这种意图的实施和启动的干预措施（比如详细的行为规划）中获得最大的收益。表30-1介绍了如何将一体化自我调节行为变化模式提出的阶段特定的变化机制与不同类型的干预措施相结合（可参见第26章）。

表30-1 针对特定阶段的干预措施

变化阶段	干预措施
无意图	干预类型1：提高社会规范和个人规范的显著性（Goldstein and Cialdini，2007） 干预类型2：提高问题意识和自我聚焦（Prochaska et al.，2002） 干预类型3：增强目标设定和目标承诺（McCalley and Midden，2002）
意图	干预类型4：提供有关不同行为选择的好处和坏处，以及增强认知的行为控制度的信息（Fishbein and Ajzen，2010）
准备/行为	干预类型5：支持行为规划（Gollwitzer，1999）
维持	干预类型6：提供行为反馈（McCalley and Midden，2002） 干预类型7：防止回到以前的行为（Marlatt and Donvoan，2005）
一般策略	提供社会支持（Hogan et al.，2002） 改变客观语境条件（见第21章）

30.7 SSBC 的实证效度

所有 SSBC 相关概念的测量工具已经被开发出来，并在不同的行为背景下进行了测试（Bamberg，2013a，b；Klöckner，2014）。另外，已有研究提供了整合模型中的各种概念之间关系假设的第一个相关证据（Bamberg，2013a）。除此之外，SSBC 还被应用于带有干预模块的社会营销活动中。该研究表明，这些特定的干预措施显著减少了机动车的使用（Bamberg，2013b）（见知识点 30-2）。

知识点 30-2 基于 SSBC 的旨在促进减少汽车使用的社会营销活动

为了测试 SSBC 作为干预设计指南的有效性，Bamberg(2013b)开发并评估了基于 SSBC 的旨在促进减少汽车使用的社会营销活动。根据对他们当前阶段的初步判断，参与者被分配到相应的干预模块。特定阶段的干预包括个人电话和信息传单/指南/文献，旨在激活和改变在三种意图类型形成过程中潜在的社会认知概念。该研究采用随机对照试验来评估干预的有效性。结果显示，与对照组相比，干预组的参与者使用公共交通工具的次数显著增加，用车的次数显著减少。基于 SSBC 的干预对减少汽车使用的影响比传统社会营销活动的效果强 3 倍（$d=0.56$）。

此外，Klöckner（2014）通过研究购买电动汽车时的决策过程，检验了 SSBC 的中心假设。为此，参与者在 60 天的时间内反复进行 SSBC 的测量。这种设计允许直接测试行为改变过程的时间动态。结果支持 SSBC 的以下假设：①在观察到的所有过渡中，有 85% 的参与者会向前或向后移动一个阶段；②从一个阶段过渡到下一个阶段之间是由变化的意图推动的，这些意图是对随后行为变化的有效预测；③特定阶段的社会认知结构中的先验变化预测了意图的变化。

最后，有证据表明 SSBC 可以作为构建支持环保行为、基于网络的行为改变支持系统的理论基础（Bamberg et al.，2015a）。因此，该研究结果有力地支持了 SSBC 所假设的因果关系，并表明 SSBC 为设计行为改变干预措施提供了一个有效的框架。

30.8 小结

本章概述了以变化过程为重点的理论模型。我们认为，行为变化理论关注的是一个自我调节过程，包括目标设定、制定实现这些目标的策略和反馈循环。基于这些假设，TTM 的发展假设人们需要经历一系列质的不同阶段来改变他们的行为。SSBC 为专门解释与环境行为有关的变化过程提供了理论基础。该模型假设成功的行为改变遵循 4 个阶段，各个阶段有特定的挑战和社会认知概念。变化理论为系统设计、实施和评估干预措施奠定了基础，从而为有效地规划和实施环境政策提供了支撑。阶段理论采用针对具体的变化阶段而制定的干预策略取代了“一刀切”的干预方法。

推荐阅读书目

Darnton, A. (2008). *Reference Report: An Overview of Behavior Change Models and their Uses*. London: Centre for Sustainable Development, University of Westminster.

Gollwitzer, P.M. (1990). Action phases and mind-sets. In: *Handbook of Motivation and Cognition: Foundations of Social Behavior*, vol. 2 (ed. E.T. Higgins and R.M. Sorrentino), 53-92. New York, NY: Guilford.

Klöckner, C.A. (2015). *The Psychology of pro-Environmental Communication: Beyond Standard Information Strategies*. Basingstoke: Palgrave Macmillan.

Prochaska, J.O. and Velicer, W.F. (1997). The transtheoretical model of health behavior change. *American Journal of Health Promotion* 12: 38-48.

Weinstein, N.D., Rothman, A.J., and Sutton, S.R. (1998). Stages theories of health behavior. *Health Psychology* 17: 290-299.

思考题

1. 请描述 Lewin 的场理论的 3 个阶段。
2. 反馈循环中的目标的功能是什么？
3. 跨理论模型中预先决定阶段和行动阶段之间的差异是什么？
4. 什么类型的干预措施可以用于促进从预先决定阶段到事前行动阶段的转变？

31 模拟社会环境体系

Wander Jager（荷兰格罗宁根大学）
Nick Gotts（独立研究者）

31.1 引言

人类行为对环境系统的变化产生了重大影响。有时，这种影响是刻意的，比如灌溉系统的安装和管理。有时，这种影响是伴随发生的，比如农业实践导致的水土流失和合理污染。这种情况涉及很多人，他们可能会以重要的方式影响彼此的行为。

如本书其他部分所述，许多驱动因素都影响环境行为，包括社会驱动因素，比如社会学习和社会规范（见第 18 章）。为了进一步认识社会环境体系中发生的复杂互动，科学家正在利用计算机模拟模型。这些模型可以更好地认识到个人环境行为如何被其他人的行为影响，以及所有这些个人行为的总和如何影响环境，进而影响社会体系和个人行为。本章将阐述适用于社会环境体系的社会复杂性原理，并且描述在这种体系的研究中已经开发的一些基于代理人的模拟。之后，我们将阐述用于代理人模型开发和运用的一些基本指导准则。

31.2 社会复杂性

社会体系往往被归类为复杂适应性体系。在这种体系中，组成部分（比如个人和群体）会改变他们的行为从而提高自己的生存希望，或者其他某种成功指标。因此，全球现象（在宏观层面上）因为这些组成部分的本地相互作用（微观层面上）而产生。此外，这种全球现象可能决定个体行为的自由度，被称为下向因果性。

关联的社会和生态体系（社会生态体系或者社会环境体系）增加了另外一层复杂性：社会体系和生态体系之间的不断变化的相互作用（比如，为了获得更多的个人利益而加强捕鱼行为）可能会影响生态体系（渔业资源耗竭），进而影响社会体系（渔民收入减少）。如果每一个人都随心所欲地捕鱼，渔业资源可能会因为个人行为的总体结果而减少（一种全球现象），因此，许多渔民可能面临破产，被迫寻找其他收入来源（下向因果性）。

复杂的适应性体系往往被错误地看作是完全不可预测的。人类社会是最复杂的体系，然而，如果社会在一定程度上不可预测，那么人类就不可能生存。但是，这一可预测性永远也不完整。虽然本地变化（比如土地用途的变化或者引入新的物种）通常不会产生更大规模的剧烈影响，但是这种本地变化有时可能会导致具有重大影响的连带效应。比如，玛雅文明被认为是由于农业潜力的耗竭以及大型猎物的过度狩猎而消亡（Emergy，2007）。人类社会复杂性的关键之处在于，人类会构想出并且运用有关社会体系如何运行、未来可能是什么样以及应该是什么样的想法（Gotts，2007）。虽然这为社会环境体系的管理创造了机会（比如，通过执法），但是也增加了系统的复杂性，因为其中涉及道德和政治选择，有时会导致不同观点的拥护者之间的冲突。社会模拟为研究社会环境体系的复杂性提供了工具，它系统化地探讨了个人之间的互动以及人与环境之间的互动如何导致影响个人行为的总体结果。

31.3 作为方法论的社会模拟

社会模拟方法论的核心元素就是通过名为“代理人”的互动计算机来代表个人。代理人的使用能够对涉及大群体内的个人差异和复杂互动的问题进行实验，比如消费者对日益严重的干旱可能做出的反应。

许多读者可能是通过视频游戏（比如“模拟人生”）熟悉了代理人的概念。流行视频游戏中的模拟人的行为虽然在视觉上非常吸引人，但却不是基于科学的行为理论。早期社会模拟模型还运用了非常简单的人类行为模型，这些简单模型并没有完全以行为理论为基础（Schelling，1971）。后期研究（Jager et al.，2000；Mosler and Martens，2008；Schwarz and Ernst，2009）表明，模拟模型的科学相关性和实际适用性主要得益于运用行为理论和实证数据来设计代理人程序，因为这种模型的结果与现实世界中的情况较为一致。

在针对特定领域开发模拟模型时，面临的一个主要难题就是选择最相关的理论（见第22章中的综述）。首先，模型开发者应该识别需要研究的行为，然后识别这种行为的主要驱动因素和潜在行为过程（见知识点31-1中的例子）。其次，研究者必须要找到或开发适用于这些驱动因素和过程的理论框架。这种理论框架用来解释代理人建模过程中使用的变量和概念会形成一个基于因素的计算模型（Schlüter et al.，2017）。如果有必要，研究者可以实施现场研究，以获得有关变量和概念的数据，从而建构一个代表样本群体中识别的驱动因素和决策过程变化的模拟代理人群体。因为在许多情况下，人们之间的互动是关键（比如，在民意或市场动态中，以及在创新传播过程中），所以还应该收集有关不同的人如何影响彼此以及如何关联的实证数据。

知识点 31-1 简单模拟模型的一个例子

Schelling（1971）开发了一种非常简单但是却具有说明性的社会模拟模型，这个模型表明了当代理人喜欢住在相似邻居附近时，空间隔离是如何形成的。这个模型包括两类代理人（红色和绿色），他们居住在一个空间中。如果相邻邻居的临界数量（比如 50%）具有相同的颜色，代理人就会开心。如果代理人不开心，他们就会移动到另外一个地点。这个模型表明，即使这个临界值非常低（比如 30%），仍然会出现完全的空间隔离，从而导致绿色社区和红色社区。如果需要尝试这个模型，请访问网址：http: //luis.izqui.org/models/schelling/。你可以改变代理人的数量及其临界值。想要了解更多社会模拟模型可以查询网站：http: //www. openabm.org/。

31.4 环境行为的社会模拟

在本节中，我们将讨论两项研究，这两项研究运用了行为理论将代理人形式化，从而研究在人类行为与环境互动过程中的复杂性。

31.4.1 运用模拟模型中的理论：态度变化的正式化过程

积极的环保态度可以促进环保行为（见第 22 章）。因此，有必要研究这种积极的态度是如何形成的，以及是否能够通过宣传活动来培养。以态度变化过程为重点的一个关键理论是详尽可能性模型（ELM）（Petty and Cacioppo，1986）。详尽可能性模型区分了说服的中心路径（通过这一路径，对提供的论点的认知处理产生了态度变化）以及说服的外围路径（通过这一路径，不需要认知处理的简单暗示导致了态度变化，比如论点的数量和来源的吸引力）。

Mosler 和 Martens（2008）采用详尽可能性模型开发了一个模拟模型，用于研究不同环保宣传活动的影响，以及因此导致的态度变化如何影响人际网络中的社会互动，从而导致额外的基于口碑的态度变化。研究模拟了 10 000 名代理人组成的群体，系统化地改变了群体特征（比如，对环境问题的参与，影响了信息的中心处理和外围处理的可能性）以及宣传活动的类型（比如，论点与暗示）。在模拟过程中，如果为高度参与环境问题的群体提供强有力的论点，宣传活动就能够最有效地改变态度。因为这些代理人有处理论点的动力，所以强有力的论点导致了最大限度的环保态度转变，尤其是在代理人有许多社会联系人的情况下（这些社会联系人通过口口相传来传播论点）。然而，对于环境问题参与度低的群体，宣传活动中暗示的使用导致了最大限度地态度变化。

总体而言，这种社会模拟表明，宣传活动不仅具有直接影响，而且具有间接影响，因为人们之间的讨论在宣传活动停止后会继续下去，并且导致进一步的观点变化。这些研究结果表明，体现了成熟行为理论的基于代理人的模拟可以帮助开发针对社会复杂体系的实用建议，但是，通过纵向研究对这些建议进行实证验证仍然很重要。

31.4.2 运用模型中的理论和数据：环境创新的传播

考虑到德国南部的干旱以及供水日益减少的问题，Schwartz 和 Ernst（2009）研究了 3 种节水装置的普及：淋浴头、冲水马桶和雨水收集系统。他们采用多理论框架模拟了这些节水装置的购买，包括来自创新推广理论的元素、生活方式研究（来源于社会学）、计划行为理论（见第 22 章）以及社会网络理论。这一框架首先用于上述节水装置普及数据的分析，分析表明，态度和感知的行为控制对于节水创新产品的采用具有重要影响，而社会网络中的沟通不太重要。5 种创新特点尤其重要（但是 3 项创新成果的重要性水平有差异）：环境绩效、使用容易度、成本节约、与现有基础设施的兼容性以及投资成本。

根据这些实证数据，研究者开发了基于代理人的模拟，在模拟中，11 915 个代理人分布在代表德国南部的 2 383 个空间网格上，包括人口稠密的城市以及人口稀少的农村地区。运用实地数据，每个空间网格都分布了许多代理人，这些代理人具有特定的生活方式、关联性以及安装雨水收集系统的可能性。代理人的决策是基于多属性主观效用函数，这个函数将态度、社会规范和行为控制结合起来。此外，通过给这些效用分配不同的数值，将不同的生活方式概念化。比如，后物质主义代理人被认为在做出采用决策时会比传统主义代理人、享乐主义代理人和主流代理人考虑更多的信息。虽然宣传活动对这 3 种创新节水装置的推广产生了积极的影响，但是补贴的做法只对雨水收集系统有效，这主要是因为安装这种系统的成本较高。

这个模拟模型表明了哪些因素会影响面临潜在旱灾的特定地理区域未来几十年里的水资源消耗。这个模型通过实例表明，基于代理人的建模可以被用来开发长期情景，这些长期情景结合了潜在的环境发展（旱灾）、一个空间分布式代表性群体的行为反应以及针对不同类型人群的政策措施。特别是，这个模型表明了不同政策策略的相对影响，并且揭示了哪些生活方式群体可能更加容易受到这些政策、策略的影响。

31.5 将社会模拟整合到环境建模中

如上一节所述，社会模拟模型将环境视为一个不影响代理行为的被动实体。为了说明人与环境的动态关系，基于代理人的模型必须要结合到环境体系模拟模型中。为了抓住环境与人之间的动态关系，基于代理的模型可以被整合进模拟环境系统的模型中（Schlüter et al., 2017）。目前，农村土地使用是最常见的应用领域，之后是水的使用。我们接下来讨论这些领域中开发的 3 个近期社会环境模拟模型。

31.5.1 雷克兰研究

“雷克兰研究”（Jager et al.，2000）旨在研究具有不同目标的代理人在捕鱼和采矿之间的选择如何影响湖泊的质量，以及湖泊质量如何反过来影响代理人的选择。特别是，这项研究区分了利润最大化（经济人）代理人与更加基于心理的（心理人）代理人之间的差异。虽然（经济人）代理人优化他们的行为（通过深思熟虑的过程），但是（心理人）代理人也进行社会比较（当不确定怎么做以及感到不满意的时候）、模仿（当目前感到满意，但是不确定的时候）以及习惯行为（当满意和确定的时候）。（心理人）代理人的结果影响了生存、娱乐和身份（被定义为相对于类似代理人的财富）需求和自由（被定义为绝对财富）需求的满足。这些结果进而影响了他们的决策过程。

大多数（经济人）代理人在矿山开放后立即去采矿，但是因为这导致了捕鱼量减少，鱼类产品价格上涨，所以在下一步中，大多数（经济人）代理人又回到渔业中。这导致了采矿和捕鱼之间的来回摆动模式，最终达到了平衡状态。相比之下，最初，只有少数感到满意的（心理人）代理人转向采矿。由于社会影响的原因，这种行为被许多其他代理人效仿，导致湖泊污染加剧，从而减少了渔业资源，迫使最后的渔民也去采矿。这一点在S形曲线过渡中体现出来，即从渔业社会向矿业社会的过渡。通过提高代理人的心理现实主义，结果往往更加接近现实中发生的情况，而且也比采用利润最大化假设的情况下对环境的损害更大。这表明了在基于代理人的建模中运用现实行为假设的重要性。

31.5.2 合作建模：泰国东北部大米生产和劳动力迁移研究

合作建模是指基于代理人的模型与模型本身代表的人群紧密合作开发（Robinson et al.，2007）。举个具体的例子，Naivinit 等（2010）与研究地区的农民合作开发了泰国东北部地区的大米生产和劳动力迁移模型。

他们的模型有3个部分：水文气候模型、水稻作物生长模型以及农业家庭的行为模型。水文气候模型具有空间明确性，表现了降雨、一系列存储罐和不同高度的水稻田（水从一个稻田流向下一个稻田）。在水稻作物生长模型中，水稻被分为早熟型和晚熟型，这两种类型具有不同的最佳活动时间，比如种植、移植和收割。特定时间的缺水（水文气候模型）会导致特定类型作物的部分或完全损失。在行为模型中，个人的年龄影响其劳动地位（被赡养者、农民或农民工），而性别、婚姻状况和迁移经历影响迁移决策。影响迁移决策的另外一个关键因素就是家庭收入。行为模型的开发涉及与选定家庭的丈夫和妻子进行协商。他们的种植、水稻移植和收割以及迁移决策通过6个连续的完善周期来识别和验证，涉及参与者参与的角色扮演游戏、半结构化访谈、全体讨论和现场调查。研究者采用最终模拟模型研究了9种不同的情景，这些情景在水和劳动力可获性方面存在差异。

结果表明，水的可获性不足以解释劳动力迁移模式，因为农民在关键时刻完全失去供水的情况下也可以通过其他方式避免作物的完全损失，比如向邻居借水稻苗。参与的农民认为这个模型足够准确和完整，并且将其展示给到访的学生和学者。参与者觉得他们获得了可以直接运用的新的农业生态知识。比如，农民从更广泛的视角来看待农业活动，决定将他们的农业生产多元化，以适应供水的变化。因此，这个模型促进了体系中的社会动态认知，揭示了能够应对供水变化的有效策略。但是，这个模型的开发耗费时间较长（3 年）而且成本较高，到目前为止只产生了本地影响。

31.5.3 整合多个社会环境体系模型：多瑙河流域中的用水

第 31.4.2 部分中讨论的节水装置创新模型（Schwarz and Ernst，2009）是一个更大模型（GLOWA-多瑙河模型）的一部分（Ernst et al.，2008），这个更大的模型旨在构建有关德国多瑙河上游流域中的用水问题的决策支持系统。这个项目的核心是一个模拟系统“DANUBIA”，这个模拟系统整合了 16 个自然科学和社会经济模拟模型（Barthel et al.，2010），覆盖了河流、地下水、地表、大气和作物。在这一节中，我们阐述了有关饮用水消耗的家庭模型以及将其与供水基础设施现状和水资源现状相关联的供水模型，以检验在已知或者预测的技术、经济和生态限制内是否可以以及如何满足消费者需求。家庭模型是以不同生活方式的家庭（具有不同的价值观和不同的用水决策策略）用水实证数据为基础开发的。这个家庭模型似乎有效，因为模拟用水密切匹配了具有不同家庭类型组合的二级区域中的实际年度家庭用水记录。这个模型被用来预测 2000—2035 年的潜在家庭用水情况，而且假设了非常干燥的条件（气候变化的一个可能结果），以检验缺水问题如何影响家庭行为。

供水模型包括 1 700 多个供水代理人，这些代理人从 8 000 多个水源取水。水源和供水代理人都位于代表该区域的一个模拟空间中。模型考虑了气温的季节变化以及人口的预期变化。供应商将可用水资源的质量和数量告知家庭行为者。情景分析表明，节水创新装置（比如节水淋浴头和冲水马桶）可能会被推广，因此使现有习惯持续存在，同时降低了人均用水需求。整个模型用于研究环境系统变化（供水）如何影响社会系统（家庭的用水）以及哪些措施似乎能够有效地管理用水需求。这种社会环境体系的模拟提供了有关如何应对不确定未来的宝贵知识。

31.6 构建基于代理人的模型的关键步骤

人与环境体系的代理人模拟可能会越来越广泛地用于研究环境问题以及检验政策结果（Jager and Ernst，2017）。基于代理人的模型的一个关键作用就是，这种模型能够支持实际环境中的决策。以下几个步骤是开发和使用模拟模型的关键步骤。

31.6.1 模型开发

从科学的理论和实证依据开始，应该招募利益相关方或者（如果这一点由于时间限制的原因而不切实际）顾问团体来获得相关信息并且让他们参与到建模过程中。根据具体的建模问题，利益相关方可以包括公众代表、行业经理人、政策制定者和环境专家与行为专家。开发模型之后，可以邀请利益相关方来评估模型的使用容易度以及后续版本的管理相关性。而且，可以开始模型的校准：相关群体的行为、观点、能力和偏好分布的实证数据可以结合到代理群体中。这个模型将表明数据要求。在开发过程结束时，最好提供一个理论上可靠而且实证上得到验证的模拟工具，并获得参与的利益相关方对这个工具的认可。

31.6.2 模型的使用

模型的第一个版本完成后，建模者可以进行情景分析，还可以对利益相关方进行访谈，以获得潜在情景（比如旱灾）以及他们希望测试的政策的信息。比如，特定的税收制度可以与经济发展相结合，以研究税收制度在不同经济条件下的影响。但是，复杂系统会让利益相关方面临没有预见的、无法预测的结果，这些结果需要适应性应对。因此，必须要具备一个实证上有效的潜在过程模型，因为这个模型可以在结果与利益相关方的预期背道而驰的情况下增强利益相关方对模型的信任度。一种可行的方案就是在管理博弈环境中实施模拟，邀请利益相关方与模型互动，以便随时管理出现的新情况（Jager and Van der Vegt，2015）。这样可以使利益相关方感受到他们受到政策的潜在影响，而仅是知情者参加则无法做到这一点。而且，这为探索是否可以在社会系统中模拟有益级联提供了可能性，这需要识别引爆点，即一旦一定数量的人采取了新行为（例如不在室内吸烟）新的社会规范会形成并为附加政策创造适宜的条件（Nyborg et al.，2016）。这样做还可以促进利益相关方之间的讨论，因此促进更加一体化的系统管理认知。

总体而言，开发具有充分实证数据的理论上合理的模拟工具（为利益相关方提供容易访问的界面）将加深对人与环境互动的认识，促进一体化政策的制定，这种一体化政策在复杂性管理方面既有效又可以被接受。

31.7 小结

本章介绍了模拟（尤其是人类行为的模拟）如何促进复杂的人与环境互动的认知和管理。代理人建模的实质不在于开发预测模型，而在于开发能够识别这些系统的复杂性的模型，为利益相关方提供用于研究潜在管理战略的工具。首先，我们阐述了社会影响在环境系统中的相关性。其次，我们解释了社会复杂性的原理，阐述了大规模影响如何从本地互动中产生，进而限制这些互动。再次，我们解释了社会模拟方法论，提供了环境行为模拟模型的例子，以及如何将这种模拟模型结合到环境模型中。最后，我们讨论了模拟模型开发和使用中的关键步骤。

推荐阅读书目

Jager, W. and Ernst, A. (2017). Social simulation in environmental psychology. Introduction of the special issue. *Journal of Environmental Psychology* 52: 114-118.

Waldrop, M.M. (1992). *Complexity: The Emerging Science at the Edge of Order and Chaos*. New York, NY: Simon and Schuster.

A library of social simulation models: http://www.openabm.org.

The European Social Simulation Association (ESSA): www.essa.eu.org.

思考题

1. 社会模拟可以用来揭示社会环境体系中的新现象。列举有关人群行为影响环境现象的 3 个例子。

2. 解释有关人类行为的实证数据如何用于代理人模型的正式化。列举可以使用的数据类型的一个例子，并且说明为什么必须要使用这种数据。

3. 阐述模拟模型如何支持社会环境体系中的政策制定。

4. 你如何考虑关于购买私人太阳能系统的消费者的计划行为理论化；思考时间贴现的影响，将其与各种财政政策的影响关联起来（比如，补贴、提高能源价格或者通过抵押施工融资）。

32 中低收入国家的环境问题

Nadja Contzen（荷兰格罗宁根大学）
Hans-Joachim Mosler（瑞士联邦水科学技术研究所）
Silvie Kraemer-Palacios（瑞士联邦水科学技术研究所）

32.1 引言

中低收入国家（LMICs）的环境问题各式各样，而且非常严重：具有破坏性后果的自然灾害频繁发生（CRED，2016）；急速的经济增长导致大量的资源消耗和环境退化（UNFPA，2013）；城市居民产生大量的固体废物，污染了土壤和水源（Pakpour et al.，2014）；工业和机动交通造成了致命的空气污染（GBD-RFC，2016）；部分居民生活在贫民窟退化的环境中（UN-HABITAT，2014）。迅速增长的人口和城市化进一步加剧了这些问题（UNFPA，2013）。

尤其是在低收入国家，由于缺乏专有技术、资金以及行政管理，解决这些环境问题非常具有挑战性。环境心理学可以通过更好地理解环境心理条件对幸福的影响（本书第Ⅰ部分），环境意识和行为（本书第Ⅱ部分）和行为变化的干预方法（本书第Ⅲ部分），来帮助理解和解决这些问题。

不幸的是，对这些问题的研究往往局限于高收入国家。然而，关键在于运用中低收入国家的理论、概念、干预和方法来理解和解决这些国家具有全球相关性的环境问题，并测试研究结果的普遍性，探索潜在的文化差异。本章阐述了环境心理研究在中低收入国家的应用。我们讨论了环境风险感知和关切，居住环境与幸福感，以及行为（变化）。

32.2 环境风险感知、环境关切与气候变化感知

32.2.1 环境风险感知

环境风险是中低收入国家人口过早死亡率较高的十大主要风险因素之一，但在高收入国家却并非如此（GBD-RFC，2016）。自然灾害在中低收入国家更多地发生（CRED，2016）。

每一场自然灾害造成的死亡率和生计破坏使低收入国家遭受的后果最为严重。更好地理解中低收入国家的环境风险感知是至关重要的，因为它影响对风险的预防和适应（Ainuddin et al.，2014）。然而，大多数关于环境风险感知的研究都是针对高收入国家的（见第 2 章）。

在中国，空气污染是第五大健康风险因素（GB-RFC，2016），被调查的学生们认为空气污染是仅次于水污染的第二可能的环境风险（Zhang et al.，2013）。然而，被调查者只将空气污染的严重程度排在第 14 位，表明低估了其严重性。在长江三角洲，一般民众（而非学生）认为洪水和地震的危险性超过了核电（Ge et al.，2011），他们的风险认知可能受到了该地区多次发生的洪水和数据收集前不久中国发生的强烈地震的影响。在巴基斯坦的研究表明，人们意识到该地区的高地震风险，但有相当宿命论的态度（Ainuddin et al.，2014）。这可能是由于低收入抑制人们从事预防工作，如进行建筑物防震措施（见 22.3 节“保护动机理论”）。

32.2.2 环境关切

关注环境可以促进环保行为（见第 17 章）。后唯物主义假说认为，中低收入国家对环境的关注程度较低（Pampel，2014）：因为人们与最紧迫的生存需求斗争，他们无法负担起对环境的关注。有趣的是，与这一假说相矛盾的是中低收入国家中所有的社会经济组织对环境的关注程度很高（Pampel，2014）。因为低收入国家的人口对环境的依赖性更强：恶劣的环境条件直接影响他们的生存，从而引发了对于环境问题的关注。或者是环境问题可能根植于许多中低收入国家流行的传统文化。这些文化认为自然是神圣的，因此值得保护（Byers et al.，2001）。尼日利亚的一项研究发现，尽管对环境的关注度很高，传统的保护原则已经被抛弃以确保短期生存（Chokor，2004）。

32.2.3 气候变化感知

CO_2 在高收入国家的人均排放量最高，中低收入国家的人均排放量显著增加（PBL，2014），而与气候相关的自然灾害主要影响了中低收入国家（CRED，2016）。因此，中低收入国家对气候变化的感知对于适应和减缓气候变化是至关重要的（见第 3 章）。

在中国的一项研究中，已感知到的气候变化风险较高，且是由文化世界观来预测的（Xue et al.，2014）。持有高平均主义和不相信宿命论的人具有较高的风险感知，这进而预测了他们对气候变化缓解政策和缓解行为的支持。无论是等级制度还是个人主义都不能预测风险感知，尽管后者常常与较弱的政策支持有关。

在气候脆弱的孟加拉地区的村庄，男性、印度教徒和年轻人更关心气候变化（Haq and Ahmed，2017）。大多数人认为气候变化是上帝的旨意，另一些人则提到了人类活动如砍伐森林和犯罪行为是气候变化的原因。其他低收入国家也提出了类似的观点，认为气候是对好的行为的奖励或对坏的行为的惩罚（World Bank，2015）。这些没有被怀疑的叙述可以作为向人们介绍人为气候变化的科学共识的基础。

32.3 居住环境与幸福感

持续的农村—城市迁移导致中低收入国家中城市人口迅速增长（UNFPA，2013）。大多数移民最终都生活在城市贫民窟的恶劣环境中，剩余的农村人口常常面临类似的困境，但居住环境也影响着高收入城市居民的幸福感。

32.3.1 贫民窟与公共住房

中低收入国家中 1/3 的城市人口生活在贫民窟（UN-HABITAT，2014）。在非洲，这个比例高达 60%。贫民窟的特点通常是非常拥挤、住房和社区质量不稳定、居住条件不安全、缺乏或根本没有安全的水和基础卫生设施，造成人类的粪便污染水源和土壤。这些特征代表了可能损害身体和心理健康的环境压力因素（见第 4 章和第 12 章）。

环境压力源与孟买（Subbaraman et al.，2014）和阿克拉（Grief and Dodoo，2015）贫民窟的心理健康密切相关。在孟买，近 1/4 的受访者有较高的精神障碍风险（Subbaraman et al.，2014）。定性研究结果表明，由于不安全的居住条件和完全缺失的基础服务，贫民窟的非法地位是导致心理痛苦的主要原因。有趣的是，在阿克拉的贫民窟，社会资本有利于最贫穷和身体健康最差的居住者的心理健康，但对其他人而言却是一种情感负担（Grief and Dodoo，2015）。

公共住房方案的目的是通过改善住房质量和确保居住期限来增加贫民窟居民的幸福感。从贫民窟搬到公共住房的艾哈迈达巴德妇女的身心健康状况比留在贫民窟的妇女要好（Vaid and Evans，2016）。健康方面的差异很大程度上可以用观察到的住房质量来解释。而搬迁的不利之处在于社会联系的减少，在公共住房方案中应积极促进这种联系。

32.3.2 公共空间

多项研究强调了进行社会互动的公共空间的重要性（见第 12 章）。然而，高质量的公共空间通常在贫民窟是不存在的，在较富裕的中低收入国家城市社区也是如此。公共空间的更高质量和使用增加了中国城市中基于场所的社会关系和场所依恋（Zhu and Fu，2016），这进而与较高的邻里参与率（Zhu and Fu，2016）和幸福感（Yip et al.，2013）相关。公共空间也与娱乐活动相关联（见第 6 章）。公共空间的可用性、审美质量和安全性解释了孟加拉国达卡儿童的平均户外时间（Islam et al.，2016）和杭州成人的体育活动时间（Su et al.，2014）。

32.3.3 农村社区

中低收入国家的农村居民往往严重缺乏基础服务，如水和卫生基础设施，阻碍了居民的身心健康发展。一项关于印度农村妇女与卫生保健有关的社会心理压力的研究显示，2/3 的受访者没有任何卫生设施，而是露天大小便（Sahoo et al.，2015）。在哺乳活动中（如排便、排尿、洗澡和经期管理），女性会受到 3 种类型的压力：环境压力（长途跋涉到一个有围墙的，不舒服的地点）、社会压力（如社区的隐私不足或社交限制）和性压力（如被监视或性侵犯）。在所有经历过的压力源中，社会压力因素是最普遍的。

32.4 行为与行为变化

通过干预改变人们的行为可以减少中低收入国家的许多环境问题。然而，干预措施在中低收入国家依然罕见。以下两种行为是尤其需要了解和促进的：①改善环境质量的行为，包括节约资源、可持续运输和循环利用；②保护健康免受不利环境影响的行为，包括安全用水、卫生以及洗手。

32.4.1 资源节约

中低收入国家的许多农村和贫民窟地区的家庭无法获得足够的电力或自来水（Contzen，2015）。对他们而言，能源和水是传统上被保存下来的稀缺资源。然而，总体而言，中低收入国家资源消耗是大幅增加的（UNFPA，2013），这对自然资源和供应的可靠性构成了威胁——在中低收入国家，水和电力供应中断是家常便饭，有时会持续数小时甚至数天。经历供应中断可能会使资源短缺变得切实可见，从而激励节约。事实上，在中国的一项研究中应用了计划行为的扩展理论（TPB）（见第 22 章），证实过去的停电经历与增加的电力节约相关联（Wang et al.，2011）。感知经济效益和目标规范有着额外的积极影响，而节约用水带来的不便和低省电量相关。

在水资源高度匮乏的伊朗，农业部门消耗了 90%的淡水资源（Yazdanpanah et al.，2014）使得农民的水资源节约（如废水再利用）至关重要。一项应用扩展的计划行为理论研究发现，主观规范和水资源危机的感知风险通过意向解释了农民的节约行为（Yazdanpanah et al.，2014）。此外，使用自己的水资源或与少数人共享水资源的农民有着更大的责任感和更强的主观规范，从而能够节约更多的水。

32.4.2 可持续运输

大多数中低收入国家的城市都面临着严重的交通问题，包括整日的交通堵塞和严重的空气污染问题（Zailani et al.，2016），其主要原因是公共交通的不可靠性和私人机动交通的迅猛发展。吉隆坡的一项基于扩展的计划行为理论研究调查了良好的公共交通的使用情况（Zailani et al.，2016）。态度、感知的行为控制和过去的行为解释了使用公共交通的意图。

班加罗尔市的一项研究发现，尽管大多数受访者在童年时期骑过自行车（96%），但成年后骑自行车的人数大幅减少（5.3%）（Verma et al.，2016）。向机动交通转变被认为是一个自然的过程，它增加了舒适度和地位，因为它标志着繁荣。有趣的是，成年后继续骑车和没有继续的人同样认为骑车是不安全的。

32.4.3 循环利用

生活垃圾产量是急剧增加的（Pakour et al.，2014）。中低收入国家对环境的负面影响尤其严重：垃圾的不定期堆积、垃圾处理设施得不到充分利用、垃圾往往未经处理就被倾倒在垃圾填埋场（见图 32-1）。循环利用可以帮助减轻废物问题和保护自然资源，然而循环利用行为罕见且没有地方当局的充分组织。家庭在循环利用方面发挥着更重要的作用。

图 32-1 肯尼亚蒂卡瀑布附近的河岸

图片来源：Nadja Contzen 拍摄。

一些应用计划行为理论的研究解释了中低收入国家的家庭循环利用行为。在土耳其，家庭主妇的回收行为可通过意向、感知的行为控制（直接和通过意向控制）和主观规范来解释（Ari and Yilmaz，2016）。在伊朗，应用扩展的计划行为理论，态度、主观规范、感知的行为控制、意向、道德义务、自我认同、行动、规划和回收行为都是在一年后的基线预测回收行为中测量的（Pakpour et al.，2014）。古巴圣地亚哥的一项应用了计划行为理论的研究解释了回收、堆肥和再利用（将材料直接用于第二目的）（Mosler et al.，2008），态度和较低程度的感知的行为控制解释了以上这三种行为。有趣的是，对于回收和堆肥，反映行为带来愉悦度的考虑更具相关性，而对于再利用则是成本效益的考虑更具相关性。主观规范对于回收（一种相当公开的行为）有很高的预测作用，对于堆肥有适度的预测作用，而对于再利用（一种更加私人的行为）则没有预测作用。

拉合尔的一项研究强调了拾荒者对中低收入国家回收再利用的重要贡献（Asim et al.，2012）。拾荒者从垃圾填埋场直接回收可回收材料（如金属、瓶子和干面包），然后通过中间商卖给废品商店和回收行业。尽管他们在环境方面做出了重要贡献，但却没有得到政府的认可：他们经常受到官员的骚扰，面临着严重的健康和安全威胁。

32.4.4 水、卫生设施与个人卫生

不安全的用水、卫生设施和个人卫生是低收入国家人口过早死亡的十大危险因素之一（GBD-RFC，2016）。对安全水源和卫生基础设施的普遍缺乏（见第 32.3 节）对风险增加有着显著影响。诸如水、卫生设施和个人卫生（洗涤）行为在中低收入国家应用 RANAS 方法进行了有关研究（Mosler，2012）（见知识点 32-1）。

知识点 32-1　埃塞俄比亚的洗手推广

Contzen 等（2015）在埃塞俄比亚的农村测试了两种洗手干预措施。这些都是基于RANAS方法——一个应用多理论框架来设计中低收入国家的洗涤干预措施。该方法的主要思想是针对目标人群量身定制干预措施，具体通过以下两点：①识别预测目标人群行为的心理因素；②选择预期影响这些因素的干预措施。通过一些著名理论考虑心理逻辑因素，如计划行为理论（见第 22 章）。

在埃塞俄比亚的农村，基线结果建议：①干预社会规范、障碍（如水资源耗尽和忘记关水龙头）；②简化洗手步骤（Contzen et al.，2015）。为此选择了两种干预措施：公众承诺和洗手站的建立推广。所有的参与者都接受了标准的教育干预，并把以上两种干预措施的影响与单独的教育干预相比。研究结果显示，以人群为导向的干预措施，尤其是以洗手站推广为导向的干预措施效果要优于标准的教育干预。

安全的供水亭（在贫民窟和村庄出售纯净水的小商店）是一种低成本的选择，以补偿缺乏安全的水基础设施。肯尼亚的一项研究发现，服务满意度、感知成本、社会规范、自我效能感、行为控制和承诺解释了供水亭的消费（Contzen，2015）。在孟加拉国的一项聚类随机对照试验中，应用提醒和实施意图促进使用砷的安全（Inauen and Molser，2014）。这些技术预计将增加承诺、描述性规范和恢复自我效能，从而影响行为。与单独的健康信息相比，应用这些技术确实会带来更高的安全水平。然而，即使没有政府提供基础服务，健康行为选择也常常是可用的（见图 32-2）。

在中低收入国家阻止露天排便定期应用的一种方法是建立以社区为主导的全面卫生设施（CLTS）。莫桑比克的一项研究表明，参与以社区为主导的全面卫生设施建设，是通过社会资本、腹泻易感性、感知成本、社会规范以及重建受损厕所的能力，与厕所所有权相关联的（Harter et al.，2017）。厕所的所有权与厕所的使用密切相关，因此也与停止随地大小便的行为密切相关。

图 32-2 埃塞俄比亚博拉纳地区，妇女和儿童在 Kancharo 的一处钻孔中取水

图片来源：Nadja Contzen 拍摄。

在高度污染的环境中，如在中低收入国家的贫民窟和农村地区所发现的，手很容易受到污染。因此，经常使用肥皂洗手对于减少传染病至关重要。埃塞俄比亚农村的一项实地研究表明，公开承诺和洗手站的推广比标准的教育干预更能增加洗手的次数（见知识点 32-1）。

32.5 小结

在国家拥有有限资源的情况下，中低收入国家的环境问题很难解决。环境心理学可以提供相关的理论、概念、干预措施和方法来理解和解决这些问题。此外，有必要将这些理论、概念、干预措施和方法应用于中低收入国家，以探索其普遍性和潜在的文化差异。

这一章节讨论了中低收入国家的环境心理学研究。研究回顾表明，在中低收入国家：①环境风险感知并不总是准确的；②对于环境和气候变化的关切程度很高；③对于气候变化的关切可以预测相关环保行为；④居住环境和相关压力源对于健康和幸福感有显著影响；⑤扩展的计划行为理论可以解释各项环保行为；⑥心理因素和干预措施可以解释并推广洗涤行为；⑦私人和公共基础设施的普遍缺乏常常限制人们适应、支持环境或促进健康行为的能力。这些发现与高收入国家的结果相一致，支撑了环境心理学理论、概念、干预措施和方法向其他经济、社会和文化背景推广。然而，现有的观点主要来自个别中低收入国家（如中国）的研究且正在扩展，只是对个别理论（如计划行为理论）的测试。今后的研究应当扩展到更多国家，尤其是低收入国家，并应用其他理论和概念，如“价值-信念-规范”理论（见第 22 章）。

推荐阅读书目

Schmuck, P. and Schultz, W.P. (2002). *Psychology of Sustainable Development*. Norwell, MA: Kluwer Academic.

World Bank (2015). *World Development Report 2015: Mind, Society, and Behavior*. Washington, DC: World Bank.

思考题

1. 环境心理学如何有助于解决中低收入国家的环境问题？
2. 为什么环境风险在中低收入国家具有高度相关性？
3. 中低收入国家的居民是否比高收入国家的居民更关心或更不关心环境问题？为什么？
4. 中低收入国家的居住生活环境是如何影响人们的幸福感的？
5. 在中低收入国家促进环保行为的特点是什么？

33 总结：环境心理学的发展趋势和未来愿景

Agnes E. van den Berg（荷兰格罗宁根大学）
Linda Steg（荷兰格罗宁根大学）

33.1 总结和主要发现

我们生活的环境通过许多途径影响人们的生活，但是这种环境是人类活动的产物。环境心理学研究人与环境之间的这种相互关系。本书旨在介绍这个快速发展的动态的研究领域。第 2 版已做了大量修订和更新，以反映该领域的当前状况。新增的章节涉及了该领域的重要主题，包括气候变化风险、地方依恋、自然对儿童的重要性、情感和环保行为、环境行为的象征性方面，以及群体过程在环境问题、态度和行为中的作用。新版本的核心部分现在共有 31 章，由该领域的 60 多位领先研究者撰写。本书共分为三个部分。第 I 部分包括 14 章，讨论环境对人类的影响。第 II 部分包括 10 章，重点讨论影响环境行为的因素。第III部分包括 7 章，讨论如何促进环保行为。

在最后一章中，我们将首先总结本书每一部分的主要研究结果。接下来，我们将阐述一些总体趋势和发展。之后讨论环境心理学在未来研究中面临的主要挑战。

33.1.1 第 I 部分：环境对人类行为和幸福状态的影响

第 I 部分首先用 3 章论述了环境对人类的负面影响。其中两章介绍了环境心理学的经典主题：环境风险认知和环境压力。这些章节强调了对人们的认知的研究，在认识环境对人类行为和福利的消极影响中起到了关键作用。另外一章将气候变化作为一个独特的环境问题加以论述，概述了影响人们理解和关注气候变化的心理过程。

接下来的 6 章讨论了自然环境对人类积极的影响。这个领域的广泛研究说明了环境心理学越来越具有更加积极的前景，即一个旨在创造支持人类福利的可持续环境的领域，这些章节中反复出现的主题是自然和城市绿地作为健康、福利和住宅满意度来源的重要功能。新增加的章节是关于儿童与自然环境（第 10 章），把儿童看作特殊的群体，接触自然可能会对他们有更长久的正向作用。在第 8 章和第 9 章，认可和讨论了人们对野外自然环境和野生动物的更矛盾性的反应。

第Ⅰ部分的后几章重点阐述了城市环境对人类行为和福利的影响。这些章节说明了居住环境对于生活质量的持续重要性。实际上，如第11章中所述，“即使最喜欢户外活动的人也会在建筑物中度过生命中的大部分时间。”这一领域近期的大部分研究工作都旨在将有关城市环境质量决定因素的基本研究的成果转换为一体化实用模型和模式。比如，在第11章中，亲生物性设计和基于现象的设计被作为两个近期设计方法加以讨论，这两种方法旨在将环境心理学知识转化为满足用户需求和改善用户福利的建筑设计。第12章和第13章介绍了用于度量和预测居住满意度和生活质量的各种多维度模型。

第14章探讨了人们怎样建立对一个地方的情感联系，同时也阐述了地方依恋的不同组成和类型。第15章阐述了有关环境暗示（比如乱丢垃圾的行为）的作用的知识，以及如何为促进规范行为的干预措施的开发提供新的有效工具。

33.1.2 第Ⅱ部分：测量环境行为

第Ⅱ部分首先回顾了各种环境行为测量方法（第16章）。在这次回顾中，介绍了新的环境行为度量途径，并且强调了将环境影响度量指标与行为度量指标相结合的重要性。接下来的4个章节强调了影响环境行为的关键因素，即价值观（第17章）、社会规范（第18章）、情感（第19章）以及个人利益和集体利益的冲突（第20章）。一些著名的研究结果包括：越来越多的证据证明生物圈价值观是环保行为的预测指标（第17章）、有关混乱（比如涂鸦和乱丢垃圾）会通过跨规范抑制原理快速扩散的实证证明（第18章）、积极的情感动机和象征性动机是环保行为的强有力决定因素（第19章和第20章）。第21章综述了有关促进社会困境合作的因素。第22章从一体化的角度回顾了之前的章节，综述了描述环境行为的多个决定因素的综合影响的模型。

首先，第23章探讨了为什么环境态度和行为不会只是依赖于个人特质，而且也会受到群体成员和群体过程的影响。第24章介绍了许多环境行为的习惯性，阐述了用于描述、解释、预测和改变习惯性环境行为的不同模型和途径。最后，第25章讨论了环境心理学在拉丁美洲的发展，叙述了拉丁美洲对环境心理学日益关注，提供了不同文化背景下相关理论和方法的适用性的重要见解。

33.1.3 第Ⅲ部分：鼓励环保行为

第Ⅲ部分的前3章阐述了信息策略（第26章）、奖励和惩罚（第27章）和说服性技术（第28章），这3个策略是行为变化的3个关键策略。第26章得出结论认为，提供信息的做法（虽然仍然在广泛采用）不能非常有效地产生行为变化。之后讨论了多个如何提高信息策略有效性的建议，比如提供定制化信息。政策制定者往往运用环境税和其他货币策略来改变人们的行为。但是，如第27章所述，针对环保行为提供货币奖励的做法存在风险，因为这些奖励会降低人们实施环保行为的道德激励。第27章提供了有效宣布和实施货币性干预措施的指导准则。第 28 章指出，说服性技术是一种相对新型的干预策略，它运用技术来提供有关环境行为的“智能”反馈，或者提供沉浸式体验来促进行为的潜在环境后果。

基于“干预只有被公众接受才能成功”的认识，第 29 章讨论了程度和分配公平性等因素，它们会影响公众对旨在鼓励环保行为的政策的接受程度。第III部分的最后 3 个章节介绍了相对较新的（没有被充分研究的）环境心理学论题。第 30 章介绍了行为变化的阶段模型，这个模型将有关行为变化的潜在过程的不同心理学理论结合在一起。第 31 章讨论了基于代理人的建模，认为这是一种新的基于计算机的方法，可以用来促进复杂社会环境体系中的变化。第 32 章综述了环境心理学理论、概念和方法在发展中国家中的应用。一个主要发现就是，发展中国家几乎不了解行为计划，这表明环境心理学解决问题的潜力在最需要环境心理学的发展中国家没有得到最大限度的发掘。

33.2 总体趋势和发展

在这一节中，我们将介绍本书发现的 3 个更加普遍的重要趋势和发展。

33.2.1 人与环境的积极互动

传统意义上，环境心理学主要着眼于研究环境对人类的消极影响（比如，拥挤和噪声对健康的有害影响）以及人类对环境的消极影响（比如，能源使用对环境的消极影响）。这一研究一直以来都主要以开发环境策略和行为策略从而降低这些消极影响为目的。如第 1 章所述，人们对可持续性的日益关注促进了研究人与环境的积极互动的趋势，比如自然环境具有的促进健康的作用，以及环保行为对环境质量和生活质量的积极影响（Gifford，2007b；Giuliani and Scopelliti，2009；Venhoeven et al.，2013）。作为这一趋势的一部分，干预措施越来越以支持和鼓励环保行为为目的，而不是阻止对环境有害的行为变化。

自从这本书第 1 版出版之后的 5 年里，环境心理学更加积极的前景得到了加强和扩展。在第 I 部分中，着重介绍了自然界和自然环境的积极影响以及精心设计的宜居城市环境对于生活质量的积极影响。在第II部分中，通过识别积极行为决定因素（比如生物圈价值观、亲社会规范和预期积极情感），重点认识了环保行为。实际上，如第 19 章所述，越来越多的证据证明，许多人因为获得了积极的感受而参与环保行为，这表明可以实现在促进环境质量的同时不损害人类福利的真正的可持续解决方案。第III部分重点介绍了支持和促进环保选择的干预措施、激励因素和方法。一些显著的例子包括支持人们环保行为的道德义务的货币奖励以及运用互动照明反馈来降低环保行为的难度。

虽然本书主要是以西方工业化国家的研究为基础，但是有迹象表明，研究人与环境积极互动的趋势也适用于世界上其他国家和地区。如第 25 章所述，对拉丁美洲国家 100 多项文献的回顾表明，该地区的环境心理学的重点也从环境条件对福利和行为的消极影响转变为环境条件的积极影响以及环保行为的积极影响。此外，如第32章所述，对中低收入国家的研究进行回顾，说明了环境心理学如何有助于解决世界上较不富裕国家的许多环境问题。

33.2.2 整合方法

本书每一个部分体现的第二个趋势是一体化模型和方法的开发。在环境心理学的初期，重点往往放在了研究单一环境条件（比如拥挤）和单一结果变量（比如心理压力）之间的关系上，而当代研究着眼于整合模型和方法，这些模型和方法结合了多种影响以及环境和人的条件之间的各种关系。这一趋势与人们日益关注复杂社会问题的认知和解决有关，而且这种关注正在逐渐取代对个体问题的传统关注（Bonnes and Bonaiuto，2002）。总体而言，为了使研究适用于“现实问题”，必须要形成全面的认识，将这些问题的环境、社会和心理方面结合在一起。

整合模型和方法的趋势在本书第Ⅰ部分有关城市环境质量、地方依恋和生活质量的章节中都有说明。在这3个章节中，介绍了多维度量指标，这些度量指标包括城市环境质量和生活质量的积极和消极方面的全面集合。整合模式的趋势也体现在这样一个事实：本书任何章节都没有专门针对环境质量的一个（消极）方面，比如噪声和拥挤，而之前的环境心理学中主要介绍了这些单一的方面（例如Bell et al.，2001；Gilfford，2007）。如第Ⅱ部分所述，新的整合方式在环境行为决定因素的研究中也在逐渐被采用。特别是，第16章阐述了将各种环境行为相结合的多维度量指标，而第22章阐述了目标框架理论等理论，这些理论结合了环境行为的各种决定因素。本书的第Ⅲ部分介绍了行为变化的整合自我调节模型，这个模型将不同类型的干预措施与各个阶段特定的不同变化机制联系起来（见第30章）。

33.2.3 从一种心理学到多种心理学

第三个重大趋势是环境心理学领域中多个子领域或“心理学”的发展。Giuliani 和Scopelliti（2009）也描述了这一趋势，其可以被视为针对更加统一性的可持续性趋势的反趋势，后者是环境心理学领域和一体化方式开发的中心指导准则。这个反趋势涉及更加独立或者不太独立的子领域的开发，各个子领域都有自己的研究主题和理论与实证范式。本书中阐述的多个子领域的一些显著的例子包括人-自然关系，城市环境质量和环境行为。此外，还可以识别多个新兴子领域（比如环境暗示的研究、地方依恋、说服性技术和基于代理人建模）。

环境心理学领域的新子领域的发展具有许多积极的影响，比如更加深入地分析特定的重点现象、开发和检验可靠的理论、完善方法以及促进与其他学科的合作。例如，近期出现的康复性环境研究子领域得出了有关压力和心理疲劳康复的潜在心理机制的新认识和理论，不仅促进了用于研究和度量康复性过程的新范式的开发，而且促进了与医学专家合作一起来度量和诊断压力。再举一个例子，环境行为研究得出了有关如何通过强化价值观和规范促进环保行为的重要知识，它促进了用于环境行为评估的新方法的开发（坎贝尔范式以及家庭直接和间接能耗度量指标），而且促进了与环境科学家合作评估行为的环境影响，进而提高了这一研究的潜在社会影响。但是，正如 Giuliani 和 Scopelliti（2009）所指出的，环境心理学领域的子领域开发的一个缺点是，它阻碍了环境心理学先驱［Craik（1973）、Wapner（1995）、Proshansky（1987）］之前倡导的一个连贯和统一的理论框架的形成。此外，这一领域的碎片化会导致环境心理学领域的合作水平降低以及网络弱化。后者这个问题可以在一定程度上通过组织更多的合作和交流的联合活动来解决，比如，本书的出版以及组织国际会议和夏季培训。

33.3 未来研究面临的挑战

虽然环境心理学领域在过去的多年里稳步发展，并且成为社会更加可持续发展的积极贡献者，但是未来的研究仍然面临许多挑战。在本章的最后一节中，我们阐述了整个环境心理学领域面临的三大挑战：进一步整合，进一步开发理论和模型，以及环境心理学家进一步参与解决环境问题。

33.3.1 进一步整合

环境心理学研究议程上的一个重要议题就是，研究环境对行为的影响的子领域（见本书第 I 部分）和研究人对环境的影响的子领域（见本书第 II 部分、第III部分）内部和之间需要进一步整合。在每一个子领域中，一体化模型和解决方案要么着眼于结合人类福利的多个（积极和消极）环境决定因素，要么着眼于结合环境行为的多个（积极和消极）个体决定因素。但是，需要采取进一步措施来促进这些领域内部之间的整合。

在研究环境对人类的影响的领域以及研究人类对环境的影响的领域内，可以通过考虑不同规模层面上的“人和地点组成部分”的综合影响来实现进一步整合（Stamps，1996；Steg et al.，2014a；Winkel et al.，2009）。为此，多级模型已经广泛应用，这种模型可以研究语境因素和个体因素及其相互作用对关键变量的影响。近年来，如本书部分所述，在研究环境对人类行为的影响时，这种模型已日益成为突出的分析方法。多级模型在环保行为的研究中也取得了进展。例如，最近一项针对 30 个国家的大规模研究就使用了多级模型，从国家和个人差异的角度来解释环保行为的跨国差异（Pisano and Lubell，2017）。

在环境对人类的影响领域和人类对环境的影响领域之间，进一步整合面临的挑战在于识别和鼓励有助于提高环境质量和人类福利的人与环境互动。在本书中，这一挑战是通过研究表明环境政策可以保障生活质量来解决的。值得注意的是，对情感和环境行为的研究表明，参与环保行为实际上可以让人们感觉良好，对说服性技术的研究可以帮助减少对环保行为的监管。进一步的例子是研究显示节能路灯不仅有利于环境，同时也使人感到安全

（Boomsma and Steg，2014a，b）。另外一个例子就是模拟与自然界的接触（尤其是儿童），以此促进生物圈价值观以及与自然界的关联，进而促进了环保行为（Kals et al.，1999）（见第14章）。

33.3.2 进一步开发理论和模型

环境心理学面临的另外一个重大挑战就是与主流心理学的理论和方法开发联系起来。对于人与环境互动而言，3个进展似乎特别有希望。

第一，大量研究已经证明，人的大多数行为都受到可能无意识的自动过程的驱动（Bargh and Ferguson，2000）。这一研究产生了有关行为的内在调节的重要新模型和理论（Strack and Deutsch，2004），以及用于研究隐含过程的创新方法（Gawronski and Payne，2010；Greenwald and Banaji，1995）。这些发展开始进入环境心理学领域（见第15章、第18章、第24章、第28章）。但是，用于研究隐含过程的理论和方法的全部潜力还没有得到发掘。

第二，强调行为的"冷"认知决定因素的理论一直在向强调"热"情绪影响的理论转变（Loewenstein，1996）。情绪在行为中的作用继续受到激烈的争论。然而，人类行为的全面认识应该强调这样一个事实：人们的选择和决策往往受到他们的激情和情绪冲动的影响。情绪对于认识人类行为的重要性在环境心理学领域正在日益得到认可，比如，第2章有关风险认知、第8章有关景观的矛盾心态、第9章有关野生动物的人类维度以及第19章有关情感和环境行为都说明了这一点。但是，环境行为研究仍然被理性决策模型所主导[见 Steg and Vlek（2009）的综述]。环境行为研究的一个主要任务是开发体现情感的模型，同时这种模型又不失去作为现有模型的主要优点的严谨性和结构（Loewenstein，1996）。

第三，许多心理学领域已经开始了生物革命，日益重视运用神经科学方法来研究人们思维和行为下的潜在大脑过程（Heatherton and Wheatly，2010）。这场革命已经导致了神经成像方法的广泛运用，这种方法用于描绘当人们从事特定行为时哪些大脑区域被激活。神经成像技术可以深入认识人和环境互动有关的大脑部位的位置和功能，比如，对自然环境或城市环境的认知，或者在实施破坏环境的行为时的内疚感受。但是，到目前为止，这些方法很少应用于环境心理学。

33.3.3 环境心理学家进一步参与解决环境问题

环境心理学面临的最后一个（也可能是最紧迫的）挑战就是进一步解决被研究的问题（Gifford，2007，2008）。如本书所述，环境心理学越来越将可持续性作为研究的中心点，在本地和全球范围内提供了有关促进可持续性的许多宝贵的深刻见解和工具。但是，环境心理学还没有成为可持续科学中的主要参与者。为了在防止环境和社会退化的斗争中起到真正的作用，环境心理学家需要进一步参与进来。

环境心理学家可以通过多种途径来强化他们在可持续发展大辩论中的立场。其中一个途径就是改善和扩展用于教育与研究的学术基础设施，从而能够完成更多更好的研究。因为环境心理学的学术基础设施在大多数国家中仍然缺失，这一努力将会取得丰硕的成果。在最深刻地意识到环境问题的后果并且最需要可持续解决方案的那些国家和地区中（尤其是发展中国家），建立或完善环境心理学学术基础设施可能是最有效的做法。

环境心理学家可以采取的另外一项行动就是进一步提高他们的研究工作的政治相关性和适用性。比如，通过建模不同政策选择的结果，环境心理学家可以直接将环境政策的有效性告知政策制定者，从而提高实施最有效和最可持续政策的概率。此外，通过研究影响环境政策的可接受性的因素，环境心理学家可以建议政策制定者如何提高成功实施这些政策所需的公众支持。通过在专业期刊或大众杂志中发表研究成果，环境心理学家可以提高他们的研究成果被实际采纳和应用的概率。环境心理学家甚至可以进入政治领域，成为“绿色游说者”（Gifford，2007，2008）。但是，这种直接政治参与对于许多努力保持客观立场的环境心理学家而言可能是无法接受的。

最后，我们想关注最近旨在促进科学、政府、社会、行业之间的知识共享的举措，比如 PERSON 国际论坛的建立，该论坛汇集了社会科学中不同领域的知识以鼓励向可持续能源过渡（见 person.eu）。这种倡议在促使全球的公民团体和政策制定者探讨有关环境变化的选择的道德因素和后果中起到了关键作用。通过在这些倡议中起带头作用，环境心理学家可以表明他们的参与度，并且为提出真正惠及当代人和子孙后代的跨学科和跨国界解决方案做出贡献。

推荐阅读书目

Gifford, R. (2014). Environmental psychology matters. *Annual Review of Psychology*, 65, 541-579.

Giuliani, M. V., & Scopelliti, M. (2009). Empirical research in environmental psychology: past, present, and future. *Journal of Environmental Psychology*, 29(3), 375-386.

Steg, L., & Vlek, C. (2009). Encouraging pro - environmental behaviour: an integrative review and research agenda. *Journal of Environmental Psychology*, 29, 309-317.

思考题

1. 描述环境心理学领域的三大趋势。

2. 描述环境心理学面临的三大挑战。

3. 列举一个案例或问题的例子，说明如何同时研究个人因素和语境因素对认知、评估或行为的影响。

参考文献

Aarts, H., Dijksterhuis, A. (2000). Habits as knowledge structures: Automaticity in goal-directed behavior. Journal of Personality and Social Psychology, 78 (1): 53-63.

Aarts, H., Verplanken, B. (1997). Habit and information use in travel mode choices. Acta Psychologica, 96: 1-14.

Abrahamse, W., Steg, L. (2009). How do socio-demographic and psychological factors relate to households' direct and indirect energy use and savings? Journal of Economic Psychology, 30: 711-720.

Abrahamse, W., Steg, L. (2013). social influence approaches to encourage resource conservation: a meta-analysis. Global Environmental Change, 23 (6): 1773-1785.

Abrahamse, W., Steg, L. et al. (2005). A review of intervention studies aimed at household energy conservation. Journal of environmental psychology, 25 (3): 273-291.

Abrahamse, W., Steg, L. et al. (2007). The effect of tailored information, goal setting, and tailored feedback on household energy use, energy-related behaviors, and behavioral antecedents. Journal of Environmental Psychology, 27 (4): 265-276.

Abrams, D., Wetherell, M. et al. (1990). Knowing what to think by knowing who you are: Self - categorization and the nature of norm formation, conformity and group polarization. British Journal of Social Psychology, 29 (2): 97-119.

Abu-Ghazzeh, T. M. (1998). Children's use of the street as a playground in Abu-Nuseir, Jordan. Environment and Behavior, 30 (6): 799-831.

Adeola, F. O. (1996). Environmental Contamination, Public Hygiene, and Human Health Concerns in the Third World The Case of Nigerian Environmentalism. Environment and Behavior, 28 (5): 614-646.

Adger, W. N., Barnett, J., Chapin, F. S. III, and Ellemer, H. (2011). This must be the place: underrepresentation of identity and meaning in climate decision-making. Global Environmental Politics, 11: 1-25.

Ahmadi, E. (2009). An evaluation of the influence of gasoline rationing plan on mobility pattern in Iran. 8th Biennial Conference on Environmental Psychology. H. Gutscher, H. -J. Mosler, B. Meyer, 127. Zurich: Institute of Psychology.

Aiello, A., Ardone, R. G. et al. (2010). Neighbourhood planning improvement: Physical attributes, cognitive and affective evaluation and activities in two neighbourhoods in Rome. Evaluation and program planning, 33 (3): 264-275.

Ainuddin, S., Routray, J. K. and Ainuddin, S. (2014). People's risk perception in earth-quake prone Quetta city of Baluchistan. International Journal of Disaster Risk Reduction, 7: 165-175.

Ajzen, L. (1985). From intention to actions: a theory of planned behavior. In: Aation-Cotrol: From Cognition to Behavior (ed. Kuhl, J. and Beckman, J.) , 11-39 Heidelberg Germany: Springer.

Ajzen, L. (1991). The theory of planned behavior. Organizational Behavior and Human Decision processes 50 (2): 179-211.

Allen, J. and Balfour, R. (2014). Natural Solutions for Tackling Health Inequalities. London Institute of Health Equity. Retrieved from https: //www. instituteofhealthequity. org/projects/natural-solutions-to-tackling-health-inequalities/ natural-solutions-to-tackling-health -inequalities. pdf.

Almanza, E., Jerrett, M., Dunton, G. et al. (2012). A study of community design, greenness and physical activity in children using satellite, GPS and accelerometer data. Health education & behaviour 35: 207-220.

Altherr, A. -M., Mosler, H. -J. et al. (2008). Attitudinal and relational factors predicting the use of solar water disinfection: a field study in Nicaragua. Health Education & Behavior, 35 (2): 207-220.

Altman, I. (1975). The Environment and Social Behavior: Privacy. Personal Space, Territory, and Crowding, Brooks/Cole, California, USA.

Alvey, A. A. (2006). Promoting and preserving biodiversity in the urban forest. Urban Forestry& Urban Greening 5 (4): 195-201.

Amedeo, D. M. and Golledge, R. G. (2003). Environmental perception and behavioral geography. In: Geography in America at the Dawn of the 21st Century (ed. G. L. Gaile and C. J. Willmott). 133-148. Oxford. NY: Oxford University Press.

Anable, J., Gatersleben, B. (2005). All work and no play? The role of instrumental and affective factors in work and leisure journeys by different travel modes. Transportation Research Part A: Policy and Practice, 39 (2): 163-181.

Andreoni, J. (1990). Impure altruism and donations to public goods: a theory of warm glow giving. The Economic Journal 100 (401): 464-477.

Andrew, F. M., Withey, S. B. (1976). Social indicators of well-being. American Perception of Life Quality, Plenum Press, New York: 3-24.

Annerstedt, M., Jösson, P., Wallergård, M. et al. (2013). Inducing physiological stress recovery with sounds of nature in a virtual reality forest-results from a pilot study. Physiology and Behavior 118: 240-250.

Antrop, M. (1998). Landscape change: Plan or chaos? Landscape and Urban Planning, 41 (3): 155-161.

Antrop, M. (2004). Landscape change and the urbanization process in Europe. Landscape and urban planning, 67 (1): 9-26.

Appleton, J. (1975). The experience of landscape. New York, NY: Wiley.

Appleyard, D., Craik, K. H. (1974). The Berkeley environmental simulation project: its use in environmental impact assessment. Environmental impact assessment: Guidelines and commentary: 121-125.

Arı, E. and Yılmaz, V. (2016). A proposed structural model for housewives' recycling behavior: a case study from Turkey. Ecological Economics 129: 132-142.

Armitage, R. (2007). Sustainability versus safety: confusion, conflict and contradiction in designing out crime. Imagination for crime prevention: Essays in honor of Ken Pease. G. Farrell, K. J. Bowers, S. D. Johnson and M. Townsley. Monsey, NY: Criminal Justice Press and Willan Publishing. Crime Prevention Studies: 81-110.

Arroyo, E., Bonanni, L., and Selker, T. (2005). Waterbot: Exploring feedback and persuasive techniques at the sink. Conference proceedings of CHI 2005 (pp. 631-639) Reading. USA: ACM Press.

Asch, S. E. (1951). Effects of Group Pressure Upon the Modification and Distortion of Judgments. Pittsburg, PA, Carnegie Press.

Asch, S. E. (1956). Studies of independence and conformity: I. A minority of one against a unanimous majority. Psychological monographs: General and applied, 70 (9): 1-70.

Asch, S. E. (1951). Effects of group pressure upon the modification and distortion of judgment. In: Groups, Leadership, and Men (ed. H. Guetzkow) , 177-190. Pittsburg. PA: Carnegie Press.

Asensio, O. L. and Delmas, M. A. (2015). Nonprice incentives and energy conservation Proceedings of the National Academy of Sciences, 112 (6): 510-515.

Asim, M. Batool, S. A., and Chaudhry, M. N. (2012). Scavengers and their role in the recycling of waste in Southwestern Lahore. Resources, Conservation & Recycling, 58: 152-162.

Austin, J., Hatfield, D. B. et al. (1993). Increasing recycling in office environments: The effects of specific, informative cues. Journal of Applied Behavior Analysis, 26 (2): 247-253.

Babisch, W. and Kim, R. (2011). Conclusions. In: Burden of Disease from Environmental Noise. World Health Organization.

Bachman, W., Katzev, R. (1982). The effects of non-contingent free bus tickets and personal commitment on urban bus ridership. Transportation Research Part A: General, 16 (2): 103-108.

Bailey, E., Devine. -Wright, P. and Batel, S. (2016). Investigating varieties of people place relations across the life course: the relation between life-place trajectories and responses to a power line proposal. Journal of Environmental Psychology, 48: 200-211.

Baird, J. C., Cassidy, B. et al. (1978). Room preference as a function of architectural features and user activities. Journal of Applied Psychology, 63 (6): 719-727.

Bamberg, S. (2003). Implementation intention versus monetary incentive comparing the effects of interventions to promote the purchase of organically produced food. Journal of Economic Psychology, 23 (5): 573-587.

Bamberg, S. (2006). Is a residential relocation a good opportunity to change people's travel behavior? Results from a theory-driven intervention study. Environment and behavior, 38 (6): 820-840.

Bamberg, S. (2013a) Changing environmentally harmful behaviors: a stage model of self regulated behavioral change. Journal of Environmental Psychology, 34: 151-159.

Bamberg, S. (2013b) Applying the stage model of self-regulated behavioral change in a car use reduction intervention. Journal of Environmental Psychology, 33: 68-75.

Bamberg, S., P. Schmidt (2003). Incentives, morality, or habit? Predicting students' car use for university routes with the models of Ajzen, Schwartz, and Triandis. Environment and behavior, 35 (2): 264-285.

Bamberg, S., Behrens, G., Papendick, M. et al. (2015a). Development of a theory-driven, web-based behavioral change support system for environmentally friendly mobility behaviour. In: Social Marketing- Global Perspectives, Strategies and Effects on Consumer Behavior (ed. W. D. Evans) , 109-120. New York, NY: Nova Science Publishers.

Bamberg, S., Rees, J., and Seebauer, S. (2015b). Collective climate action: determinants of participation intention in community-based pro-environmental initiatives. Journal of Environmental Psychology, 43: 155-165.

Bandura, A., McClelland, D. C. (1977). Social learning theory. New York, Prentice-Hall.

Banister, D. (2008). The sustainable mobility paradigm. Transport policy, 15 (2): 73-80.

Barcena Ibarra, A and Byanyima, W. (2016). Latin America is the world's most unequal region. Here' show to fix it. Accessed 20 Sept 2018: https://www.weforum.org/agenda/2016/01/inequality-is-getting-worse-in-latin-america-heres-how-to-fix-it?utm_content=buffereOfff&utm_medium=social&utm_source=facebook.com&utm_campaign=buffer.

Bargh, J. A., Ferguson, M. J. (2000). Beyond behaviorism: on the automaticity of higher mental processes. Psychological bulletin, 126 (6): 925-945.

Bargh, J. A., Gollwitzer, P. M. et al. (2001). The automated will: nonconscious activation and pursuit of behavioral goals. Journal of personality and social psychology, 81 (6): 1014-1027.

Barker, R. G., Wright, H. F. (1955). Midwest and its children: The psychological ecology of an American town. New York, Harper and Row.

Baron, J., Spranca, M. (1997). Protected values. Organizational behavior and human decision processes, 70 (1): 1-16.

Bartels, G., Nelissen, W. (2001). Marketing for sustainability: Towards transactional policy-making. Amsterdam, IOS Press.

Barthel, R., Janisch, S. et al. (2010). Using the multiactor-approach in GLOWA-Danube to simulate decisions for the water supply sector under conditions of global climate change. Water Resources Management, 24 (2): 239-275.

Barton, J., Bragg. R., Wood, C., and Pretty, J. (2016). Green Exercise: Linking Nature, Health and Well-Being. London and New York: Routledge.

Batalha, L. and Reynolds, K. J. (2012). Aspiring to mitigate climate change: superordinate indentity in global climate negotiations. Political Psychology, 33 (5): 743-760.

Baum, A., Valins, S. (1977). Architecture and social behavior: Psychological studies of social density. Hillsdale, NJ, Erlbaum.

Baumeister, R. F. (1982). A self-presentational view of social phenomena. Psychological Bulletin, 91 (1) 3-26.

Baumeister, R. F. (1993). Understanding the inner nature of low self-esteem: uncertain, frag-ile, protective, and conflicted. In: Self-esteem (ed. R. F. Baumeister) , 201-218 New York, NY: Plenum Press.

Baumeister, R. F. (2005). The Cultural Animal: Human Nature, Meaning, and Social Life: Human Nature, Meaning, and Social Life. New York, Oxford University Press.

Baumeister, R. F., Bratslavsky, E. et al. (2001). Bad is stronger than good. Review of General Psychology, 5 (4): 323-370.

Bechtel, R., Corral-Verdugo, V. et al. (1999). Environmental beliefs system: U. S., Brazil and Mexico. Journal of Cross-Cultural Psychology, 30: 122-128.

Becker, L. J. (1978). Joint effect of feedback and goal setting on performance: a field study of residential energy conservation. Journal of Applied Psychology, 63: 428-433.

Becker, F. D., D. B. Poe Jr. (1980). The effects of user-generated design modifications in a general hospital. Journal of Nonverbal Behavior, 4 (4): 195-218.

Belk, R. (1988). Possessions and the extended self. The Journal of Consumer Research, 15 (2): 139-168.

Bell, P. A., Greene, T. C. et al. (2001). Environmental psychology (5th ed.). Fort Worth, Harcourt College Publishers.

Bem, D. J. (1972). Self-perception theory. In: Advances in Experimental Social Psychology (ed. L. Berkowitz) , 1-62. New York. NY: Academic Press.

Benjamin Jr, L. T. (2007). A brief history of modern psychology. Malden, MA, Blackwell.

Berenguer, J. (2007). The effect of empathy in proenvironmental attitudes and behaviors. Environment and Behavior, 39 (2): 269-283.

Bethwaite, J., P. Tompkinson (1993). The Ultimatum Game-Understanding and The Taste for Fairness. Economic Notes, 22: 37-48.

Beute. F. and de Kort, Y. (2014). Natural resistance: exposure to nature and self-regulation, mood, and physiology after ego-depletion. Journal of Environmental Psychology, 40: 167-178.

Beveridge, C. E. (1977). Frederick Law Olmsted's theory of landscape design. Nineteenth Century, 3 (2): 38-43.

Biel, A., J. Thøgersen (2007). Activation of social norms in social dilemmas: A review of the evidence and reflections on the implications for environmental behaviour. Journal of Economic Psychology, 28 (1): 93-112.

Biel, A., Dahlstrand, U., and Grankvist, G. (2005). Habitual and value-guided purchase behavior. Ambio, 34 (4-5): 360-365.

Binder, C. R., H. -J. Mosler (2007). Waste-resource flows of short-lived goods in households of Santiago de Cuba. Resources, conservation and recycling, 51 (2): 265-283.

Bishop, I., B. Rohrmann (2003). Subjective responses to simulated and real environments: a comparison. Landscape and urban planning, 65 (4): 261-277.

Bishop, I., W. -S. Ye. et al. (2001). Experiential approaches to perception response in virtual worlds. Landscape and Urban Planning, 54 (1): 117-125.

Bixler, R. D., M. F. Floyd (1997). Nature is scary, disgusting, and uncomfortable. Environment and behavior, 29

(4): 443-467.

Blaison, C. and Hess, U. (2016). Affective judgment in spatial context: how places derive affective meaning from the surroundings. Journal of Environmental Psychology, 47: 53-65.

Bliuc, A. M., McGarty. C., Thomas, E. F. et al. (2015). Public division about climate changerooted in conflicting socio- political identities. Nature Climate Change, 5 (3): 226-229.

Bockarjova, M. and Steg, L. (2014). Can protection motivation the environmental behavior? Explaining the adoption of electric vehicles in the Netherlands. Global Environmental Change, 28: 276-288.

Bodner, R. and Prelec, D. (2003). Self-signaling and diagnostic utility in everyday decision making In: Collected Essays in Psychology and Economics (ed. I. Brocas and J. Carillo) , 105-126. Oxford: Oxford University Press.

Böhm, G. (2003). Emotional reactions to environmental risks: Consequentialist versus ethical evaluation. Journal of environmental psychology, 23 (2): 199-212.

Böhm, G., H. R. Pfister (2005). Consequences, morality, and time in environmental risk evaluation. Journal of Risk Research, 8 (6): 461-479.

Böhm, G. and Pfister, H.-R. (2015). The perceiver's social role and a risk's causal structure as determinants of environmental Risk evaluation. Journal of Risk Research doi: 10. 1080/13669877. 2015. 1118148.

Bolderdijk, J., J. Knockaert, et al. (2011). Effects of Pay-As-You-Drive vehicle insurance on young drivers' speed choice: Results of a Dutch field experiment. Accident Analysis & Prevention, 43 (3): 1181-1186.

Bolderdijk, J. W, Gorsira, M., Keizer, K., and Steg, L. (2013a). Values determine the (in) effectiveness of informational interventions in promoting pro-environmental behavior. PLoSOne 8 (12): c83911.

Bolderdijk, J. W. and Steg. L (2015). Promoting sustainable consumption: the risks ofusing financial incentives. In: Handbook of research consumption (ed. J. Thogersen and L. Reisch) , 328-342. Cheltenham, UK: Edward Elgar.

Bolderdjk, J. W., Steg, L., Geller, E. S. et al. (2013b). Comparing the effectiveness of monetary versus moral motives in environmental campaigning. Nature Climate Change, 3 (4): 413-416.

Bolderdijk, J. W., Steg, L., and Postmes, T. (2013c). Fostering support for work floor energy conservation policies: accounting for privacy concerns. Journal of Organizational Behavior, 34: 195-210.

Bonaiuto, M. and Bonnes, M. (1996). Multiplace analysis of urban environment. A comparison between a large and a small Italian City. Environment and Behavior, 28 (6): 699-747.

Bonaiuto, M. and Fornara, F. (2017). Residential satisfaction and perceived urban quality. In Reference Module in Neuroscience and Biobehavioral Psychology (ed. J. Stein) , 1-5. Oxford, UK. Elsevier.

Bonaiuto, M., Fornara, F., and Bonnes, M. (2003). Indexes of perceived residential environment quality and neighbourhood attachment in urban environments: a confirmation study on the city of Rome. Landscape and Urban Planning, 65: 41-52.

Bonaiuto, M., Bonnes, M., and Continisio, M. (2004). Neighborhood evaluation within a place perspective on urban activities. Environment and Behavior, 36 (1): 41-69.

Bonaiuto, M., Fornara, F., Alves, S. et al. (2015). Urban environment and well-being: cross-cultural studies on perceived residential environment quality indicators (PREQIs). Cognitive Processing 16 (Suppl. 1): 165-169.

Bond, T. G. and Fox, C. M. (2001). Applying the Rasch Model: Fundamental Measurement in the Human Sciences. Mahwah, NJ: Erlbaum.

Bonnes, M. and Bonaiuto, M. (2002). Environmental psychology: from spatial physical environment to sustainable development. In: Handbook of Environmental Psychology (ed. R. Bechtel and A. Churchman) , 28-54. New York, NY: Wiley.

Bonnes, M. and Carrus, G. (2017). Environmental psychology, overview. In: Reference module in Neuroscience and Biobehavioral Psychology. doi: 10. 1016/B978-0-12-809324-5, 05554-1.

Bonnes, M., Mannetti, I., Secchiaroli, G., and Tanucci, G. (1990). The city as a multi-place system. An analysis of people- urban environment transactions. Journal of Environmental Psychology, 10 (1): 37-65.

Bonnes, M., Uzzell, D., Carrus, G., and Kelay, T. (2007). Inhabitants' and experts assessments of environmental quality for urban sustainability Journal of Social Issues, 63: 59-78.

Bonnes, M., Passafaro, P. et al. (2011). The ambivalence of attitudes toward urban green areas: Between proenvironmental worldviews and daily residential experience. Environment and Behavior, 43 (2): 207-232.

Boomsma, C. and Steg, L. (2014a). Feeling safe in the dark: examining the effect of entrapment, lighting levels, and gender on feelings of safety and lighting policy acceptability. Environment and Behavior, 46 (2): 193-212.

Boomsma, C. and Steg, L. (2014b). The effect of information and values on acceptability of reduced street lighting. Journal of Environmental Psychology, 39: 22-31.

Botzat, A., Fischer, L., and Kowarik, I. (2016). Unexploited opportunities in understanding liveable and biodiverse cities. A review on urban biodiversity perception and valuation Global Environmental Change, 39: 220-233.

Bourassa, S. C. (1991). The aesthetics of landscape. London, Belhaven Press.

Bowler, D., Buyung-Ali, L., Knight, T., and Pullin, A. (2010). A systematic review of evidence for the added benefits to health of exposure to natural environments. BMC Public Health, 10 (1): 456.

Boyes, W. J. (1996). Understanding, fairness and reputation in the ultimatum game. Economic Notes-Siena-: 21-32.

Boykoff, M. and Boykoff, J. (2004). Bias as balance: global warming and the U. S. prestige press. Global Environmental Change, 14 (2): 125-136.

Bragg, R. and Atkins, G. (2016). A Review of Nature-Based Interventions for Mental Health Care London: Natural England. Retrieved from http: //publications. naturalengland. org. uk/publication/4513819616346112.

Bratt, C., Stern, P. C., Matthies, E., and Nenseth, V. (2015). Home, car use, and vacation. Environment and Behavior, 47 (4): 436-473.

Brehm, J. W. (1966). A theory of psychological reactance. New York, Academic Press.

Brewer, M. B., Kramer, R. M. (1986). Choice behavior in social dilemmas: Effects of social identity, group size, and decision framing. Journal of personality and social psychology, 50 (3): 543-549.

Brickman, P., Coates, D. et al. (1978). Lottery winners and accident victims: Is happiness relative? Journal of personality and social psychology, 37: 917.

Bright, A. D., Manfredo, M. J. et al. (2000). Segmenting the public: An application of value orientations to wildlife planning in Colorado. Wildlife Society Bulletin: 218-226.

Broadbent, D. E. (1958). Perception and communication. New York, Academic Press.

Bronzaft, A. L. (1981). The effect of a noise abatement program on reading ability. Journal of environmental psychology, 1 (3): 215-222.

Brown, G. and Gifford, R. (2001). Architects predict lay evaluations of large contemporary buildings: Whose conceptual properties? Journal of Environmental Psychology, 21 (1): 93-99.

Brown, B. B. and Perkins, D. D. (1992). Disruptions in place attachment (ed. I. Altman and S. Low) , 279-304. Boston, MA: Springer.

Brown, B. and Werner, C. (2012). Health activity and eating: environmental support for health. In: Oxford Handbook ef Environmental and conservation Psychology (ed. S. Clayton) , 459-484. New York, NY: Oxford University Press.

Buchan, N. R., Croson, R. T. A. et al. (1999). Who's with me? The role of group boundaries on trust and reciprocity: A cross-cultural study. EAESP. Oxford.

Buhyoff, G. J., R. B. Hull Ⅳ, et al. (1986). Prediction of scenic quality for southern pine stands. Forest Science, 32 (3): 769-778.

Buijs, A. E. (2009). Lay people's images of nature: Comprehensive frameworks of values, beliefs, and value orientations. Society and Natural Resources, 22 (5): 417-432.

Buijs, A. E., Elands, B. H. M., and Langers, F. (2009). No wilderness for immigrants: cultural differences in images of nature and landscape preferences. Landscape and Urban planning, 22 (5): 417-432.

Burke, E. (1757). A philosophical enquiry into the origin of our ideas of the sublime and beautiful. London, Dodsley.

Burke, P. J. (2006). Identity change. Social Psychology Quarterly, 69 (1): 81-96.

Bustos, M., H. L. M. Flores, et al. (2005). Residential water use: A model of personal variables. In: Designing Social Innovation-planning Building Evaluating (ed. B. Martens and A. Keul) , 147-154. Cambridge, MA: Hogrefe & Huber.

Byers, B. A., Cunliffe, R. N., and Hudak, A. T. (2001). Linking the conservation of culture and nature: a case study of sacred forests in Zimbabwe, Human Ecology, 29 (2): 187-218.

Cackowski, J. M., J. L. Nasar (2003). The restorative effects of roadside vegetation implications for automobile driver anger and frustration. Environment and Behavior, 35 (6): 736-751.

Camacho-Cervantes, M. Schondube, J. E., Castillo, A., and MacGregor-Fors, I. (2014). How do people receive urban trees? Assessing likes and dislikes in relation to the trees of a city. Urban Ecosystems, 17 (3): 761-773.

Campbell, T. H. and Kay, A. C. (2014). Solution aversion: on the relation between ideology and Cannon, W. B. (1932). The wisdom of the body. New York, NY, Norton.

Canter, D. (ed.) (1970). Architectural Psychology. London: Royal Institute of British Architects.

Canter, D. (1985). Intention, meaning and structure: Social action in its physical context. In: Discovery strategies in the Psychology of Action (ed. G. P. Ginsburg, M. Brenner and M. von Cranach). 35-171. Orlando, FL: Academic Press.

Capaldi, C. A., Passmore, H. -A., Nisbet, E. K. et al. (2015). Flourishing in nature: a review of the benefits of connecting with nature and its application as a well being intervention. International Journal of Well being, 5 (4): 1-16.

Capstick, S., Whitmarsh, L., Poortinga, W. et al. (2015). International trends in public perceptions of climate change over the past quarter century. WIREs: Climate Change, 6 (1): 35-61.

Capstick, S. B., Pidgeon, N. E. Corner, A. J. et al. (2016). Public understanding in Great Britain of ocean acidification. Nature Climate Change, 6 (8): 763-767.

Carlson, A. (2009). Nature and landscape: An introduction to environmental aesthetics, Columbia University Press.

Carrus, G., P. Passafaro, et al. (2008). Emotions, habits and rational choices in ecological behaviours: The case of recycling and use of public transportation. Journal of Environmental Psychology, 28 (1): 51-62.

Carrus, G., Lafortezza, R., Colangelo, G. et al. (2013). Relations between naturalness and perceived restorativeness of different urban green spaces. Psyecology, 4 (3): 227-244.

Carrus, G., Scopelliti, M., Lafortezza, R. et al. (2015). Go greener, feel better? The positive effects of biodiversity on the well-being of individuals visiting urban and peri-urban green areas. Landscape and Urban Planning, 134: 221-228.

Carvalho, M., R. V. George, et al. (1997). Residential satisfaction in condominios exclusivos (gate-guarded neighborhoods) in Brazil. Environment and Behavior, 29 (6): 734-768.

Carver, C. S. and Scheier, M. F. (1990). Origins and functions of positive and negative affect: Control-process view. Psychological Review, 97: 19-35.

Carver, C. S., Scheier, M. F. (1998). On the self-regulation of behavior. New York, Cambridge University Press.

Chaiken, S., Y. Trope (1999). Dual-process theories in social psychology, Guilford Press.

Chao, Y. and Lam, S. (2011). Measuring responsible environmental behavior: self-reported and other reported measures and their differences in testing a behavioral model. Environment and Behavior, 43: 53-71.

Chapman, D., Thomas, G. (1944). Lighting in dwellings. London, HMSO.

Chawla, L. (2015). Benefits of nature contact for children. Journal of Planning Literature, 30 (4): 433-452.

Cheskey, E. (2001). How schoolyards influence behavior. In: Greening School Grounds: Creating Habitats for learning (ed. T. Grant and G. Littlejohn). Toronto: New Society Publishers.

Chokor, B. A. (2004). Perception and response to the challenge of poverty and environmental resource degradation in rural Nigeria: Case study from the Niger Delta. Journal of Environmental Psychology, 24 (3): 305-318.

Christopher, A. N., B. R. Schlenker (2000). The impact of perceived material wealth and perceiver personality on first impressions. Journal of Economic Psychology, 21 (1): 1-19.

Chu, P. Y., J. F. Chiu (2003). Factors Influencing Household Waste Recycling Behavior: Test of an integrated Model1. Journal of Applied Social Psychology, 33 (3): 604-626.

Cialdini, R. B. (2003). Crafting normative messages to protect the environment. Current directions in psychological science, 12 (4): 105-109.

Cialdini, R. B., M. R. Trost (1998). Social influence: Social norms, conformity and compliance. Boston, MA, McGraw-Hill.

Cialdini, R. B., Reno, R. R., and Kallgren. C. A. (1990). A focus theory of normative conduct cycling the concept of norms to reduce littering in public places. Journal of Personality and Social Psychology, 58: 1015-1026.

Cialdini. R. B., Kallgren, C. A., and Reno, R. R., (1991). A focus theory of normative conduct: a theoretical refinement and reevaluation of the role of norms in human behavior. In: Advances in Experimental Social Psychology, vol. 24 (ed. M. P. Zanna) , 201-234. San Diego CA: Academic Press.

Cialdini, R. B., Demaine, L. J., Sagarin, B. J. et al. (2006). Managing social norms for persuasive impact. Social Influence, 1 (1): 3-15.

Clayton, S. (2000). Models of justice in the environmental debate. Journal of Social Issues, 56: 459-474.

Clayton, S., Manning, C. M., and Hodge, C. (2014). Beyond Storms & Droughts: The Psychological Impacts of Climate Change. Washington, DC: American Psychological Association and ecoAmerica.

Clayton, S., Devine. Wright, P., Stern, P. et al. (2015). Psychological research and global climate change, Nature Climate Change, 5: 640-646.

Cleary, A., Fielding, K. S., Bell, S. L. et al. (2017). Exploring potential mechanisms involved in the relationship between eudaimonic wellbeing and nature connection. Landscape and Urban Planning, 158: 119-128.

Cohen, S. (1978). Environmental load and the allocation of attention. In: Advances in Environmental Psychology, The Urban Environment, Vol. 1 (ed. A. Baum, J. E. Singer and S. Valin) , 1-29. Hillsdale, NJ: Erlbaum.

Cohen, S. (1980). Aftereffects of stress on human performance and social behavior: a review of research and theory. Psychological bulletin, 88 (1): 82-108.

Coley, R. L., W. C. Sullivan, et al. (1997). Where does community grow? The social context created by nature in urban public housing. Environment and behavior, 29 (4): 468-494.

Coley, R. L., Leventhal, T., Lynch, A. D., and kull, M. (2013). Relations between housing characteristics and the well-being of low-income children and adolescents. Developmental Psychology, 49 (9): 1775.

Collado, S. and Staats, H. (2016). Contact with nature and children's restorative experiences: an eye to the future. Frontiers in Psychology, 7: 1885.

Collado, S., Staats, H., Corraliza, J., and Hartig, T. (2017). Restorative environments and health. In: Handbook of Environmental Psychology and Quality of Life Research (ed. G. Fleury Bahi, E. Pol and O. Navarro) , 127-148. Cham: Springer International.

Colvin, R. M., Witt, G. B., and Lacey. J. (2015a). The social identity approach to understanding socio-political conflict in environmental and natural resources management. Global Environmental Change, 34: 237-246.

Colvin, R. M. Witt, G. B., and Lacey. J. (2015b). Strange bedfellows or an aligning og values? Exploration of stakeholder values in an alliance of concenrned citizens aganist coal seam gas mining. Land Use Policy, 42: 392-399.

Cone, J. D., Hayes, S. C. (1980). Environmental problems/behavioral solutions, Cambridge University Press.

Contzen, N. (2015). Factors explaining the use of safe water kiosks in Kenya. Poster presented at the 2015 Water and Health Conference. Chapel Hill, USA.

Contzen, N., Meili, I. H., and Mosler, H. J. (2015). Changing handwashing behaviour in southern Ethiopia: a longitudinal study on infrastructural and commitment interventions. Social Science & Medicine, 124: 103-114.

Cook, A. J., G. N. Kerr, et al. (2002). Attitudes and intentions towards purchasing GM food. Journal of Economic Psychology, 23 (5): 557-572.

Cornelissen, G., Pandelacre, M., Warlop, L., and Dewitte, S. (2008). Positive cueing: promoting sustainable consumer behavior by cueing common environmental behaviors as environmental. International Journal of Research in Marketing 25 (1): 46-55.

Cornelius, R. R. (1996). The science of emotion: Research and tradition in the psychology of emotion. Upper Saddle, NJ, Simon and Schuster.

Corner, A., Whitmarsh. L., and Xenia. D. (2012). Uncertainty, scepticism and attitudes towards climate change: biased assimilation and attitude polarisation. Climatic Change, 114: 463-478.

Corraliza, J. A., J. Berenguer (2000). Environmental values, beliefs, and actions: a situational approach. Environment and Behavior, 32 (6): 832-848.

Corraliza, J., Collado, S., and Bethelmy, L. (2012). Nature as a moderator of stress in urban children. Procedia-Social and Behavioral Sciences, 38: 253-263.

Corral-Verdugo, V. (1997). Environmental Psychology in Latin America Efforts in Critical Situations. Environment and Behavior, 29 (2): 163-168.

Corral-Verdugo, V. (2002). A structural model of proenvironmental competency. Environment and behavior, 34 (4): 531-549.

Corral-Verdugo, V. (2010). Psicologia de la sustentabilidad. [Psychology of Sustainability]. Mexico city: Trillas.

Corral-Verdugo, V., J. Q. Pinheiro. (2009). Environmental psychology with a Latin American taste. Journal of

Environmental Psychology, 29 (3): 366-374.

Corral-Verdugo, V., Bechtel, R. B., and Fraijo, S. B. (2002). Environmental beliefs and water conservation: an empirical study. Journal of Environmental Psychology, 23: 247-257.

Corral Verdugo, V. and Frias-Armenta, M. (2006). Personal normative beliefs, antisocial our and residential water conservation. Environment and Behavior, 38: 406-421.

Corral Verdugo, V., Garcia, C., and Frias, M. (eds.) (2010). Psychological Approaches to sustainability. New York, NY: Nova Science Publishers.

Costa-Font, J., Mossialos, E., and Rudisill, C. (2009). Optimism and the perceptions of new risks. Journal of Risk Research, 12 (1): 27-41.

Council of Europe (2000). Presentation of the European Landscape Convention. Strasbourg: Council of Europe.

Covington, J., R. B. Taylor. (1989). Gentrification and Crime Robbery and Larceny Changes in Appreciating Baltimore Neighborhoods during the 1970s. Urban Affairs Review, 25 (1): 142-172.

Craig, J. M., Logan, A. C., and Prescott, S. L. (2016). Natural environments, nature relatedness and the ecological theater: connecting satellites and sequencing to shinrin-yoku. Journal of Physiological Anthropology, 35 (1): 1-10.

Craik, K. H. (1970). Environmental psychology. In: New Directions in Psychology, vol. 4 (ed. K. H. Craik. B. Kleinmuntz, R. L. Rosnow et al.) , 1-121. New York, NY: Holt, Rinehart, and Winston.

Craik, K. H. (1973). Environmental psychology. Annual Review of Psychology, 24: 403-422.

Craik, K. and Reimer, N. (1987). Environmental assessment. In: Handbook of Enironmental Psychology, vol. 2 (ed. D. Stokols and I. Altman) , 891-918. New York, NY: Wiley.

Craik, K. H., F. Zube (1976). Perceiving environmental quality: Research and application. New York, Plenum Press.

CRED (2016). Powerty & Death: Disaster Mortality 1996—2015. Brassels, Belgium: CRED.

Cronon, W. (1996). The trouble with wilderness: or, getting back to the wrong nature. Environmental History: 7-28.

Csikszentmihalyi, M. (1990). Flow: the psychology of optimal experience. New York: Harper Collins.

Daamen, D. D., H. Staats, et al. (2001). Improving Environmental Behavior in Companies. The Effectiveness of Tailored Versus Nontailored Interventions. Environment and Behavior, 33 (2): 229-248.

Dake, K. (1991). Orienting dispositions in the perception of risk: an analysis of contemporary worldviews and cultural biases. Journal of Cross-Cultural Psychology, 22: 61-82.

Damasio, A. R. (1999). The Feeling ef What Happens: Body and Emotion in the Making of consciuousness. New York. NY: Harcourt Brace.

Daniel, T. C. (2001). Whither scenic beauty? Visual landscape quality assessment in the 21st century. Landscape and urban planning, 54 (1): 267-281.

Daniel, T. C., R. S. Boster, et al. (1976). Measuring landscape esthetics: the scenic beauty estimation method.

Daniel, T. C., M. M. Meitner (2001). Representational validity of landscape visualizations: the effects of graphical realism on perceived scenic beauty of forest vistas. Journal of environmental psychology, 21 (1): 61-72.

Daniel, T. C., J. Vining (1983). Methodological issues in the assessment of landscape quality. Behavior and the natural environment, Springer: 39-84.

Davidov, E. (2007). Explaining habits in a new context the case of travel-mode choice. Rationality and Society, 19 (3): 315-334.

Davis, J. (2010). Young Children and the Environment, Melbourne: Cambridge University Press.

Dawes, R. M. (1980). Social dilemmas. Annual review of psychology, 31 (1): 169-193.

Dawes, R. M., J. McTavish, et al. (1977). Behavior, communication, and assumptions about other people's behavior in a commons dilemma situation. Journal of personality and social psychology, 35 (1): 1-11.

De Campos, C. B. and Bonfim, Z. A. C. (2014). Psicologia ambiental, revisitando, revisitando eressignificando [Environmental psychology: reviewing, revisiting and resignifying]. Psico, 45 (3): 290-291.

De Dominicis, S., Fornara, F., Cancellieri, U.G. et al. (2015). We are at risk, and so what? Place attachment, environmental risk perceptions and preventive coping behaviours. Journal of Environmental Psychology, 43: 66-78.

De Groot, I. (1967). Trends in public attitudes toward air pollution. Journal of the Air Pollution Control Association 17: 679-681.

De Groot, M. (2010). Humans and nature. Public visions on their interrelationship. Nijmegen, Radboud University.

De Groot, M., W. T. De Groot (2009). Room for river measures and public visions in the Netherlands: A survey on river perceptions among riverside residents. Water resources research, 45 (7).

De Groot, J. I. M. and Schuitema, G. (2012). How to make the unpopular popular? Policy characteristics, social norms and the acceptability of environmental policies. Environmental Science & Policy 19-20: 100-107.

De Groot, J. I. M. and Steg, L. (2006). Impact of transport pricing on quality of life, acceptability, and intentions to reduce car use: an exploratory study in five European countries. Journal of Transport Geography, 14: 463-470.

De Groot, J. I. M. and Steg. L. (2008). Value orientations to explain environmental attitudes and beliefs: how to measure egoistic, altruistic and biospheric value orientation Environment and Behavior, 40: 330-354.

De Groot, J. I. M. and Steg, L. (2009a). Mean or green? Values, morality and environmental significant behavior. Conservation Letters 2: 61-66.

De Groot, J. I. M. and Steg, L (2009b). Morality and prosocial behavior. the role of awareness, responsibility, and norms in the norm activation model. Journal of Social Psychology, 149 (4): 425-449.

De Groot, W., R. J. van den Born (2003). Visions of nature and landscape type preferences: an exploration in The Netherlands. Landscape and Urban Planning, 63 (3): 127-138.

De Groot, J. I. M., Steg, L., and Poortinga, W. (2013). Values, perceived risks and benefits, and acceptability of nuclear energy. Risk Analysis, 33 (2): 307-317.

De Groot, J., Thogersen, J., and Schubert, I. (2016). Morality and green consumer behaviour: a psychological perspective. In: Ethics and Morality in Consumption (ed. D. Shaw. M. Carrington and A, Chatzidakis) , 57-74. London, UK: Routledge.

De Kort, Y. A., W. A. Ijsselsteijn, et al. (2003). Virtual laboratories: Comparability of real and virtual environment for environmental psychology. Presence: Teleoperators and virtual environments, 12 (4): 360-373.

De Lucio, J., M. Mohamadian, et al. (1996). Visual landscape exploration as revealed by eye movement tracking. Landscape and urban planning, 34 (2): 135-142.

De Ridder, D., J. De Wit (2006). Self-regulation in health behavior. London, Wiley & Sons.

De Vries, S. (2010). Nearby nature and human health: looking at the mechanisms and their implications. In: Open Space: People Space 2, Innovative Approaches to Researching Landscape and Health (ed. C. Ward Thompson, P. Aspinall and S. Bell) , 75-94. Abingdon: Routledge.

De Vries, S. (2016). Greener surroundings mean less ADHD. Wageningen World 1: 8.

De Vries, S., H. Wilke (1992). Constrained egoism and resource management under uncertainty. Oxford, Pergamon.

De Vries, S., R. A. Verheij, et al. (2003). Natural environments-healthy environments?An exploratory analysis of the relationship between greenspace and health. Environment and Planning A, 35 (10): 1717-1731.

De Vries, S., Verheij. R., and Smeets, H (2015). Groen en gebruik ADHD-medicatie door kinderen: de relatie tussen de hoeveelheid groen in de woonomgeving en de prevalentie van AD (H) D- medicatiegebruik bij 5-tot 12-jarigen. Alterra Wageningen UR.

De Young, R (1990—1991). Some psychological aspects of living lightly: desired lifestyle patterns and conservation behaviour. Journal of the Environmental Systems, 20 (3): 215-227.

De Young, R. (2000). Expanding and evaluating motives for environmentally responsible behavior. Journal of Social Issues, 56: 509-526.

Dempsey, F. (1914). Nela Park: A novelty in the architectural grouping of industrial buildings. Architectural Record, 35: 469-504.

Deutsch, M. (1975). Equity, equality, and need: What determines which value will be used as the basis of distributive justice? Journal of Social Issues, 31: 137-149.

Deutsch, M. (1985). Distributive Justice: A Social Psychological Perspective. New Haven: Yale University Press.

Deutsch, M., H. B. Gerard. (1955). A study of normative and informational social influences upon individual judgment. Journal of Abnormal&Social Psychology, 51: 629-636.

Devine-Wright, P. (2009). Rethinking NIMBYism: the role of place attachment and place identity in explaining place- protective action. Journal of Community & Applied Social Psychology, 19 (6): 426-441.

Devine-Wright, P. (2013). Rethinking 'NIMBY' objections to a power line: The role of personal, place attachment and project-related factors. Environmental and Behavior, 45 (6): 761-781.

Devlin, K. (1990). An examination of architectural interpretation: Architects versus non architects. Journal of Architectural and Planning Research, 7: 235-244.

Di Masso, A., Dixon, J., and Durrheim, K. (2014). Place attachment as discursive practice. In: Place Attachment: Advances in Theory. Methods and Applications (ed. L. Manzo and P. Devine-Wright) , 75-86. London: Routledge.

Diaz, E. M., Tapia, K. M., Estrada, C., and Leiva-Bianchi, M. (2012). Red semántica de terre-moto y maremoto en personas expuestas directa y vicariamente [Semantic network of earthquake and seaquake concepts among people exposed directly and vicariously]. Psicologia em Estudo, 17 (4): 557-565.

Diaz-Serrano, L., A. P. Stoyanova (2010). Mobility and housing satisfaction: An empirical analysis for 12 EU countries. Journal of Economic Geography, 10 (5): 661-683.

Diener, E. (2000). Subjective well-being: The science of happiness and a proposal for a national index. American Psychologist, 55 (1): 34-43.

Diener, E. F. (2011). Evaluaciones del progreso, la politica y las politicas. In Latin American conference on measuring well-being and for fostering the progress of societies, 11-13 May 2011. Mexico City: Organi sation for Econonic co-operation and Development (OECD).

Diener, E., R. A. Emmons, et al. (1985). The satisfaction with life scale. Journal of Personality Assessment, 49: 71-75.

Diener, E., R. E. Lucas, et al. (2009a). Well-being for public policy. Oxford, Oxford University Press.

Diener, E., R. E. Lucas et al. (2009b). Beyond the hedonic treadmill: revising the adaptation theory of well-being. The Science of Well-being: Social Indicators Research Series, 37: 103-118.

Dittmar, H. (1992). The social psychology of material possessions: To have is to be. Hemel Hempstead, UK, Harvester Wheatsheaf.

Dittmar, H. (2004). Are you what you have. The Psychologist, 17 (4): 206-210.

Dittmar, H. and Pepper, L. (1994). To have is to be: materialism and person perception in working-class and middle class British adolescents. Journal of Economic Psychology, 15 (2): 233-251.

Dixon, J. and Durrheim, K. (2004). Dislocating identity: desegregation and the transformation of place. Journal of Environmental Psychology, 24 (4): 455-473.

Dolnicar, S., B. Grün (2009). Environmentally friendly behaviour. Can heterogeneity be improved among Individuals and contexts/environments be harvested for improved sustainable management? Environment and Behavior, 41: 693-702.

Doran, B. J., B. G. Lees (2005). Investigating the spatiotemporal links between disorder, crime, and the fear of crime. The Professional Geographer, 57 (1): 1-12.

Dougherty, E. M., D. C. Fulton, et al. (2003). The influence of gender on the relationship between wildlife value orientations, beliefs, and the acceptability of lethal deer control in Cuyahoga Valley National Park. Society

&Natural Resources, 16 (7): 603-623.

Dowdell, K., Gray. T., and Malone, K. (2011). Nature and its influence on children's outdoor play. Journal of Outdoor and Environmental Education, 15 (2): 24.

Druckman, A., T. Jackson (2009). The carbon footprint of UK households 1990–2004: a socio-economically disaggregated, quasi-multi-regional input–output model. Ecological economics, 68 (7): 2066-2077.

Duffy, M., S. Bailey, Berk, B. et al. (1986). Perferences in nursing home design: A comparison of residents, administrators, and designers. Environment and Behavior, 18: 246-257.

Dunlap, R. E., R. E. Jones (2002). Environmental attitudes and values. In: Encyclopedia of Psychological Assessment, vol. 1 (ed. R. Fernandez-Ballesteros). London, Sage.

Dunlap, R. E., K. D. Van Liere, et al. (2000). New trends in measuring environmental attitudes: measuring endorsement of the new ecological paradigm: a revised NEP scale. Journal of social issues, 56 (3): 425-442.

Dunn, M. J., R. Searle (2010). Effect of manipulated prestige - car ownership on both sex attractiveness ratings. British Journal of Psychology, 101 (1): 69-80.

Dupont, L., Antrop, M., and Van Eetvelde, V. (2013). Eye-tracking analysis in landscape perception research: influence of photograph properties and landscape characteristics. Landscape Research, 39: 417-432.

Dyment, J. E. and Bell. A. C. (2008). Our garden is colour blind, inclusive and warm': reflections on green school grounds and social inclusion. International Journal of Inclusive Education, 12 (2): 169-183.

Dzhambov, A. M., Dimitrova, D. D., and Dimitrakova, E. D. (2014). Association between residential greenness and birth weight: systematic review and meta-analysis. Urhan Forestry & Urban Greening, 13 (4): 621-629.

Eagly, A. H., S. Chaiken (1993). The psychology of attitudes. New York, Harcourt Brace Jovanovich College Publishers.

Economic Commission for Latin America and the Caribbean (2010). Statistical Year Book for Latin America and the Caribbean 2010. Santiago de Chile: United Nations.

Ekkekakis, P. (2012). Affect, mood, and emotion. In: Measurement in Sport and Exercise Psychology (ed. G. Tenenbaum, R. C. Eklund and A. Kamata) , 321-332. Champaign. IL: Human Kinetics.

Emery, K. F. (2007). Assessing the impact of ancient Maya animal use. Journal for Nature Conservation, 15 (3): 184-195.

Eriksson, L., J. Garvill, Nordlund, A. (2006). Acceptability of travel demand management measures: The importance of problem awareness, personal norm, freedom, and fairness. Journal of environmental psychology, 26 (1): 15-26.

Eriksson, L., J. Garvill, Nordlund A. M. (2008). Acceptability of single and combined transport policy measures: The importance of environmental and policy specific beliefs. Transportation Research Part A: Policy and Practice, 42 (8): 1117-1128.

Erman, T. (1996). Women and the Housing Environment The Experiences of Turkish Migrant Women in Squatter (Gecekondu) and Apartment Housing. Environment and Behavior, 28 (6): 764-798.

Ernst, A., C. Schulz, Janisch, S. (2008). Modelling of water use decisions in a large, spatially explicit, coupled simulation system. In: Social Simulation: Technologies, A dvances and New Discoveries (ed. B. Edmonds, K. G. Troitzsch and C. Hernández Iglesias) , 138-149. New York, NY: Hershey.

Evans, G. W. (2001). Environmental stress and health. In: Handbook of Health Psychology (ed. A. Baum, T. Revenson and J. E. Singer) , 365-385. Hillsdale, NJ: Erlbaum.

Evans, G. W. (2004). The environment of childhood poverty. American psychologist, 59 (2): 77-92.

Evans, G. W. (2006). Child development and the physical environment. Annu. Rev. Psychol., 57: 423-451.

Evans, G. W., S. Cohen (1987). Environmental stress. In: Han book of Environmental Psychology, vol. 1 (ed. D. Stokols and I. Altman) , 571-610. New York, NY: Wiley.

Evans, G. W., S. Cohen. (2004). Environmental stress. In: Encyclopedia of Applied Psychology (ed. C. Spielberger). 815-524. Oxford: Elsevier.

Evans. G. W. and Hygge, S. (2007). Noise and performance in children and adults. In: Noise and Its Effects (ed. L. Luxon and D. Prasher) , 549-566. London: Wiley.

Evans, G. W., Marcynyszyn, L. A. (2004). Environmental justice, cumulative environmental risk, and health among low-and middle-income children in upstate New York. American Journal of Public Health, 94 (11): 1942-1944.

Evans, G. W., Stecker, R. (2004). Motivational consequences of environmental stress. Journal of Environmental Psychology, 24 (2): 143-165.

Evans, G. W., S. J. Lepore, et al. (1998a). Chronic noise exposure and physiological Response: a prospective, longitudinal study of children under environmental stress. Psychological Science, 9: 75-77.

Evans, G. W., S. J. Lepore, et al. (1998b). Chronic residential crowding and children’s well- being: an ecological perspective. Child development, 69 (6): 1514-1523.

Ewert, A. (1986). Fear and anxiety in environmental education programs. The Journal of Environmental Education, 18 (1): 33-39.

Ewert, A. and Galloway, G. (2009). Socially desirable responding in an environmental context: development of a domain specific scale. Environmental Education Research, 15 (1): 55-70.

Ewert, A., Place, G., and Sibthorp. J. (2005). Early-life outdoor experiences and an individual's environmental attitudes. Leisure Sciences, 27 (3): 225-239.

Faber Taylor, A., Kuo, F. E. (2006). Is contact with nature important for healthy child development: state of the evidence. In: Children and their Environments: Learning, Using. and Designing Spaces (ed. C. Spencer and M. Blades) , 124-158. New York, NY: Cambridge University Press.

Faber Taylor, A., Kuo, F. E., and Sullivan, W. C. (2002) , Views of nature and self-discipline evidence from inner city children. Journal of Environmental Psychology, 22 (1-2): 49-63.

Fairclough, G. J., A. McNab, et al. (1999). Yesterday’s world , tomorrow’s landscape: the English Heritage Historic Landscape Project 1992-94. London, English Heritage.

Farías, M. T. and Pinheiro, J. Q. (2013). Vivendo a vizinhança: Interfaces pessoa-ambiente naproduças 'vivas'. Psicologia em Estudo, Maringá, 18 (1): 27-36.

Farjon, H., De Blaeij, A., De Boer, T. et al. (2016). Citizens' Images and Values of Nature in Europe: A Survey in nine EU Member States. The Hague: PBL Netherlands Environmental Assessment.

Fawcett, W., I. Ellingham, et al. (2008). Reconciling the Architectural Preferences of Architects and the Public The Ordered Preference Model. Environment and Behavior, 40 (5): 599-618.

Fehr, E., K. M. Schmidt (1999). A theory of fairness, competition, and cooperation. Quarterly Journal of Economics, 114: 817-851.

Felippe, M. L., Kuhnen, A. (2012). O apego ao lugar no contexto dos estudos pessoa ambiente: Práticas de pesquisa. Estudos de Psicologia, Campinas, 29 (4): 609-617.

Ferguson, M. A., Branscombe, N. R., and Reynolds, K. J. (2011). The effect of intergroup comparison on willingness to perform sustainable behavior. Journal of Environmental Psychology, 31 (4): 275-281.

Festinger, L. (1957). A theory of cognitive dissonance. Stanford, CA, Stanford University Press.

Field, C. B., Barros, V. R., Mastrandrea, M. D., et al. (2014). Summary for policymakers. In Climate change 2014: impacts, adaptation, and vulnerability. Part A: global and sectoral aspects. Contribution of Working Group Ⅱ to the Fifth Assessment Report of the Intergovernmental Panel on Climate Change (pp. 1-32). Cambridge University Press.

Fielding, K. S. and Hornsey, M. J. (2016). A social identity analysis of climate change and environmental attitudes and behaviors: insights and opportunities. Frontiers in Psychology, 7: 121.

Fielding, K. S., Terry, D. J., Masser, B. M., and Hogg. M. A. (2008). Integrating social identity theory and the theory of planned behaviour to explain decisions to engage in sustainable agricultural practices. British Journal of Social Psychology, 47 (1): 23-48.

Fields, J. M. (1993). Effect of personal and situational variables on noise annoyance inresidential areas. The Journal of the Acoustical Society of America, 93 (5): 2753-2763.

Finucane, M. L., A. Alhakami, et al. (2000). The affect heuristic in judgments of risks and benefits. Journal of behavioral decision making, 13 (1): 1-17.

Fischhoff, B., P. Slovic, et al. (1978). How safe is safe enough? A psychometric study of attitudes towards technological risks and benefits. Policy sciences, 9 (2): 127-152.

Fishbein, M. and Ajzen, I. (2010). Predicting and Changing Behavior: The Reasoned Action Approach. New York, NY: Psychology Press (Taylor & Francis).

Fjørtoft, I. (2004). Landscape as playscape: the effects of natural environments on children's play and motor development. Children, Youth and Environments, 14 (2): 21-44.

Fleming, I., A. Baum, et al. (1987). Social density and perceived control as mediators of crowding stress in high-density residential neighborhoods. Journal of Personality and Social Psychology, 52 (5): 899-906.

Fleury-Bahi, G., Pol, E., and Navarro, O. (2017). Handbook of Environmental Psychology and Quality of Life

Research. Cham: Springer.

Flint, C. G., Kunze, I., Muhar, A. et al. (2013). Exploring empirical fypologies of human-nature relationships and linkages to the ecosystem services concept. Lardscapeard Vrban Planing, 120: 208-217.

Floriani, V., C. Kennedy (2008). Promotion of physical activity in children. Current Opinion in Pediatrics, 20 (1): 90-95.

Fogg, B. J. (2003). Persuasive technology: using computers to change what we think and do. San Francisco, Morgan Kaufman.

Fornara, F., M. Bonaiuto, et al. (2010). Cross-validation of abbreviated perceived residential environment quality (PREQ) and neighborhood attachment (NA) indicators. Environment and Behavior, 42 (2): 171-196.

Förster, J., N. Liberman (2007). Knowledge activation. New York, Guilford Press.

Fraj, E., E. Martinez (2007). Ecological consumer behaviour: An empirical analysis. International Journal of Consumer Studies, 31 (1): 26-31.

Fransson, N., Gärling, T. (1999). Environmental concern: Conceptual definitions, measurement methods, and research findings. Journal of environmental psychology, 19 (4): 369-382.

Frant Z., C. M. and Mayer, F. S. (2009). The emergency of climate change: why are we failing to take action? Analyses of Social lssues and Public Policy, 9 (1): 205-222.

Frewald, D. B. (1990). Preferences for older buildings: A psychological approach to architectural design. Dissertation Abstracts International, 51 (1-B): 414-415.

Frey, B. S., R. Jegen (2001). Motivation crowding theory. Journal of economic surveys, 15 (5): 589-611.

Fried, M. (1963). Grieving for a lost home. In: The Urban Condition (ed. L. J. Duhl) , 151-171. New York. NY: Basic Books.

Friedrichsmeier, T., Matthies, E., and Klöckner, C. A. (2013). Explaining stability in travel mode choice: an empirical comparison of two concepts of habit. Transportation Research Part F: Traffic Psychology and Behaviour, 16: 1-13.

Frijda, N. H. (2009). Mood. In: The Oxford Companion to Emotion and the Affective Sciences (ed. D. Sander and K. R. Scherer) , 258-259. New York, NY: Oxford University Press.

Fujii, S., T. Gärling (2003). Development of script-based travel mode choice after forced change. Transportation Research Part F: Traffic Psychology and Behaviour, 6 (2): 117-124.

Fujii, S., R. Kitamura (2003). What does a one-month free bus ticket do to habitual drivers? An experimental analysis of habit and attitude change. Transportation, 30 (1): 81-95.

Fujii, S., T. Gärling, Kitamura, R. (2001). Changes in Drivers' Perceptions and Use of Public Transport during a Freeway Closure Effects of Temporary Structural Change on Cooperation in a Real-Life Social Dilemma. Environment and Behavior, 33 (6): 796-808.

Fullilove, M. T. (2014). "The frayed knot:" What happens to place attachments in the context of serial forced displacement? In: Place Attachment: Advances in Theory, Methods and applications (ed. L. C. Manzo and P.

Devine-Wright) , 141-153.

Fulton, D. C., M. J. Manfredo, Lipscomb, J. (1996). Wildlife value orientations: A conceptual and measurement approach. Human dimensions of wildlife, 1 (2): 24-47.

Fyhri, A., Hjorthol, R., Mackett, R. L. et al. (2011). Children's active travel and independent mobility in four countries: development, social contributing trends and measures. Transport Policy, 18 (5): 703-710.

Gamborg, C., and Jensen, F. S. (2016). Wildlife value orientations: a quantitative study of the general public in Denmark. Human Dimensions of Wildlife, 21 (1): 34-46.

Ganzel, B. L., P. A. Morris, Wethington, E. (2010). Allostasis and the human brain: Integrating models of stress from the social and life sciences. Psychological review, 117 (1): 134-174.

Gardner, G. T., P. C. Stern (2002). Environmental problems and human behavior. Boston, Allyn & Bacon.

Gärling, T., S. Fujii, Jakobsson, S. (2003). Moderating effects of social value orientation on determinants of proenvironmental behavior intention. Journal of environmental psychology, 23 (1): 1-9.

Gärling, T., G. Schuitema. (2007). Travel demand management targeting reduced private car use: effectiveness, public acceptability and political feasibility. Journal of Social Issues, 63 (1): 139-153.

Gärling, T., Jakobsson, C., Fujii, S. (2008). Public acceptability of road pricing. In: Pricing in Read Transport: A Multi- Disciplinary Perspective (ed. E. T. Verhoef, M. C. J. Bliemer, L. Steg and B. Van Wee) , 193-208. Cheltenham, UK and Northampton, MA, USA: Edward Elgar.

Gatersleben, B. C. M. (2000). Sustainable household metabolism and quality of life: Examining the perceived social sustainability of environmentally sustainable household consumption patterns, Rijksuniversiteit Groningen.

Gatersleben, B. (2007). Affective and symbolic aspects of car use: a review. In: Threats to the Quality of Urban Life from Car Traffic: Problems, Causes, and Solutions (ed. T. Gärling and L. Steg) , 219-234. Amsterdam: Elsevier.

Gatersleben, B. (2010). The car as a material possession: Exploring the link between materialism and car ownership and use. In: Auto Motives: Understanding Car Use Behaviours (ed. K. Lucas, E. Blumenberg and R. Weinberger) , 137-150. Bradford: Emerald.

Gatersleben, B., Steg, L., Vlek, C. (2002). Measurement and determinants of environmentally significant consumer behavior. Environment and Behavior, 34 (3): 335-365.

Gatersleben, B., Murtagh, N., and Abrahamse, W. (2012). Values, identity and pro-environmental behavior. Contemporary Social Science, 9 (4): 374-392.

Gattig, A., Hendrickx, L. (2007). Judgmental discounting and environmental risk perception: Dimensional similarities, domain differences, and implications for sustainability. Journal of Social Issues, 63 (1): 21-39.

Gawronski, B., Payne, B. K. (2010). Handbook of implicit social cognition: Measurement, theory, and applications. New York, Guilford Press.

GBD 15 Risk Factors Collaborators (GBD-RFC) (2016). Global, regional, and national comparative risk assessment of 79 behavioural, environmental and occupational, and metabolic risks or clusters of risks in 188 countries. 1990—2013: a systematic analysis for the global burden of disease study 2013. The Lancet 350 (9859): 2224-2260.

Ge, Y., Xu, W., Gu, Z. H. et al. (2011). Risk perception and hazard mitigation in the Yangtze River Delta region, China. Natural Hazards, 56 (3): 633-648.

Geiger, N. and Swim, J. K. (2018). Gendered impressions of issue publics as predictors of climate activism. Under review.

Geiger, N., Middlewood, B. L., and Swim, J. K. (2017). Psychological, Social, and Cultural Barriers to Communicating about Climate Change. Oxford Research Encyclopedia.

Geiger, N., Swim. J. K. Fraser, J., and Flinner, K. (2017). Catalyzing public engagement with climate change through informal science learning centers. Science Communication 39 (2): 221-249, doi: 10. 1177/ 1075547017697980.

Geller, E. S. (2002). The challenge of increasing proenvironment behavior. In: Handbook of Environmental Psychology (ed. R. Bechtel and A Churchman) , 541-553. New York, NY: Cambridge University Press.

Geller, E. S. (2016). Actively caring for mother earth. In: Applied Psychology: Actively Caring for People (ed. E. S. Geller). 594-623. New York. NY: Cambridge University Press.

Geller, E. S., Winett, R. A., Everett, P. B. (1982). Environmental preservation: New strategies for behavior change. New York, Pergamon Press.

Genereux, R. L., Ward, L. M., Russell, J. A. (1983). The behavioral component in the meaning of places. Journal of Environmental Psychology, 3 (1): 43-55.

Ghassemi, R. and Becerik-Gerber, B. (2011). Transitioning to integrated project delivery potential barriers and lessons learned. Lean Construction Journal: 32-52.

Gibson, J. J. (1979). The Ecological Approach to Visual Perception. Hughton Mifflin Company.

Gifford, R. (1980). Environmental dispositions and the evaluation of architectural interiors. Journal of research in personality, 14 (3): 386-399.

Gifford, R. (2007). Environmental psychology: Principles and practice, 4e. Colville, WA, Optimal Books.

Gifford, R. (2008). Psychology's essential role in alleviating the impacts of climate change. Canadian Psychology 49: 273-280.

Gifford, R. (2014). Environmental psychology matters. Annual Review of Psychology, 65: 541-580.

Gifford, R. and Lacombe, C. (2006). Housing quality and children's socioemotional health. Journal of Housing and the Built Environment, 21: 177-189.

Gifford, R., Martin, M. (1991). A multiple sclerosis centre program and post-occupancy evaluation. In: Design Innovation: The Challenge of Cultural Change (ed. W. R. E. Preiser and J. Vischer). New York. NY: Van Nostrand Reinhold.

Gifford, R., Hine, D. W., Muller-Clemm, W. et al. (2000). Decoding modern architecture understanding the aesthetic differences of architects and laypersons. Environment and Behavior, 32: 163-187.

Gifford, R., Hine, D. W., Muller-Clemm, W., and Shaw, K. T. (2002). Why architects and lay-persons judge buildings differently: cognitive and physical bases. Journal of Architectural and Planning Research, 19: 131-147.

Gilavand, A. and Jamshidnezhad, A. (2016). The effect of noise in educational institutions on learning and academic achievement of elementary students in Ahvaz, South-West of Iran. International Journal of Pediatrics 4 (3): 1453-1463.

Gilbert, D. T. and Wilson, T. D. (2000). Miswanting. In: Thinking and Feeling: The Role of Affect in Social Cognition (ed. J. Forgas) , 178-197. Cambridge: Cambridge University Press.

Gillis, A. (1997). High-rise housing and psychological strain. Journal of Health and Social Behavior, 18: 418-431.

Giuliani, M. V. (2003). Theory of attachment and place attachment. In: Psychological Theories for Environmental Issues (ed. M. Bonnes, T. Lee and M. Bonaiuto) , 137-170. Aldershot: Ashgate.

Giuliani, M. V. (2004). Residential preferences and attachment across the lifespan. In cyclopedia of Applied Psychology, vol. 3 (ed. C. Spielberger) , 259-266. San Diego: Elsevier/Academic Press.

Giuliani, M. V., Scopelliti, M. (2009). Empirical research in environmental psychology: Past, present, and future. Journal of Environmental Psychology, 29 (3): 375-386.

Glass, D. C., Singer, J. E. (1972). Urban stress: Experiments on noise and social stressors. New York, Academic Press.

Gneezy, U., Rustichini, A. (2000). Fine is a price. Journal of Legal Studies, 29: 1-17.

Gobster, P. H. (1999). An ecological aesthetic for forest landscape management. Landscape journal, 18 (1): 54-64.

Göckeritz, S., Schultz, P. W., Rendón, T., et al. (2010). Descriptive normative beliefs and conservation behavior: The moderating roles of personal involvement and injunctive normative beliefs. European Journal of Social Psychology, 40 (3): 514-523.

Goldenberg, J. L., Pyszczynski, T., Greenberg, J., et al. (2001). I am not an animal: Mortality salience, disgust, and the denial of human creatureliness. Journal of Experimental Psychology: General, 130 (3): 427-435.

Goldstein, N. J., Cialdini, R. B. (2007). Using social norms as a lever of social influence. New York, Psychology Press.

Goldstein, N. J., Cialdini, R. B., Griskevicius, V. (2008). A room with a viewpoint: Using social norms to motivate environmental conservation in hotels. Journal of Consumer Research, 35: 472-482.

Gollwitzer, P. M. (1990). Action phases and mind-sets. In: Handbook of Motivation and Cognition Foundations of Social Behavior, vol. 2 (ed. E. T. Higgins and R. M. Sorrentino) , 53-92: New York, NY: Guilford.

Gollwitzer, P. M. (1999). Implementation intentions: strong effects of simple plans. American psychologist, 54 (7): 493-503.

Golob, T. F., Recker, W. W., Levine, D. W. (1990). Safety of freeway median high occupancy vehicle lanes: a comparison of aggregate and disaggregate analyses. Accident Analysis and Prevention, 22 (1): 19-34.

Gómez-Limón, J. and Lucío, J. V. D. (1999). Changes in use and landscape preferences on the agricultural-livestock landscapes of the central Iberian Peninsula (Madrid, Spain). Landscape and Urban Planning, 44 (1): 165-175.

Gotts, N. M. (2007). Resilience, panarchy, and world-systems analysis. Ecology and Society, 12 (1): 24.

Graf, J., Meierhofer, R., Wegelin, M. (2008). Water disinfection and hygiene behaviour in an urban slum in Kenya: impact on childhood diarrhoea and influence of beliefs. International journal of environmental health research, 18 (5): 335-355.

Granada, H. (2002). Psicología y ambiente: Introducción temática [Psychology and environment: A thematic introduction]. Barranquilla, Ediciones Uninorte.

Granada, H. and Molina Cortés, C. (2015). Conocimiento y valoración de la calidad ambiental de la Reserva Forestal Bosque de Yotogo: perspectiva psicoambiental. Psicelogía desde El Caribe, 32 (3): 442-458.

Greenberg, J., Solomon, S., Pyszczynski, T. (1997). Terror management theory of self-esteem and cultural worldviews: Empirical assessments and conceptual refinements. Advances in experimental social psychology, 29: 61-139.

Greenwald, A. G., Banaji, M. R. (1995). Implicit social cognition: attitudes, self-esteem, and stereotypes. Psychological review, 102 (1): 4-27.

Gregory, R., Lichtenstein, S., MacGregor, D. (1993). The role of past states in determining reference points for policy decisions. Organizational Behavior and Human Decision Processes, 55 (2): 195-206.

Greif, M. J. and Dodoo, F. N. A. (2015). How community physical, structural, and social stressors relate to mental health in the urban slums of Accra, Ghana. Health & Place, 33: 57-66.

Griffiths, I. D. and Langdon, F. J. (1968). Subjective response to road traffic noise. Journal of sound and vibration 8: 16-32.

Griskevicius, V., Tybur, J. M., Van den Bergh, B. (2010). Going green to be seen: status, reputation, and conspicuous conservation. Journal of personality and social psychology, 98 (3): 392-404.

Groat, L. (1982). Meaning in post-modern architecture: An examination using the multiple sorting task. Journal of Environmental Psychology, 2 (1): 3-22.

Groat, L., Canter, D. (1979). Does post-modernism communicate? Progressive Architecture, 12: 84-87.

Guevara, J. and Mercado, S. (2002). Temas selectos de Psicología Ambiental UNAM, GRECO México. Fundación Unilibre.

Gulwadi, G. B. (2006). Seeking restorative experiences: elementary school teachers choices for places that enable coping with stress. Environment and Behavior, 38 (4): 503-520.

Günther, H. and Neto, I. (2015). Comportamento no trânsito: Uma perspectiva da psicolo-gia ambiental. In: Pesquisas sobre comportamento no transito (ed. H. Günther, F. de Cristo, I. Neto and Z. Oliveira Feitosa) ,

29-49. Laboratório de Psicologia Ambiental Universidade de Brasília, Casa do Psicologo.

Guski, R. (1999). Personal and social variables as co-determinants of noise annoyance. Noise and Health, 1 (3): 45-56.

Hafer, C. L. and Olson, J. M. (2003). An analysis of empirical research on the scope Personality and Social Psychology Review 7: 311-323.

Hagerhall, C. M. (2001). Consensus in landscape preference judgments. Journal of Environmental, 21: 83-92.

HägerhäLaike, C. M., Kuller, M. et al. (2015). Human physiological benefits of viewing nature: EEG response to exact and statistical fractal Patterns. Nonlinear dynamics, Psychology, and Life Sciences, 19 (1): 1-12.

Haider, M., Kerr, K., and Badami, M. (2013). Does commuting cause stress? The public health implications of traffic congestion. The Public Health Implications of Traffic Congestion (Augest 2, 2013).

Hale, L., Hill, T. D., and Burdette, A. M. (2010). Does sleep quality mediate the association between neighborhood disorder and self-rated physical health? Preventive Medicine, 51 (3): 275-278.

Hale, L., Hill, T. D., Friedman, E. et al. (2013). Perceived neighborhood quality, sleep quality and health status: evidence from the survey of the health of Wisconsin. Social Science & Medicine, 79: 16-22.

Ham, J. and Midden. C. (2010). Ambient persuasive technology needs little cognitive effort: The differential effects of cognitive load on lighting feedback versus factual feedback. Conference proceedings of Persuasive 2010 (pp.132-142). Heidelberg: Springer.

Ham, J., Midden, C., Beute, F. (2009). Can ambient persuasive technology persuade unconsciously?using subliminal feedback to influence energy consumption ratings of household appliances. Conference proceedings of Persuasive 2009, Claremont, USA (pp. Article no. 29). Heidelberg: Springer.

Ham, J., van Esch, M., Limpens, Y. et al. (2012). The automaticity of social behavior towards robots: the influence of cognitive load on interpersonal distance to approachable versus less approachable robots. In: Proceedings of the Social Robotics (ed. S. S. Ge et al.) , 15-25 Berlin: Springer.

Hammen, C. (2005). Stress and depression. Annual Review of Clinical Psychology, 1: 293-319.

Hanselmann, M. and Tanner, C. (2008). Taboos and conflicts in decision making: sacred values, decision difficulty and emotions. Judgment and Decision Making, 3: 51-63.

Hanyu, K. (2000). Visual properties and affective appraisals in residential areas in daylight. Journal of Environmental Psychology, 20 (3): 273-284.

Haq, S. M. A. and Ahmed, K. J. (2017). Does the perception of climate change vary with the socio-demographic dimensions? A study on vulnerable populations in Bangladesh. Natural Hazards, 85 (3): 1759-1785.

Haramoto, E., E. Moyano-Díaz, Riffo, M. et al. (1994). Evaluación del programa de viviendas progresivas en áreas rurales. [Evaluation of a progressive housing program in rural areas]. Santiago de Chile, Institute of Housing, Faculty of Architecture and Urbanism, University of Chile.

Hardin, G. (1968). The tragedy of the commons. science, 162 (3859): 1243-1248.

Hardisty, D. J., Johnson, E. J., Weber, E. U. (2010). A dirty word or a dirty world? Attribute framing, political affiliation, and query theory. Psychological Science, 21 (1): 86-92.

Harkins, S. G., Szymanski, K. (1989). Social loafing and group evaluation. Journal of Personality and Social Psychology, 56 (6): 934-941.

Harland, P., Staats, H. et al. (1999). Explaining proenvironmental intention and behavior by personal norms and the theory of planned behavior. Journal of applied social psychology, 29 (12): 2505-2528.

Hart, R. (1979). Children's Experience of Place. New York, NY: Irvington.

Harter, M., Mosch, S., and Mosler, H.-J. (2017). How does community-led total sanitation affect latrine ownership? A quantitative case study from Mozambique. Unpublished manuscript.

Hartig. T. (2007). Three steps to understanding restorative environments as health resources. In: Open Space: People Space (ed. C. Ward Thompson and P. Travlou) , 163-179. London Taylor & Francis.

Hartig, T., Korpela, K. et al. (1996). Validation of a measure of perceived environmental restorativeness. Göteborg, Sweden, Göteborg University.

Hartig, T., Korpela, K. et al. (1997). A measure of restorative quality in environments. Scandinavian Housing and Planning Research, 14 (4): 175-194.

Hartig, T., Evans, G. W. et al. (2003a). Tracking restoration in natural and urban field settings. Journal of environmental psychology, 23 (2): 109-123.

Hartig, T., Johansson, G. et al. (2003b). Residence in the social ecology of stress and restoration. Journal of Social Issues, 59 (3): 611-636.

Hartig, T., Bringslimark, T. et al. (2008). Restorative environmental design: what, when, where, and for whom? In: Biophilic Design (ed. S. R. Kellert, J. H. Heerwagen and M. L. Mador) , 131-151. Hoboken, NJ: Wiley.

Hartig, T., Mitchell, R., de Vries, S., and Frumkin, H. (2014). Nature and health. Annual Review of Public Health, 35: 207-228.

Haslam, S. A., Eggins, R. A., and Reynolds, K. J. (2003). The ASPIRe model: actualizing social and personal identity resources to enhance organizational outcomes. Journal of Occupational and Organizational Psychology, 76 (1): 83-113.

Hauer, E., Ahlin, F. et al. (1982). Speed enforcement and speed choice. Accident Analysis and Prevention, 14 (4): 267-278.

Hay, C., Forrest, W. (2008). Self - control Theory and the Concept of Opportunity: The Case for a More Systematic Union. Criminology, 46 (4): 1039-1072.

Heatherton, T. F., Wheatley, T. (2010). Social neuroscience. In: Advanced Social Psychology (ed. R. F. Baumeister and E. Finkel) , 575-612. New York: Oxford University Press.

Hellpach, W. (1911). Geopsyche. Leipzig, Engelmann.

Hennessy, D. A. (2008). The impact of commater Stress on workplace aggression. Journal of Applied Social Psychology, 38 (9): 2315-2335.

Hensher, D. A. and Li, Z. (2013). Referendum voting in road pricing reform: a review of the evidence. Transport

Policy, 25: 186-197.

Hermann, N., Voß, C., and Menzel, S. (2013). Wildlife value orientations as predicting factors in support of reintroducing bison and of wolves migrating to Germany. Journal for Nature Conservation, 21 (3): 125-132.

Hernandez, B., Hidalgo, M. C., Salazar-Laplace, M., Hess, S. (2007). Place attachment and place identity in natives and non-natives. Journal of Environmental Psychology, 27 (4): 310-319.

Herrmann, B., Thöni, C. et al. (2008). Antisocial punishment across societies. Science, 319 (5868): 1362-1367.

Herzog, H. A., Burghardt, G. M. (1988). Attitudes toward animals: Origins and diversity. Anthrozoos: A Multidisciplinary Journal of The Interactions of People and Animals, 1 (4): 214-222.

Herzog, T. R., Stark, J. L. (2004). Typicality and preference for positively and negatively valued environmental settings. Journal of Environmental Psychology, 24 (1): 85-92.

Herzog, T. R., Maguire, P. et al. (2003). Assessing the restorative components of environments. Journal of Environmental Psychology, 23 (2): 159-170.

Herzog, T. R., Ouellette, P., Rolens, J. R., and Koenigs, A. M. (2010). Houses of worship as restorative environments. Environment and Behavior, 42 (4): 395-419.

Hester, R. (2014). Do not detach! Instructions from and for community design. In: Place Attachment: Advances in Theory: Methods and Applications (ed. L. Manzo and P. Devine-Wright) , 191-206. London: Routledge.

Heyman, J. and Ariely, D. (2004). Effort for payment. A tale of two markets. Psychological Science, 15 (11): 787-793.

Higgins, T. (1989). Self-discrepancy theory. What patterns of self beliefs cause people to suffer? Advances in Experimental Social Psychology, 22: 93-136.

Hilbig, B. E., Zettler. L., Moshagen, M., and Heydasch, T. (2013). Tracing the path from personality-via cooperativeness-to conservation. European Journal of Personality, 27: 319-327.

Hinkle, J. C. and Weisburd, D. (2008). The irony of broken windows policing a micro-place study of the relationship between disorder, focused police crackdowns and fear of crime. Journal of Criminal Justice, 36: 503-512.

Hipp, J. A., Gulwadi, G. B., Alves, S., and Sequeira, S. (2016). The relationship between perceived greenness and perceived restorativeness of university campuses and student reported quality of life. Environment and Behavior, 48 (10): 1292-1308.

Hiscock, R., Macintyre, S. et al. (2003). Residents and Residence. Journal of Social Issues, 59 (3): 527-546.

Hoffman, E. and Ortiz, F. A. (2009). Youthful peak experiences in cross-cultural perspective: implications for educators and counselors. In: International Handbook of Education for Spirituality, Care and wellbeing, 469-489. Springer.

Hogan, B. E., Linden, W. et al. (2002). Social support interventions: Do they work? Clinical Psychology Review, 22 (3): 381-440.

Hogg, M. A. (2003). Social identity. In: Handbook of Self and Identity (ed. M. R. Leary and J. P. Tangney) ,

462-479. New York, NY: The Guilford Press.

Holland, R. W., Aarts, H. et al. (2006). Breaking and creating habits on the working floor: A field-experiment on the power of implementation intentions. Journal of Experimental Social Psychology, 42 (6): 776-783.

Homer, P. M., Kahle, L. R. (1988). A structural equation test of the value-attitude-behavior hierarchy. Journal of Personality and social Psychology, 54 (4): 638-646.

Horne, C. (2001). Sociological perspectives on the emergence of norms. In: Social Norm (ed. M. Hechter and K. -D. Opp) , 3-34. New York, NY: Russell Sage.

Hornsey, M. J., Harris, E. A., Bain, P. G., and Fielding, K. S. (2016). Meta-analyses of the determinants and outcomes of belief in climate change. Nature Climate Change, 6: 622-626.

Howe, P. D. and Leiserowitz, A. (2013). Who remembers a hot summer or a cold winter? The asymmetric effect of beliefs about global warming on perceptions of local climate conditions in the U. S. Global Environmental Change, 23 (6): 1488-1500.

Huber, M., Knottnerus, J. A., Green, L. et al. (2011). How should we define health? British Medical Journal 343: d4163.

Hull, R. B., Harvey, A. (1989). Explaining the emotion people experience in suburban parks. Environment & behavior, 21 (3): 323-345.

Hunka, A. D., De Groot, W. T. et al. (2009). Visions of nature in Eastern Europe: a Polish example. Environmental Values, 18 (4): 429-452.

Hygge, S., Evans, G. W., and Bullinger, M. (2002). A prospective study of some effects of air craft noise on cognitive performance in school children. Psychological Science, 13: 469-474.

IJsselsteijn, W. A. (2004). Presence in depth. Unpublished PhD dissertation, Eindhoven University of Technology, Department of Technology Management.

Imamoglu, C. (2000). Complexity, liking and familiarity: Architecture and non-architecture Turkish students' assessments of traditional and modern house facades. Journal of Environmental Psychology, 20 (1): 5-16.

Inauen, J. and Mosler, H. J. (2014). Developing and testing theory. based and evidence-based interventions to promote switching to arsenic-safe wells in Bangladesh. Journal of Health Psychology, 19 (12): 1483-1498.

Inglehart, R. (1997). Modernization and Postmodernization. Princeton, NJ: Princeton University Press.

IPCC (2013). Climate change 2013: The physical science basis. Contribution of working group Ⅲ to the fifth assessment report of the Intergovernmental Panel on Climate Change. Cambridge: Cambridge University Press.

IPCC (2014). Climate change 2014: Mitigation of climate change. Contribution of working group Ⅱ to fifth assessment report of the Intergovernmental Panel on Climate change [Edenhofer, O. et al. (eds.)] Cambridge: Cambridge University Press.

Isaksson, K., Richardson, T. (2009). Building legitimacy for risky policies: the cost of avoiding conflict in Stockholm. Transportation Research Part A: Policy and Practice, 43 (3): 251-257.

Islam, M. Z., Moore, R., and Cosco, N. (2016). Child-friendly, active, healthy neighborhoods: physical characteristics and children's time outdoors. Environment & Behavior 48 (5): 711-736.

Jackson, T. (2005). Motivating sustainable consumption: A review of evidence on consumer behavior and behavioral change. London, SDRN.

Jacobs, M. H. (2009). Why do we like or dislike animals? Human Dimensions of Wildlife, 14 (1): 1-11.

Jacobs, M. H., Vaske, J. J. and Roemer, J. M. (2012). Toward a mental systems approach to human relationships with wildlife: the role of emotional dispositions. Human Dimensions of wildlife, 17 (1): 4-15.

Jacobs, M. H., Vaske, J. and Sijtsma, M. T. (2014). Predictive potential of wildlife value on orientations for acceptability of management interventions. Journal for Nature Conservation, 22 (4): 377-383.

Jager, W. and Edmonds, B. (2015). Policy making and modelling in a complex world. In Policy Practice and Digital Science: Integrating Complex Systems, Social Simulation and Public Administration in Policy Research (ed. M. Janssen, M. A. Wimmer and A. Deljoo) 57-74. Cham: Springer.

Jager, W. and Ernst, A. (2017). Social simulation in environmental psychology. Introduction of the special issue. Journal of Environmental Psychology, 52: 114-118.

Jager, W. and Van der Vegt, G. (2015). Management of complex systems: towards agent based gaming for policy. In: Policy Practice and Digital Science: Integrating Complex System Social Simulation and Public Administration in Policy Research (ed. M. Janssen, M. A. Wimmer and A. Deljoo) , 291-303. Cham: Springer.

Jager, W., Janssen, M. et al. (2000). Behaviour in commons dilemmas: Homo economicus and Homo psychologicus in an ecological-economic model. Ecological economics, 35 (3): 357-379.

Jakobsson, C., Fujii, S. et al. (2000). Determinants of private car users' acceptance of road pricing. Transport Policy, 7 (2): 153-158.

Jakovcevic, A., Steg, L. (2013). Sustainable transportation in Argentina: values, beliefs norms and car use reduction. Transportation Research Part F: Traffic Psychology and Behaviour, 20: 70-79.

Jakovcevic, A., Steg, L., Mazzeo, N. et al. (2014). Charges for plastic bags: motivational and behavioral effects. Journal of Environmental Psychology, 40: 372-380.

James, W. (1890). The Principles of Psychology. New York, NY: Henry Holt and Company.

James, A. K., Hess, P., Perkins, M. E. et al. (2016). Prescribing outdoor play: outdoors Rx. Clinical Pediatrics, 56 (6): 519-524.

Jans, L., Leach, C. W., Garcia, R., and Postmes, T. (2015). The development of group influence on in-group identification: a multi-level approach. Group Processes and Inter group Relations, 18 (2): 190-209.

Jansson, M., Fors, H., Lindgren, T., and Wiström, B. (2013). Perceived personal safety in relation to urban woodland vegetation-a review: Urban Forestry.

Jenny, A., Fuentes, F. H. et al. (2007). Psychological factors determining individual compliance with rules for common pool resource management: The case of a Cuban community sharing a solar energy system.

Human Ecology, 35 (2): 239-250.

Jensen, M. (1999). Passion and heart in transport—a sociological analysis on transport behaviour. Transport Policy, 6 (1): 19-33.

Joardar, S. D. (1989). Use and Image of Neighborhood Parks A Case of Limited Resources. Environment and Behavior, 21 (6): 734-762.

Johansson, M., Karlsson, J. (2011). Subjective experience of fear and the cognitive interpretation of large carnivores. Human Dimensions of Wildlife, 16 (1): 15-29.

Johansson, L. -O. and Svedsäiter, H. (2009). Piece of cake? Allocating rewards to third parties when fairness is costly. Organizational Behavior and Human Decision Process, 109: 107-119.

Joireman, J. A., Lasane, T. P. et al. (2001). Integrating social value orientation and the consideration of future consequences within the extended norm activation model of proenvironmental behaviour. British Journal of Social Psychology, 40 (1): 133-155.

Joireman, J. A., Van Lange, P. A. et al. (2004). Who cares about the environmental impact of cars? Those with an eye toward the future. Environment and Behavior, 36 (2): 187-206.

Joireman, J., Truelove, H. B., and Duell, B. (2010). Effect of outdoor temperature, heat primes and anchoring on belief in global warming. Journal of Environmental Psychology, 30: 358-367.

Jokela, M. (2015). Does neighbourhood deprivation cause poor health? Within-individual analysis of movers in a prospective cohort study. Journal of Epidemiology and Community Health, 69: 899-904.

Jones-Rounds, M. L., Evans, G. W., and Braubach, M. (2014). The interactive effects of housing and neighbourhood quality on psychological well-being. Journal of Epidemiology and Community Health, 68: 171-175.

Jongman, R. (2002). Homogenisation and fragmentation of the European landscape: ecological consequences and solutions. Landscape and urban planning, 58 (2): 211-221.

Jorgensen, B. S. and Stedman, R. C. (2006). A comparative analysis of predictors of sense of place dimensions: attachment to, dependence on, and identification with lakeshore properties. Journal of Environmental Management, 79 (3): 316-327.

Jorgensen, A., Hitchmough, J. et al. (2002). Woodland spaces and edges: their impact on perception of safety and preference. Landscape and urban planning, 60 (3): 135-150.

Joye, Y. (2007). Architectural lessons from environmental psychology: The case of biophilic architecture. Review of General Psychology, 11 (4): 305-328.

Joye, Y., A. De Block (2011). "Nature and I are Two": A Critical Examination of the Biophilia Hypothesis. Environmental Values, 20 (2): 189-215.

Joye, Y., van den Berg, A. (2011). Is love for green in our genes? A critical analysis of evolutionary assumptions in restorative environments research. Urban Forestry and Urban Greening, 10 (4): 261-268.

Joye, Y., Steg. L., Onal, A. B., and Pals, R. (2016). When complex is easy on the mind: internal repetition of visual information in complex objects is a source of perceptual fluency umal of Experimental Psychology:

Human Perception and Performance, 42 (1): 103.

Joye, Y., Steg. L., Ünal, A. B., and Pals, R. (2016). When complex is easy on the mind: internalrepetition of visual information in complex objects is a source of perceptual fluency. Journal of Experimental Psychology: Human Perception and Performance, 42 (1): 103.

Kahan, D. M., Peters, E., Wittlin, M. et al. (2012). The polarizing impact of science literacy and numeracy on perceived climate change risks. Nature Climate Change, 2: 732-735.

Kahn, I. Jr. and Kellert, P. H. (2002). Children and Nature: Psychological, Sociocultural and Evolutionary Investigations. Cambridge, MA: MIT press.

Kaiser, F. G., Wilson, M. (2004). Goal-directed conservation behavior: The specific composition of a general performance. Personality and Individual Differences, 36 (7): 1531-1544.

Kaiser, F. G., Oerke, B. et al. (2007). Behavior-based environmental attitude: Development of an instrument for adolescents. Journal of Environmental Psychology, 27 (3): 242-251.

Kaiser, F. G., Byrka, K. et al. (2010). Reviving Campbell's paradigm for attitude research. Personality and Social Psychology Review, 14: 351-367.

Kallgren, C. A., Reno, R. R. et al. (2000). A focus theory of normative conduct: When norms do and do not affect behavior. Personality and social psychology bulletin, 26 (8): 1002-1012.

Kals, E., Schumacher, D. et al. (1999). Emotional affinity toward nature as a motivational basis to protect nature. Environment and behavior, 31 (2): 178-202.

Kaltenborn, B. R. P., Bjerke, T. et al. (2006). Living with problem animals-Self-reported fear of potentially dangerous species in the Serengeti Region, Tanzania. Human Dimensions of Wildlife, 11 (6): 397-409.

Kamakura, W. A., Mazzon, J. A. (1991). Value segmentation: A model for the measurement of values and value systems. Journal of consumer research: 208-218.

Kanagawa, M., Nakata, T. (2007). Analysis of the energy access improvement and its socio-economic impacts in rural areas of developing countries. Ecological Economics, 62 (2): 319-329.

Kantola, S., Syme, G. et al. (1984). Cognitive dissonance and energy conservation. Journal of Applied Psychology, 69 (3): 416-421.

Kaplan, S. (1995). The restorative benefits of nature: Toward an integrative framework. Journal of environmental psychology, 15 (3): 169-182.

Kaplan, R. (2001). The nature of the view from home psychological benefits. Environment and behavior, 33 (4): 507-542.

Kaplan, S., Berman, M. G. (2010). Directed attention as a common resource for executive functioning and self-regulation. Perspectives on Psychological Science, 5 (1): 43-57.

Kaplan, R., Kaplan, S. (1989). The experience of nature: A psychological perspective. New York, Cambridge University Press.

Kaplan, S., Talbot, J. F. (1983). Psychological benefits of a wilderness experience. Human behavior and environment: Advances in theory and research. New York, Plenum Press: 163-203.

Kaplan, R., Kaplan, S. et al. (1989). Environmental preference: A comparison of four domains of predictors. Environment and behavior, 21 (5): 509-530.

Kaplan, S., Bardwell, L. V. et al. (1993). The museum as a restorative environment. Environment and Behavior, 25 (6): 725-742.

Karau, S. J., Williams, K. D. (1993). Social loafing: A meta-analytic review and theoretical integration. Journal of personality and social psychology, 65 (4): 681-706.

Karlin, B., Zinger, J. E., and Ford, R. (2015). The effects of feedback on energy conservation: meta-analysis. Psychological Bulletin 141 (6): 1205.

Karmanov, D., Hamel, R. (2008). Assessing the restorative potential of contemporary urban environment (s): Beyond the nature versus urban dichotomy. Landscape and Urban Planning, 86 (2): 115-125.

Kashima, Y., Paladino, A., and Margetts, E. A. (2014). Environmentalist identity and environmental striving. Journal of Environmental Psychology 38: 64-75.

Kay, A. C., Ross, L. (2003). The perceptual push: The interplay of implicit cues and explicit situational construals on behavioral intentions in the Prisoner's Dilemma. Journal of Experimental Social Psychology, 39 (6): 634-643.

Kay, A. C., Wheeler, S. C. et al. (2004). Material priming: The influence of mundane physical objects on situational construal and competitive behavioral choice. Organizational Behavior and Human Decision Processes, 95 (1): 83-96.

Kaźmierczak, A. (2013). The contribution of local parks to neighbourhood social ties. Landscape and Urban Planning 109 (1): 31-44.

Keizer, K., Lindenberg, S. et al. (2008). The spreading of disorder. Science, 322 (5908): 1681-1685.

Keizer, K., Lindenberg, S. et al. (2011). The reversal effect of prohibition signs. Group Processes and Intergroup Relations, 14 (5): 681-688.

Keizer, K., Lindenberg. S., and Steg. L. (2013). The importance of demonstratively restoring order. PLoS One 8 (6).

Keller, C., Bostrom, A., Kuttschreuter, M. et al. (2012). Bringing appraisal theory to environmental risk perception: a review of conceptual approaches of the past 40 years a suggestions for future research. Journal of Risk Research 15: 237-256.

Kellert, S. R. (1976). Perceptions of animals in American society. Transactions of the North American wildlife and natural resources conference.

Kellert, S. R. (1978). Attitudes and characteristics of hunters and antihunters. Transactions of the Forty-third North American Wildlife and Natural Resources Conference, March 18-22 Phoenix, Arizona., Wildlife Management Institute.

Kellert, S. R. (1985). Public perceptions of predators, particularly the wolf and coyote. Biological conservation,

31 (2): 167-189.

Kellert, S. R. (1976). Perceptions of animals in American society. Transactions of the North American Wildlife and Natural Resources Conference, 41: 533-546.

Kellert, S. R. (1978). Attitudes and characteristics of hunters and anti-hunters Transaction of North American Wildlife and Natural Resources Conference, 43: 412-423.

Kellert, S. (1985). Public perceptions of predators, particularly the wolf and coyote. Biological Conservation, 31: 167-189.

Kellert, S. R. (1996). The Value of Life: Biological Diversity and Human Society. Washington, DC: Island Press.

Kellert, S. R., Berry, J. K. (1987). Attitudes, knowledge, and behaviors toward wildlife as affected by gender. Wildlife Society Bulletin: 363-371.

Kellert, S. R., Heerwagen, J., and Mador. M. (2011). Biophilic Design: The Theory, Science and Practice of Bringing Buildings to Life. Hoboken, New Jersey: Wiley.

Kelley, H. H. (1973). The processes of causal attribution. American Psychologist, 28 (2): 107-128.

Kelz, C., Evans, G. W., and Röderer, K. (2015). The restorative effects of redesigning the schoolyard: a multi-methodological, quasi-experimental study in rural Austrian middle schools. Environment and Behavior, 47: 119-139.

Kempton, W. (1991). Lay perspectives on global climate change. Global Environmental Change, 1 (3): 183-208.

Kerr, N. L. (1983). Motivation losses in small groups: A social dilemma analysis. Journal of Personality and Social Psychology, 45 (4): 819-828.

Kerr, N. L. (1989). Illusion of efficiency: The effects of group size on perceived efficacy in social dilemmas. Journal of Experimental Social Psychology, 25: 287-313.

Kerr, N. L. (1995). Norms in social dilemmas. Social dilemmas: Social psychological perspectives. D. Schroeder. New York, Pergamon Press: 31-47.

Keulartz, J., Van der Windt, H. et al. (2004). Concepts of nature as communicative devices: the case of Dutch nature policy. Environmental Values, 13 (1): 81-99.

Kjellgren, A., Buhrkall, H. (2010). A comparison of the restorative effect of a natural environment with that of a simulated natural environment. Journal of Environmental Psychology, 30 (4): 464-472.

Klatte, M., Spilski, J., Mayerl, J. et al. (2016). Effects of aircraft noise on reading and quality life in primary school children in Germany: results from the NORAH study Environmental and Behavior, 49 (4): 390-424 doi: 10. 1177/0013916516642580.

Klöckner, C. A. (2004). How single events change travel mode choice–a life span perspective. Präsentiert auf der 3rd ICTTP-Conference, Nottingham.

Klöckner, C. A. (2014). The dynamics of purchasing an electric vehicle -a prospective longi-tudinal study of the decision- making process. Transportation Research Part F: Traffic Psychology and Behaviour, 24: 103-116.

Klöckner, C. A., Matthies, E. (2004). How habits interfere with norm-directed behaviour: A normative decision-making model for travel mode choice. Journal of Environmental Psychology, 24 (3): 319-327.

Kluger, A. N., DeNisi, A. (1996). The effects of feedback interventions on performance: a historical review, a meta-analysis, and a preliminary feedback intervention theory. Psychological bulletin, 119 (2): 254-284.

Kollmuss, A., Agyeman, J. (2002). Mind the gap: why do people act environmentally and what are the barriers to pro-environmental behavior? Environmental education research, 8 (3): 239-260.

Koole, S. L., Van den Berg, A. E. (2004). Paradise lost and reclaimed: An existential motives analysis of human-nature relations. Handbook of experimental existential psychology. J. Greenberg, S. L. Koole and T. Pyszczinsky. New York, Guildford: 86-103.

Koole, S. L., Van den Berg, A. E. (2005). Lost in the wilderness: terror management, action, orientation, and nature evaluation. Journal of personality and social psychology, 88 (6): 1014-1028.

Kormos, C. and Gifford, R. (2014). The validity of self-report measures of proenvironmental behavior: a meta-analytic review. Journal of Environmental Psychology, 40: 359-371.

Koslowsky, M., Kluger, A. N. et al. (1995). Commuting stress. New York, Plenum.

Kraemer, S. M., Mosler, H. -J. (2010). Persuasion factors influencing the decision to use sustainable household water treatment. International journal of environmental health research, 20 (1): 61-79.

Kraft, P., Rise, J. et al. (2005). Perceived difficulty in the theory of planned behaviour: Perceived behavioural control or affective attitude? British Journal of Social Psychology, 44 (3): 479-496.

Kreuter, M. W., Farrell, D., Olevitch, L., and Brennan, L. (1999). Tailored Health Messages: Customizing Communication with Computer Technology. Mahwah, NJ: Erlbaum.

Kruglanski, A. W., Kopetz, C. (2009). What is so special (and non-special) about goals?A view from the cognitive perspective. The psychology of goals. G. B. Moskowitz and H. Grant. New York, Guilford Press: 25-55.

Kuo, M. (2015). How might contact with nature promote human health? Promising mechanisms and a possible central pathway. Frontiers in Psychology, 6: 1093.

Kuo, F. and Faber Taylor, A. (2004). A potential natural treatment for attention-deficit/hyperactivity disorder: evidence from a national study. American Journal of Public Health 94: 1580-15.

Kuo, F. E., Sullivan, W. C. (2001). Aggression and violence in the inner city: Effects of environment via mental fatigue. Environment and behavior, 33 (4): 543-571.

Kuropatwa, D. (2008). Natural fractal mosaic [Photograph]. Retrieved June 9, 2011, from http: //www. flickr. com/photos/dkuropatwa/2912488625. Made available under Creative Commons Licence.

Landeros-Mugica, K., Urbina-Soria, J., and Alcantara-Ayala, I. (2015). The good, the bad and the ugly: on the interactions among experience, exposure and commitment with reference to landslide risk perception in Mexico. Natural Hazards, 80 (3): 1-23.

Lansing, J. S., Kremer, J. N. (1994). Emergent properties of Balinese water temple networks: Coadaptation on a rugged fitness landscape. Artificial Life Ⅲ. C. G. Langton. Reading, MA, Addison-Wesley., 17: 201-223.

Larsen, L., Adams, J. et al. (1998). Plants in the Workplace: The Effects of Plant Density on Productivity,

Attitudes, and Perceptions. Environment and Behavior, 30 (3): 261-281.

Latane, B., Darley, J. M. (1970). The unresponsive bystander: Why doesn't he help? New York, Appleton-Century-Crofts.

Laumann, K., Gärling, T. et al. (2001). Rating scale measures of restorative components of environments. Journal of Environmental Psychology, 21 (1): 31-44.

Lazarus, R. S., Alfert, E. (1964). Short-circuiting of threat by experimentally altering cognitive appraisal. The Journal of Abnormal and Social Psychology, 69 (2): 195-205.

Lazarus, R. S., Cohen, J. B. (1977). Environmental stress. Human behavior and the environment: Current theory and research. I. Altman and J. F. Wohlwill. New York, Plenum Press: 89-127.

Lazarus, R. S., Folkman, S. (1987). Transactional theory and research on emotions and coping. European Journal of personality, 1 (3): 141-170.

Lazo, J. K., Kinnell, J. C. et al. (2000). Expert and layperson perceptions of ecosystem risk. Risk analysis, 20 (2): 179-193.

LeDoux, J. (1998). The Emotional Brain: The Mysterious Underpinnings Of Emotional Life.

Lee, J. A., Holden, S. J. (1999). Understanding the determinants of environmentally conscious behavior. Psychology and Marketing, 16 (5): 373-392.

Lee, T. H., Jan, E. H, and Yang, C. C. (2013). Conceptualizing and measuring environmentally responsible behaviours form the perspective of community-based tourism. Tourism Management, 36: 454-468.

Lee, S. M., Conway, T. L., Frank, L. D. et al. (2016). The relation of perceived and objective environment attributes to neighborhood satisfaction. Environment and Behavior, published online January 18, 2016.

Leiserowitz, A., Thaker, J., Feinberg, G., and Cooper, D. (2013). Global warming's six Indias. Retrieved February 2017: http: //environment. yale. edu/climate-communication/article/Global-Warming- Six-Indias.

Lepore, S. J. and Evans, G. W. (1996). Coping with multiple stressors in the environment. In Handbook of Coping: Theory, Research, Applications (ed. M. Zeidner and N. S. Endler) , 350-377 Oxford: Wilc.

Lerner, J. S., Keltner, D. (2001). Fear, anger, and risk. Journal of personality and social psychology, 81 (1): 146-159.

Lerner, J. S., Tiedens, L. Z. (2006). Portrait of the angry decision maker: How appraisal tendencies shape anger's influence on cognition. Journal of Behavioral Decision Making, 19 (2): 115-137.

Levitt, L., Leventhal, G. (1986). Litter Reduction How Effective is the New York State Bottle Bill? Environment and Behavior, 18 (4): 467-479.

Lewandowsky, S., Gignac, G. E., and Vaughan, S. (2013). The pivotal role of perceived scientific consensus in acceptance of science. Nature Climate Change 3: 399-404.

Lewicka, M. (2011a). On the varieties of people's relationships with places: Hummon's typology revisited. Environment and Behavior, 43 (5): 676-709.

Lewicka, M. (2011b). Place attachment: How far have we come in the last 40 years? Journal of Environmental

Psychology, 31 (3): 207-230.

Lewin, K. (1948). Resolving social conflicts: Selected papers on group dynamics. New York, Harper and Row.

Lewin, K. (1951). Formalization and progress in psychology. Field theory in social science. D. Cartwright. New York, Harper. 16.

Lewin, K. (1952). Group decision and social change. Readings in social psychology. T. M. Newcomb and E. E. Hartley. New York, Holt., 3: 459-473.

Li, S. (2003). Recycling Behavior Under China's Social and Economic Transition The Case of Metropolitan Wuhan. Environment and behavior, 35 (6): 784-801.

Li, D., and Sullivan, W. C. (2016). Impact of views to school landscapes on recovery from stress and mental fatigue. Landscape and Urban Planning, 148: 149-158.

Li, W., I. Moallem, et al. (2007). Subliminal smells can guide social preferences. Psychological science, 18 (12): 1044-1049.

Li, Y., Johnson, E., and Zaval, L. (2011). Local warming daily temperature change influences belief in global warming, 22 (4): 454-459.

Liberman, V., Samuels, S. M., and Ross, L. (2004). The name of game: predictive power of reputations versus situational labels in determining prisoner's dilemma game moves Personality and Social Psychology Bulletin, 30: 1175-1185.

Lichtenstein, S., P. Slovic, et al. (1978). Judged frequency of lethal events. Journal of experimental psychology: human learning and memory, 4 (6): 551-578.

Liebrand, W. B. (1984). The effect of social motives, communication and group size on behaviour in an N - person multi - stage mixed - motive game. European Journal of Social Psychology, 14 (3): 239-264.

Lindenberg, S. (2008). Social rationality, semi-modularity and goal-framing: What is it all about. Analyse and Kritik, 30 (2): 669-687.

Lindenberg, S., J. F. Joly, et al. (2011). The Norm-Activating Power of Celebrity The Dynamics of Success and Influence. Social Psychology Quarterly, 74 (1): 98-120.

Lindenberg, S., L. Steg (2007). Normative, gain and hedonic goal frames guiding environmental behavior. Journal of Social issues, 63 (1): 117-137.

Lindenberg, S. and Steg, L. (2013). Goal-framing theory and norm-guided environmental behavior. In: Encouraging Sustainable Behavior (ed. H. van Trijp) , 37-54. New York, NY: Psychology Press.

Lindvall, T. (1970). On sensory evaluation of odorous air pollutant intensities. Nordisk Hygienisk Tidskrift (Suppl. 2): 1-181.

Locke, E. A., G. P. Latham (1990). A theory of goal setting and task performance. Englewood Cliffs, NJ, Prentice Hall.

Loewenstein, G. (1996). Out of control: Visceral influences on behavior. Organizational behavior and human decision processes, 65 (3): 272-292.

Loewenstein, G. F., Thompson, L., and Bazerman, M. H. (1989). Social utility and decision making in interpersonal contexts. Journal of Personality and Social Psychology, 57: 426-441.

Lohr. V. T. and Pearson-Mims, C. H. (2005). Children's active and passive interactions with plants influence their attitudes and actions toward frees and gardening as actults. Hort Technology 15 (3): 472-476.

Lothian, A. (1992). Landscape and the philosophy of aesthetics: is landscape quality inherent in the landscape or in the eye of the beholder? Landscape and Urban planning, 44 (4): 177-199.

Lothian, A. (1999). Landscape and the philosophy of aesthetics: is landscape quality inherent in the landscape or in the eye of the beholder? Landscape and urban planning, 44 (4): 177-198.

Loukopoulos, P., Jakobsson, C., Gärling, T. et al. (2005). Public attitudes towards policy measures for reducing private car use. Environmental Science and Policy, 8: 57-66.

Louv, R. (2005). Last Child in the Woods: Saving Our Children from Nature Deficit Disorder. Chapel Hill: Algonquin Press.

Lu, S., Ham, J., and Midden, C. (2015). Persuasive technology based on bodily comfort experiences: The effect of color temperature of room lighting on user motivation to change room temperature. In: Persuasive Technology. Persuasive 2015. Lecture Notes in Computer Science, vol 9072 (ed. T. MacTavish and S. Basapur). Cham: Springer.

Lu, S., Ham, J., and Midden, C (2016). The influence of color association strength and consistency on case of processing of ambient lighting feedback. Journal of Environmental Psychology, 47: 204-212.

Ludwig, J., Duncan, G. J., Gennetian, L. A. et al. (2012). Neighborhood effects on the long term well-being of low-income adults. Science 337 (6101): 1505-1510.

Lynch, K. (1977). Growing Up in Cities. Cambridge, MA: MIT Press.

Maas, J., R. A. Verheij, et al. (2008). Physical activity as a possible mechanism behind the relationship between green space and health: a multilevel analysis. BMC Public Health, 8 (1): 206.

Maas, J., P. Spreeuwenberg, et al. (2009a). Is green space in the living environment associated with people's feelings of social safety? Environment and planning. A, 41 (7): 1763-1777.

Maas, J., S. M. Van Dillen, et al. (2009b). Social contacts as a possible mechanism behind the relation between green space and health. Health and place, 15 (2): 586-595.

Maas, J., R. A. Verheij, et al. (2009c). Morbidity is related to a green living environment. Journal of epidemiology and community health, 63 (12): 967-973.

Mannetti, L., A. Pierro, et al. (2002). Explaining Consumer Conduct: From Planned to Self - ExpressiveBehavior1. Journal of Applied Social Psychology, 32 (7): 1431-1451.

Mannetti, L., A. Pierro, et al. (2004). Recycling: Planned and self-expressive behaviour. Journal of Environmental Psychology, 24 (2): 227-236.

Manfredo, M. J. (2008). Who cares about wildlife?Social Science Concepts for Exploring Human Wildlife Relationships and Conservation Issues. New York, NY: Springer.

Manfredo, M. J., Teel, T. L., and Henry, K. (2009). Linking society and environment: a multi-level model of shifting wildlife value orientations in the Western United States. Social Science Quarterly, 90 (2): 407-421.

Manfredo, M. J., Teel. T. L., and Dietsch, A. M. (2016). Implications of human value shift and persistence for biodiversity conservation. Conservation Biology, 30 (2): 287-296.

Manzo, L. C. (2003). Beyond house and haven: toward a revisioning of place attachment Journal of Environmental Psychology, 23 (1): 47-61.

Manzo, L. C. (2014). Exploring the shadow side: place attachments in the context of stigma, displacement and social housing. In: Place Attachment: Advances in Theory, Methods and Applications (ed. L. Manzo and P. Devine Wright) , 178-190. London: Routledge.

Manzo, L. and Devine-Wright, P. (2013). Place Attachment: Advances in Theory, Methods and Applications, Oxford, UK: Routledge.

Marcus, C. C. (2006). House as a Mirror of Self: Exploring the Deeper Meaning of Home. Lake Worth, FL: Nicolas. Hays.

Maréchal, K. (2010). Not irrational but habitual: The importance of behavioural lock-in in energy consumption. Ecological Economics, 69 (5): 1104-1114.

Markowitz, F. E., P. E. Bellair, et al. (2001). Extending social disorganization theory: modeling the relationships between cohesion, disorder, and fear. Criminology, 39 (2): 293-319.

Marlatt, G. A., D. M. Donovan (2005). Relapse prevention: Maintenance strategies in the treatment of addictive behaviors. New York, Guilford Press.

Marzluff, J. M., T. Angell (2005). In the company of crows and ravens. New Haven, CT, Yale University Press.

Maslow, A. H. (1970). Personality and Motivation, vol. 1, 987. Harlow, England: Longman.

Masson, T. and Fritsche, I. (2014). Adherence to climate change-related in group norms: do dimensions of group identification matter? European Journal of Social Psychology, 44 (5): 455-465.

Matthies, E., S. Kuhn, et al. (2002). Travel Mode Choice of Women The Result of Limitation, Ecological Norm, or Weak Habit? Environment and behavior, 34 (2): 163-177.

Matthies, E., C. A. Klöckner, et al. (2006). Applying a modified moral decision making model to change habitual car use: how can commitment be effective? Applied Psychology, 55 (1): 91-106.

Mattos, T. and Pinheiro, J. Q. (2013). Vivendo a vizinhanca: Interfaces pessoa-ambiente na producao de vizinhancas'vivas' [To dwell at a neigbourhood: The person-environment interfaces in the living, neighbourgood production]. Psicologia em Estudio, 18 (1): 27-36.

Mayer, F. S., C. M. Frantz, et al. (2009). Why is nature beneficial?. Environment and behavior: 607-643.

Mayo, E. (1933). The human problems of an industrial civilization. New York, Macmillan.

Mazur, A. (2006). Risk perception and news coverage across nations. Risk Management: 149-174.

McCalley, L., C. J. Midden. (2002). Energy conservation through product-integrated feedback: The roles of goal-setting and social orientation. Journal of economic psychology, 23 (5): 589-603.

McDaniels, T., L. J. Axelrod, et al. (1995). Characterizing perception of ecological risk. Risk Analysis, 15 (5): 575-609.

McDonald, R. I. (2016). Perceived temporal and geographic distance and public opinion about climate change Climate Science Oxford Research Encyclopedias. Retrieved February, 2017 from hup: //climatescience. oxfordre. com/view/10. 1093/acrefore/9780190228620. 001. 0001/acrefor-9780190228620-e-308.

McDonald, S., Oates, C. J., Thyne, M. et al. (2015). Flying in the face of environmental concern why green consumers continue to fly. Journal of Marketing Management 31: 1503-1528.

McEwen, B. S. (1998). Stress, adaptation, and disease: Allostasis and allostatic load. In: Annual of the New York Academy of Sciences, Neuroimmunomodulation: Molecular Aspect Integrative Systems, and Clinical Advances, vol. 840 (ed. S. M. McCann, J. M. Lipton, E. M. Sternberg, et al.) 33-44 New York, NY: New York Academy of Sciences.

McEwen, B. S., E. N. Lasley (2002). The end of stress as we know it. Washington, DC, Joseph Henry Press.

McFarlane, B. L. (1994). Specialization and motivations of birdwatchers. Wildlife Society Bulletin: 361-370.

McGrath, J. E. (1970). Social and psychological factors in stress. New York, Holt.

McKenzie-Mohr, D. (2000). Fostering sustainable behavior through community-based social marketing. American psychologist, 55 (5): 531-537.

Meijnders, A., Midden, C., and Wilke, H. (2001). Communications about environmental risks and risk reducing behaviour: the impact of fear on information processing. Journal of Applied Social Psychology, 31: 754-777.

Meinig, D. W. (1979). The beholding eye: ten versions of the same scene. In: The Interpretation of Ordinary Landscape: Geographical Essays (ed. D. W. Meinig and J Brinckerhoff Jackson) , 33-48. New York, NY: Oxford University Press.

Mercado-Doménech, S., P. Ortega-Andeane, et al. (1994). Factores psicológicosy ambientales de la habitabilidad de la vivienda[Psychological and environmental factors of the habitability of housing]. Mexico City, Faculty of Psychology, National University of Mexico.

Merziger, A., K. Neumann (2010). Energy neighbourhoods-Bet to win. The climate competition between municipalities and their citizens. EACI. Berlin.

Messick, D. M. (1993). Equality as a decision heuristic. Psychological perspectives on justice: Theory and applications. B. A. B. Mellers. New York, Cambridge University Press: 11-31.

Messick, D. M., M. B. Brewer (1983). Solving social dilemmas: A review. Review of personality and social psychology. L. Wheeler and P. Shaver. Beverly Hills, CA, Sage., 4: 11-44.

Messick, D. M., C. L., McClelland (1983). Social traps and temporal traps. Personality and Social Psychology Bulletin, 9 (1): 105-110.

Messick, D. M., C. G. McClintock (1968). Motivational bases of choice in experimental games. Journal of experimental social psychology, 4 (1): 1-25.

Messick, D. M., T. Schell (1992). Evidence for an equality heuristic in social decision making. Acta

Psychologica, 80 (1): 311-323.

Messick, D. M., Wilke, H., Brewer, M. B. et al. (1983). Individual adaptations and structural change as solutions to social dilemmas. Journal of Personality and Social Psychology, 44: 292-309.

Metag, J., Fuchslin, T., and Schafer, M. S. (2015). Global warmings five Germanys: a typology of Germans' views on climate change and patterns of media use and information Publte Understanding of Science, 23 (5): 1-18.

Midden, C. and Ham, J. (2009). Using negative and positive social feedback from a robotic agent to save energy Conference proceedings of Persuasive 2009, Claremont, USA (PP. article 2). Heidelberg: Springer.

Midden, C., Kaiser, F. and Mccalley, L. (2007). Technology's four roles in understanding individuals conservation of natural resources. Journal of Social Issues, 63: 155-174.

Midden, C., Ham, J., Kleppe, M., et al. (2011). Persuasive power in groups: The influence of group feedback and individual comparison feedback on energy consumption behaviour of Persuasive 2011. Columbus, USA: OSU Press.

Midden, C. J. H., Ham, J., and Baten, J. (2015). Conforming to an artificial majority: Persuasive effects of a group of artificial agents. In: Persuasive Technology (ed. T. MacTavish and S. Basapur) , 129-240. Heidelberg: Springer.

Milfont, R. L. and Duckitt, J. (200-4). The structure of environmental attitudes: first-and second order confirmatory factor analysis Journal of Environmental Psychology, 24: 2893.

Milfont, T., Duckitt. J., and Cameron, L. D. (2006). A cross-cultural study of environmental motive concerns and their implications for pro-environmental behaviour, Environmental and Behavior, 38: 745-753.

Milgram, S. (1970). The experience of living in cities. Science 167 (3924): 1461-1468.

Milgram, S. (1974). Obedience to Authority: an Experimental View. New York. NY: Harper and Row.

Millennium Ecosystem Assessment (2005). Ecosystems and Human Well- Being: Synthesis Washington, DC: Island Press.

Miller, G. E., Cohen, S. and Ritchey. A. K. (2002). Chronic psychological stress and regulation of pro-inflammatory cytokines: a glucocorticoid-resistance model. Health Psychology, 21: 531-554.

Mitchell, R., and Popham, F. (2007). Greenspace, urbanity and health: relationships in England. Journal of Epidemiology and Community Health, 61 (8): 681-683.

Mitchell. R. and Popham, E. (2008). Effect of exposure to natural environment on health inequalities: an observational population study. Lancet 372 (9650): 1655-1660.

Mo Jang. S. (2013). Framing responsibility in climate change discourse: ethnocentric attribution bias, perceived causes, and policy attitudes. Journal of Environmental Psychology.

Mocelin Polli, G., and Vizeu Camargo, B. (2015). Representações Sociais do meio ambient e da água Psicologia, Ciencia e Profissao, 35 (4): 1310-1326.

Mokhtarian, P. L., and Salomon, I. (2001). How derived is the demand for travel? Some conceptual and measurement considerations. Transportation Research Part A: Policy and Practice, 35: 695-719.

Montero y López-Lena, M. (1997). Scientific productivity in environmental psychology in Mexico: a bibliometric analysis, Environment and Behavior, 29: 169-197.

Moore, R. C. (1980). Collaborating with young people to assess their landscape values. Ekistics, 47 (281): 128-135.

Moreno, R. and Urbina-Soria, J. (2008). Impacts sociales del cambio climátic an México (Social Impacts of Climate Change In Mexico). Mexico City: National Institute of Ecology and the United Nations Program for Development.

Morrison, M., Duncan, R., Sherley, C., and Parton, K. (2013). A comparison between attitudes to climate change in Australia and the United States. Australasian Journal of Environmental Management, 20 (2): 87-100.

Moscovici, S. (1985). Social influence and conformity. In: Handbook of Social Psychology, vol. 2 (ed. G. Lindzey and E. Aronson) , 347-412. New York. NY: Random House.

Möser, G. and Bamberg, S. (2008). The effectiveness of soft transport policy measures: a critical assessment and meta-analysis of empirical evidence. Journal of Environmental Psychology, 28: 10-26.

Moser, S. and Mosler, H. J. (2008). Differences in influence patterns between groups predicting the adoption of a solar disinfection technology for drinking water in Bolivia. Social Science d Medicine, 67: 497-504.

Mosler, H.-J. (2012). A systematic approach to behavior change interventions for the water and sanitation sector in developing countries: a conceptual model, a review, and a guideline. International Journal of Environmental Health Research, 22 (5): 431-449.

Mosler, H. -J. and Martens, T. (2008). Designing environmental campaigns by using agent strategies for changing environmental attitudes Journal of Environmental Management, 88: 805-816.

Mosler, H. J., Tamas, A., Tobias, R. et al. (2008). Deriving interventions on the basis of factors influencing behaviouraL intentions for waste recycling, composting, and reuse in Cuba Environment and Behavior, 40 (4): 522-544.

Moyano- Díaz, E. (2002). Theory of planned behavior and pedestrians intentions to violate traffic regulations. Transportation Research, 5: 169-175.

Moyano- Díaz, E., Juscksch Torquato, R., and Bianchi, A. (2014). Aportaciones a las ciencias de la salud: El comportamiento peatonal arriesgado de chilenosy brasileros Terapia Psicológica, 32 (3): 227-234.

Moyano Diaz, E., Palomo- velez, G., and Moyano-Costa, P. (2015). Creencias ambientales e ideología en población chilena. Universum, 30 (2): 219-236.

Mukherjee, B. N. (1993). Public response to air pollution in Calcutta proper Joumal of Environmental Psychology, 13 (3): 207-230.

Mulder, L. B. (2008). The difference between punishments and rewards in fostering I concerns in social decision making Journal of Experimental Social Psychology, 44: 1436-1443.

Münzel, T. Gori, T, Babisch, W., and Basner, M. (2014). Cardiovascular effects of environmental noise exposure.

European Heart Journal, 35 (13): 829-836.

Murtagh, N., Gatersleben, B., and Uzzell, D. (2012a). Multiple identities and travel mode choice for regular journeys. Transportation Research, Part F-Traffic Psychology and Behaviour, 15 (5): 5145.

Murtagh, N., Gatersleben, B., and Uzzell, D. (2012b). Self-identity threat and resistance to change: evidence from regular travel behaviour Journal of Environmental Psychology, 32 (4) 318-326.

Naciones Unidas, Comisiön Econömica para América Latina y el Canbe & Oxford Committee for Famine Relief (2016). Thibutación para un crecimiento inclusivo. Santiago: Coediciones CEPAL.

Naivinit, W., Le Page,. C. Trebuil, G., and Gajaseni, N. (2010). Participatory agent-based modeling and simulation of rice production and labor migrations in Northeast Thailand. Environmental Modelling and Software, 25 (11): 1345-1358.

Nanistova, E. (1998). The dimensions of the attachment to birthplace and their verification after the 40 years following the forced relocation. Sociológia, 30 (4): 377-394.

Nasar, , J. L. (1981). Responses to different spatial configurations. Human Factors, 23: 439-446.

Nasar, J. L. (1983). Adult viewers preferences in residential scenes: a study of the relationship attributes to preference. Environment and Behavior, 15: 589-614.

Nasar, J. L. (1989). Symbolic meanings of house styles. Environment and Behavior, 21: 235-257.

Nasar. J. L. (1994). Urban design aesthetics: the evaluative qualities of building exteriors. Environment and Behavior, 26: 277-401.

Nasar, J. L. and Fisher, B. (1993). “Hot spots” of fear and crime: a multi-method investigationJournal of Environmental Psychology, 13 (3): 187-206.

Nasar, J. L. and Purcell, T. (1990). Beauty and the beast extended: knowledge structure andevaluations of houses by Australian architects and non-architects. In: Culture, Space, History (ed. H. Pamir, V. Imamoglu and N. Teymur) , 107-110. Ankara, Turkey: Sevki Vanh Foundation for Architecture.

Nash, R. (1982). Wilderness and the American Mind, 3e. New Haven, CT: Yale University.

Nassauer, J. I. (1992). The appearance of ecological systems as a matter of policy Landscape Ecology, 6 (4): 239-250.

Nassauer, J. I. (1995). Messy ecosystems, orderly frames. Landscape Journal, 14: 161-170.

Nassauer, J. I. (1997). Cultural sustainability: aligning aesthetics and ecology. In: Placing Nature: Culture and Landscape Ecology (ed. J. I. Nassauer) , 67-83. Washington DC: Island Press.

Natural England (2009). Childhood and Nature: A Survey on Changing Relationships with Nature across Generations. Cambridge shire: Natural England. Nawab, B., Nyborg. I. L. P., Esser, K. B., and Jenssen, P. D. (2006). Cultural preferences in designing ecological sanitation systems in North West Frontier Province, Pakistan Journal of Environmental Psychology, 26 (3): 236-246.

Neal, D. T., Wood, W., and Quinn, J. M. (2006). Habits- a repeat performance. Current Directions in Psychological Science, 15 (4): 198-202.

Newsome, D. and Rodger, K. (2013). Wildlife tourism. In: The Routledge Handbook of Tourism and the Environment (ed. A. Holden and D. Fennell) , 345-358. New York, NY: Routledge.

Nielsen, A. B., Van den Bosch, M., Maruthaveeran, S., and Van den Bosch. C. K. (2014). Species richness in urban parks and its drivers: a review of empirical evidence. Urban Ecosystems, 17 (1): 305-327.

Nigbur, D., Lyons, E., and Uzzell, D. (2010). Attitudes, norms, identity and environmental behaviour: using an expanded theory of planned behaviour to predict participation in a kerbside recycling programme. British Journal of Social Psychology, 49 (2): 259-284.

Nilsson, M. and Kuller, R. (2000). Travel behaviour and environmental concern. Transportation Research Part D: Transport and Environment, 5: 211-234.

Nilsson, A., Schuitema, G., Jakobsson Bergstad, C. et al. (2016). The road to acceptance: attitude change before and after the implementation of a congestion tax. Journal of Environmental Psychology, 46: 1-9.

Nisbet, E. K. and Zelenski, J. M. (2011). Underestimating nearby nature: affective forecasting errors obscure the happy path to sustainability. Psychological Science, 22 (9): 1101-1110.

Nolan, J., Schultz, P. W., Cialdini, R. B. et al. (2008). Normative social influence is under detected. Personality and Social Psychology Bulletin, 34: 913-923.

Norberg-Schulz, C. (1980). Genius Loci: Toward a Phenomenology of Architecture. New York, NY: Rizzoli.

Nordh, H. and Hagerhall, C. (2009). Identifying restorative elements in small urban parks using eye movement tracking. Paper presented at the 2nd International conference on landscape and urban horticulture, Bologna, Italy.

Nordlund, A. M. and Garvill, J. (2002). Value structures behind pro-environmental behavior Environment and Behavior 34: 740-756.

Nordlund, A. M. and Garvill, J. (2003). Effects of values, problem awareness, and personal norm on willingness to reduce personal car use. Journal of Environmental Psychology, 23: 339-347.

Norgaard, K. M. (2011). Living in Dental: Climate Change, Emotions, and Everyday Life. Boston, MA: MIT Press.

Novaco, R., Kliewer, W. and Broquet, A. (1991). Home environmental consequences of commute travel impedence. American Journal of Community Psychology, 19: 881-909.

Nyborg, K., Andes, Dannenberg. A. et al. (2016). Social norms as solutions: policies may influence large-scale behavioral tipping. Science 354 (6308): 42-43.

Oakes, P. J., Haslam, S. A., and Turner, J. C. (1994). Stereotyping and Social Reality. Oxford, UK: Blackwell.

Obregón-Salido, F. and Corral-Verdugo, V. (1997). Systems of belief and environmental conservation behavior in a Mexican community Environment and Behavior, 29: 213-235.

Ode Sang. Å. and Tveit, M. S. (2013). Perceptions of stewardship in Norwegian agricultural landscapes. Land Use Policy 31: 557-564.

Ode Sang. Å., Hägerhäll, C., Miller, D., and Donaldson-Selby, G. (2014). The use of visualised landscapes in order to challenge and develop theory in landscape preference research. In Digital Landscape Architecture (ed. W. Hayek, Fricker and Buhmann). 362-369. Zurich: Wichmann.

Ode Sang, A., Tveit, M. S., Pihel, J., and Hagerhall, C. M. (2016). Identifying cues for monitoring stewardship in Swedish pasture landscapes. Land Use Policy 53: 20-26.

Ode. A. Tveit, M., and Fry, G. (2008) , Capturing landscape visual character using indicators touching base with landscape aesthetic theory. Landscape Research 33 (1): 89-118.

Ode, A., Fry, G., Tveit, M. S. et al. (2009). Indicators of perceived naturalness as drivers of landscape preference. Journal of Environmental Management, 90 (1): 375-383.

Ode. A., Tveit, M. S., and Fry, G. (2010). Advantages of using different data sources in assessment of landscape change and its effect on visual scale Ecological Indicators, 10 (1): 24-31.

Ohman, A. and Mineka, S. (2003). The malicious serpent: snakes as a prototypical stimulus for an evolved module of fear. Current Directions in Psychological Science, 12: 5-9.

Ohta, H. (2001). A phenomenological approach to natural landscape cognition. Journal of Environmental Psychology, 21 (4): 387-404.

Olekszechen, N. Battiston, M., and Kuhnen, A. (2016). Uso da bicicleta como meio de transporte nos estudos pessoa-ambiente Desenvolvimento e Meio Ambiente, 36: 355-369.

Olivos, P. and Clayton, S. (2017). Self, nature and well-being: sense of connectedness and environmental identity for quality of life. In: Handbook of Environmental Psychology and Quality of Life Research (ed. G. Fleury-Bahi, E. Pol and O. Navarro) , 107-126, Cham : Springer.

O'Neill, S. and Nicholson-Cole, S. (2009). "Fear won't do it" promoting positive engagement with climate change through visual and iconic representations. Science Communication, 30 (3): 355-379.

Onwezen, M. C., Antonides G., and Bartels, J. (2013). The norm activation model: an exploration of the functions of anticipated pride and guilt in pro- environmental behaviour. Journal of Economic Psychology, 39: 141-153.

Opotow, S. and Weiss, L. (2000). New ways of thinking about the process of moral exclusion in environmental conflict. Journal of Social Issues, 56 (3): 475-490.

Oreg. S. and Katz-Gerro, T. (2006). Behavior, and value-belief-norm theory. Predicting proenvironmental the theory of planned behavior cross-nationally: values. Environment and Behavior, 38: 462-473.

Oregon Department of Environmental Quality (2004). The Oregon Bottle Bill Fact Sheet.

Oreskes, N. and Conway, E. M. (2010). Merchants of Doubt: How a Handful of Scientists Obscured the Truth on Issues from Tobacco Smoke to Global Warming. New York, NY: Bloomsbury Press.

Orians, G. H. (1980). Habitat selection: general theory and applications to human behavior. In: The Evolution of Human Social Behavior (ed. J. S. Lockard) , 49-63. Amsterdam: Elsevier.

Orland, B., Budthimedhee, K., and Uusitalo, J. (2001). Considering virtual worlds as representations of landscape realities and as tools for landscape planning, Landscape and Urban Planning, 54 (1-4): 139-148.

Ortega-Andeane, P. and Estrada-Rodriguez, C. (2010). Public health care center design and stress in female patients. Australasian Medical Journal, 3: 598-603.

Ortega-Andeane, P., Mercado-Domenech, S., Reidl-Martinez, L., and Estrada- Rodriguez, C. (2005). Estrés ambiental en institutiones de salud. [Environmental Stress in Health Institutions]. Mexico City: UNAM.

Osbaldiston, R. and Schott, J. P. (2012). Environmental sustainability and behavioral science: meta-analysis of proenvironmental behavior experiments. Environment and Behavior, 44 (2): 257-299.

Oskamp, S. (2000a). A sustainable future for humanity? How can psychology help? American Psychologist 55: 496-508.

Oskamp, S. (2000b). Psychology of promoting environmentalism: psychological contributions to achieving an ecologically sustainable future for humanity. Journal of Social Issues, 56: 373-390.

Ostrom, E., Gardner, R. and Walker, J. (1994). Rules, Games, and Common-Pool Resources, Ann Arbor University of Michigan Pres. ISBN: 13: 9780472065462.

Ouellette, J. A. and Wood, W. (1998). Habit and intention in everyday life: the multiple processes by which past behaviour predicts future behavior. Psychological Bulletin, 124 (1): 54-74.

Ozguner, H. and Kendle, A. D. (2006). Public attitudes towards naturalistic versus designed landscapes in the city of Sheffield (UK). Landscape and Urban Planning, 74 (2): 139-157.

Packer, J. (2008). Beyond learning exploring visitors' perceptions of the value and benefits 51 (1): 33-54.

Page, R. A. (1977). Noise and helping behavior. Environment and Behavior, 9 (1): 311-334.

Painter, J. E., Wansink, B., and Hieggelke, J. (2002). How visibility and convenience influence candy consumption. Appetite 38 (3): 237-238.

Pakpour, A. H., Zeidi, I. M., Emamjomeh, M. M. et al. (2014). Household waste behaviours among a community sample in Iran: an application of the theory of planned behaviour Waste Management 34 (6): 980-986.

Palmer, J. F. and Hoffman, R. E. (2001). Rating reliability and representation validity in scenicandscape assessments. Landscape and Urban Planning, 54 (1-4): 149-161.

Pals, R., Steg, L., Siero, F. W., and Van der Zee, K. I. (2009). Development of the PRCQ: a measure of perceived restorative characteristics of zoo attractions. Journal of Environmental Psychology, 29 (4): 441-449.

Pampel, F. C. (2014). The varied influence of SES on environmental concern. Social science Quarterly, 95 (1): 57-75.

Pâquet, J. and Bélanger, L. (1997). Public acceptability thresholds of clear cutting to maintain visual quality of boreal balsam fir landscapes. Forest Science 43 (1): 46-55.

Páramo, P., Sandoval- Escobar, M., Jakovcevic, A. et al. (2015). Assessment of environmental quality, degree of optimism, and the assignment of responsibility regarding the state of the environment in Latin America. Universitas Psychology, 14 (2): 605-613.

Park, S. H. (2006). Randomized clinical trials evaluating therapeutic influences of ornamental indoor plants in hospital rooms on health outcomes of patients recovering from surgery Unpublished Dissertation, Kansas

State University, Manhattan, Kansas. Retrieved from http: //krex. k-state. edu/dspace/bitstream/2097/227/1/seong. hyunPark2006. pdf

Parsons, R. (1991). The potential influences of environmental perception on human health Journal of Environmental Psychology, 11: 1-23.

Pasquali, C. T., Hernandez, M. H., and Munoz, C. C. (1997). Study of environmental factorsassociated with primary health care. Environment and Behavior 2: 665-696.

Pato, C., Ros, M., and Tamayo, A. (2005). Creencias y comportamiento ecologico: Un estt dio empiric con estudiantes brasilenios [Beliefs and ecological behavior: an empiricalstudy with Brazilian students]. Medio Ambiente y Comportamiento Humano, 6: 5-22.

Patterson, M. E. and Williams, D. R. (2005). Maintaining research traditions on place: diversity of thought and scientific progress. Journal of Environmental Psychology 25: 361-380.

PBL (2014). Trends in Global CO, Emissions: 2014 Report. The Hague, Netherlands: PBL Netherlands Environmental Assessment Agency.

Perlaviciute, G. (2009). Residential well-being. Unpublished Master thesis, Faculty of Social and Behavioral Sciences, University of Groningen, Groningen.

Peters, K., Elands, B., and Buijs, A. (2010). Social interactions in urban parks: stimulating social cohesion? Urban Forestry er Urban Greening, 9 (2): 93-100.

Petty, R. E. and Cacioppo, J. T. (1986). The elaboration likelihood model of persuasion. In Advances in Experimental Social Psychology (ed. L. Berkowitz) , 123-205. New York, NY: Academic Press.

Petty. R. and Wegener, D. (1998). Attitude change: multiple roles for persuasion variables. In: The Handbook of Social Psychology, vol. 4 (ed, D. Gilbert, S. Fiske and G. Lindzey) , 323-390. New York, NY: McGraw-Hill.

Pfister, H. R. and Böhm, G. (2001). Decision making in the context of environmental risks. In: Decision Making: Social and Creative Dimensions (ed. C M. Allwood and M. Selart). 89-111. Dordrecht: Kluwer Academic.

Pfister, H. R. and Böhm, G. (2008). The multiplicity of emotions: a framework of emotional functions in decision making Judgment and Decision Making, 3: 5-17.

Pihel, J., Ode-Sang, Å., Hägerhäll, C., et al. (2014). Assessments and eye movements compared between photographs and visualizations of logged forest vistas For what kind of assessments are visualizations a good representation of photographs? Peer reviewed proceedings Digital Landscape Architecture.

Pihel, J., Ode Sang, Å., Hagerhall, C., and Nyström, M. (2015). Expert and novice group differences in eye movements when assessing biodiversity of harvested forests. Forest Policy and Economics, 56: 20-26.

Pinheiro, J. (2003). Psicología Ambiental brasileira no inicio do seculo XXI. Sustentavel? (Brazilian environmental psychology in the beginning of 21st century. Sustainable?). In: Construindo a Psicología Brasileira: Desafios da ciencia e da práctica psicológica (Building Brazilian Psychology: Scientific Challenges and Psychological Practice) (ed. O. H. Yamamoto and V. V. Gouveia) , 279-313. São Paulo: Casa do Psicología.

Pisano, I. and Lubell, M. (2017). Environmental behavior in cross-national perspective: a multilevel analysis of 30 countries. Environment and Behavior, 49 (1): 31-58.

Pol, E. (2006). Blueprints for a history of environmental psychology (I): from first birth to American transition Medio Ambiente y Comportamicnto Humano, 7 (2): 95-113.

Pol, E. (2007). Blueprints for a history of environmental psychology: from architectural psychology to the challenge of sustainability. Mdie Ambiente y Comportamiento Humano, 8 (1/2): 1-28.

Pol, E. Guardia. J., Valera, S. et al. (2001). Cohesión e identificación en la construcción de la identidad social: La relacion entre ciudad, identidad y sostenibilidad. [Cohesion and identification in the construction of social identity: relations between city, identity and sustainability]. Revista Universidad de Guadalajara 19: 40-48.

Poortinga, W., Steg, L. and Vlek, C. (2004). Values, environmental concern, and environmental behavior: a study into household energy use. Environment and Behavior, 36: 70-93.

Poortinga, W., Whitmarsh, L. and Suffolk, C. (2013). The introduction of a single-use of carrier bag charge in Wales: attitude change and behavioural spillover effects. Journal Environmental Psychology, 36: 240-247.

Poortinga, W., Calve, T., Jones, N. et al. (2016). Neighborhood quality and attachment: validation of the revised residential environment assessment tool Environment and Behavior published online March, 2: 1-28.

Postmes, T., Haslam, S., and Swaab, R. I. (2005). Social influence in small groups: an inter active model of social identity formation. European Review of Social Psychology, 16: 1-42.

Prochaska, J. O. and Velicer, W. E. (1997). The Transtheoretical model of health behavior change. American Journal of Health Promotion, 12: 38-48.

Prochaska, J. O., Redding, C. A. and Evers, K. E. (2002). The Transtheoretical model and stages of change. In: Health Behavior and Health Education: Theory, Research, and Practice (ed. K. Glanz, C. E. Lewis and B. K. Rimer) , 99-120. San Francisco: Jossey-Bass.

Proshansky. H. M. (1987). The field of environmental psychology: Securing its future. In: Handbook of Environmental Psychology (ed. D. Stokols and L. Altman). 1467-1488. New York: Wiley.

Proshansky, H. M., Ittelson, W. H., and Rivlin, L., G., (eds.) (1976). Environmental Psychology: People and Their Physical Settings. 2e. New York NY: Holt. Rinehart & Winston.

Proshansky. H. M., Fabian, A. K., and Kaminoff, R. (1983). Place identity: physical world socialization of the self. Journal of Environmental Psychology, 3 (1): 57-83.

Purcell A. T. (1986). Environmental perception and affect: a schema discrepancy model Environment and Behavior, 18: 3-10.

Rabinovich, A. Morton, T.A. Postmes, T. and Verplanken, B. (2012). collective self and individual choice: the effects of intergroup comparative context on environmental values and behaviour. British Journal of Social Psychology, 51 (4): 551-569.

Rapaport, A. Budescu, D. V., Suleiman, R., and Weg. E. (1992). Social dilemmas with uniformly distributed resources. In: Social Dilemmas: Theoretical Issues and Research Findings (ed. W. Liebrand, D. M. Messick and H. Wilke) , 43-57. Oxford: Pergamon.

Raux, C. and Souche, S. (2004). The acceptability of urban road pricing: a theoretical analysis applied to the experience in Lyon. Journal of Transport Economics and Policy, 38: 191-216.

Raymond, C. M. Brown, G., and Weber, D. (2010). The measurement of place attachment: person, community and environmental connections. Journal of Environmental Psychology, 30: 422-434.

Reeves, B. and Nass, C. (1996). The Media Equation: How People Treat Computers, Television, and New Media like Real People and Paces. New York NY: Cambridge University Press.

Regoczi, W. C. (2003). When context matters: a multilevel analysis of household and neighbourhood crowding on aggression and withdrawal Journal of Environmental Psychology, 23 (4): 457-470.

Regoczi, W. C. (2008). Crowding in context: an examination of the differential responses of men and women to high density living environments. Journal of Health and Social Behavior, 49 (3): 254-268.

Reno, R., Cialdini, R., and Kallgren, C. (1993) The transsituational influence of social norms Journal of Personality and Social Psychology, 64: 104-112.

Reser. J. P., Bradley, G. L., and Ellul, M. C. (2014). Encountering climate change: seeing is more than "believing". WIREs: Climate Change, 5 (4): 521-537.

Reyes, L. I. (2010). Etnopsychometry development and validation of culturally relevant measures. Presentation at the ICAP, July 10, 20.

Rhodes, E., Axsen, J., and Jaccard, M. (2014). Does effective climate policy require well informed citizen support? Global Environmental Change, 29: 92-104.

Rishbeth, C. (2014). Articulating transnational attachments through on-site narratives. In Place Attachment: Advances in Theory, Methods and Applications (ed. L. Manzo and P. Devine-Wright) , 100-111. London: Routledge.

Riva, G., Vatalaro E., Davide, F., and Alcaniz, M. (2004) , Ambient Intelligence: The Evolution of Technology Communication and Cognition Towards the Future of Human-Computer Interaction. Amsterdam: IOS Press.

Riva, M., Plusquellec, P., Juster, R. P. et al. (2014). Household crowding is associated with higher allostatic load among the Inuit. Journal of Epidemiology and Community Health, 68 (4): 363-369.

Robinson, D. T. Brown, D. G., Parker, D. C. et al. (2007). Comparison of empirical methods for building agent -based models in land use science Journal of Land Use Science, 2 (1): 31-55.

Rogers, R. W. (1983). Cognitive and physiological processes in fear appeals and attitude change: a revised theory of protection motivation. In: Social Psychophysiology: A Sourcebook (ed. B. L. Cacioppo and R. E. Petty) , 153-176. Guilford Press: London.

Roser-Renouf, C., Stenhouse, N., Rolfe-Redding, J. et al. (2015). Engaging diverse audiences with climate change: message strategies for global warming s six Americas. In: Handbook of Environment and Communication (ed. A. Hanson and R. Cox) , 368-386 New York, NY: Routledge.

Roubroeks. (2014). Smart humans, polite computer agents, and attentive objects: Processes underlying the automatic social behavior to non-human agents. Unpublished PhD thesis. Eindhoven University of Technology.

Roubroeks, M., Ham, J., and Midden, C., (2010). The dominant robot: Threatening robotscause psychological reactance, especially when they have incongruent goals. Conference proceedings of Persuasive 2010 (pp. 174-184). Heidelberg Springer.

Russell, J. A. and Feldman Barrett,. L. (1999). Core affect, prototypical emotional episodes, and other things called emotion: dissecting the elephant. Journal of Personality and Social Psychology 176: 805-819.

Russell. J. A. and Pratt, G. (1980). A description of the affective quality attributed to environments. Journal of Personality and Social Psychology, 38 (2): 311-322.

Rutkowski, G. K., Cruder, C. L., and Romer, D. (1983). Group cohesiveness, social norms, and bystander intervention. Journal of Personality and Social Psychology (3): 545-552.

Ryan, R. M., Weinstein, N., Bernstein, J. et al. (2010). Vitalizing effects of being outdoors and in nature. Journal of Environmental Psychology, 30 (2): 159-168.

Sacchi, S., Riva, P., Brambilla, M., and Grasso, M. (2014). Moral reasoning and climate change mitigation: the deontological reaction toward the market-based approach. Journal of Environmental Psychology, 38: 252-261.

Sachdeva, S. (2016). The influence of sacred beliefs in environmental risk perception and attitudes. Environment and Behavior, 1-18 doi: 10. 1177/0013916516649413.

Sagerstrom, S. C. and Miller, G. E. (2004). Psychological stress and the human immune system: a meta-analytic study of 30 years of inquiry. Psychological Bulletin, 130: 601-630.

Sahoo, K. C., Hulland, K. R., Caruso, B. A. et al. (2015). Sanitation related psychosocial stress: a grounded theory study of women across the life-course in Odisha, India. Social Science & Medicine 139: 80-89.

Salingaros. N. A. (2004). Anti-Architecture and Deconstruction. Solingen, Germany: Umbau-Verlag.

Sally, D. (1995). Conversation and cooperation in social dilemmas. A meta-analysis of experiments from 1958 to 1992. Rationality and Society 7: 58-92.

Sánchez Miranda, M. P., De la Garza González, A., López Ramírez, E. O., and Morales Martinez, G. E. (2012). Escala de Preferencia Ambiental (EPA): Una propuesta para medir la relacion entre individuos y su ambiente. International Journal of Psychological Research, 5 (1): 66-76.

Sanchez, E., Wiesenfeld, E., and Cronick, K. (1987). Environmental psychology from a Latin perspective. In: Handbook of Environmental Psychology (ed. D. StokolsL. Altman). 1337-1357. New York. NY: Wiley.

Sang, N., Hagerhall, C., and Ode, A. (2015). The Euler character: a new type of visual landscape metric? Environment and Planning B: Planning and Design, 42 (1): 110-132.

Saracci, R. (1997). The World Health Organisation needs to reconsider its definition of health. British Medical Journal, 314 (7091): 1409-1410.

Scannell, L. and Gifford, R. (2010a). Defining place attachment: a tripartite organizingframework. Journal of Environmental Psychology, 30: 1-10.

Scannell, L. and Gifford, R. (2010b). The relations between natural and civic place attachment and pro-environmental behavior. Journal of Environmental Psychology, 30: 289-297.

Schaeffer, M., Street, S., Singer, J. E., and Baum, A. (1988). Effects of control on the stress reactions of commuters. Journal of Applied Social Psychology, 18: 944-957.

Scheier, M. E. and Carver, C. S. (1985). Optimism, coping, and health: assessment and implications of generalized outcome expectancies. Health Psychology, 4: 219-247.

Scheier, M. E. Fenigstein, A., and Buss, A. H. (1984). Self-awareness and physical aggression. Journal of Experimental Social Psychology 10: 264-273.

Schelling. T. C. (1971). Dynamic models of segregation. Journal of Mathematical Sociology, 1: 143-186.

Scherbaum, C. A., Popovich, P. M., and Finlinson, S. (2008). Exploring individual-level factors related to employee energy-conservation behaviors at work. Journal of Applied Social Psychology, 38 (3): 818-835.

Schlenker, B. and Leary, M. (1982). Social anxiety and self-presentation. A conceptualisation and model. Psychological Bulletin, 92 (3): 641-669.

Schluter, M., Baeza, A., Dressler, G. et al. (2017). A framework for mapping and comparingbehavioural theories in models of social-ecological systems. Ecological Economics, 131: 21-35.

Schuitema, G. and De Groot, J. L. M. (2015). Green consumerism: the influence of product attributes and values on purchasing intentions. Journal of Consumer Behaviour, 14 (1): 57-69.

Schuitema, G., Steg. L., and Forward, S. (2010a). Explaining differences in acceptability before and acceptance after the implementation of a congestion charge in Stockholm Transportation Research Part A: Policy and Practice, 44: 99-109.

Schuitema, G., Steg, L., and Rothengatter, J. A. (2010b). The acceptability, personal outcome expectations and expected effects of transport pricing policies. Journal of Environmental Psychology, 30: 587-593.

Schuitema, G., Steg, L., and Van Ruining. M. (2011). When are transport pricing policies fair and acceptable? Social Justice Research, 24: 66-84.

Schultz, P. W. (1998). Changing behavior with normative feedback interventions: a field experiment on curbside recycling. Basic and Applied Psychology, 21: 25-36.

Schultz, P. W. (2002). Knowledge, education and household recycling: examining the knowledge-deficit model of behavior change. In: New Tools for Environmental Protection (ed. T. Dietz and P. Stern) , 67-82. Washington DC: National Academy of Sciences.

Schultz, T. and Fielding. K. (2014). The common in-group identity model enhances communication about recycled water. Journal of Environmental Psychology 40: 296-305.

Schultz, P. W. Nolan, J. M., Cialdini, R. B. et al. (2007). The constructive, destructive, and reconstructive power of social norms. Psychological Science, 18: 429-434.

Schultz, P. W., Shriver, C., Tabanico, J. J. and Khazian, A. M. (2004) , Implicit connections with nature. Journal of Environmental Psychology, 24 (1): 31-42.

Schultz, P. W., Khazian, A. M., and Zaleski, A. C. (2008). Using normative social influence to promote conservation among hotel guests. Social Influence 3: 4-23.

Shultz, P. W., Messina, A., Tronu, G. et al. (2016). Personalized normative feedback and the moderating role of personal norms: a field experiment to reduce residential water consumption. Environment and Behavior, 48 (5): 686-710.

Schwartz, S. H. (1977). Normative influences on altruism. In: Advances in Experimental Social Psychology, vol10 (ed. L. Berkowitz) , 222-280. New York, NY: Academic Press.

Schwartz, S. H. (1992). Universals in the content and structure of values: theoretical advances and empirical tests in 20 countries. In: Advances in Experimental Social Psychology (ed. M. Zanna) , 1-65.

Orlando: Academic Press Schwartz, S. H. (1994). Are there universal aspects in the structure and contents of human values? Journal of Social Issues, 50: 19-45.

Schwartz, S. H. (2006). A theory of cultural value orientations: explication and applications. Comparative Sociology, 5: 136-182.

Schwartz, S. H. and Howard, J. A. (1981). A normative decision-making model of altruism. In: Altruism and Helping Behaviour: Social, Personality and Developmental Perspectives (ed. J. P. Rushton). 189-211. Hillsdale NJ: Erlbaum.

Schwartz, D., Bruine de Bruin, W., Fischhoff. B., and Lave, L. (2015). Advertising energy saving programs: the potential environmental cost of emphasizing monetary savings. Journal of Experimental Psychology: Applied, 21: 158-166.

Schwartz, N. (1999). Self-reports: how questions shape the answers. American Psychologist 54: 93-105.

Schwartz, N. and Ernst, A. (2009) , Agent-based modeling of the diffusion of environmental innovations an empirical approach. Technological Forecasting and Social Change, 76: 497-511.

Schweiger Gallo, I. and Gollwitzer, P. M. (2007). Implementation intentions: a look back at fifteen years of progress. Psicothema, 19: 37-42.

Seligman, M. E. P. (1971). Phobias and preparedness. Behavioral Therapy, 2: 307-320.

Seligman, C. and Katz, A. N. (1996). The dynamics of value systems. In: The Psychology of Values: The Ontario Symposium, vol. 8 (ed. C. Seligman, J. M. Olson and M. P. Zanna). 53-75. Hillsdale, NJ: Erlbaum.

Selye, H. (1956). The Stress of Life. New York, NY: McGraw-Hill.

Sense, M., Dijkstra, J. K., Lindenberg, S. et al. (2010). The delicate balance between parental protection, unsupervised wandering, and adolescents'autonomy and its relation with antisocial behavior. The Trails study. International Journal of Behavioral Development 34: 159-167.

Sevenant, M. and Antrop, M. (2010). The use of latent classes to identify individual differences in the importance of landscape dimensions for aesthetic preference. Land Use Policy, 27 (3): 827-842.

Seyranian, V. (2014). Social identity framing communication strategies for mobilizing social change. The Leadership Quarterly, 25: 468-486.

Shanahan, D. E., Bush,. Gaston, K. et al. (2016). Health benefits from nature experiences depend on dose. Scientific Reports, 6: 28551.

Shang, H. and Bishop, I. (2000). Visual thresholds for detection, recognition and visual impact in landscape settings. Journal of Environmental Psychology, 20: 125-140.

Shenassa, E. D., Daskalakis, C., Liebhaber, A. et al. (2007). Dampness and mold in the home and depression: an examination of mold-related illnesses and perceived control of one's home as possible depression pathways. American Journal of Public Health, 97: 1893-1899.

Sheppard, S. and Picard, P. (2006). Visual-quality impacts of forest pest activity at the landscape level: a synthesis of published knowledge and research needs. Landscape and Urban Planning, 77 (4): 321-342.

Sherif, M. (1936). The Psychology of Social Norms, Oxford, England: Harper.

Sherif, M. (1965). The Psychology of Social Norms. New York, NY: Octagon Books, Inc.

Shiraishi, M., Washio, Y., Takayama, C., et al. (2009). Using individual, social and economic persuasion techniques to reduce CO_2 emissions in a family setting. Conference proceedings of Persuasive 2009, Claremont, USA (article no. 13). Heidelberg: Springer.

Shultz, W. and Tabanico, J. (2007). Self, identity, and the natural environment: exploring implicit connections with nature. Journal of Applied Social Psychology, 37 (6): 1219-1247.

Shwartz, A., Turbe, A., Simon, L., and Julliard, R. (2014). Enhancing urban biodiversity and its influence on city-dwellers: an experiment. Biological Conservation, 171: 82-90.

Siddiqui, R. N. and Pandey, J. (2003). Coping with environmental stressors by urban slum dwellers. Environment and Behavior, 35: 589-604.

Sidman, M. (1989). Coercion and its Fallout. Boston, MA: Authors Cooperative.

Simion. F., Regolin, L., and Bulf, H. (2008). A predisposition for biological motion the newborn baby. Proceedings of the National Academy of Sciences of the USA, 105 (2): 809-813.

Sirgy, M. J. (1982). Self-concept in consumer behavior: a critical review. Journal of Consumer Research, 9: 287-300.

Sirgy, M. J. and Johar, J. S. (1999). Toward an integrated model of self-congruity and functional congruity. European Advances in Consumer Research, 4: 252-256.

Skinner, B. F. (1974). About Behaviorism. New York, NY: Appleton-Century-Crofts.

Sklenicka, P. and Molnarova, K. (2010). Visual perception of habitats adopted for post mining landscape rehabilitation. Environmental Management, 46 (3): 424-435.

Sloot, D., Jans, L., and Steg, L. (2017a). The potential of environmental community initiatives-a social psychological perspective. In: Outlooks on Applying Environmental Psychology Research (ed. A. Römpke, G. Reese, I. Fritsche, et al.) 27-34. Bonn: BfN-Skripten.

Sloot, D., Jans, L., and Steg. L. (2017b). Community Energy Initiatives as Facilitators of Sustainable Energy Intentions: The Role of Initiative Involvement on Household and Community Intentions. Manuscript in progress.

Slovic, P. (1987). Perception of risk. Science, 236: 280-285.

Slovic, P. (1999). Trust, emotion, sex, politics, and science: surveying the risk-assessment battle field. Risk Analysis, 19: 689-701.

Smith, N., and Leiserowitz, A. A. (2012). The rise of global warming skepticism: exploring affective image associations in the United States over time. Risk Analysis, 32 (6): 1021-1032.

Smith, N. and Leiserowitz, A. (2014). The role of emotion in global warming policy support and opposition. Risk Analysis, 34 (5): 937-948.

Smith, J., and Louis, W. (2008). Do as we say and as we do: the interplay of descript injunctive group norms in the attitude-behaviour relationship. British Journal of Social, 247: 647-666.

Smith, L. G. E. and Postmes, T. (2009). Intra-group interaction and the development of norms which promote inter-group hostility. European Journal of Social Psychology, 39 (1): 130-134.

Smith, S. M., Haugtvedt, C. P., and Petty, R. E. (1994). Attitudes and recycling: does the measurement of affect enhance behavioral prediction? Psychology and Marketing, 11: 359-374.

Smith, J. R., Louis, W. R. Terry, D. J. et al. (2012). Congruent or conflicted? The impact of injunctive and descriptive norms on environmental intentions. Journal of Environmental Psychology, 32 (4): 353-361.

Solari, C. D. and Mare, R. D. (2012) , Housing crowding effects on children's well being Social Science Research, 41 (2): 464-476.

Sommer, R. (1983). Social Design: Creating Buildings with People in Mind. Englewood Cliffs, NJ: Prentice-Hall.

Sonderskof, K. M. and Dinesen, P. T. (2016). Trusting the state, trusting each other? The effect of institutional trust on social trust. Political Behavior, 38: 179-202.

Song, H. and Schwarz, N. (2009). If it's difficult to pronounce, it must be risky. Psychological Science, 20 (2): 135-138.

Sreetheran, M. and Van Den Bosch, C. C. K. (2014). A socio-ecological exploration of fear of crime in urban green spaces- a systematic review. Urban Forestry e- Urban Greening, 13 (1): 1-18.

Staats, H. J., Wit, A. P., and Midden, C. Y. H. (1996). Communicating the greenhouse effect to the public: evaluation of a mass media campaign from a social dilemma perspective. Journal of Environmental Management, 45: 189-203.

Staats, H., Harland, P., and Wilke, H. A. M. (2004). Effecting durable change. A team approach to improve environmental behavior in the household. Environment and Behavior, 36: 341-367.

Stamps, A. E. (1996). People and places: Variance components of environmental preferences. Perceptual and Motor Skills, 82: 323-33.

Stamps, A. E. and Nasar, J. L. (1997). Design review and public preferences: effects of geographical location, public consensus, sensation seeking, and architectural styles. Journal of Environmental Psychology, 17: 11-32.

Staufenbicl, S. M., Penninx, B. W., Spijker, A. T. et al. (2013). Hair cortisol, stress exposure, and mental health in humans: a systematic review. Psychoneuroendocrinology, 38 (8): 1220-1235.

Steele, F. (1981). The Sense of Place. Boston: CBI Publishing Company.

Steg, L. (2003). Can public transport compete with the private car? IATSS Research 27 (2).

Steg, L. (2005). Car use: lust and must Instrumental, symbolic and affective motives for car use. Transportation Research Part A: Policy and Practice, 39: 147-162.

Steg, L. and De Groot, J. I. M. (2010). Explaining prosocial intentions: tesing causal relationships in the norm activation model. British Journal of Social Psychology, 49: 725-743.

Steg, L. and De Groot, J. I. M. (2012). Environmental values. In: The Oxford Handbook of environmental and Conservation Psychology (ed. S. Clayton) , 81-92. New York, NY: Oxford University Press.

Steg, L. and Gifford, R. (2005). Sustainable transportation and quality of life. Journal of Transport Geography. 13: 59-69.

Steg, L., Dreijerink, L., and Abrahamse, W. (2005). Factors influencing the acceptability of energy policies: testing VBN theory. Journal of Environmental Psychology, 25: 415-425.

Steg, L., De Groot, J., Forward, S. et al. (2007). Assessing life quality in transport planning and urban design. In: Land use and transport: European research towards integrated policies (ed. S. Marshall and D. Banister) , 215-241. Amsterdam: Elsevier.

Steg, L., De Groot, J. I. M., Dreijerink, L. et al. (2011). General antecedents of environmental behavior: relationships between values, worldviews, environmental concern, and environmental behavior. Society and Natural Resources, 24 (4): 349-367.

Steg, L., Bolderdijk, J. W., Keizer, K. E., and Perlaviciute, G. (2014a). An integrated framework for encouraging pro-environmental behaviour: the role of values, situational factors and goals. Journal of Environmental Psychology, 38: 104-115.

Steg, L., Perlaviciute, G., Van der Werff, E., and Lurvink, J. (2014b). The significance of hedonic values for environmentally relevant attitudes, preferences, and actions Environment and Behavior, 46 (2): 163-192.

Steg, L., Lindenberg, S., and Keizer, K. (2016). Intrinsic motivation, norms and environmental behaviour: the dynamics of overarching goals. International Review of Environmental and Resource Economics, 9 (1-2): 179-207.

Steg, L., Vlek, C. (2009). Social science and environmental behaviour. In: Principles of Environmental Sciences (ed. J. J. Boersma and L. Reijnders) , 97-142. New York, NY: Springer-Verlag.

Steg. L., VIck, C., and Slotegraaf, G. (2001). Instrumental-reasoned and symbolic-affective motives for using a motor car. Transportation Research Part F: Traffic Psychology and Bchaviour, 4: 151-169.

Steptoe, A. and Kivimaki, M. (2013). Stress and cardiovascular disease: an update on current knowledge. Annual Review of Public Health, 34: 337-354.

Stern, P. C. (2000). Toward a coherent theory of environmentally significant behavior. Journal of Social Issues, 56 (3): 407-424.

Stern, P. C., Dietz, T., Abel, T. et al. (1999). A value-belief-norm theory of support for social movements: the case of environmentalism. Human Ecology Review, 6: 81-97.

Stern, P. C., Dietz, T., and Guagnano, G. A. (1998). A brief inventory of values. Educational and Psychological Measurement, 58: 984-1001.

Stern, P. C., Dietz, T., Kalof, L., and Guagnano, G. A. (1995). Values, beliefs, and proenvironmental action: attitude formation toward emergent attitude objects. Journal of Applied Social Psychology, 25: 1611-1636.

Stern, P. C., Dietz, T., Ruttan, V. W. et al. (eds.) (1997). Environmentally Significant Consumption Washington, DC: National Academy Press.

Stern, P. C. and Gardner, G. T. (1981). Psychological research and energy policy. American Psychologist, 36: 329-342.

Stets, J. E. and Burke, P. J. (2000) , Identity theory and social identity theory. Social Psychology Quarterly, 63: 224-237.

Stokols, D. (1972). On the distinction between density and crowding. Psychological Review, 79: 275-277.

Stokols, D. (ed.) (1977). Perspectives on Environment and Behavior. New York, NY: Plenum Press.

Stokols, D. (1978). Environmental psychology. Annual Review of Psychology, 29: 253-295.

Strack, F. and Deutsch, R. (2004). Reflective and impulsive determinants of social behavior Personality and Social Psychology Review, 8: 220-247.

Stradling. S. G., Meadows, M., L., and Beatty, S. (1999). Factors A feting Car Use Choices Edinburgh: Transport Research Institute, Napier University.

Strife. S. and Downey, L. (2009). Childhood development and access to nature: a new direction for environmental inequality research. Organization & Environment, 22 (1): 99-122.

Strumse, E. (1996). Demographic differences in the visual preferences for agrarian landscapes in Western Norway. Journal of Environmental Psychology, 16: 17-31.

Stryker, S. and Burke, P. J. (2000). The past, present, and future of an identity theory. Social Psychology Quarterly, 63: 284-297.

Su, M., Tan, Y. Y., Liu, Q. M. et al. (2014). Association between perceived urban built environment attributes and leisure-time physical activity among adults in Hangzhou, China Preventive Medicine, 66: 60-64.

Subbaraman, R., Nolan, L., Shitole, T. et al. (2014). The psychological toll of slum living in Mumbai, India: a mixed methods study Social Science e Medicine, 119: 155-169.

Suls, J. and Wheeler, L. (2000). A selective history of classic and neo-social comparison theory. In: Handbook of Social Comparison: Theory and Research (ed. J. Suls and L. Wheeler). New York. NY: Kluwer Academic.

Suls, J. and Wheeler, L. (2007). Psychological magnetism: a brief history of assimilation and contrast in psychology. In: Assimilation and Contrast in Social Psychology (ed. D. A. Stapel and. Suls) , 9-44. New York, NY: Psychology Press.

Sussman, R. and Gifford, R. (2012). Please turn off the lights: the effectiveness of visual, 43 (3): 596-603.

Sussman, R. and Gifford, R. (2013). Be the change you want to see. Modeling food composting in public places. Environment and Behavior, 45 (3): 323-343.

Swim, K. and Bloodhart, B. (2018). The Intergroup foundations of climate justice. Group Processes & Intergroup Relations 21 (3): 472-496. doi: 10. 1177/1368430217745366.

Swim, J. K. and Geiger, N. (2017). From alarmed to dismissive: self-categorization into the six Americas audience segments. Environmental communications.

Swim, J. K. and Bloodhart, B. (2018). The Intergroup foundations of climate justice. Group Processes & Intergroup Relations 21 (3): 472-496 doi: 10. 1177/1368430217745366.

Tajfel, H. and Turner, J. (1979). An integrative theory of intergroup conflict. In: The Social Psychology of Intergroup Relations (ed. W. G. Austin and S. Worchel) , 33-47. Monterey, CA: Brooks/Cole.

Talbot, J. and Frost, J. L. (1989). Magical playscapes Childhood Education, 66 (1): 11-19.

Tamas, A., Tobias, R., and Mosler, H. -J. (2009). Promotion of solar water disinfection: comparing the effectiveness of different strategies in a longitudinal field study in Bolivia. Health Communication, 24 (8): 711-722.

Tanner, T. (1980). Significant life experiences: a new research area in environmental education. The Journal of Environmental Education, 11 (4): 20-24.

Tanner. C. and Medin, D. L. (2004). Protected values: no omission bias and no framing effects. Psychonomic Bulletin d Review, 11: 185-191.

Tanner, C., Medin, D. L., and liev, R. (2008). Influence of deontological vs consequentialist orientations on act choices and framing effects: when principles are more important than consequences. European Journal of Social Psychology, 38: 757-769.

Tapper, K., Jiga-Boy, G. M. Haddock, G., et al. (2012). Motivating health behaviour change: Provision of cognitive support for health values, The Lancet 380: S71.

Taufik, D., Bolderdijk, J. W., and Steg. L. (2015). Acting green elicits a literal “warm-glow”. Nature Climate Change, 5: 37-40.

Taufik, D., Bolderdijk, J. W. and Steg, L. (2016). Going green? The relative importance of feelings over calculation in driving environmental intent in the Netherlands and the United States. Energy Research & Social Science, 2: 52-62.

Taylor, P. W. (1981). The ethics of respect for nature. Environmental Ethics, 3: 197-218.

Taylor: R. P. and Spehar, B. (2016). Fractal fluency: an intimate relationship between the brain and processing of fractal stimuli. In: The Fractal Geometry of the Brain (ed. A. Di leva) , 485-496. New York. NY: Springer.

Teasdale, B. and Silver, E. (2009). Neighborhoods and self-control: toward an expanded view of socialization, Social Problems, 56: 205-222.

Teel, T. L. Manfredo, M. J., Jensen, E. S. et al. (2010). Understanding the cognitive basis for human- wildlife relationships as a key to successful protected area manager International Journal of Sociology, 40 (3): 104-123.

Tenbrunsel, A., and Messick, D. (1999). Sanctioning systems, decision frames, and coopera.

Tenngart Ivarsson. C. and Hagerhall, C. M. (2008). The perceived restorativeness of gardensassessing the restorativeness of a mixed built and natural scene type Urban Forestry eUrbun Greening, 7 (2): 107-118.

Tetlock, P. E., Kristel, O. V., Elson, S. B. et al. (2000). The psychology of the unthinkable: taboo trade-offs, forbidden base rates, and heretical counterfactuals. Journal of Personality and Social Psychology, 78: 853-870.

Thøgersen, J. and Ölander, F. (2006). Norms for environmentally responsible behaviour: an extended taxonomy Journal of Environmental Psychology, 26: 247-336.

Thøgersen, J. and Moller, B. (2008). Breaking car use habits: the effectiveness of a free one month travel. card. Transportation, 35: 329-345.

Thøgersen, J. and Ölander, F. (2002). Human values and the emergence of a sustainable consumption pattern: a panel study Journal of Economic Psychology. 23: 605630.

Thøgersen, J. and Ölander, F. (2006). To what degree are environmentally beneficial choices reflective of a general conservation stance? Environment and Behavior, 38: 550-569.

Thøgersen, J., Zhou, Y., and Huang G. (2016) , How stable is the value basis for organic food consumption in China? Journal of Cleaner Production, 134: 214-224.

Thomas, E. E., McGarty. C., and Mavor, K. (2016). Group interaction as the crucible of social identity formation: a glimpse at the foundations of social identities for collective action. Group Processes & Intergroup Relations, 19 (2): 137-151.

Thomson, H., Thomas, S., Sellstrom, E., and Petticrew, M. (2013). Housing improvements for health and associated socio-economic outcomes. Cochrane Database of Systematic Reviews 2: CD008657.

Thwaites, K. and Simkins, I. (2007). Experiential Landscape. London: Routledge.

Tjoelker, K. (2011). Residential quality of life in the neighbourhoods of Friesland. Unpublished Master thesis, Faculty of Social and Behavioral Sciences, University of Groningen, Groningen.

Tobias, R. (2009). Changing behaviour by memory aids: a social psychological model of prospective memory and habit development tested with dynamic field data. Psychological Review 116: 408-438.

Tomei, G., Fioravanti, M., Cerratti, D. et al. (2010). Occupational exposure to noise and the cardiovascular system: a meta-analysis. Science of the Total Environment, 408: 681-689.

Triandis, H. C. (1977). Interpersonal Behavior. Monterey. CA: Brooks/Cole.

Trope, Y. and Liberman, N. (2010) Construal-level theory of psychological distance Psychological Review 117:

440-463.

Truelove, H. B., Carrico, A. R., Weber, E. U. et al. (2014). Positive and negative spillover of pro-environmental behavior: an integrative review and theoretical framework. Global Environmental Change, 29: 127-138.

Tuan, Y. (1974). Topophilia. Englewood Cliffs: Prentice-Hall.

Turner, J. C. (1985). Social categorization and the selfconcept: a social cognitive theory of group behaviour. In: Advances in Group Processes: Theory and Research, vol. 2 (ed. E. J. Lawler) , 77-122. Greenwich, CT: JAI Press.

Turner, J. C. (1991). Social Influence. Belmont, CA: Thomson Brooks/Cole.

Turner, J. C., Hogg, M. A., Oakes, P. J. et al. (1987). Rediscovering the Social Group: A Self Categorization Theory. Oxford, UK: Basil Blackwell.

Tveit, M. S. (2009). Indicators of visual scale as predictors of landscape preference: a comparison between groups. Journal of Environmental Management, 90 (9): 2882-2888.

Tveit, M., Ode, Å., and Fry, G. (2006). Key concepts in a framework for analysing visual landscape character. Landscape Research, 31 (3): 229-256.

Tversky, A. and Kahneman, D. (1974) , Judgment under uncertainty: heuristics and biases. Science, I85: 1124-1131.

Tversky, A., and Kahneman, D. (1981). The framing of decisions and the psychology of choice. Science, 211: 453-458.

Twigger-Ross, C. and Uzzell, D. (1996). Place and identity processes Journal of Environmental Psychology, 16: 205-220.

Tyler, T. R. (2000). Social justice: outcome and procedure. International Journal of Psychology, 35: 117-125.

Tyler, T. and Dawes, R. M. (1993). Fairness in groups: comparing the self-interest and social identity perspectives. In: Psychological Perspectives on Justice: Theory and Applications (ed. J. Baron). 87-108 New York, NY: Cambridge University Press.

Tyler, T. R. and Degoey, P. (1995). Collective restraint in social dilemmas. Procedural justice and social identification effects on support for authorities. Journal of Personality and Social Psychology, 69: 482-497.

Ulrich, R. S. (1983). Aesthetic and affective response to natural environment. In: HumanBehavior and Environment: Advances in Theory and Research, vol. 6 (ed. I. Altman and J. F. Wohlwill) , 85-125 New York, NY: Plenum Press.

Ulrich, R. S. (1984). View through a window may influence recovery from surgery. Science, 224 (4647): 420-421.

Ulrich, R. S. (1986). Human responses to vegetation and landscapes. Landscape and Urban Planning, 13: 29-44.

Ulrich, R. (1993a). Aesthetic and affective responses to natural environment. In: Human Behaviour and the Environment, vol. 6 (ed. I. Altman and J. E. Wohlwill) , 85-125. New York, NY: Plenum.

Ulrich, R. S. (1993b). Biophilia, biophobia and natural landscapes. In: The Biophilia Hypothesis (ed. S. R.

Kellert and E. O. Wilson) , 73-137. Washington, DC: Island Press.

Ulrich, R. S. (1999). Effects of gardens on health outcomes: theory and research. In: Healing Gardens: Therapeutic Benefits and Design Recommendations (ed. C. Cooper. Marcus and M. Barnes) , 27-86. New York, NY: Wiley.

Ulrich, R., Quan, X., Zimring, C. et al. (2004). The Role of the Physical Environment in the Hospital of the 2lst Century. Martinez, CA: The Center for Health Design.

Ulrich, R. S. Simons, R. E., Losito, B. D. et al. (1991). Stress recovery during exposure to natural and urban environments. Journal of Environmental Psychology, 11 (3): 201-230.

Ulrich, R. S., Zimring. C., Zhu, X. et al. (2008). A review of the research literature on evidence based healthcare design. Health Environments Research and Design Journal, 1 (13): 61-125.

UNFPA (2013). Population Dynamics in the Post- 2015 Development Agenda. New York, NY: UNFPA UNDESA, UN-HABITAT, IOM.

Unger, E., Diez. Roux, A. V., Lloyd Jones, D. M. et al. (2014). Association of neighborhood characteristics with cardiovascular health in the multi-ethnic study of atherosclerosis. Circulation: Cardiovascular Quality and Outcomes, 7 (4): 524-531.

UN-HABITAT. (2014). October 6 World Habitat Day background paper. Nairobi, Kenya.

United Nations Human Settlement Program (2001). Urban environment-waste, thematic report of the general assembly Special session for an overall review appraisal of the imple mentation of the Habit at Agenda NewYork 6-8 June 2001. Retrieved from http: //www, un. org/ ga/Istanbul+5/70. pdf.

Unsworth, K. L. and Fielding, K. S. (2014). It's political: how the salience of one's political identity changes climate change beliefs and policy support, Global Environmental Change, 27: 131-137.

Urbina-Soria, J. and Flores-Cano, O. (2010). Movilidad en la zona metropolitana de la ciudadde México: Preferendas y opiniones de los usuarios [Mobility in the Metropolitan Area of México City. Users' Preferences and Opinions].

Urbina-Soria, J. and Martinez, J. (eds.) (2006). Más allá del cambio climático: Las dimensiones psicesociales del cambio ambiental global. Mexico: Secretaría de Medio Ambiente-Instituto Nacional de Ecologia, Universidad Nacional Autónoma de Mexico- Facultad de Psicología.

Urbina-Soria, J. and Ortega-Andeane, P. (1991). El estudio de las interacciones ambiente en México: Evolución y perspectiva [The study of environment behaviour interactions in Mexico: evolution and perspective]. In: La investigaión del Comportamiento en México Behaviour Research in Mexico (ed. V. Colotla Espinoza) , 371-378. Mexico City: National University of Mexico.

Urbina. Soria, J., Flores-Cano, O., and Andrade, R. J. (2010). Percepción de riesgos por el consumo y disposición de pilas primarias y secundaria en México. [Perception of risks by the consumption and disposition of primary and secondary batteries in Mexico In: La psicologiá social en México, vol. XIII (ed S. Rivera, R. Diaz-Loving, I. Reyes, et al.) , 1295-1301]. [Social psychology in Mexico]. Mexico City:

AMEPSO.

Vaid, V. and Evans, G. W. (2016). Housing quality and health: an evaluation of slum rehabilitation in India. Environment and Behavior. A dvance online publication.

Valadez, R. A. and Landa, D. P. (2007). Health, environment and development: brief reflections. Romanian Journal of Applied Psychology, 1: 69-76.

Van de Kragt, A., Orbell, J., and Dawes, R. M. (1983). The minimal contributing set as a solution to public goods problems, American Political Science Review, 77: 112-122.

Van den Berg, A. E. (2012). Buiten is gezond. Onderzoeksrapport Publieksenquete De Friesland Zorgverzekeraar. [The healthy outdoors. Report of public survey by De Friesland health insurance company]. Retrieved from http: //www. agnesvandenberg. nl/buiten_is_gezond. pdf.

Van den Berg, A. E., Hartig, T., and Staats, H. (2007a). Preference for nature in urbanized societies: stress, restoration, and the pursuit of sustainability. Journal of Social Issues, 63 (1): 79-96.

Van den Berg, A. E., Joye, Y., and Koole, S. L. (2016a). Why viewing nature is more fascinating and restorative than viewing buildings: a closer look at perceived complexity. Urban Forestry d Urban Greening, 20: 397-401.

Van den Berg, A. E., Koenis, R., and Van den Berg, M. M. H. E. (2007b). Spelen in het groen effecten van een bezoek aan een natuurspeeltuin op het speelgedrag, de lichamelijke activiteit, de concentratie en de stemming van kinderen [Playing in Nature: Effects of a Visit to a Natural Playground on Children's Play Behaviour, Physical Activity, Concentration and Mood]. Rapport 1600. Wageningen: Alterra.

Van den Berg, A. E. and Koole, S. L. (2006). New wilderness in the Netherlands: an investigation of visual preferences for nature development landscapes. Landscape and Urban Planning, 78 (4): 362-372.

Van den Berg, A. E. and Ter Heijne, M. (2005). Fear versus fascination: an exploration of emotional responses to natural threats. Journal of Environmental Psychology, 25 (3): 261-272.

Van den Berg, A. E. and Van den Berg, C. (2011). A comparison of children with ADHD in a natural and built setting. Chill: Care, Health and Development, 37 (3): 430-439.

Van den Berg, A. E. Vlek, C. A. J., and Coeterier, J. E. (1998). Group differences in the aesthetic evaluation of nature development plans: a multilevel approach. Journal of Environmental Psychology, 18 (2): 141-152.

Van den Berg, A. E., Van Winsum-Westra. M., De Vries, S., and Van Dillen, S. M. E. (2010). Allotment gardening and health: a comparative survey among allotment gardeners and their neighbors without an allotment Environmental Health, 9: 74-86.

Van den Berg, M., Wendel- Vos, W., Van Poppel, M. et al. (2015). Health benefits of green spaces in the living environment: a systematic review of epidemiological studies. Urban Forestry & Urban Greening, 14 (4): 506-816.

Van den Berg. A. E. Wesselius, J. E. Maas, J., and TanjaDijkstra, K. (2016b) Green walls for a restorative classroom environment: a controlled evaluation study Environment and Behavior, 49 (7): doi: 10.

117/00131651666976.

Van den Bergh, B., Dewitte, S., and Warlop, L. (200s). Bikinis instigate generalized impatience in intertemporal choice. Journal of Consumer Research, 35: 85-97.

Van den Born, R. J. G. (2005). Rethinking nature: public visions in the Netherlands Environmental Values, 17: 83-109.

Van der Linden, S. L., Leiserowitz, A. A. Feinberg. G. D., and Maibach, E. W. (2015). The scientific consensus on climate change as a gateway belief experimental evidence. PLoS One10 (2): e0118489.

Van der Werff, E., Steg, L., and Keizer, K. (2013a) It is a moral issue: the relationship between environmental self-identity, obligation-based intrinsic motivation and pro-environmental behaviour. Global Environmental Change, 23 (5): 1258-1265.

Van der Werff, E., Steg, L., and Keizer, K. (2013b). The value of environmental self-identity: the relationship between biospheric values, environmental self-identity and environmental preferences, intentions and behaviour. Journal of Environmental Psychology, 34: 55-63.

Van der Werff, E., Steg, L., and Keizer, K. (2014a). I am what I am, by looking past the present the influence of biospheric values and past behavior on environmental self-identity. Environment and Behavior, 46 (5): 626-657.

Van der Werff, E., Steg L., and Keizer, K. (2014b). Follow the signal: when past pro-environmental actions signal who you are. Journal of Environmental Psychology, 40: 273-282.

Van Dillen, S. M. E., De Vries, S., Groene wegen, P. P. and Spreeuwenbey. P. (2011). Streetscape greenery and nealth: Stress, Social colnesion and physical eutivity as mediators, Social Science and Medicine, 94: 26-33.

Van Doorn, J. and Verhoef, P. C. (2015). Drivers of and barriers to organic purchase behavior. Journal of Retailing, 91 (3): 436-450.

Van Houwelingen, J. H. and Van Raaij, F. W. (1989). The effect of goal-setting and daily electronic feedback on in-home energy use. Journal of Consumer Research, 16: 98-105.

Van Kempen, E. and Babisch, W. (2012). The quantitative relationship between road traffic noise and hypertension: a meta-analysis Journal of Hypertension, 30 (6): 1075-1086.

Van Kempen, E., Van Kamp. L., Fischer, P. et al. (2006) , Noise pressure and heart rate: the RANCH project, Occupational and Environmental Medicine, 63 (9): 632-639.

Van Kempen, E., Van Kamp, L., Lebret, E. et al. (2010). Neurobehavioral effects of transportation noise in primary schoolchildren: a cross-sectional study. Environmental Health, 9 (25): 2-13.

Van Lange, P. A. M., Licbrand, W. B. G., Messick, D. M. and Wilke, H. A. M. (1992). Social dilemmas: the state of art: introduction and literature review. In: Social Dilemmas Theoretical Issues and Research Findings (ed. W. B. G. Liebrand, D. M. Messick and H. A. M. Wilke). 3-28. Oxford: Pergamon.

Van Vliet, W. (1987). Housing in the third world Environment and Behavior, 19: 267-285.

Van Vugt, M. (2001). Community indentification moderating the impact of financial incentives in a natural social dilemma: water conservation. Personality and Social Psychology Bulletin, 27 (1): 1440-1449.

Van Vugt, M., John, P., Dowding, K., and Van Dijk, E. (2003). The exit of residential mobility or the voice of political action? Strategies for problem solving in residential communities. Journal of Applied Social Psychology, 33 (2): 321-338.

Vaske, J. J. Jacobs, M. H., and Sijtsma, M. T. (2011). Wildlife value orientations and demo-graphics in the Netherlands. European Journal of wildlife Research, 57 (6): 1179-1187.

Veitch, J., Salmon, I., and Ball, K. (2010). Individual, social and physical environmental correlates of children's active free play: a cross-sectional study. International Journal of Behavioral Nutrition and Physical Activity, 7 (1): 11.

Velarde, M. D., Fry, G., and Tveit, M. (2007). Health effects of viewing landscapes: landscape types in environmental psychology. Urban Forestry e Urban Greening, 6 (4): 199-212.

Velicer, W. E., Prochaska, J. O., Fava. J. L. et al. (1998). Smoking cessation and stress management: applications of the Transtheoretical model of behavior change. Homeostasis, 38: 216-233.

Venhoeven. L. (2016). A look on the bright side of an environmentally friendly life. Whether and why acting environmentally- friendly can contribute to well-being. PhD thesis, University of Groningen, Faculty of behavioural and Social Sciences.

Verhoeven, L. A. Bolderdijk, J. W., and Steg, L. (2013). Explaining the paradox: how proenvironmental behaviour can both thwart and foster well- being. Sustainability, 5: 1372-1386.

Verhoeven, L. A., Bolderdijk, J. W., and Steg, L. (2016). Why acting environmentally friendly Frontiers in Psychology, 7: 1846.

Verbeek, P. and Slob, A. (2006). Analyzing the relations between technologies and user behaviour: toward a conceptual framework. In: User Behaviour and Technology Development (ed. P. Verbeek and A. Slob) , 385-399. Dordrecht: Springer.

Verberne, M. F., Ham, J., and Midden, J. H. (2015). Trusting a virtual driver that looks, acts, and thinks like you. Human Factors, 57 (5): 895-909.

Verboom, J., and De Vries, S. (2006). Topervaringen van kinderen met de natuur (Impressive Childhood Nature Experiences). Wageningen: Alterra.

Verderber, S. and Moore, G. T. (1977). Building imagery: a comparative study of environmental cognition. Man-Environment Systems, 7: 332-341.

Verma, M., Rahul, T. M., Reddy, P. V., and Verma, A. (2016). The factors influencing bicycling in the Bangalore city. Transportation Research Part A: Policy and Practice, 89: 29-40.

Verplanken, B. (2006). Beyond frequency: habit as mental construct. British Journal of Social Psychology, 45: 639-656.

Verplanken, B. and Aarts, H. (1999). Habit, attitude, and planned behaviour: is habit an empty construct or an interesting case of automaticity? European Review of Social Psychology, 10: 101-113.

Verplanken, B., Aarts, H., van Knippenberg, A., and van Knippenberg, C. (1994). Attitude versus general habit: antecedents of travel mode choice. Journal of Applied Social Psychology, 24 (4): 285-300.

Verplanken, B., Aarts, H., and van Knippenberg, A. (1997). Habit, information acquisition, and the process of making travel mode choices. European Journal of Social Psychology, 27: 539-560.

Verplanken. B., Aarts, H., van Knippenberg. A., and Moonen, A. (1998). Habit versus planned behaviour: a field experiment. British Journal of Social Psychology, 37 (1): 111-128.

Verplanken B., and Holland, R. W. (2002). Motivated decision making: effects of activation and self-centrality of values on choices and behaviour. Journal of Personality and Social Psychology, 82: 434-447.

Verplanken. B., and Orbell, S. (2006). Reflections on past behaviour: a self-report index of habit strength. Journal of Applied Social Psychology, 33: 1313-1330.

Verplanken, B. and Roy, D. (2016). Empowering interventions to promote sustainable lifestyles: testing the habit discontinuity hypothesis in a field experiment. Journal of Environmental Psychology, 45: 127-134.

Verplanken, B. and Wood, W. (2006). Interventions to break and create consumer habits American Marketing Association, 25 (1): 90-103.

Vikan, A., Camino. C., Biaggio, A., and Nordvik, H. (2007). Endorsement of the new ecological paradigm: a comparison of two Brazilian samples and one Norwegian sample Environment and Behavior, 39: 217-228.

Vlek, C. (2000). Essential psychology for environmental policy making. International Journal of Psychology, 35: 153-167.

Vohs, K. D. (2015). Money priming can change people's thoughts, feelings, motivations, and behaviors: an update on 10 years of experiments. Journal of Experimental Psychology General,144 (4): 86-93.

Volpp, K. G., John, L. K., Troxel, A. B. et al. (2008). Financial incentive-based approaches for weight loss: a randomized trial. JAMA: The Journal of The American Medical Association, 300: 2631-2637.

Vos, P. E., Maiheu, B., Vankerkom, J., and Janssen, S. (2013) , Improving local air quality in cities: to tree or not to tree? Environmental Pollution, 183: 113-122.

Vossen, S., Ham, J., and Midden, C. (2010). What makes social feedback from a robot work? Disentangling the effect of speech, physical appearance and evaluation Conference Proceedings of Persuasive 2010 (pp. 52-57). Heidelberg: Springer.

Walbe-Ornstein, S. (1997). Post-occupancy evaluation performed in elementary and high schools of Greater São Paulo, Brazil: the occupants and the quality of the school environment. Environment and Behavior, 2: 236-263.

Walker. L., Thomas, G. O., and Verplanken, B. (2015). Old habits die hard: travel habit formation and decay during an office relocation. Environment and Behavior, 47 (10): 1089-1106.

Walzer, M. (1983). Spheres of Justice: A Defence of Pluralism and Equality. New York, NY: Basic Books.

Wang, Z., Zhang, B., Yin, J., and Zhang, Y. (2011). Determinants and policy implications for household electricity-saving behaviour: evidence from Beijing, China, Energy Policy, 39 (6): 3550-3557.

Wang, Y., Chau, C. K., Ng. W., and Leung. T. M. (2016). A review on the effects of physical built attributes on enhancing walking and cycling activity levels within residential neighborhoods. Cities 50: 1-15.

Wapner, S. (1995). Toward intcgration: environmental psychology in relation to other sub fields of psychology. Environment and Behavior, 27: 9-32.

Ward, L. M. (1977). Multidimensional scaling of the molar physical environment. Multivariate Behavioral Research, 12: 23-42.

Watson, D., Clark, L. A., and Tellegen, A. (1988). Development and validation of brief measures of positive and negative affect: the PANAS scales. Journal of Personality and Social Psychology 54: 1063-1070.

Weigel, R. and Weigel, J. (1978). Environmental concern. The development of a measure. Environment and Behavior, 10: 3-14.

Weiner, B. (1995). Judgments of Responsibility: A Foundation for a Theory of Social Conduct. New York. NY: The Guilford Press.

Weinstein, N. D. (1980). Unrealistic optimism about future life events. Journal of Personality and Social Psychology, 39: 806-820.

Weinstein, N. D., Rothman, A. J., and Sutton, S. R. (1998). Stages theories of health behavior. Health Psychology, 17: 290-299.

Weinstein, N. D., Sandman, P. M. and Roberts, N. E. (1990). Determinants of self-protective behavior: home radon testing Journal of Applied Social Psychology, 20: 783-801.

Weisenfeld, E. (1994). Contributions iberoamenicanas a la psicología ambiental (Latin American Contributions to Environmental Psychology). Caracas: Central University of Venezuela.

Weisenfeld, E. (1997). Construction of the meaning of a barrio house: the case of a Caracas barrio. Environment and Behavior, 29: 34-63.

Wells, N. M. (2000). At home with nature: effects of greenness on children's cognitive functioning Environment and Behavior, 32 (6): 775-795.

Wells, N. M. and Evans, G. W. (2003). Nearby nature: a buffer of life stress among rural children. Environment and Behavior, 35 (3): 311-330.

Wells, N. M. and Lekies, K. S. (2006). Nature and the life course: pathways from child hood nature experiences to adult environmentalism. Children Youth and Environments, 16 (1): 1-24.

Welsh, B. C. and Farrington, D. P. (2007). Improved street lighting and crime prevention Report for The Swedish National Council for Crime Prevention. Stockholm Swedish Council for Crime Prevention, Information and Publications.

West, R. (2005). Time for a change: putting the transtheoretical (stages of change) model to rest. Addiction, 100: 1036-1039.

Wheeler, G., Thumlert, C., Glaser, L. et al. (2007). Environmental Education Report: Empirical Evidence, Exemplary Models, and Recommendations on the Impact of Environmental Education on K-12 Students.

Olympia, WA: Office of Superintendent of Public Instruction.

White, K. M., Smith, J. R., Terry, D. J. et al. (2009). Social influence in the theory of planned behaviour: a role of descriptive, injunctive, and ingroup norms. British Journal of Social Psychology, 48 (1): 135-158.

Whitfield, S. C., Rosa, E. A., Dan, A., and Dietz, T. (2009). The future of nuclear power: value orientations and risk perception Risk Analysis, 29: 425-437.

Whitmarsh, L. (2011). Scepticism and uncertainty about climate change: dimensions, deter. minants and change over time. Global Environmental Change, 21: 690-700.

Whitmarsh, L. and O'Neill, S. (2010). Green identity, green living? The role of pro. environmental self-identity in determining consistency across diverse pro-environmental behaviours. Journal of Environmental Psychology, 30: 305-314.

Whittaker, D., Vaske, J. J., and Manfredo, M. J. (2006). Specificity and the cognitive hierarchyvalue orientations and the acceptability of urban wildlife management actions. Society-Natural Resources, 19 (6): 515-530.

Wilke, H. A. M. (1991). Greed, efficiency and fairness in resource management situations. In: European Review of Social Psychology, vol. 2 (ed. W. Stroebe and M. Hewstone) , 165-187. New York, NY: Wiley.

Williams, D. R. and Vaske. J. J. (2003). The measurement of place attachment: validity and generalizability of a psychometric approach, Forest Science, 49 (6): 830-841.

Willig. C. (2001). Introducing Qualitative Research in Psychology: Adventures in Theory and Method. Buckingham: Open University Press.

Wilson, E. O. (1984). Biophilia. Cambridge, MA: Harvard University Press.

Wilson, M. A. (1996). The socialization of architectural preference. Journal of Environmental Psychology, 16: 33-44.

Wilson, R. (2012). Nature and Young Children: Encouraging Creative Play and Leaning in Natural Environments. New York. NY: Routledge.

Wilson, T. D., Wheatley. T., Meyers, J. M. et al. (2000). Focalism: a source of durability bias in affective forecasting. Journal of Personality and Social Psychology, 78: 821-836.

Winkel, G., Sacgert, S., and Evans, G. W. (2009). An ecological perspective on theory, methods, and analysis in environmental psychology: advances and challenges. Journal of Environmental Psychology, 29 (3): 318-328.

Wit, A. and Wilke, H. (1998). Public good provision under environmental and social uncertainty. European Journal of Social Psychology, 28: 249-256.

Wohlwill, J. E. (1970). The emerging discipline of environmental psychology. American Psychologist, 25: 303-312.

Wolch, J., Jerrett, M., Reynolds, K. et al. (2011). Childhood obesity and proximity to urban parks and recreational resources: a longitudinal cohort study. Health er Place, 17 (1): 207-214.

Wolcott, H. F. (2001). Writing up Qualitative Research. Thousand Oaks, CA: Sage.

Wolsink, M. (2007). Wind power implementation: the nature of public attitudes: equity and fairness instead of backyard motives, Renewable and Sustainable Energy Reviews, 11: 1188-1207.

Wolsink, M. (2007). Wind power implementation: the nature of public attitudes: equity and fairness instead of backyard motires. Renewable and Qustainable Energy Reviews, 11: 1188-1207.

Wood, W., Quinn, J. M., and Kashy, D. A. (2002). Habits in everyday life: thought, emotion, Journal of Personality and Social Psychology, 83 (6): 1281-1297.

Wood, W., Tam, Lo., and Guerrero Witt, M. (2005). Changing circumstances, disrupting habits. Journal of Personality and Social Psychology 88: 918-933.

Wooller, J. -J., Barton, J., Gladwell, V. E., and Micklewright. D. (2016). Occlusion of sight sound and smell during green exercise influences mood, perceived exertion and heart rate. International Journal of Environmental Health Research, 26 (3): 267-280.

World Bank (2015). World Development Report 2015: Mind, Society, and Behavior. Washington, DC: World Bank.

World Commission on Environment and Development (1987). Our Common Future. Oxford: Oxford University Press.

Wu, C. D., McNeely, E., Cedeño- Laurent, J. G. et al. (2014). Linking student performance in Massachusetts elementary schools with the “greenness” of school surroundings using remote sensing. PLoS One 9 (10): e108548.

Xue, W., Hine, D. W., Loi, N. M. et al. (2014). Cultural worldviews and environmental risk perceptions: a meta-analysis. Journal of Environmental Psychology 40: 249-258.

Yazdanpanah, M., Hayati, D., Hochrainer-Stigler, S., and Zamani, G. H. (2014). Understanding farmers’ intention and behavior regarding water conservation in the Middle-East and North Africa: a case study in Iran. Journal of Environmental Management, 135: 63-72.

Yerkes, R. M. and Dodson. J. D. (1908). The relation of strength of stimulus to rapidity of habit-formation. Journal of Comparative Neurology and Psychology, 18: 459-482.

Yip, N. M., Leung. T. T. E., an Huang, R. (2013). Impact of community on personal well-being in urban China. Journal of social Service Research 39 (5): 675-689.

Yu, K. (1995). Cultural variations in landscape preference: cor ns among Chinese sub-groups and Western design experts. Landscape and Urban Planning, 32 (2): 107-126.

Zaalberg, R. and Midden, C. (2010). Human responses to climate change: flooding experiences in the Netherlands. In: The Social and Behavioural Aspects of Climate Change: Linking Vulnerability. Adaption and Mitigation (ed. P. Martens and C. T.: Chang) , 157-176. Sheffield, UK: Greenleaf Publishing.

Zacharias, J. (2002). Choosing sustainability: the persistence of non-motorized transport in Chinese cities. In: Culture, Environmental Action and Sustainability (ed. R. Garcia Mira, J. M. Sabucedo Cameselle and J. R. Martinez) , 219-229. Göttingen: Hogrefe.

Zailani, S., Iranmanesh, M., Masron, T. A., and Chan, T. H. (2016) Is the intention to use public transport for different travel purposes determined by different factors? Transportation Research Part D: Transport and Environment, 49: 18-24.

Zainal Abidin, Z. A. and Jacobs, M. H. (2016). The applicability of wildlife value orientations scales to a muslim student sample in Malaysia. Human Dimensions of wildlife, 21 (6): 555-566.

Zajonc, R. B. (1980). Feeling and thinking: preferences need no inferences. American Psychologist, 35 (2): 151-175.

Zanoli, R. and Naspetti, S. (2002) , Consumer motivations in the purchase of organic food: a means-end approach. British Food Journal, 104 (8): 643-653.

Zeisel, J. (1975). Sociology and Architectural Design. New York, NY: Russell Sage Foundation.

Zelenski, J. M. and Nisbet, E. K. (2014). Happiness and feeling connected: the distinct role of nature relatedness. Environment and Behavior, 46 (1): 3-23.

Zhang, H. and Lin, S. H. (2011). Affective appraisal of residents and visual elements in the neighborhood: a case study in an established suburban community. Landscape and Urban planning, 101 (1): 11-21.

Zhang, L., He, G. Z., Mol, A. P., and Lu, Y. L. (2013). Public perceptions of environmental risk in China. Journal of Risk Research, 16 (2): 195-209.

Zhang, Y., van Dijk, T., Tang, J., and Berg, A. E. (2015). Green space attachment and health a comparative study in two urban neighborhoods. International Journal of Environmental Research and Public Health, 12 (11): 14342-14363.

Zhu, Y. and Fu, Q. (2016). Deciphering the civic virtue of communal space: neighborhood attachment, social capital, and neighborhood participation in urban China. Environment & Behavior, 49 (2): 16-191.

Zimmer, M., Cabral, J. C. R., Borges, C. F. et al. (2013). Alterações psicológicas decorrentes da permanência na Antártica: Revisão sistemática. Estudos de Psicologia Campinas, 30 (3): 415-423.

Zimring, C. and Bosch, S. (2008). Building the evidence base for evidence-based design: Editors' introduction. Environment and Behavior, 40: 147-150.

Zube, E. H., Brush, R. O., and Fabos, J. G. (eds.) (1975). Landscape Assessment: Values, Perceptions and Resources, Stroudsburg. PA: Dowden, Hutchinson & Ross.

Zupancic, T., Westmacott, C., and Bulthuis, M. (2015). The Impact of Green Space on Heat and Air Pollution in Urban Communities: A Meta-Narrative Systematic Review. Vancouver, BC: David Suzuki Foundation.

Zweers, W. (2000). Participating with Nature, Outline for an Ecologization of Our Worldview. Utrecht: International Books.

术语表

A

可接受性（acceptability）：是指公共场所中的非过激行为，或者在政策措施实施之前对待政策措施的态度。

行动（action）：TTM假设的第四阶段，人们在这个阶段成功地执行相关行为。

激活（activation）：心理构念（及其动机部分）在特定时刻能够在认知上可达的程度。

主动依恋（active attachment）：对一个地理位置上的地点（不管多大规模）的高度的有意识的依恋（依附）。

适应（adaptation）：适应气候变化和为气候变化做准备。

护理美学（aesthetics of care）：一种研究视觉景观质量的方法，强调景观得到维护的重要性，比如建围栏、修剪整齐的植物等。

情感启发式（affect heuristic）：将风险和利益的判断基于一个人的情感状态的倾向。

情感（affective）：是指涉及情绪和感情的反应和机制。

情感预测（affective forccasting）：预测一个人的未来情感。

情感功能（affective function）：产品预计产生情感结果（比如愉悦感）的程度。

情感质量（affective quality）：归因于环境的情感意义。

可供性（affordances）：提供行动潜力的背景的属性。

后效应（aftereffect）：即使在环境应力因素不再存在时仍然持续的消极情感，激励不足，或者疲劳。

代理（agent）：计算机编码的模型，代表一个人或其他决策者，具备规定了驱动因素（需求）和决策过程如何导致行为的规则。将相互作用网络中的代理连接起来会形成基于代理的模型。

空气质量（air quality）：相对于人类或其他物种的要求的空气条件度量指标。

疏远（alienation）：感觉与某一地方独立、分离或疏远的状态；与某一特定的地方相比，感觉像一个局外人。

应变稳态（allostasis）：通过生理和/或行为变化实现系统稳定性的过程。

适应负荷（allostatic load）：生物适应重复或慢性应力源接触的长期生理代价；身体的总体耗损指数。

利他价值观（altruistic values）：反映对社会和其他人的关切的价值类型（有时也称为亲社会价值观或自我超越价值观）。

环境智能（ambient intelligence）：信息技术在日常生活中的普遍存在，对人的存在具有敏感性和响应性。

环境说服技术（ambient persuasive technology）：旨在改变人的认知处理、态度和行为的技术系统和环境，无需用户的有意识注意。

矛盾心理（ambivalence）：对一个物体（即景观）、概念（即自然界）或人的相反态度、想法或感情的共存，比如爱与恨。

锚定调整启发法（anchoring-and-adjustment heuristic）：使估算值偏向锚点的倾向。

烦恼（annoyance）：与环境压力源（比如噪声、污染和交通堵塞）有关的消极情绪和应激性。

前例（antecedent）：预示如果实施目标行为就会造成后果的刺激物。

预期情感（anticipated emotion）：从事某种特定行为而使我们产生积极或消极情感的预期。

人类中心主义观（anthropo centric view）：人类高于自然的观点，导致通过人或功能的角度评估自然界。

人为气候变化（anthropogenic climate change）：人类引起的气候变化，由于大气中的热振气体增加，原因是燃烧化石燃料和土地使用的变化。

预期情感（anticipated affect）：实施特定的行为会让我们获得好或坏的感受的期望。

应用行为分析（applied behaviour analysis）：一种干预方法，针对可观察的行为，改变前提和后果，以影响有利的行为变化。

评估（appraisal）：一个人对地点或结构物的个人印象。

建筑意义（architectural meaning）：建筑物的视觉图像引起的人的生活的联想，比如，在历史事件、风格、偏好和权力关系方面。

唤醒（arousal）：心理和/或生理激活的总体状态。

责任归属（ascription of responsibility）：对不环保行为的消极后果负责的情绪。

注意（attention）：选择性关注环境的特定方面同时忽视其他事物的认知过程。

注意力恢复理论（Attention Restoration Theory，ART）：恢复性环境的主要理论之一，根据该理论，恢复意味着补充注意力资源。

态度（attitudes）：以一定程度的好恶评价态度对象（比如，人、地点、事物或事件）的心理倾向。

归因歧义（attributional ambiguity）：多种看似合理的替代解释可以用来描述一种行为或结果，因此很难知道哪一种解释最有效。

归因理论（attribution theory）：该理论认为，当某一行为具有差异性、一致性和共识较低时，该行为人更有可能被归因于行为人的内在特征。

自动性（automaticity）：无意识控制的行为表现或认知过程；习惯的一个关键特征。

可得性启发（availability heuristic）：将判断（比如有关事件的概率）建立在事件的相关情况可以从记忆中建构或找回的基础上的倾向。

B

基本信念（basic beliefs）：对给定领域内的物体或问题的一般类别的想法（比如，野生动物）。

理想目标（be-goals）：与一个人的理想自我、理想关系或理想社会的愿景有关的目标。

行为变化（behaviour change）：运用干预方法创造或强化环保行为。

行为意图（behaviour intention）：一个人实施特定行为的具体目的。

离开日常生活环境（being away）：ART 描述的恢复性环境的一个特质，表明环境不存在日常纷扰和义务的提示，从而不会过度消耗集中注意力的能力。

偏见（bias）：偏见的判断是指沿着一个方向系统性扭曲的判断（比如，远离了规范标准）。

文献计量分析（bibliometric analysis）：文献总体的统计分析，以揭示主题领域的历史发展以及创作、出版和使用模式。

亲生命性（biophilia）：人们寻求与自然界和其他生命形式联系的内在倾向。

亲生命性设计（biophilia design）：促进建筑设计中的自然形状、形态和过程与下述假设相结合的设计方法：将自然界引入室内是具有恢复性的，因为它模拟了人类在自然环境中度过的漫长时间。

生物恐惧症（biophobia）：人们快速学习对自然刺激物的恐惧反应和缓慢忘记这种恐惧反应的内在倾向，这种自然刺激物在整个演变过程中对人类生存造成了威胁。

生物圈价值观（biospheric values）：反映对自然界和环境的质量的关切。

C

坎贝尔范式（campbell paradigm）：解释一个人从事环保行为的概率随以下因素而变化的范式：① 这个人的环保态度；② 这种行为的难度。罗殊模型从算术上描述了坎贝尔模型。

笛卡尔平面（cartesian plane）：一种坐标系统，在这个系统中，可以根据生活质量各个方面的重要性和满意度绘制生活质量各方面的图表。

范畴功能（categorical function）：一种产品使你能够传达你的群体成员身份和地位的程度。

中枢执行系统（central executive）：位于脑前额叶外皮中的大脑系统，负责控制和调节认知过程。

环状模式（circumplex）：在作为一个二维空间中的矢量绘图时处于环形图案内的变量的集合。

城市地方依恋（civic place attachment）：一种地方依恋，发生在邻里或城市/城镇一级，在本质上是社会的和象征性的。

气候变化（climate change）：由于自然或人为原因，长期（几十年或更长时间）气温和天气模式的平均变化。气候不同于天气。

临床健康指数（clinical health indicators）：患者生活能力的客观和主观度量指标。

认知（cognitions）：在感知、记忆、思考和理解中使用的心理倾向。

认知的（cognitive）：是指涉及信念、思想、想法、判断、感知和其他更高心理过程的反应和机制。

认知评价（cognitive appraisal）：一种形势或事件的认知解释。

认知失调（cognitive dissonance）：当个人意识到态度与行为之间的不一致性或者不同信念之间的不一致性时出现的紧张。

认知层次结构（cognitive hierarchy）：强调认知存在于偶然相关的不同的抽象水平上的理论框架，包括价值观（最抽象）、价值导向、态度、规范和行为意图（最具体）。

承诺（commitment）：要求个人或群体签署改变行为承诺的方法。

以社区为主导的全面卫生设施（community-led total sanitation）：一种触发社区主导厕所建设以阻止随地大小便的方法。

兼容性（compatibility）：ART 描述的恢复性环境的一个特质，表明个人的倾向与环境特征之间的良好拟合，从而不需要投入注意力资源来询问一个人应该如何适当的表现或行事。

复杂适应系统（complex adaptive system）：其组成部分响应环境变化以提高其健康性或生存性的系统。

一致（congruence）：环境与居住者的需求和行为的匹配（也称为可居住性或拟合优度）。

与自然的联系（connectedness to nature）：个人情感上与自然世界相连并将自然视为其身份的一部分的程度。

联结主义原则（connectionist principles）：一种理论观点，将习惯理解为处理情境暗示的神经单元与触发行为模式的神经单元之间的强化神经关联。

后果（consequence）：行为之后的事件，可以决定行为的复发性。

后果主义原则（consequentialist principles）：道德哲学中的观点，认为行为的道德性依赖于后果。

考虑（contemplation）：TTM 模型假设的第二个阶段，在这个阶段中，人们开始认真思考改变他们的行为，但是还没有采取行动。

合作（cooperation）：为了共同的利益而行事。

应对（coping）：个人用于处理压力的思维和行为模式。

反意图习惯（counterintentional habit）：在意图发生变化后违背意图而行事的习惯。

跨规范抑制效应（cross-norm inhibition effect）：看到其他人违反规范的行为对自己遵循另外一种规范的可能性的负面影响。

横断面研究（cross-sectional study）：一种描述性研究，旨在描述特定时间的特定人群中的关键度量指标和其他因素之间的关系（相关关系，而不是因果关系）。

拥挤（crowding）：对环境中的人数超过理想水平的主观评价。它不同于密度，即人数和环境大小之间的客观比例。

暗示（cue）：环境中传递重要信息或者触发情感反应的元素。

文化理论（cultural theories）：将人性看作是社会和文化影响的结果的理论。

文化世界观（cultural worldviews）：个人对于社会结构的看法。

累积疲劳（cumulative fatigue）：耗费精力应对环境压力因而造成的疲劳积累。

缩减行为（curtailment behaviour）：用户行为的变化，通常意味着频繁的行为变化。

D

分解游戏方法（decomposed game technique）：社会心理学家开发的用于评估一个人的社会价值导向的实验工具。

背叛（defection）：为了个人利益行事。

道义论原则（deontdogical principles）：道德哲学中的观点，认为重点是行为的内在正当性或错误（道德义务）。

去个性化（depersonalization）：从把自己看作一个个体（即个体认同）转变为把自己看作一个群体成员（即社会认同）。

描述性规范（descriptive norm）：大多数群体成员表现出的行为。

发展中国家（developing courtries）：物质福利水平低的国家。因为不存在国际认可的发达国家这个词的定义，所以发展水平可能在所谓的发展中国家中存在广泛的差异。

（创新）推广（diffusion）：采用新产品或想法。

直接语境暗示（direct-context-cuing）：联想式学习建立的作为暗示的语境与没有调解结构的独特行为之间的直接关联。

直接注意力疲劳（directed attentional fatigue，DAF）：一种神经症状，也称为心理疲劳，在中枢执行大脑系统的部分变得疲劳时出现。

抑制因素（disincentive）：预示“行为-惩罚”可能性的因素。

分配公平性（distributive fairness）：对结果分配的公平性的评估。

扰乱（disturbance）：语境适合性和一致性的缺失。

行为目标（do-goals）：规定个人为了实现理想目标而希望采用的行动方案的目标。

支配（domination）：野生动物价值导向，包括应该为了人类利益而使用和管理野生动物以及人类福利比野生动物福利更重要这两个信念。

下游加语境变化干预（downstream-plus-context-change interventions）：旨在改变习惯行为的干预方法，将语境变化导致的习惯钝化与传统的干预方法（比如提供信息）相结合。

下向因果关系（downward causation）：出现的普遍现象对本地层面上的行为自由度造成的影响。

忧虑风险（dread risk）：风险被主观认为令人害怕的程度；心理测量范式中识别的风险认知的基本维度之一（见未知风险）。

E

生态中心论（ecocentric view）：认为人与自然界之间不存在分割的观点，从而将自然界评价为本身很珍贵，即使自然界对人类没有（直接）用途。

生态美学（ecological aesthetic）：一种景观美学模式，认为了解系统的人越多，他们就越重视生态系统。

生态世界观（ecological worldviews）：有关人类打破自然平衡的能力、是否存在增长极限以及反对人类主宰自然界的权利的信念。

经济可持续性（economic sustainability）：社会福利长时间保持充分性的程度。

效率（efficiency）：反映总体结果最大化目标的社会困境中的动机。

效率行为（efficiency behaviour）：能效解决方案的采用，通常意味着一次行动。

平等主义（egalitarianism）：一种认为人人平等且应该享有平等权利的世界观。

自我中心价值观（egoistic values）：反映自我关注的价值类型（有时也称为自我提高价值观）。

详尽可能性模型（elaboration likelihood model）：一种区别处理论点（说服的中心路径——高激励和能力）与处理来源吸引力等暗示（说服的外围路径——低激励和能力）的说服理论模型。

出现（emergence）：由于本地相互作用而产生的普遍现象。

情感动机（emotional motives）：基于情感的特定行为动机。

情绪反应（emotional response）：积极或消极反应，其特征是表达性反应、生理反应、行为倾向或应对、具体的情绪相关想法和情绪体验。

环境（environment）：直接围绕一个人的物理和象征性条件和情况。

环境教育（environmental education）：组织提高对人类与自然环境之间的联系和相互依存关系的认识和理解。

环境行为（environmental behaviour）：对环境产生影响的任何行为（正面影响或负面影响）。

环境关切（environmental concern）：个人关注本地和/或全球环境问题的程度。

环境暗示（environmental cue）：传达重要信息或者触发情感反应的物理环境的特征。

环境认同（environmental identity）：人们表明环保主义是他们的价值观的中心部分的程度。

环境影响（environmental impact）：行为在能源和材料使用以及废物生产方面的环境结果。

环境正义（environmental justice）：对子孙后代、自然界和环境产生积极影响的政策。

环境自我认同（environmental self-identity）：人们在多大程度上认为自己是一个环境友好的人。

环境压力（environmental stress）：次优环境特征的消极生理影响和心理影响。

环境压力源（environmental stressors）：产生环境压力的物理特征。

环境可持续性（environmental sustainability）：生态系统长期保持多样性和生产力的程度。

环境不确定性（environmental uncertainty）：对公用资源的规模感到不确定的状态。

短暂性（ephemera）：季节和天气的变化。

流行病学研究（epidemiological studies）：对健康相关状态或事件的分布和认定的研究。

平等（equality）：政策在相同程度上影响所有人。

平等原则（equality principle）：社会困境中在群体成员之间平等分配资源的原则。

公平（equity）：政策按照个体特征的比例对人们产生影响。

公平原则（equity principle）：社会困境中按照优点以及个人投入的比例向个人分配资源的原则。

道德心理测量（ethno-psychometrics）：考虑人群的具体文化特点构建心理度量工具。

民族志研究（ethnographic studies）：一种定性研究，研究人员在现实生活环境中观察和/或与研究参与者互动。

幸福观（eudaimonic view）：认为与环境行为相关的积极和消极情感，其根源在于行为是一种有意义的经历。

循证设计（evidence-basecl design）：根据有关设计指标的有效性的现有最佳证据进行建筑物设计的方法。

演变理论（evolutionary theories）：将人性看作是原始环境中对反复发生的问题的进化心理适应的全

集合的理论。

程度（extent）：ART 描述的恢复性环境的一个特质，随范围和连贯性而变化。范围是指环境的规模，包括周围环境和超出视野的区域或想象区域。连贯性是指环境中的感知特征或元素与这些元素对总体的贡献之间的相关性程度。

经验情感（experienced emotion）：从事某种行为实际上在何种程度上让我们感觉良好或不好。

额外后果（extra consequence）：增加到任务中的后果，通常试图影响其复发性。

眼睛跟踪（eye tracking）：度量眼睛的运动；注视点或者眼睛相对于头部的运动。

F

公平性（fairness）：社会困境中的动机，反映按照特定的分配原则（即平等、公平或需求）分配资源的目的。

迷恋（fascination）：ART 描述的恢复性环境的一个特质，表明环境无需认知努力而自动引起一个人的注意的能力，从而降低对中枢执行系统的要求，为定向注意力的补充留出空间。

假平衡（false balance）：媒体对两种对立立场的表述意味着这两种观点代表了两种同样具有代表性的观点。

宿命主义（fatalism）：一种认为大多数事情是预先决定因而无法避免的世界观。

反馈（feedback）：一种干预，包括给人们提供绩效相关信息，导致特定行为的后果显著化。

反馈回路（feedback loop）：Craver 和 Scheier（1998 年）的自我调节模型的中心单元。反馈回路由四个元素组成——输入函数、参考值（目标）、比较器和输出函数。

场理论（field theory）：将人的活动看作是受到周围环境或场中的力量的影响。

流动经历（flow experience）：人们如此（热心地）参与活动而忘记周围一切的经历。

规范行为的焦点理论（focus theory of normative conduct）：认为规范主要在激活时促进行为的理论。

形式质量（formal quality）：在 Nasar 的系统中，有三种形式质量（或者它们的组合），感知围绕、复杂性和建筑物的秩序。

碎形（fractal）：大致的或者碎片化的几何形状，其中的部分分别是（至少大致上）整体的小副本。大多数自然结构物都是形式上的碎形。

框架效应（framing effects）：结构相同的问题的不同描述可以改变人们的决策。

频率（frequency）：行为在特定时期内实施的次数。高频率行为是习惯的一个主要特点。

G

收益目标（gain goal）：保持和改善一个人的资源的目标。

一般适应综合征（general adaptation syndrome，GAS）：响应荷尔蒙中介物触发的压力的综合征。

场所精神（genius loci）：一个场所的独特氛围，或者地点精神。

目标（goal）：理想的未来状态的心理表示。

目标导向环保行为（goal-directed pro-environmental behaviour）：人们有意为了环境的利益而采取的行为。

目标框架（goal frame）：特定情况中的焦点目标。

目标框架理论（goal graming theory）：用于理解行为影响因素的一体化框架，重点是享乐目标、收益目标和规范目标的相对优势。

目标意图（goal intention）：在没有具体的程序计划的情况下实现目标的意愿。

目标设定（goal setting）：一种信息策略，需要设定明确的绩效目标，往往与反馈或承诺相结合。

贪婪（greed）：社会困境中的一种动机，反映将个人利益最大化的目的。

贪婪-效率-公平假设（greed-efficiency-fairness hypothesis）：在社会困境中，人们不仅想要将自己的结果最大化，而且想要保持集体资源和公平分配结果的假设。

绿色空间（green space）：政策制定者最经常用来指代城市区域中以及周围的自然界的术语。

绿色空间指标（green space indicator）：绿色空间的存在、数量或质量的度量指标。

群体反馈（group feedback）：有关群体绩效的信息。

群体认同（group identification）：对自我和群体关系的积极情感价值观。

群体规范（group norms）：与特定群体成员相关，并且被群体成员内化，在社会认同显著时指导他们的态度和行为的社会规范。

H

习惯（habit）：通过将特定的情境暗示与行为模式（链）相联系来自动决定未来行为的认知结构。

栖息地（habitat）：动植物或其他生物的自然居所或环境。

动手学习（hands-on-learning）：一种环境教育形式，鼓励儿童积极参与自然环境，并充分感受自然环境。

健康（health）：没有疾病或衰弱的幸福状态。

健康指标（health indicator）：个人或群体的健康状况度量指标。

健康不公平（health inequities）：由于社会和经济状况的差异造成的健康方面的差异。

健康风险因素（health risk factor）：与未来患病的概率增加有关的行为或者其他特征。

享乐目标（hedonic goal）：保持或改善当前感受方式的目标。

享乐适应症（hedonic treadmill）：人们倾向于适应改善的或恶化的情况，以至于这些情况不会对他们感知的生活质量产生重大影响。

享乐观（hedonic view）：认为与环境行为相关的情感，其根源在于行为是一种令人愉悦的或不愉悦的经历。

启发法（heuristic）：简单的经验法则，不需要深思熟虑和仔细推理就做出判断。

等级主义（hierarchism）：一种认为单一的权力结构运作的世界观。

高收入国家（high-income countries）：物质生活水平高且人均国民总收入（GNI）达到 12476 美元及以上的国家。

历史性（historicity）：历史连续性和历史丰富性、不同的时间层、文化元素的数量和多样性。

稳态（homeostasis）：系统保持内在稳定性的倾向。

横向公平（horizontal equity）：政策对具有相似特征的人产生同等的影响。

I

身份相似性（identity similarity）：一个人认为自己与实施特定行为的典型人相似的程度。

意识形态（ideologies）：共同的信念，使认同这种信念的人能够理解意义、认识他们自己以及与彼此联系起来。

患病（illness）：不舒服的主观状态，可以与疾病一同发生，也可以独立发生。

可意象性（imageability）：能够被区分和记住的景观或景观元素，并产生强烈的视觉印象。

自然形象（image of nature）：人们对自然界是什么的认知概念。

实施意图（implementation intention）：有关为了实现预期目标而实施的行为的方式、时间和地点的具体程序计划。

实施意图（implementation intention）：说明何时、何地以及如何将设定的目标付诸实践的假定计划。

印象管理（impression management）：是指人们试图控制他人看待自己的形象，以创造一种积极的、符合他们自己形象的印象。

诱因（incentive）：预示“行为-奖励”因果关系的影响因素。

个体比较反馈（individual comparison feedback）：将一个群体成员的绩效与其他群体成员的绩效相比较的信息。

个人主义（individualism）：一种认为自治和个人利益应该得到进一步发展的世界观。

信息提供（information provision）：一种干预措施，人们获得环境问题信息、其他人的观点或行为的信息或者有助于他们采取行动的信息。

信息性社会影响（informational social influence）：规范对个人的正确愿望导致的行为的影响。

信息性策略（informational strategies）：旨在改变认知、知识、意识、规范和态度从而导致行为变化的干预措施。

命令性规范（injunctive norm）：通常批准或者禁止的行为。

恢复性效应（instorative effects）：特定环境和环境设置触发的心理和/或生理功能的改善。

工具性后果（instrumental consequences）：感知到的某种产品或行为的功能性后果，如金钱成本或时间成本。

工具性功能（instrumental function）：产品的认知功能属性，比如成本或尺寸。

意图（intention）：一个人实施特定行为的具体目的。

代际比较（intergenerational comparison）：当前结果与子孙后代的结果以及对自然界和环境的影响的比较。

群体间行为（intergroup behaviour）：当属于某一群体的个体与另一群体或其成员就其群体成员身份

进行互动时。

人际比较（interpersonal comparison）：结果与其他人或群体的结果的比较，或者个人和群体之间的结果比较。

内心比较（intrapersonal comparison）：结果与内部参照点（独立于其他人的结果）的比较。

内在价值（intrinsic value）：景观自身的价值，不论其对人类的用途或功能。

K

知识缺陷模型（knowledge-deficit model）：信息提供的潜在假设，即人们不改变行为的原因是他们不了解具体的环境问题，或者他们不知道该如何做。

L

景观（landscape）：人们感知的一个区域，其特征是行动和自然因素和（或）人为因素的相互作用的结果。

景观遗产方法（landscape heritage approach）：一种从文化上研究视觉景观质量的方法，强调文化遗产的视觉迹象的重要性，比如考古遗迹、古城镇、墓地和神圣场所。

景观偏好（landscape preference）：景观被喜欢的程度。

大规模困境（large-scale dilemmas）：一大群人在高度匿名性、低水平沟通、低水平团结性和高度地理分离性的条件下行事的情况。

拉美（Latin America）：由美洲大陆的许多国家组成的地区，使用来自拉丁语的语言（西班牙语、葡萄牙语和法语）。

合法规则（legitimate rule）：人们作为社会规范而接受的规则（比如警察条例、禁令和联邦法律）。

损失规避（loss aversion）：对避免损失的重视程度高于获得收益的倾向。

中低收入国家（low- and middle-income countries）：物质生活水平较低且人均国民总收入（GNI）最高为 1025 美元（低收入国家）或 1 026～12 475 美元的国家（中等收入国家）。

M

保持（maintenance）：TTM 假设的第五阶段，在这一阶段，人们实施新行为的时间达到 6 个月或以上。

物质主义（matericalism）：在实现主要人生目标或理想最终状态时重视对物质商品的拥有和获取。

中介模型（mediator model）：旨在通过第三个解释变量（即中介变量）识别独立变量和因变量之间观察到的关系的潜在机制的模型。

魔力时刻（magical moments）：吸引了孩子们对神秘和惊奇感的自然体验。

心理疲劳（mental fatigue）：一种神经症状，也称定向注意力疲劳，在中枢执行大脑系统的一些部分疲劳时发生。

微恢复性体验（micro-restorative experiences）：与自然界的短暂感官互动，促进幸福感。

缓解（mitigation）：减少大气中的热俘获气体（又称温室气体），以减缓气候变化和海洋酸化。

建模（modelling）：必须使用例子（模型）的策略，这种例子显示了建议行为并且作为人们改变自己行为的指导。

调节（moderate）：增加或降低效应强度的中介变量。

中介物（moderators）：增加或降低效应强度的变量。

道德行为（moral behaviour）：在当下和将来都有利于他人福利的行为——有时也拓展到有利于自然和环境。

道德立场（moral position）：遵守有关哪些行为是道德正确行为或道德错误行为的原则。

发病率（morbidity rate）：特定时期内患病的人数（流行率）或每单位时间内新出现的病例的数量（发生率）。

死亡率（mortality rate）：人群中的死亡人数（总体上，或者因为一个具体的原因），通常以每年每1 000人中的死亡人数表示。

激励干预（motivational intervention）：通过提供额外后果来促进行为的计划。

动机推理（motivated reasoning）：偏向于对信息的评估以使评估与自己的目标或信念相一致的倾向。

原动力-控制-目标（motor-control-goals）：个人为了实现行为目标而想要采用的具体行动的顺序。

移动（moving）：勒温假设的第二个变化阶段，在这个阶段中，人们接受新的信息来源、新概念或者通过新方式看待旧信息。

生活质量的多维度度量指标（multidinensional measures of QOL）：各种环境因素和各种生活质量方面之间的多种关系的指标。

多地点法（multi-place approach）：根据居民与不同城市环境的互动的分析对城市体验进行的研究。

互利共生（mutualism）：野生动物价值导向，认为野生动物是人类大家庭的一部分，应该得到与人类一样的照顾和权利。

自然神话（myths of nature）：环境风险的认知以及控制这些风险的首选管理策略。

N

自然后果（natural consequence）：实施一项任务而导致的内在后果。

自然环境（natural environment）：植被和其他自然元素处于主导地位的任何类型的环境、地点或场合。

自然地方依恋（natural place attachment）：对当地自然方面的一种情感依恋。

自然界（nature）：一个广泛的概念，包含自然区域，比如森林和农业景观、城市绿地、自然元素以及草木和湖泊等特征。

自然区（nature area）：通过自然生长（而非设计或规划）而发展的自然环境，往往地处偏远而且面积较大。

自然不足失调（nature deficit disorder）：儿童与自然之间日益脱节可能产生的负面健康后果。

需求（need）：为了帮助有需求或处于危险中的其他人而分配资源的原则。

邻避效应（not in my backyard，NIMBY）：一种现象，暗示人们总体上赞同能够带来公共利益的环境政策，但是前提是不要对他们自己或本地社区造成不利后果。

噪声（noise）：有害的声音，通常采用分贝以声音强度来度量。

规范激活模型（norm activation model）：一种认为环保行为来源于个人规范激活的模型。

规范目标（normative goal）：按照社会规范和合法规则完善行为的目标。

规范信息（normative information）：有关其他人的观点或行为的信息，从而将社会规范显著化。

规范社会影响（normative social influence）：规范对一个人想要获得社会许可或避免社会制裁的愿望所产生的行为的影响。

规范（norms）：普遍做的事情或者普遍被许可（或禁止）的事情。

O

客观度量指标（objective measures）：基于技术工具或者环境特征的专家评估的生活质量度量指标。

客观主义法（objective approach）：一种研究视觉景观质量的方法，将美景看作是景观的内在特点。

海洋酸化（ocean acidification）：对大气二氧化碳（CO_2）的吸收增加导致使海洋的碱度下降，使得二氧化碳与水结合产生碳酸。

乐观偏见（optimism bias）：以积极的眼光看待自己或群体的未来的倾向，即使信息表明积极的观点是没有道理的。

结果效力（outcome efficacy）：一个人识别环保行为的程度。

最高目标（overarching goal）：通过影响许多认知和激励过程而捕获内心的高级目标，包含许多不同的子目标。

P

参与式规划（participatory planning）：一种强调让城市或农村社区参与空间规划的战略和管理过程的范式。

病原健康法（pathogenic approach to healty）：一种着眼于识别和消除致病因素的健康方法。

峰值经历（peak experience）：从每天的活动中脱颖而出的一种罕见的、令人兴奋的、感人的经历。

惩罚（penalty）：令人不愉快的后果，用来阻止某种目标行为的再次发生。

人-环境互动（people-environment transactions）：个人与环境的动态、互利、相互依存的时间相关的相互作用过程。

感知行为控制（perceived behavioural control）：根据存在的促进因素或阻碍因素感知实施行为的可能性。

感知居住环境质量（perceived residential environmental quality）：居住环境质量的主观评价。

感知（perception）：一个人接收、选择、组织和解释信息来创造有意义的世界景象的过程。

知觉流畅性（perceptual fluency）：特定刺激物在知觉上被处理的容易度的主观体验。

个人规范（personal norms）：一个人关于实施特定行为的道德义务的信念。

个人空间（personal space）：每个人周围的区域，如果被陌生人进入会造成不适。

说服技术（persuasive technology）：旨在改变人的认知处理、态度和行为的技术系统和环境。

唯象模型（phenomenological models）：以个人的景观体验为重点来认识人与环境互动的潜在意义的模型。

现象学（phenomenology）：西方哲学的一个分支，它考虑意识的结构，因此主要关注我们生活经历的性质和我们对这些经验的意义。

物理活动（physical activity）：骨骼肌肉产生的任何身体运动，使人体比正常情况下更加努力地工作。

场所依恋（place attachment）：人们长期以来形成的对场所的情感联系。

地方依赖（place dependence）：一个地方能够满足我们的需要和预期用途的程度。

地方身份（place identity）：那些与物理环境相关的自我概念的维度，以及我们与它的联系定义了我们是谁。

地方相对性（place relativity）：对一个地方的一种矛盾和有条件地接受的态度。

没有归属感（placelessness）：对地方漠不关心的态度，或不需要与地方建立情感联系。

实证主义模型（positivistic models）：将景观的可度量物理特征看作是偏好驱动因素的模型。

思考前（precontemplation）：TTM 假设的第一阶段，在这一阶段中，人们没有充分认识到他们行为的不利影响，没有思考行为变化。

偏好（preferenda）：根据基本感官信息非常快速地评估的一个环境或物体的特点。

准备（preparation）：TTM 假设的第三阶段，在这个阶段中，人们自身和社会世界做好改变行为的准备。

元对比原则（principle of meta-contrast）：相对于一个群体中人们和其他人在相关比较维度上的感知差异，当任何人之间的感知差异越小时，他们都容易被分成更小的群体。

问题意识（problem awareness）：一个人认识到不环保行为的不利后果的程度。

程序公平（procedural fairness）：环境政策的决策过程中采用的程序的公平性评价。

环保行为（pro-environmental behaviour）：尽可能不损害环境或者甚至有利于环境的行为。

提示（prompting）：一种干预方法，采用提醒来引起一个人对具体的理想行为或有害行为的注意。

前景（prospect）：对一个区域的展望或观点，或者一个特定方向上的展望或观点（直接前景），或者承诺这种展望或观点在一个人到达景观中的更远点时可以实现（间接前景）。

受保护或神圣价值观（protected or sacred values）：被看作是绝对的不可交易的价值观。

心理距离（psychological distance）：由于时间、地理差异、与经历事件的其他人的相似性和/或可能性而感觉到的自己与事件之间的距离。这四个维度的空间、时间、社会和假设距离构成了理解层次理论的基础（Trope and Liberman，2010）。

心理反作用（psychological reactance）：人们不顾他人的说服而努力恢复失去的自由感的过程。

心理测量范式（psychometric paradigm）：一种研究风险感知的方法，旨在识别风险判断的潜在心理维度。

公共利益困境（public good dilemma）：一类特定的社会困境，人们需要共同创建或保持共同的资源。

公众健康指标（public health indicators）：人群的健康状态的客观和主观度量指标，比如基于疾病的流行性和发生率的度量指标，或者自我报告健康度量指标。

公众健康促进（public health promotion）：通过教育、推广健康生活方式、疾病研究和伤害预防来保护和改善社会健康水平的科学。

拉动措施（pull measures）：旨在提高环保行为吸引力的政策措施。

惩罚者（punisher）：导致行为的频率、持续时间或强度下降的后果。

推动措施（push measures）：旨在降低不环保行为的吸引力的政策措施。

Q

生活质量方面（QOL aspects）：显著促进个人幸福感的方面，比如家庭、社会关系和自由度。

生活质量（quality of life，QOL）：一种心理概念，表明人们的重要需求和价值观得到满足的程度。

R

RANAS 方法（RANAS approach）：一个用来设计中低收入国家的干预措施的多理论框架。

反弹效应（rebound effects）：对新技术的引入的反应，或者为降低技术的具体影响（比如资源消耗）而采取的其他措施，往往抵消这些技术或措施的有利影响。

再冻结（refreezing）：勒温假设的第三个变化阶段，在这个阶段中，一个人的新行为在新平衡点上稳定。

避难所（refuge）：作为庇护或藏身的场所。

强化刺激（reinforcer）：导致行为的频率、持续时间或强度增加的后果。

居住移动性（residential mobility）：改变一个人的居所的行为，可以是在同一个社区内移动，或者在城市、州或社区之间移动。

居住满意度（residential satisfaction）：与居住在特定的环境中有关的满足感。

快速恢复的能力（resilience）：拥有资源，包括可以帮助一个人应对负面的经历的心理资源。

资源困境（resource dilemma）：一类具体的社会困境，人们在这种困境中必须共享资源。

响应效力（response efficacy）：人们感到他们的合作行为对于保持或创建共同资源的关键性的程度。

恢复（restoration）：从压力和心理疲劳中复原的心理和生理过程。

恢复性环境（restorative environment）：促进从压力、心理疲劳或其他心理或生理不利条件中复原的环境。

恢复潜力（restorative potential）：（景观或其他环境）促进从压力、心理疲劳或其他不利条件中复原的能力。

奖励（reward）：为鼓励目标行为的重复发生而提供的令人愉悦的后果。

风险（risk）：一种情况、事件或活动导致不利结果的可能性。

风险感知（risk perception）：人们对某种活动、事件或技术有关的风险的主观判断。

S

有益健康法（salutogenic approach to healty）：一种以促进人类健康和福利的因素为重点的健康法。

美景（scenic beauty）：通过感知形成的视觉景观的审美体验。

美景评估（scenic beauty estimation，SBE）：用于评估美景和景观质量的心理物理学方法，由美国林业部开发，作为政府机构的决策支持工具。

图解质量（schematic quality）：建筑设计对于特定类别的典型性（比如，餐厅、商店）。

施瓦茨价值理论（Schwartz’s value theory）：一种描述价值的通用结构的价值理论，使我们能够根据与个人和社会中的其他价值观相比较得出的重点来检验价值观。

脚本（script）：与基于之前体验的目标有关的行为的模式化顺序的心理表征。

基于脚本的方法（script-based approch）：一种将习惯看作是行为脚本的理论观点，这种脚本将触发暗示与行为的模式化顺序联系起来。

S 曲线过渡（S-cruve transition）：系统的两个状态之间的变化，缓慢开始、然后加速，在接近完成时再次减速，产生拉伸的 S 形。

地方感觉（sense of place）：一种由物理环境所创造的经验过程，结合一个人在其经验、态度、价值观、信仰和意义方面给他带来的东西。

自我一致性（self-consistency）：人们被激励去按照他们看待自我的方式行事。

自我差异性（self-discrepancy）：人们被激励着努力保持三个不同的自我要素间的一致性：真正的自我、有价值的自我和应该的自我。

自我效力（self-efficacy）：一个人认为自己减轻环境威胁的能力的程度。

自我表达功能（self-expressive function）：产品使你能够表达你的特质、价值观和态度的程度。

自我聚焦（self-focus）：人们将实际的自我与理想的自我进行比较时的心理状态。

自我认同（self-identity）：一个人对自己是谁以及自己的独特特质的认识。

自我感知（self-perception）：人们通过观察他们所做的来了解他们是谁。

自我信号（self-signal）：人们对于他们的活动或行为揭示出的自身内在特征和性格的解释说明。

自我调节（self-regulation）：个人为改变想法、感受、欲望和行动以实现个人的重要目标所做的努力。

重要的人生经历（significant life experience）：一种深刻感人的、形成的经验，它永久地改变了一个人对生活的看法。

贫民窟（slum）：人口密集的城区，其特点是住房和卫生条件差，往往不能获得足够的安全饮用水、卫生和其他基础设施、住房的结构质量差、过度拥挤以及居住地位不稳定。

社会资本（social capital）：网络、共同价值观和社会共识使人们能够互相信任、促进合作和相互支持。

社会凝聚力（social cohesion）：社会成员感受到的为社会和其他成员做贡献的程度。

社会复杂性（social complexity）：本地层面的互动和个人选择可能导致大规模社会现象，进而影响这些本地现象。

社会设计（social design）：小规模的以人为本的民主化的建筑设计方法，在这种方法中，有关建筑的潜在居住者、本地语境和意义的信息以及观点优先于正式设计标准。

社会困境（social dilemma）：个人利益和集体利益的冲突，社会困境有两个基本特征：① 每个人在为了个人利益行事时都会获得优裕的生活；② 所有人在合作的情况下能够获得优裕的生活。

社会生态模型（social ecological model）：研究人与环境互动的空间、时间、社会和行为层面对健康的多种影响的框架。

社会反馈（social feedback）：社会对个人或群体表现的认可或不认可，来源于（人造）社会参与者。

社会认同（social identity）：来源于社会群体的成员资格的自我概念的一部分。

社会认同内容（social identity content）：社会认同的内容，如在特定背景和情境下的群体价值观和规范。

社会学习理论（social learning theory）：认为人们通过观察、模仿和效仿而相互学习的理论。

社会规范（social norm）：通常被许可（不许可）的事情。

社会模拟（social simulation）：通过将个人定义为计算机编程的代理人并且让这些代理人进行互动来研究人群之间的互动的方法，这种计算机编程的代理的行为规则规定了驱动因素（需求）和决策过程如何导致他们的行为。

社会可持续性（social sustainalility）：社会和个人的心理社会需求长期得到满足的程度。

社会不确定性（social uncertainty）：对其他人员在社会困境中的选择感到不确定的状态。

社会价值取向（social value orientations，SVO）：基于个人在社会困境情况下关注自身利益和他人利益的程度的价值取向。

社会退缩（social withdrawal）：个人放弃参与社会互动的机会。

社会期望的回应（socially desirable responding）：指人们以一种给他人好印象的方式来回答调查问题的倾向。

厌恶的解决方案（solution aversion）：当解决方案令人反感时，倾向于忽视问题。这是一种动机推理。

溢出效应（spillover effect）：在一个环境中接触环境压力源所产生的消极情感、紧张的人际关系或疲劳，而这种环境压力源延续到另外一个环境中。

稳定性（stability）：具体行为所处的语境中的恒定性程度。语境的稳定性是习惯的关键特点。

变化阶段（stages of change）：关于行为变化以性质上不同的阶段的过渡作为最佳表征的假设。

管理工作（stewardship）：对人们通过积极和谨慎的管理来爱护大自然和景观的认知。

刺激物过载（stimulus overload）：被连续环境刺激淹没的状态。

陌生人危险（stranger danger）：陌生人可能对孩子或成年人有潜在危险的想法。

压力（stress）：生物的完整性受到的真实或感知的威胁或挑战，往往伴随着恐惧或焦虑。

压力恢复理论（stress recovery theory，SRT）：有关恢复性环境的主要理论之一，根据这一理论，恢复意味着从压力中复原。

结构策略（structural strategies）：旨在改变行为决策所处的环境的干预措施（比如财务激励措施，设施的提供）。

主观度量指标（subjective measures）：基于个人对环境特征满足一个人的重要需求和价值观的程度的感知的生活质量度量指标。

主观规范（subjective norm）：对实施行为的社会压力的感知。

主观主义法（subjectivist approach）：一种研究视觉景观质量的方法，将美景看作是观察者的构念。

崇高（sublime）：敬畏的意识，有时夹杂着恐惧元素。

成功（success）：通过实施特定行为实现理想结果的状态。行为的成功是习惯的一个关键特征。

可持续性（sustainalility）：平衡的人与环境关系；环境、社会、经济利益的最佳平衡。

象征性功能（symbolic function）：产品使你能够传达群体成员资格、地位或身份的程度。

行为的象征意义（symbolic meaning of behaviour）：某种行为在多大程度上（向行动者和他人）显示着人们是怎样的。

象征性质量（symbolic quality）：一类通过设计风格表达的抽象质量。

交感-肾上腺素（sympathetic-adrenal medullary，SAM）系统：交感或不随意神经系统的一部分，调节肾上腺的髓皮层释放的肾上腺素和去甲肾上腺素。SAM 系统最知名的特点是调节人体对压力的抗争或逃跑反应。

T

定制信息（tailored information）：根据个人的独特特征而提供给具体的人或群体的信息。

时间贴现（temporal discounting）：重视延迟的结果而不太重视直接结果的倾向。

计划内行为理论（theory of planned behaviour）：认为个人做出合理的选择并且行为来自于具体行为意图的理论。

物质财富意义理论（theory on the meaning of material possessions）：认为物质财富能够实现情感功能、象征性功能和工具功能的理论。

恋地情结（topophilia）：用于描述人与地点之间的情感关系的术语。

传统依恋（traditional attachment）：被认为对自己的邻里、城镇和/或地区有一种理所当然的归宿感。

信任（trust）：依赖另一方履行其承诺的期望。

U

解冻（unfreezing）：勒温假设的第一个变化阶段，在这个阶段中，否定现有概念和实践，赞同新概念和实践。

有意环保行为的单一维度度量（unidimensional measure of intentional pro-environmental behaviour）：基于坎贝尔范式的度量指标，沿着一个维度从简单到容易排序有意环保行为。

生活质量的单一维度度量（unidimensional measures of QOL）：特定环境因素与具体的生活质量方面之间的关系的指标。

未知风险（unknown risk）：主观认为风险是新风险的程度；心理测量范式中识别的风险认知的基本维度之一（见忧虑风险）。

不现实的乐观主义（或者乐观主义偏见）[unrealistic optimism（or optimism bias）]：认为自己比其他人更有可能经历积极事件（不太有可能经历消极事件）的倾向。

城市环境质量（urban environmental quality）：城市场景的质量，包括物理、社会和心理部分。

V

价值（value）：重要性存在差异的理想跨情境目标，作为一个人或其他社会实体的生活中的指导原则。

环保主义的价值-信念-规范理论（value-belief-norm theory of environmentalism）：规范激活模型的延伸，认为问题意识取决于生态世界观和价值取向。

价值取向（value orientations）：基本信念的图示网络，反映文化意识形态，给特定领域中的基本价值观赋予方向和意义（比如，野生动物）。

价值观（values）：重要性不同的理想跨情境目标，作为人或其他社会实体的生活中的指导原则。

纵向平等性（vertical equity）：政策对人的影响与人们的需求和能力成比例。

视域（viewshed）：人眼从固定视点可以看到的区域。

虚拟现实（virtual reality）：计算机模拟环境，可以模拟真实世界中的物理存在。

视觉景观分析（visual landscape analysis）：描述景观属性及其空间模式以及对人们的重要性的系统化过程。

视觉尺度（visual scale）：开放性程度，感知单位的尺寸。

VisuLands 框架（visulands frameword）：根据九个视觉景观特征预测视觉景观质量的决策模型：自然性、管理、扰乱、历史性、视觉尺度、形象性、短暂性、一致性和复杂性。

脆弱性（vulnerability）：负面经历所带来的危险程度。

W

温情效应（warm glow）：由于帮助他人或益于环境而产生的一种良好感觉。

废物控制（waste control）：降低垃圾总量的方法，包括减少、重复使用、循环、维修和再分配。

天气（weather）：短期的，通常每天到每周，温度、湿度、风等的变化。

荒野（wilderness）：人类没有接触（或没有管理）的一片土地。

野生动物（wildlife）：非家养动物。

世界观（world view）：特定的生活哲学或世界概念；一个人思考世界的方式。

Y

叶克斯-道森定律（Yerkes-Dodson law）：表明唤醒与表现之间的曲线关系的定律。